気象を操作したいと願った人間の歴史

Fixing the Sky

The Checkered History of Weather and Climate Control

James Rodger Fleming

ジェイムズ・ロジャー・フレミング　鬼澤 忍=訳

紀伊國屋書店

気象を操作したいと願った人間の歴史

James Rodger Fleming

FIXING THE SKY

The Checkered History of Weather and
Climate Control

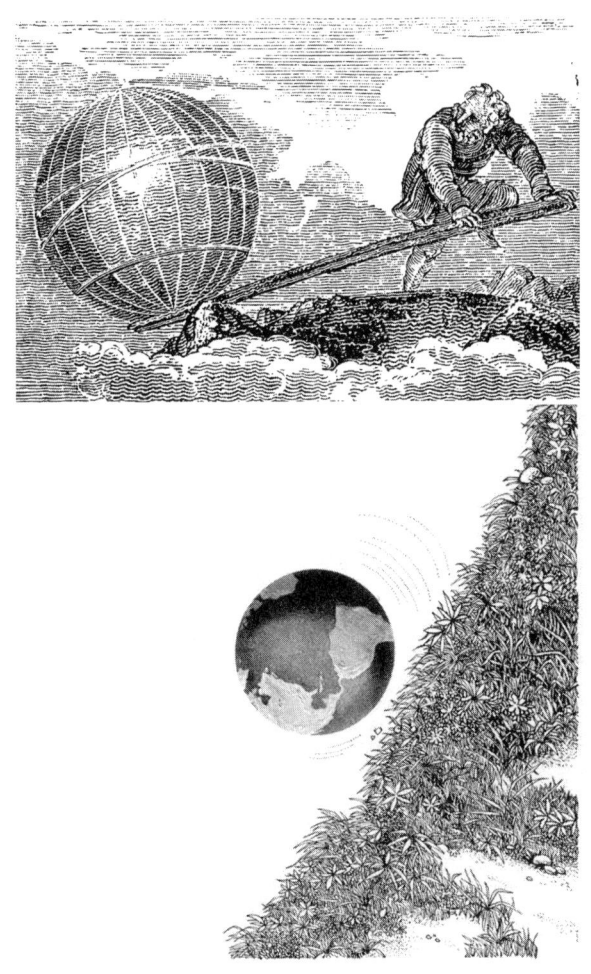

十分な長さの梃子と足場を与えてくれれば、地球を動かしてみせよう——アルキメデス。だが、地球はどこに転がっていくのだろうか？（『メカニクス・マガジン』、1824。挿絵はオリジナル）

中道こそ最も安全にして最善の道なのだ

——ヘリオス

気象を操作したいと願った人間の歴史　目次

はしがき

私が、天気や気候を支配することの望ましさではなく、その可能性を意識するようになったのは、一九七〇年代初めのことである。私はコロラド州立大学大気科学部の大学院生だった。大空を探索する仲間の一人が、レーザー光線で雲に衝撃を与えてその活性を高めようとしていた。放射光線を集中させることによって、マイクロ波を使った腎臓結石の治療のように、雹（ひょう）を破壊できるのではないかと考えていたのだろう。もっとも、彼の後援者たちは別の意見を持っていたと思う。私はまた、教授たちのあいだに、「雲の種まき」〔化学物質を散布するなどして人工的に雨を降らせること〕に対するためらいが広がっていることに気づいた。雲の種まきは主要なカリキュラムに含まれていなかった。私自身の研究課題の一つは、コンピューター上の熱帯大気に巻雲（けんうん）〔対流圏の上部に現れる繊維状の雲〕を配置し、その放射効果をモデル化することだった。これは、気候モデリングの先駆けである。当時、雲が日光や熱放射とどう作用しあうかは推測するしかなかったし、いまだに未解決の問題である。それなのに、現在、一部の気候エンジニアは太陽放射を「管理」しようとしている。

　コロラド州立大学では、高高度観測者としてのトレーニングをサポートしてもらった。おかげで私は、国立大気研究センター（コロラド州ボールダー）で働く資格を手に入れ、計測機器を装備したグライダーを使ったあるプロジェクトに参加することになった。雲が大好きな人間にとって願ってもない仕事だった。われわれは音もなく滑空してこっそり雲に侵入すると、ときには何時間にもわたり、勢いを増す上昇気流に乗ってらせん状に旋回しながらデータを集めたうえで、発達しつつある雷雨のてっぺんから脱出し、壮大な眺めを満喫した。このプロジェクトは、一九七三年にコロラド州レッドビルに近いロッキー山脈分水嶺の上空で行なわれた。この仕事と気象制御との胸にこたえる、だが意図せざるつながりが不意に明らかになったのは、ある晩のことだった。われわれの宿を訪れたコロラド州警察から、何者かがグライダーの格納庫に火炎瓶を投げ込み、片翼が炎上してしまったことを知らされたのだ。どうやら一部の地元住民が、われわれが雲の種まきをしている、つまり、砕けた表現を使えば「自分たちの空の水を盗もうとしている」と誤解したらしかった。

次に参加したワシントン大学のプロジェクトでは、第二次世界大戦時代の払い下げの爆撃機で空を飛んだ。気象改変に携わる人びとの主張を吟味すべく、この爆撃機には雲物理学関係の装備が搭載されていた。問題は、悪天候のときにだけ飛ぶのが普通であり、太平洋の嵐に頻繁に襲われることだった。ある朝早く、とりわけ悲惨な夜間飛行を終えたあとに、私の乗った飛行機が着陸の途中で松の木のてっぺんを刈りとってしまったことがあった。機体につるした機材から直径五センチの枝を引き抜きながら、その場ですぐに決断したことを覚えている。ほかのもっと安全な大気とのかかわり方を探そう、と。

私にとってそうしたかかわり方となったのが、科学技術の歴史であり、その公共政策との関連だった。私はアメリカの気象学の歴史に関する論文を書き、プリンストン大学で歴史学の博士号をとった。以来、天気や気候の改変の歴史について関心を抱きつづけ、そのテーマで何本かの論文を書いてきた。また、気候変動の歴史と公共政策をめぐる問題に依然として熱心に取り組んでいる。現代の気候エンジニアは、気候変動にどう対処すべきかという問題へのあるアプローチを擁護している。そのアプローチは私に、科学技術的な解決に関してきわめて深い疑いを抱かせる。それは重大な欠陥のある不確かな企てであり、「空を修理する」という非現実的で危険ですらある目論見を持っているのが普通だ。さまざまな提案は、「太陽放射管理」をはじめとする地球規模の手段を含み、熱力学的に現実味のない、大がかりな炭素の回収と隔離の計画を伴っている。この種の提案を支えているのは、思いつき的な計算や、十分とは言えない単純なコンピューター・モデルの操作であることが多い。こうしたアプローチで忘れられているのは、人間が天気や気候を支配しようとしてきた波瀾万丈の歴史なのである。

序論

かつてない難局に直面したら、歴史上の前例について考えてみるといい。

地球温暖化をめぐる懸念が広がるにつれて、一部の気候エンジニアは突拍子もない憶測にふけり、地球の気候を「支配」する方法について、ますます急を要する提案を行なっている。彼らは権力の廊下を闊歩し、みずからの提案を吹聴し、空の修理に関するアイディアへの支援を求めている。彼らが封筒の裏に走り書きする数字と、単純な（ところがなぜか複雑に表現された）気候モデルの帰結によって、人びとは――わずかな例外を除いて――こう信じ込まされてきた。彼らこそ地球の救世主であり、沈みゆくタイタニックの船上にいる救命艇製作者であり、迫りくる危機に直面して行動を起こそうとしている予言者なのだ、と。彼らは地球のための保険のセールスマンのような顔をしているが、その保険契約によって保険金が支払われるかどうかは定かでない。気候変動にどう対処すべきかという問題への答えとして、彼らは介入のための最終手段をとる覚悟を固めている。しかも、ほかの人たちのやり方が手ぬるいと思えば、やりすぎるところまでやろうとすら考えているのだ。

　これらの気候エンジニアに共通しているのは、空で何か恐ろしい事態が起きているという懸念を深めていることだ。彼らはこう確信している。気候システムは未知の領域に向かって進んでいる、炭素緩和は失敗するか少なくとも進行が遅すぎて環境災害を防ぐことはできない、環境への適応は小幅すぎるし時間もかかりすぎる、など。人間の結ぶ協定よりもエンジニアリングによる解決策のほうを単純に信頼している人もいる。彼らが達した結論は、二一世紀は「地質工学的」になる――つまり大気は人類にとって大いに整備の必要な空中導管であり、地球は温度自動調節器（サーモスタット）か、ことによるとグローバルな空気調節（エアーコンディショニング）を必要とするというものだ。彼らが求めているのは地球工学による科学技術的な修理であり、地球工学とは、彼らの大雑把な定義によれば、地球環境の大規模な意図的操作だという。一部の人びとはそれを「究極の科学技術的解決」と呼んできた。一方で批判者たちは、そこには地球を損傷する計り知れない危険性が潜んでいるという。太陽シールド〔太陽光を遮断する覆いや防御壁〕を打ち上げて軌道に乗せ、地球に日陰をつくろう。硫酸塩または反射ナノ粒子〔光を反射する超微粒子〕を高層大気に射出し、青空を乳白色に変えよう。雲をより厚く、より鮮明にしよう。海洋を肥沃にし、大量の藻を異常発生させて青い海をどんよりした緑に変えよう。数十万本におよぶ巨大な人工木を使って、二酸化炭素（CO_2）を大気から吸収しよう。サハラ砂漠とオーストラリア内陸部を水浸しにし、ユーカリの大森林を育てよう。北極海氷を白いプラスチックの小艦隊で取り囲もう。こうしたことのすべてがSFのように聞こえるかもしれない。ところが、実はこれが、天気や気候の支配をめぐって次から次へと現れる物語の最新版なのだ。一世紀以上にわたり、科学者、軍人、ペテン師たちが、天気や気候を操作しようともくろんできた。彼らと同じく、野心に満ちた現代の気候エンジニアは、何ができるかをひどく誇張する一方で、世界の気候を管理しようとする試みの政治的、軍事的、倫理的含意についてほとんど考えていない。これは要するに、当事者の多くが主張するのとは違い、地球を救う科学的新発見をめぐる英雄物語ではない。そうではなく、行き過ぎ、うぬぼれ、自己欺瞞の悲喜劇なのだ。二〇〇九年六月に開催された、米国科学アカデミーの地球工学に関する会議で、惑星科学者のブライアン・トゥーンは、われわれは地球を工学的に設計する科学技術を持っていないと聴衆に語った。われわれはそれだけの知恵も持っていない(1)。地球規模の気候エンジニアリングは実証されていないし、実証可能でもないうえ、信じられないくらい危険なのだ。

　地球工学への関心が最近になって復活したきっかけは、ノーベル賞受賞者のドイツ人大気化学者ポール・クルッツェンが二〇〇六年に書いた論説「成層圏への硫黄注入によるアルベド〔地表面が太陽光を反射する割合〕の強化――政策のジレンマの解決に貢献か?」である(2)。このクエスチョン・マークの打ち方は絶妙だ。というのもクルッツェンは、政策のジレンマを解決するどころか、実はパンドラの箱を開けてしまったからだ。もっとも、その手の箱は歴史の貯蔵庫に詰まっている。「気候エンジニアリングの実現可能性と環境への影響に関する研究を……タブーにすべきではない」というクルッツェンの基本的なメッセージは、大気の究極の支配を目指す古代からの探求の最新型にすぎない。こうした探求は、伝統的な文化、習慣、神話、フィクション、歴史に深く根をおろしているのだ。

アルキメデス以来、エンジニアは科学技術的な梃子に胸を躍らせてきた。だが「足場」、すなわちみずからの行為の帰結をすべて――あるいは大半すら――予測する能力を手にしたことは一度もない。これは長年にわたる問題である。ところが、現代の地球工学者は間違った自信をみなぎらせてこう宣言する。自分たちのツールやテクニックはいまや成熟の域にあるので、空を修理すること――惑星を冷やし、人類を救い、肉体的・道徳的に好ましくない副作用を最小化すること――は可能であり望ましいのだ、と。われわれはどうやってそんな境地に達したのだろうか？[3]

本書では、天気と気候の支配をめぐり、歴史上および現在においてどんな考え方がなされてきたかを検討する。本書の内容には、長く波乱に満ちた歴史の物語と、めまいがするほどずらりと並んだ現代のアイディア――そのほとんどはきわめて非現実的なのだが――が含まれている。本書で検討される提案や実践に携わったのは、大勢の夢想家、軍事専門家、まったくのペテン師であり、雨の王や女王であり、古代と現代の「気象戦士」や気候エンジニアである。本書は研究者や一般市民に対し、天候の支配をめぐる技術志向・政策志向の議論に欠けている新たな視点を提供する。本書の土台になっているのは、さまざまなオリジナルの原稿や文書だが、既存の業績に新たな解釈を施した部分もある。本書では幅広い問題を扱いながら、歴史の重要性、手っ取り早い解決策のばかばかしさ、大気の問題においては節度を優先するという「中道」の必要性を主張する一方で、空の支配も求めないし、われわれが直面する環境問題の意義を軽んじるつもりもない。

この歴史は、自然の「支配」にかかわる空想的・思索的文学の長い伝統のなかに位置している。

何らかの形で環境を支配しようとする初期の努力としては、風雨を避ける、火を使って暖をとる、動物を群れにして飼う、植物を栽培する、淡水を運んで貯蔵するといったことがあった。だが、天空の支配は依然として人間の能力をはるかに超えている。われわれの先祖は、古代の空の神の前でひれ伏したり縮み上がったりした。一方、古典古代の神話上の人物たちは、人間の限界を超えようとして悲劇に見舞われた。多くの社会が、気まぐれな空に影響を及ぼす手段を追い求め、支配者やシャーマンに「雨の王」や「雨の女王」といった称号を与えると、きわめて重要な儀式を行なう義務を課した。その目的は、肉体の健康や部族の繁栄を守ることだけでなく、天と地の適切な関係を維持することでもあった。

一七世紀以降、増大する知識が「公益のための」新たなテクノロジーに結びつくというベーコン的な予想は、科学のあらゆる分野に広く当てはめられてきたが、とりわけ気象学と気候学でその傾向が強かった。ここ数世紀のあいだ、都市設計者、政治家、科学者、軍人などが、たいていは商業あるいは軍事にまつわる目的で、天気や気候の意図的な操作を提案してきた。彼らの物語には、悲惨な面、こっけいな面、英雄的な面がある。天気や気候の支配は長年にわたる課題であり、その根底には傲慢と悲劇が横たわっている。それは病的な課題であり、科学においてどんな過ちが起こりうるかを明らかにしてくれる。さらに、広範な社会的影響を伴う緊急の公共政策問題でもある。

啓蒙思想家たちは、ヨーロッパの気候はローマ時代以降、人間の活動に応じて穏やかになってきたと信じていた。第三代アメリカ大統領のトマス・ジェファソンは、森林を切り開き、湿地を干拓し、土地を耕せば、アメリカの気候は改善されるはずだと考えていた。[4] 一八四〇年代、気象学者としてアメリカで初めて政府機関に所属したジェイムズ・エスピーは、大きな火を起こして対流性上昇気流を刺激し、人工的に雨を降らせることを提案した。[5] 人工降雨の次の時代を支配したのは、砲兵と「レインフェイカー（雨の偽造者）」、いわゆる雨文化人だった。[6]

一九世紀の気象学者は、天候の記録に可変性以外の傾向を見出せなかったため、人間は気候に影響を与えられるという考え方を一時的に打ち消した。ところがこの世紀の半ばには、地質学者が岩石の記録のなかに、氷河期と間氷期という大変動を発見していた。二〇世紀の初め、二つの時間尺度（人間の歴史によるものと地質学によるもの）と二つの作用（人間の力と自然の力）が、スウェーデンの気象学者、ニルス・グスタフ・エクホルムによって、新たな形で再び結びつけられた。エクホルムは「地質学的・歴史的過去の気候」について書いた人物である。彼は同僚のスヴァンテ・アレニウス（一八四八―一九二三）による「この複雑な現象に関する入念な調査」を証拠に引き、二酸化炭素濃度の変化を気候変動の主因とみなした。二酸化炭素が温室効果にとって中心的役割を果たすとし、この結論は、フランスの物理学者のジョゼフ・フーリエやアイルランドの物理学者のジョン・ティンダル、その他の人びとによる過去の業績を土台にするものだと説明した。彼の概算によれば、二酸化炭素が増加すると、回帰線よりも高緯度の地域で気温が上がり、地球全体がより温暖でより均一な気候になるという。大気中の二酸化炭素レベルが三倍になると、地球の気温は摂氏七度から九度ほど上昇するのだ。

エクホルムによれば、そもそも高温だった地球が長期にわたって冷えてきた主因は、大気中の二酸化炭素量の変化にあるという。地球が冷えるにつれて、海洋では大量の二酸化炭素が石灰岩をはじめとする炭酸カルシウム堆積物に閉じ込められ、大気中の二酸化炭素量が減った。これによって気温が下がり、二酸化炭素レベルをさらに下げるフィードバック・メカニズムの連鎖反応が起こった。その他のプロセスは大気中の二酸化炭素を増加させた。火山の放出物、山の隆起、植生〔ある場所に生育している植物の集団〕と海水面の変化によって、地質学的記録にはっきり表れる周期的な変動が生じた。

人類はいまや、こうした地質学的プロセスにおいて一定の役割を演じていると、エクホルムは指摘した。一〇〇〇年にわたり、石炭の燃焼によって大気中に蓄積された二酸化炭素のせいで「地球の平均気温がきわめてはっきりと上昇することは疑いない」というのだ。彼はこうも考えていた。こうした効果は浅い鉱脈の石炭を燃やすことで加速されるかもしれないし、あるいはことによると「ケイ酸塩の風化層を大気の影響から守り、植物の成長を制御することによって」低減されるかもしれない、と。そうした手段によって、いつの日か「地球の未来の気候を調節し、結果として新たな氷河期の到来を防ぐ」ことができるようになる可能性が大きいと、エクホルムは述べている。このシナリオでは、石炭の燃焼の増加による気候温暖化は、地球の軌道要素の自然な変化――これはスコットランドの地質学者のジェイムズ・クロールによって当時確認されたばかりだった――によって、あるいはイギリスの物理学者のケルヴィン卿（ウィリアム・トムソン）が指摘したように、太陽の長期にわたる冷却によって、相殺されるかもしれない。エクホルムはこう結論している。「人間が未来の気候をどこまで制御できるかを判断するのはまだ早い。

だがすでに、私にはそうした可能性が実現する見込みは非常に大きいと思えるので、人類はこれまで予想もしなかった革命の手段を手にするものと考えずにはいられない[7]」

スウェーデンの化学者スヴァンテ・アレニウスはエクホルムの言説を世に広めた。自著『宇宙の始まり』のなかで、「大気中の炭酸の割合は微々たるものだが、産業の進歩によって、数世紀のあいだにこの割合が著しく変化するかもしれない」と主張したのだ。アレニウスは、未来の地質年代において地球に「新たな氷河期が訪れ、われわれが温暖な自国を去ってもっと暑いアフリカへ移住する」可能性があると考えていた。とはいえ数十万年のタイムスケールで見た場合、アレニウスはエクホルムと同じく、「良き循環」が明確になるのではないかという意見を持っていた。つまり、化石燃料の燃焼のおかげで、氷河期をもたらす状況の急な再来が妨げられ、ことによると、巨大植物が繁茂する新たな石炭紀が始まるかもしれないというのだ。

ところが二〇世紀の最初の数十年で、気候変動の二酸化炭素説は、人間の影響説とともに大半の科学者の支持を失ってしまった。ほとんどの科学者は、現在の大気濃度では、二酸化炭素はすでにありったけの長波放射を吸収していると考えていた。したがって、二酸化炭素が増えても地球上の放射熱収支は変化しないのだ。アレニウスとエクホルムのアイディアを復活させ、修正された科学的基礎のうえに据えた人物は、イギリスの蒸気・防衛エンジニア、ガイ・スチュワート・カレンダー（一八九八—一九六四）だった。一九三八年、カレンダーは、世界規模の気温上昇と化石燃料の燃焼増加は密接に関連していると主張し、二酸化炭素説を定式化しなおした。彼が世界中の観測所から集めた気象データによって、二〇世紀の最初の数十年間で摂氏〇・五度の気候温暖化の傾向があることがはっきりと示されていた。一九世紀の二酸化炭素のバックグラウンド濃度〔人為的起源以外の発生源に由来する濃度〕を一〇〇万分の二九〇とした彼の概算は、いまなお妥当である。彼は一九〇〇年から三五年にかけて二酸化炭素濃度が一〇パーセント上昇したと記録したが、この数値は燃やされた燃料の量とほぼ釣り合っていた。赤外線スペクトルに関する新たな知見と、大気中の微量ガスによる放射の吸収・放出の計算に基づき、カレンダーは、まぎれもなく現代的な気候変動の二酸化炭素説を確立した。初期の、物理的に非現実的で崩壊寸前の状態にあった説をよみがえらせたのである。こんにち、地球規模の気候変動の原因は温室効果であり、温室効果を引き起こすのは人為的な要因や活動による大気中の二酸化炭素レベルの上昇であるとする説は、カレンダー効果と呼ばれている。(8)

航空術の夜明けとともに、新たなニーズと難題が持ち上がった。主役となったのは消霧である。化学的・電気的手段を使った多くの努力が無駄に終ったあとで、第二次世界大戦時の大規模な消霧プロジェクト、FIDO（Fog Investigation and Dispersal Operation）が実行された。そのおかげで、イギリス空軍および連合軍の航空機は、ドイツ軍機が地上にとどまっているあいだに離着陸できたのだ。国家の存亡がかかっていたため、霧のなかで一機の飛行機を着陸させるのに六〇〇〇ガロンのガソリンが必要となることは、問題にならなかった。

第二次大戦後、ゼネラル・エレクトリック社（GE）が「雲の種まき」をめぐって有望な発見をすると、天気を支配しようとする軍事的・商業的な「レインメイカー（人工降雨専門家）」が、すぐさまそれをいかがわしい活動に利用するようになった。同時に、デジタル・コンピューティングが有望な発展をとげたのを機に、機械による天気や気候の完全な予測が、完全な理解と支配につながるのではないかという憶測が広がった。冷戦期には、ソ連が地球規模の気候制御という（西側諸国にとって）身も凍るようなビジョンを推進した。西側の地球科学の理論家たちも負けじと奮闘した。

一九六二年までには、大気大循環のコンピューター・シミュレーションの結果が出され、初めて人工衛星を使った地球の熱収支評価が行なわれていた。それを見て、米国気象局長のハリー・ウェクスラーは、計画された気候制御の「固有リスク」に関する国連環境シンポジウムで、地球に対して取り返しのつかない被害が、あるいは可能な短期利益を打ち消す副作用があると警告した[9]。ところが、わずか三年後、大統領直属の科学諮問委員会は、すぐに地球のアルベド、すなわち地球の輝度を意図的に上げる必要があるかもしれないと報告した。二酸化炭素の排出によって進行する温暖化への対策だというのだ[10]。

一九八八年の暑い夏、イエローストーン国立公園は炎に包まれ、地球温暖化がニュースの見出しとなった。国連と世界気象機関の後援による国際科学会議は、二〇〇五年までに二酸化炭素の排出量を、一九八八年のレベルの二〇パーセント未満に減らすよう勧告した。こんにち、われわれはその目標をまったく達成できていない。専門家が温室効果ガスの排出量を少なくとも八〇パーセント削減する必要があると助言する一方で、「地球温暖化を止めよう」とか「気候変動を制御しよう」といった一般市民の叫びがますます広がりつつある。これほどの削減が黙っていても達成されることはありそうにないし、気候の「転換点（ティッピングポイント）」を超えてしまうのではないかという不安もある。現代の一部の気候エンジニアはこれらの点に訴え、自分たちは安上がりで信頼できる技術によって気候システムを「修理」できると言っている。そこで使われるマクロエンジニアリング的な選択肢には、「太陽放射管理」、炭素の回収と隔離、その他の「地球的手術」による侵襲的手法〔切開などの外科的手法〕があるという。

天気と気候は密接に関係している。天気が一定の場所と時間における大気の状態であるのに対し、気候は天気の状況の長期にわたる総計なのだ。膨大な科学文献がこの両者の相互作用を扱っている。さらに、歴史家はクリマ〔climateの語源。「地面の傾き」の意〕という捉えにくい古代の言葉について再検討している。その多様な社会的含意を明らかにしようというのだ[11]。天気、気候、世論の重要性は、科学者と歴史家の注意をともに引くほど複雑なものなのである。

だが、天気と気候は別個のものではなく相互に関連しているとして、どのように関連しているのだろうか。たとえば、天気と気候はともに、地球温暖化やハリケーンの強度をめぐる議論の中心にある[12]。一部には少数ながらこう主張する人がいるかもしれない。たとえば人工降雨は気候エンジニアリングとはまったく関係ないが、地球の放射収支や熱収支への干渉（たとえば太陽放射管理）は、大気大循環に影響を与え、したがってジェット気流や嵐の進路を含む上空の気象配置に影響を与える、と。したがって、天気自体はそうした操作によって変わることになる。逆に、暴風雨の強度や進路を変えることでそれに干渉すれば、あるいは地域、大陸、太平洋海域といったスケールで天気を変えれば、雲量、気温、降水などの状況に影響が及ぶことは明らかだし、モンスーンの流れや、最終的には大気大循環が大きく左右されることになる。こうした干渉が計画的に繰り返されれば、熱収支全体と気候に影響が出るはずである。

一九五〇年代、化学者のアーヴィング・ラングミュアは、天気システムへの大規模な種まきによって、北米大陸や太平洋といった広大な領域の季節や気候を変えようとした。その三〇年前、L・フランシス・ウォーレンは、帯電した砂を使って普遍的な気象制御システムを開発しようとした。一八四〇年代、ジェイムズ・エスピーは、大火事を人工的な火山として機能させ、それによって東海岸全体に定期的に雨を降らせ、天気を変えてその一帯を繁栄させようと提案した。一方、トマス・ジェファソンは、一九世紀の幕開けに気候エンジニアリングについて思案をめぐらし、アメリカにおける農作業の総体が地域の天気を変え、大陸全体を温暖化させることは間違いないと考えた。したがって、定義によっても歴史的実践においても、天気と気候は地方から世界に至る規模の、また短期から長期に至る時間的変化の連続スペクトル上に位置しているのだ。気象学者のハリー・ウェクスラーが好んで指摘したように、天気を大きな空間規模で繰り返し変化させれば、気候を変化させることになるし、逆もまた同様なのである。

ここまで、空を修理することに関する私の考え方——主に、天気あるいは気候システムに見られる欠陥を補修し、修復し、どうにか改善することに関する歴史上の考え方——を書き記してきたが、空の修理にはそれ以外の実にたくさんの意味がありうる。オックスフォード英語辞典によると、「空（sky）」とは、雲に覆われていようと真っ青に晴れ渡っていようと、はっきりと見える蒼穹（そうきゅう）あるいは天空である。それは、特定の地域の気候かもしれない。こうした地域は、最近では局地的に限定されるのではなく、より世界的に広く指定されるのが普通である。空の見かけは実にさまざまだ。陽光にあふれていたり、星がまたたいていたり、靄がかかっていたり、雲に覆われていたり、青空が広がっていたり、銅色をしていたり、さらには乳白色だったりする。霧や雲の改変は空の修理を意味する。空の神と女神、空の日よけ、空を飛ぶパイロット（野心的すぎる人びと）のすべてが、この一見果てしなく、しばしば途方もなく風変わりな歴史において、みずからの役割を演じてきたのである。

修理を表す「fix」という単語には、苦境、難局、ジレンマ、すなわち「窮地」の意味がある。また、回復の見込みのない人を助け、事態を正常に戻すための英雄的な介入を指す。さらに、海や、空や、トレーディング・フロアにおける位置の確認、麻薬常用者への一服の麻薬、あるいは、違法な賄賂や不正な取り決めなどを意味することもある。「fix」には、問題解決のための手段、ときに「応急処置」として知られる簡易治療の意味もある。応急処置とは、適切ではあるがその場しのぎの解決策のことで、根本的な問題には対処できないという含みがある。「fix」は「tech fix（技術的解決）」を指す場合もある。これは、ある問題の社会的特徴よりもエンジニアリングにかかわる側面を強調する用法だ。「fix」されているものは変化も動揺もしない。安定性と堅牢性を備えているのだ。たとえそれが、固定し、集中し、揺るぎのない、うっとりするような凝視（fixed gaze）であるとしても。スコットランドの化学者のジョゼフ・ブラックが、こんにち二酸化炭素と言われているものを発見したとき、「fixed air（固定空気）」と呼んだのは、その安定した特性のためだった——いまでは皮肉なことに、この複合語は環境をめぐるあらゆる議論の不安定な中心となっている。植物は光合成を通じて炭素をみずからの組織にうまく固定するが、われわれはいまだ、二酸化炭素を捉え、固定し、地下や海溝に封じ込める方法を知らない。スポーツ競技や選挙では、違法な手段による「fix（工作）」が可能だが、雄牛は合法的な「fix（去勢）」が可能である。独身者には、お似合いのパートナーを「fix up（あてがう）」ことができる。

一九六六年、物理学者のアルヴィン・ワインバーグは、「技術的解決」という言葉を生み出した。それ以来この言葉は、複雑な問題に対する過度に単純化された改善策、あるいは一時しのぎの改善策を意味するようになった。これは、解決する以上の問題を生み出しかねない中途半端な解決策なのだ。人間の本性よりもテクノロジーを信頼したワインバーグは、エンジニアリングを保全や自制に代わるものとして提案した。われわれは、地球温暖化に対する技術的解決をめぐってこうしたジレンマに直面している。もっとも、その手のアイディアを提案する人びとはすぐにこう言うのだが――より合理的な形の緩和や適応が有効になるまでのあいだ、時間を買っているだけなのだ、と。(13)

実際には、人間は長いこと、衣服と住まいのテクノロジーによって一種の気候制御を行なってきた。皮膚の表面から数センチ以内の熱収支や水分収支をコントロールすることによって、人間はきわめて過酷な気象条件のなかでも活動できる。登山家、極地探検家、さらにはフランス外人部隊でさえ、われわれ全員がしていること――予想される環境条件に応じて服を着ること――の極端な例を示しているだけなのだ。

閉じた狭い空間内で熱収支を（また、ある程度まで水分収支を）制御すれば、人間はたいていの気象条件や気候帯で、そこそこ快適かつ安全に生き、働き、遊ぶことができる。思想家のラルフ・ウォルドー・エマソンの言葉を借りれば、「石炭は持ち運び可能な気候である……ワットとスティーヴンソンは彼らの秘密を人類に耳打ちした。半オンス（約一四グラム）の石炭で二トンの石炭を一マイル（約一・六キロ）牽引できるというのだ。鉄道やボートによって石炭が石炭を運び、カナダをカルカッタのように暖かくする。また、石炭は快適さとともに、その工業力を届けるのである」[14]。ちょうど一世紀前、機械技師のウィリス・H・キャリアが工業用のエアコンを発明したとき、空気を冷却し、乾燥し、浄化するために工業力が使われた。キャリアの発明はいまや、現代生活のあらゆる面に浸透している。家庭用、自動車用、工業用のエアコンが普及しなければ、アメリカのサンベルト〔アメリカ南部・南西部の温暖地帯〕が現在のように発展したかどうかは疑わしい。これらの簡単な例が示すのは、誰もが天気や気候を（小規模に）制御する一方で、それについて大掛かりな空想にふける人もいるということだ。クラーク・スペンスは、『ザ・レインメイカーズ』という面白い作品のなかで、第二次大戦以前の科学的な天気改変の、ときに奇想天外でつねに非現実的な歴史を概説している。一九四五年以降いまに至るまで、それらの物語は発展し、継続しているのである。

　科学技術の歴史における多くの成果が、英雄的に――偉大なアイディアを持つ偉大な人びとが「巨人の肩のうえに立って」――なしとげられてきたし、環境の歴史は悲劇として書かれることが多い。それにもかかわらず、天気と気候の制御の歴史を語る最善の方法は、悲劇と喜劇というジャンルが交錯するより広範なアプローチをとることである。ほとんどのレインメイカーや気候エンジニアは、自分たちの活動を英雄的で劇的な試みとして描く。御しがたい空を支配することによって、人類を救おうとしているというのだ。しかし、彼らの努力は商業的・軍事的側面を持つことが多く、たいていは公言された目標に程遠い成果しかあがらない。だからこそ悲喜劇——あるいは単なる喜劇かもしれない——は、空の修理、すなわち天気と気候の支配を目指す人びとの英雄的とは言いがたい言動を理解するのに最適なのだ。本書で私は、神話的過去から現在までつづくアイディアの喜劇を披露する。そこに共通しているのは滑稽さであり、ときには風刺である。誇大宣伝が大げさになりすぎるときはとくにそうだ。大半の物語で強調されるのは、その手の主張につねに見られる本性であり、主人公たちの傲慢さと愚かしさであり、彼らが依拠するきわめて病的な科学であり、新たなテクノロジーのご都合主義的なアピールであり、マクロエンジニアリングは生み出す以上の問題を解決するはずだという錯覚である。

理解、予測、支配が三位一体となって、科学とSF双方において顕著な幻想を強化する。理解は複雑な現象をひと揃いの基本法則やメカニズムに還元してしまうことが多い。そこには、極端な「分子還元主義」さえ含まれるかもしれない。たとえば、ヨウ化銀（AgI）が広範にわたる天気改変の「トリガー（引き金）」機構として扱われたり、こんにち格好の環境分子である二酸化炭素が、人間による気候システムへの介入の国際的シンボル——豊かさと懸念をともに表し、体系化するシンボル——として扱われたりする。

予測には時間領域が必要であり、その範囲内で自然現象の未来の状態が特定される。科学者が言うには、現象を理解すればその振る舞いを予測できるという。とはいえ、大昔にもある程度正確な空模様の予測が行なわれたものの、天気予報と基本的な気候モデリングが可能になったのは一九五〇年代半ばのことだった。デジタル・コンピューティングのおかげで、この極端に複雑な非線形システムを扱える可能性が初めて垣間見えたのである。

支配は三位一体の第三の要素である。とはいえ、理解に予測や支配が含まれるわけではない。観察によって馬には牧草と淡水が必要だとわかれば、野生馬の群れは川の近くの草原に集まるだろうと予測されるかもしれない。だが、馬を捕まえ、飼いならし、意のままに従わせるのは、はるかに難しい仕事である。一部の人にとって、デジタル・コンピューティング、宇宙からの地球観察、大気中の化学種のきわめて正確な測定が実現したこの時代に、天気や気候を支配することは、ただ観察したり予測したりするよりも望ましいことだ。現代ではそれが可能であり、科学技術のおかげでわれわれは、地球を動かすアルキメデスの梃子を手にしているのだと考える人もいる。本書では、これら古来の、絶え間ない、そして現代的な探求と問題について、最近の展開を遠い昔のコンテクストに置くことによって検討する。

第一章、支配の物語は、自然の支配に関する空想的・思索的な文学作品にハイライトを当てる。なかでも、パエトンの大失敗、ミルトンの『失楽園』、ダンテの『神曲』といった古典的物語を題材として取り上げる。これらの事例からわかるのは、神話、魔術、宗教、伝説は過去の遺物ではなく、現代的な営為に深く根を下ろし、活気を与えているということだ。つづいては、初期の地球科学的フィクションを概観する。ここではSFというジャンルと、雲や気候を支配しようとする人たちの空想との類似点を明らかにする。ジュール・ヴェルヌ、マーク・トウェイン、カート・ヴォネガットといった有名作家の作品は、あまり知られていないが重要で、啓発的で、面白い数知れぬ初期のフィクションの最後を飾るものだ。N・リチャード・ナッシュのよく知られた戯曲、『ザ・レインメイカー』をはじめとするレインメイカーの物語の出現は、『スカイ・キング』というテレビの連続番組による大衆化や、ワーナー・ブラザーズやウォルト・ディズニーのコミックと同時期のことである。こうしたケースでは、トウェインに見られるように、喜劇的なジャンルが英雄的・悲劇的ジャンルに勝るのは明らかである。また小説の創作が、科学者や技術者の空想的な提案に欠けている道徳的な核を持っているのも明らかだ。さらに、作家たちは女性の声を使い、たいていは男性の主人公にみずからの倫理的逸脱を思い出させることが多い。

科学的なレインメイカーが歴史の舞台に上がるのが、第二章だ。この制御の物語は、フランシス・ベーコン卿の大望とともに始まり、歴史学的には異論もある科学革命の遺産としてつづいている。進歩という概念に心を奪われた開明的な夢想家たちは、天気と気候を理解し、予測し、最終的に支配することに熱中した。だが、彼らは自然の深部に潜む秘密を明らかにしたのだろうか、それとも、われわれの心の奥底に眠る感受性を踏みにじったのだろうか？　アメリカの高名な気象学者であるジェイムズ・エスピーは、大火によって降雨を制御しようとした。とはいえ、この目標には問題がある。それが達成されても、巨大な倫理的ジレンマが生じることだろう。別のグループは、雲を連続的に砲撃して水分を絞り出そうとした。だが、たいていの場合、花火ショーを見物人に喜んでもらうのが関の山だった。進歩という概念は我を忘れさせるほどの自信をもたらしたため、不可能なことはなさそうに思えた。空にさえ限界はないのだ。いまや状況がまるで違うのは間違いない。それとも、同じだろうか？

第三章では、レインフェイカーについて考える。レインフェイカーとは食わせ者、つまりいかさま師のことである。こうした人びとは機知を頼りに暮らしを立て、自暴自棄になってだまされやすい農夫に怪しげなサービスを提供して報酬を得ていた。この手のサービスの一つが雹射撃であり、一八八〇年代から九〇年代にかけてそれを行なったのが、カンザス州とネブラスカ州では、食わせ者のなかの食わせ者だった。「水分増進者」であるチャールズ・ハットフィールドは独占販売権を持つレインメイカーたちだ。二〇世紀に入って最初の三〇年で、彼は独占販売権を持つ化学薬品を混ぜ合わせて高い塔から散布し、相当な利益を手にした。ジョージ・サイクスは、一九三〇年代にベルモントパーク競馬場を相手に信用詐欺を働いた。ヴィルヘルム・ライヒは、一九五〇年代に自分の信奉者をペテンにかけた。アーヴィング・P・クリックは、アメリカ西部の大半の地域で、商業的な雲の種まきを行なった。つい最近では、プロヴァクア・プロジェクトがテキサス州ラレードの住民を詐欺にかけようとした。この事件から明らかになるのは、以上のような怪しげではあるが（少なくとも遠くから見るかぎり）ユーモラスな営為は繰り返されるということだ。皮肉なことに、レインメイカーとレインフェイカーが使った技術は、前者が実際に自分のしていることを信じており、後者は明らかに信じていなかったにもかかわらず、驚くほど似通っていた。

第四章では、航空術の黎明期における雲の除去に焦点を当てる。航空機のおかげで大気実験の新たな足がかりができると同時に、飛行の安全と軍事的な効率の重要性も増した。実験者のチーム——ほぼ独力で活動するチームもあれば、政府の支援を全面的に受けたチームもあった——は、霧を除去するための電気的・化学的・物理的方法に取り組んだ。たとえば、帯電した砂で雲を攻撃する、塩化カルシウムを空港に噴霧する、数十万ガロンのガソリンを燃やす（英国空軍を空中に維持し、パイロットを安全に帰還させるための力ずくの試み）などである。この章の最後で、屋内と屋外の「未来の大気」について概観する。一九三〇年代に高まった空気調節（エアーコンディショニング）の人気は、天気と気候の支配への入り口だった。これがその後、ドーム球場、屋内のショッピングモールにつながったわけだが、都市全体を空気調節するまでには至っていない。また一九三〇年代から四〇年代の初めにかけて、気象学者のあいだでは、その後数十年の技術的躍進の見通しが共有されていた。こうした躍進が、完全な天気予報ばかりか、気象制御という至高の目標に結びつくものと思われていたのだ。

第五章では、ノーベル賞受賞者のアーヴィング・ラングミュアが示した病的科学に顕著な特徴を検討したあと、つづけてラングミュア自身の示した基準に則って彼を批判する。ラングミュアも、またある程度はGEの同僚たちも、ドライアイスとヨウ化銀を雲の種まき剤に用いた天気制御を狂信的なまでに支持していた。軍隊がこのプロジェクトを引き継ぐと、ハリケーンへの乱暴な介入、やりたい放題の大規模テスト、包括的ながら支持を得られない主張をする舞台が整った。この技術が世界中に広まると、アーヴィング・P・クリックに代表される大勢の商業的な雲の種まき師が、降雨を必要とする人びとを食い物にして生計を立てた。この章の締めくくりは、イングランドとかつてのソ連における気象災害である。これは雲の種まきに起因すると考えられるが、証明はされていない。

第六章では、雰囲気がかなり暗くなる。軍事的なテーマが話題の中心となるからだ。天気に対する軍事的な関心やかかわりの歴史的重要性は何だろうか？　とりわけ冷戦時代に、雲はどうやって兵器になったのだろうか？　気象制御で優位に立とうとする競争は、米ソのあいだでどのように起こったのだろうか？　ヴェトナムのホーチミン・ルートで起きた人工降雨をめぐる浅ましい事件と、国連による環境戦争の禁止のおかげで、一九七〇年代のこうした熱狂の大半は終息した。とはいえ、天気と気候の戦士たちは依然としてわれわれのそばにいる。将来の戦場の天気を「所有」して操作する準備を整え、気候変動の進展性を国家の安全保障のために支配しようとしているのだ。

第七章では、一九四五年から六一年にかけて現れた気候懸念、気候幻想、地球規模の気候制御の可能性について検討する。この章では、技術的、科学的、社会的、通俗的な問題を説明し、数字による気象予測という陳腐な初期の物語を超えて、数字による気象制御という新たな分野へと向かう。この分野には、想像力の限界をみずからの限界とする突飛なアイディアの市場、二〇世紀の幻想の殿堂、あるいは超現実的な領域（トワイライト・ゾーン）さえ含まれる。以上のような説明をするために、自然のプロセスに「口出し」しようとした一部の化学者、物理学者、数学者、そしてもちろん、気象学者について検討する。こうした人びとは、ドライアイスやヨウ化銀ではなく、気候修繕のきわめて独創的な新たな可能性によって自然のプロセスに干渉した。その際に用いられるのが、デジタル・コンピューティング、人工衛星リモートセンシング、原子力などだ。この時期の中心人物には、テレビを開発したウラジーミル・ツヴォルキン、著名な数学者であるジョン・フォン・ノイマン（二人とも完全な天気予報機を探し求めていた）、ハリー・ウェクスラーがいる。ウェクスラーは、結果として成層圏のオゾン層に穴を開けてしまうことを想定し、気候エンジニアリングの来るべき危機についてはっきりと警告していた。

最後に、第八章では、地球工学をめぐる昨今のアイディアと提案について検討する。地球温暖化への懸念と、緩和や適応では気候崩壊を避けるのに不十分だという根本的な確信から、気候エンジニアは権威と資力を執拗に求めている。紙上の研究やコンピューター・モデルの先へ進み、地球温暖化の技術的解決として、アイディアを実地に試験したり本格的に実行したりするためだ。ところが、「地球のサーモスタット」をつくりだそうとする彼らに、幅広い支持者がいるわけではない。主流派の科学者、環境問題専門家、政策立案者から見ると、彼らの姿勢はきわめて強引だ。実証されていない、もしかすると実証できない施策を声高に主張しているからである。人類全体がとってきた問題への対策はあまりにも少なかったが、気候エンジニアがやろうとしていることはあまりにも多すぎる、というところかもしれない。

計画された環境制御は好ましいものではないかもしれない。それが単純な前提（たとえばハリケーンの進行方向は簡単に変えられるとか、基礎的な放射線物理学が地球の気候を支配しているなど）に基づいている場合や、知識基盤を超えていたり科学的幻想に等しかったりする場合はなおさらだ。昔の似非（えせ）科学的なレインメイカーと同じように、こんにちの意欲あふれる気候エンジニアは、何が可能かをひどく誇張し、世界の気候を管理しようとすることの政治的・倫理的含意を——また、彼らの先輩が直面したものよりはるかに重大な潜在的帰結を——ほとんど考慮していない。

天気や地球規模の気候を改変する道徳的権利が、誰にあるだろうか？　地球のサーモスタットはどこに置かれるのだろうか？　気候エンジニアリングによって、炭素排出を削減するインセンティブは下がるだろうか？　未知の副作用はどうだろうか？　それは商業化されるべきだろうか？　国家や企業が一方的に商業化するとどうなるだろうか？　現行の条約に違反するだろうか？　軍隊が大いに関心を寄せるのはなぜだろうか？　いったん商業化が始まったら、止められるだろうか？　天気・気候エンジニアリングは、自然と人間の基本的関係をどう変えるだろうか？

本書は過去の実践を土台にして、現在の一群の地球科学理論家のきわめて幻想的な主張について展望する。気候エンジニアと総称されるこうした理論家は、温暖化への対策として地球を冷やすよう提案している。人類が目下直面する異常気象——世界の人口、多くの気体廃棄物、生活水準の全般的向上などのせいで悪化する状況——によって、かつてない難題を突きつけられているとすれば、歴史上の先例を探すのがいい。

現世代の気候エンジニアは、地球規模の環境操作を考えた最初の人びとではない。実のところ彼らは、天気・気象制御の長きにわたる波瀾万丈の歴史の相続人なのだ。そこには、さまざまなタイプの夢想家と敗者が登場する。こうした歴史が新たな知見をもたらし、新たな課題を提起し、新たな論争を巻き起こし、社会的・倫理的・公共的な政策をめぐる考察を活気づけるなら、努力の甲斐があるというものだ。本書の目標は、歴史からの十分な情報に基づく展望を明瞭に示すことであり、一つの対話を始めることである。この対話を通じて、そうしなければ隠れていた価値観、倫理的含意、社会的緊張、過去と現在の環境を取りまく公の懸念が明らかになるのである。

第一章　支配の物語

ゼネラル・エレクトリック社はサイエンス・フィクションだった。
――カート・ヴォネガット

歴史を通じ、また文化の違いを超えて、文明社会は神や英雄の物語を語ってきた。これらの神や英雄は、とても支配できそうにないものを支配しようとする。地平線の上や下で起こる現象もその一つだ。こうした物語には多くの原典がある。神話、宗教、しきたりなどは、文化の基盤を形成しており、人びとがグループの団結を求めるとき――たとえば予想されていた雨が降らないときや、暴風が吹き荒れるとき――に頼りとされることが多い。本章では、ギリシャ神話、西洋の古典、ネイティブ・アメリカンの雨乞い、また最近のフィクションに見られるさまざまな物語について検討し、つづいて、一九六〇年頃より以前の地球科学フィクションの事例を、三文小説、舞台や映画、テレビから抜き出して取り上げる。これらの事例は大衆文化を解明するのに役立つものだ。だが、ここには啓発をはるかに超えた意味がある。物語を語ることは、事実とも幻想ともつかない領域にかかわり、両者の相互関係を認めることだ。漫画や悲喜劇といったジャンルが、過去に気象の世界に現れたドン・キホーテやループ・ゴールドバーグ〔アメリカの漫画家。簡単なことをするためのひどく複雑な機械の漫画で有名〕による思いつき的な活動について、新たな見方を示してくれる。こうした物語を語ることが、科学研究を扱う文学作品に特有の英雄的・悲劇的ジャンルよりも重要なのは間違いない。それは、科学、テクノロジー、環境の歴史を研究する人びとが、最近になってようやく取り組みはじめたばかりの題材である。

パエトンの大失敗

天気・気候エンジニアリングの文化的根源を掘り下げるには、神話的物語に込められた知恵について考えてみるといい。われわれが気づこうと気づくまいと、西洋文明の多くはそうした物語を基盤としているからだ。ギリシャ神話によれば、若きパエトンは太陽の戦車の制御を失い、その無鉄砲な振る舞いによって地球に多大な被害を及ぼしたあと、ゼウスの手で空から撃ち落とされたという。この物語は、パエトンが自分は太陽神ヘリオスの息子だと自慢したため学友に馬鹿にされるところから始まる。パエトンは母のクリュメネーに、自分が天に生まれたことを証明してほしいとねだった。クリュメネーはパエトンを日の出の方向である東へと、インドにいる太陽神の荘厳な宮殿へと送り出した。ヘリオスはこの若者を暖かく迎え、望みをかなえてやろうと言った。パエトンはすぐさま、一日のあいだ太陽の戦車を運転させてほしいと父に願い出た。それを聞いたヘリオスは約束を悔やんだ。黄道帯〔黄道に沿って南北に八度ずつの幅の帯域〕の行路は険しく危険であり、馬を御するのは不可能ではないにしても難しいからだ。ヘリオスは、その先の出来事を予言するかのように答えた。「用心するのだ、息子よ。私が命を奪う贈り物をしたなどということがあってはならない。取り消せるうちに願いを取り消すがいい……お前が求めているのは名誉ではなく破滅だ……もっと賢明な選択をしてほしい」(1)。だが、若者が願いを取り下げることはなく、ヘリオスは約束を守った。東の空が白む頃、太陽の戦車に馬がつながれると、ヘリオスは嫌な予感にため息をつきながら、息子にこう説いた。鞭（むち）の使用を控えるように、手綱を緩めないように、「中間地帯を外れないように」、つまり南へも北へも、上にも下にも行き過ぎないように、と。「中道こそ最も安全にして最善の道なのだ」

そこで、パエトンは鞭の使用を控えた。これは問題なかった。もっと大きな問題は、この若者が軽量で、馬がそれを感じとる点にあった。「すると、底荷（バラスト）を積んでいない船が洋上で翻弄されるように、いつもの重みがない太陽の戦車は、誰も乗っていないかのように右往左往した」。また、パエトンは御者の経験がいっさいなく、とるべきルートの見当がつかなかった。「パエトンは不安を募らせたが、馬をどう導けばいいかわからない。仮にわかっても、彼にはその力がないのだ」。太陽の戦車が黄道帯から外れると、あわれなパエトンは恐怖に青ざめ、震えながら、地球の広大な大地を見下ろした。彼はみずからの願いを悔やんだが、もはや手遅れだった。太陽の戦車は「暴風にあおられて疾走する船のように」止まることなく走った。我を忘れたパエトンは、手綱を放してしまった。中道ももはやこれまでだ。

馬は背中が軽くなったのを感じると、がむしゃらに突進し、空の未知の領域に気の向くままに駆け込んだ。星々のあいだを縫うように、戦車を引いて道なき道を進み、空高く舞い上がったかと思えば、地上すれすれまで急降下した……雲が広がりはじめ、山々の頂に火がつく。野原は熱でからからになり、草はしおれ、葉の茂った木々は焼け、作物は燃え上がる！　とはいえ、これくらいは大したことではない。大都市が防壁や塔もろとも消滅した。国全体が国民ともども灰燼に帰した！　森に覆われた山々が焼けた……やがて、パエトンは世界が燃えさかるのを見つめながら、この熱には耐えられないと感じた。彼が吸い込んだ空気は、かまどの空気のようで、燃えている灰でいっぱいだった。煙は真っ暗な闇のようだった。

大地が燃え、海洋が危機に瀕し、極地で噴煙が上がると、天空を支える巨人アトラスは肩をすくめるだけではすまなかった——卒倒してしまったのだ。熱と渇きに打ちのめされた地球の住民は、ゼウスに介入を懇願した。「海、大地、天が消滅してはいけないから、［また］われわれが古代の混乱状態に陥ってはいけないから。まだ残されているものを猛火から救いたまえ。おお、この恐ろしい瞬間に、われわれの救出に心遣いを」。ゼウスはその願いに応え、命を奪う稲妻によって、正道を外れた御者を空から撃ち落とした。それを見たヘリオスはショックを受け、落胆した（図1・1）。この神話には功利主義の倫理が働いている。地球の大半が燃えてしまったあとで、いっそうのダメージを避けるため、パエトンは自分より身分の高い者の手で殺された。それは無理もないことだった。

二〇〇七年、著名な気象学者のケリー・エマニュエルは、現代の気候変動の科学と政治をめぐる検討を短くまとめるため、パエトンの物語を引き合いに出した。ハリケーンの研究で広く知られ、敬意を集めるエマニュエルは、気候変動をめぐって高まりつつある科学的コンセンサスに注意を促した。このコンセンサスを何よりも、また権威をもって先導しているのは、現代の「気候変動に関する政府間パネル（ＩＰＣＣ）」の報告書である。とはいえ、エマニュエルは的確にもこう認めていた。「われわれは……気候システムがどう働くかについて、みずからの集団的無知を自覚している」[2]。エマニュエルは出し抜けに神話に舞い戻り、論文を締めくくった。「好むと好まざるとにかかわらず、われわれはパエトンの手綱を手渡されている。パエトンのたどった運命を避けたいなら、気候を**支配する術を学ばねばならない**」（強調は筆者）。こうしてエマニュエルは、パエトンの大失敗を繰り返し語るよう奨めている。こう考えてみよう。父の許可を得てタンクローリーを運転する未成年者が、向こう見ずな高速カーチェイスをして制御不能

図1・1　パエトン（ヘンドリック・ゴルツィウス「4人の恥さらし」、1588）。ほかに、イカロス、タンタロス、イクシオンが、大それた野望を持つ「恥さらし」とされている。

に陥った挙句、当局に捕まる。あるいは、もっとグローバルな例を挙げれば、昨年ゴーサインが出た地球工学的プロジェクトが、インドのモンスーンを消滅させる結果となり、数百万人を飢餓に直面させる。

エマニュエルの最後の考え方——われわれは「気候を支配する術を学ばねばならない」——はどうだろうか？　これは本書の最終章のテーマである。ケンブリッジ大学の科学者、ロス・ホフマンは空想的な「スター・ウォーズ」システムを提案している。人工衛星からハリケーンにレーザー光線を発射し、その進行方向を変えようというものだ。ここでは、人には嵐がそもそもどこへ向かっているかがわかるし、その新たな進路にはいかなる障害も存在しないと想定されている。これはパエトンの手綱の一例だろうか？　太陽神ヘリオスが直接かかわっていたことを考えると、「太陽放射管理」の別の手段、たとえばノーベル賞受賞者のポール・クルッツェンによる提案（二〇〇六年になされたが、実際にははるかに古いアイディア）はどうだろうか？　これは、熱帯成層圏に硫酸塩や別の反射性エアロゾルを散布することによって、地球を冷やそうというものだ。危険で費用のかかるこうした環境制御の提案がまだまだ存在する。これらの提案は、パエトンの神話で語られる経験不足と起こりうる悲劇を思い出させるものだ。

忘れないでほしいのだが、ヘリオスは息子に手綱を握らせるという根本的に間違った決断を下し、それが悲劇的な結末をもたらした。だが、ヘリオスはパエトンにすぐれた助言を与えた。太陽の戦車を操って十二宮の中道を進むように、と。人類にとって、この世界と次の世界のあいだでとりうる最善策は、「みずからの集団的無知」を認め、謙虚さを失わず、太陽神とその親分をともに怒らせるのを避けることである。そこには、全体的なエネルギー効率の「中道」をとり、環境への責務を果たし、倫理的な選択をすることが含まれるのだろうか？　何もしないことが論外なのは確かである。だが、やりすぎということはないのだろうか？　気候を「修理」しようとする何者か、あるいは何らかの集団は、パエトンの大失敗を繰り返すことにならないだろうか？ギリシャ神話にはそうした物語、登場人物、教訓があふれているのだ。

『失楽園』と『地獄篇』

西洋の古典には聖書的なテーマが浸透している。そうしたテーマの一部は、天気と気候の支配における人間の役割を直接・間接に扱うものだ。ジョン・ミルトンは『失楽園』（一六六七）のなかで、人類の始祖が神の恩寵を失った結果、神によって地軸が（したがって気候が）変化したことをほのめかしている。ミルトンによれば、エデンの園はほどよい霧のおかげでうるおい、これ以上ないほど穏やかな気候だった。ところが、怒った神が罰を下そうと、地球とその環境をつくりなおし、過剰な暑さ、寒さ、嵐を生じさせたのである。「創造主は、より力のある天使の名を呼んで召し出すと、いくつかの任務を与えた(3)」。太陽は「とても耐えられない暑さ寒さを」地球にもたらすために、動き、輝くことになった。惑星は「それらの有害な影響を……示すために」たがいに六〇度、九〇度、一八〇度、一二〇度の位置に並ぶことになった。風は「海、空、陸を混乱させるために」世界の隅々から吹くことになった。そして、雷鳴が「暗黒の天上の大広間を貫く恐怖とともに」とどろくことになった。だが、最大の変化は地軸を傾けることによって生じた。「ある人びとによれば、神は天使たちに、地球の両極を黄道の軸から二〇度あまり傾けるよう命じたという。そこで彼らは全力を振り絞って地球を斜めに押しやった……変化する季節にそれぞれの気候をもたらすためだ。こうした変化がなければ、地上では永遠に春が微笑み、春の花々が咲き乱れ、昼と夜の長さは等しかったはずである」

こうしたことが、海と陸の天気・気候の大変動につながった。「恒星の爆風、腐敗して有害な、蒸気、霧、発散熱」が生じた。北からの風（ボレアス、カイキアス、スケイロン）が「みずからを閉じ込める堅固な地下牢を、氷と雪と雹、荒々しい突風と疾風を武器にして」破った。ほかの風（ノトス、エウロス、さまざまな暴風）は、それぞれの季節に、木々を引き裂き、作物を壊滅させ、海を荒れ狂わせ、黒い雷雲を引き連れて轟音とともに突進することによって、風の神アイオロスの命令を果たした。だが、天使たちには最後にもう一つ仕事があった。「ぐずぐずしているわれわれの始祖」をエデンの園から追い払うことだ。ここでもまた、ミルトンは気候変動について描いている。神の赤々と燃え上がる剣は「彗星のようなすさまじさで、焼けつくような熱と、リビアの乾ききった大気にも似た蒸気によって、あの穏やかな気候の土地をからからに乾かしはじめた」。楽園を振り返って、「二人は自然と涙をこぼしたが、すぐにそれをぬぐった。安住の地を選ぶべき世界が目の前に広がっていた。神意が導き手となってくれる。二人は手に手をとって、さすらいの歩みをゆっくりと進め、エデンの園を通って二人きりの道を辿っていった」。これでおわかりだろうが、罪の報いは……気候変動なのである。

『神曲』によれば、一三〇〇年の春、ウェルギリウスとともに地獄を訪れたダンテ・アリギエー

図1・2 『地獄篇』――ダンテの描く地獄で「火の雨の拷問を受ける冒瀆者たち」(挿絵・ギュスターヴ・ドレ、1861)。

りは、罪を犯した者の末路を目のあたりにした。二人は「悠然と」ある世界を去り、「いっさい光の差さない……絶えず嵐の吹き荒れている地域」へと入った。[4] 二人の目の前で、三番目の圏谷に閉じ込められた暴食家たちが、永遠の寒さと激しい雨、雹、雪という類のない気象による責め苦を味わわされていた。一方、一七番目の圏谷では、神を冒瀆した人びとが裸でみじめに涙を流し、「膨張した火の粉」の雨が降りしきるなか、仰向けになったり、座り込んだり、うろついたり、不平を鳴らしたりしていた(図1・2)。こんにち、われわれはギュスターヴ・ドレの挿絵に新たなキャプションを付け加えるかもしれない。「人工火山実験が失敗した結果、業火の雨が哀れな人類に降り注いでいる。二人の地球工学者が見下ろしている」と。

天と「天国」が厳密に区別されたことは、これまで一度もない。むしろ、両者は密接にかかわりあってきた。大気現象のように、茫漠としていながら重大なテーマの場合はなおさらだ。神秘的なものと内在的なもののあいだの、相反するというより相乗的な相互作用は、歴史上の例外というより典型であるように思える。儀式を通じてであれ科学技術を通じてであれ、「神の領域」に干渉しようとする人間は、新奇にして伝統的なステップを持つ複雑なダンスを踊らざるをえなくなる。こうしたダンスを踊れば、罪を犯して神の恩寵を失う、あるいは少なくとも機嫌を損ねる可能性は、申し分のないダンスを踊る場合よりも高いのである。

マンダン族の雨乞い師

一九世紀のアメリカの画家、ジョージ・キャトリンは、北米インディアンの風俗習慣を説明するなかで、昔ながらの雨乞いと西洋の科学技術を対比している。ミズーリ川上流の沿岸に暮らしていたマンダン族は、長引く乾期に見舞われることがあった。そのままでは作物のトウモロコシが駄目になるおそれがあるため、呪医たちが神秘的な小道具を手に会議所に集まった。「大量の野生のセージをはじめとする芳香性の薬草と、それを燃やすための火を持ち寄り、その芳香を部族主神へ届けようというのだ」(5)。会議所の屋根の上では、一〇人あまりの若者が交代で雨を降らせようと奮闘した。それぞれの若者が屋根の上で一日を過ごすあいだ、屋根の下では医師たちが香をたき、歌と祈りで部族主神に粘り強く雨を乞うた。

ワー・キー（保護者）は、日の出とともに一番手で小屋に登った。彼は一日中そこに立っていた。愚か者に見えたのは、糸に通した神秘的なビーズを繰り返し数えていたからだ――村人全員が彼のまわりに集まり、成功を祈った。雲ひとつ現れなかった――その日は穏やかで暑かった。日が落ちると、彼は小屋を降り、家へ帰った――「彼の呪術はよくなかった」し、彼が呪医だなどということはありえない。

それから数日にわたり、オム・パー（ヘラジカ）とワー・ラー・パ（ビーバー）も雨を降らせることができず、面目を失った。

四日目の朝、ワク・ア・ダー・ハ・ヘー（ホワイト・バッファローの毛）が、舞台に上がった。盛装して、手には赤い稲妻の描かれた雲を呼び寄せる盾と、その雲を貫くための一本の矢をつがえた強靭な弓を持ってる。以前に失敗した人びとよりもすごい魔法を使うと言い放つと、集まった部族民に向かって演説し、空と、闇と光の精霊に、雨を降らせるよう命じた。足元の小屋のなかでは、呪医が詠唱をつづけていた。

正午頃、ミズーリ川を初めて遡っていた〈イエロー・ストーン〉という蒸気船が、村に近づいたところで二〇発の礼砲を放ち、その轟音が流域一帯に響き渡った。マンダン族は最初それを雷鳴だと勘違いし、空には雲ひとつ見当たらないというのに、ワク・ア・ダー・ハ・ヘーに拍手喝采を送った。彼も自分のおかげで雷が鳴ったのだと言った。その若者が、成功した雨乞い師に与えられるべき相当な報酬を受けとる準備をすると、女は彼の足元で気を失い、友人は歓喜し、敵は顔をしかめた。ところが、「雷船」が村に近づくと、人びとの目はあっというまにそちらに向かい、希望に満ちた雨乞い師はもはや注目の的ではなくなった。その日、しばらくして蒸気船来訪の興奮が醒めはじめたとき、地平線に黒い雲が湧き上がってきた。ワク・ア・ダー・ハ・ヘーはまだ雨乞いをつづけていた。彼はすぐさま盾を手にし、弓を引くと、雲にもっと近づくよう命じた。「マンダン族の頭上とトウモロコシ畑に雲の中身をぶちまけるのだ!」黒い雲が低く垂れこめると、彼はついに空に向けて矢を放ち、集まった群衆に向かって叫んだ。「わが友よ、やったぞ! ワク・ア・ダー・ハ・ヘーの矢はあの黒い雲を射抜いた。マンダン族は空の水に浸されるだろう!」その後、深夜まで豪雨が降りつづき、作物のトウモロコシは救われた。同時に、ワク・ア・ダー・ハ・ヘーの呪術の力と効き目も証明された。彼は強大な影響力を持つ男と認められ、名誉と敬意を受ける人生を過ごす権利を得た。

キャトリンはこの物語から二つの教訓を引き出している。第一に「マンダン族が雨を降らせようとするとき、失敗することは決してない。なぜなら、雨が降り出すまで絶対に儀式をやめないから」。第二に、マンダン族の雨乞い師は、いったん成功したら二度と雨乞いをしようとしない。彼の呪術に疑いの余地はないのだ。将来、旱魃(かんばつ)に見舞われたときには、自分の力を示そうとするもっと若い勇士に大役を任せる。西洋の科学技術的な雨乞いと違い、マンダン族の文化においては、雨が雨乞い師を選ぶのである。

残す者と奪う者

『イシュマエル』(一九九二)という創意あふれる著作のなかで、ダニエル・クインは、人間文化の二つの大きな流れに基本的な区別をつけた。すなわち、「奪う者」(農業革命の後継者)と「残す者」(伝統的社会の後継者)である。彼が語るように、一万年前、奪う者は革命のプロセスからみずからを除外した。彼らは、世界は自分たちのためにつくられたのであり、自分たちのものだと考えた。そして、世界を操作し、支配しようとした。それ以来、彼らはほかの生物種を犠牲にして、みずからの食糧資源と人口を一貫して拡大してきた。支配を追求する彼らの活動は、とどまるところを知らないように見える。その範囲は、大小さまざまな有害生物(バクテリアから草を食べるシカまで)の支配にはじまり、空を支配しようとする試みにまで及んでいる。「母文化」——奪う者の社会と生活様式を育むと想定されるもの——の暗黙にして偏在する声に導かれ、彼らは自分自身を、善と悪を知る特別で並外れた存在だと思うようになった。おかげで、彼らは神のように、誰が生き、誰が死ぬかを決められるのだ。彼らにとって世界とは、人間の生命維持装置、つまり人間の命を生み出し維持するための機械である。自然力やほかの生物種がたてつくなら、人間は自然に宣戦布告し、徹底的に征服し支配するのが宿命なのだと考える。

われわれは雨を降らせたりやませたりする……大海を農場に[つまり二酸化炭素吸収源に]変える。天気を[また気候を]支配する——ハリケーンも、竜巻も、旱魃も、季節外れの霜(しも)も、もはや起こらない。われわれは雲をして陸地に水を撒かせ、無駄に海に捨てさせはしない。この惑星のあらゆる生命過程は、われわれの手のなかで、それがあるべき場所――神がそれを存在させるつもりだった場所――にある。われわれは、コンピューターを操るプログラマーのように、それを操作するのだ。(6)

科学技術は、これらをすべて可能にする梃子(てこ)を与えてくれるように思える。だがクインによれば、奪う者の文化には致命的な欠陥があるという。そこには歴史的な視点と、生き方をめぐる知恵が欠けているからだ。奪う者は、まるで世界が自分のものであるかのように振る舞う。彼らは世界の敵であり、進化というスケールで見ればごく新しく、持続不能で、世界を破壊しかねない回り道をしているのだ。

残す者という、より古い文化は、残忍さ、未開、堕落などとは無縁である。彼らは人間の進化の本流であり、そのルーツは少なくとも三〇〇万年前にさかのぼる。残す者は自分たち以外のあらゆる生物の生存権や食料を得る権利を尊重し、全生命からなるコミュニティの支配者ではなく、その一員として生きる。彼らは比較的豊かな自然の近くで、神の手のなかで何の心配もなく暮らし、生物学的・文化的多様性と生態学的持続可能性を高める。残す者は、まるで自分が世界の一部であるかのように振る舞うため、周囲の生物はみずからの潜在能力を発揮する機会を手にする。この意味で、人間と周囲の生物は進化上の運命を共有しているのである。

クインが基本的に目指しているのは、何が失われたかを人びとに気づかせ、残す者の文化を刷新することである。彼によれば、人びとに必要なのは、推進すべき前向きな何かであり、抑圧すべき後ろ向きな何かではないという。人びとに必要なのはやる気の出るビジョンであり、破滅のビジョンではない。しかられることでもなければ、愚か者だと思わされたり、後ろめたい気持ちにさせられたりすることでもない。

本来、人びとに悪いところはない。世界と協調するという演目が与えられれば、彼らは世界と協調する。だが、世界と反目するという演目が与えられれば、人びとは世界と反目する。世界の支配者となる演目が与えられれば、彼らは世界の支配者として振る舞う。そして、世界は征服すべき敵だという演目が与えられれば、彼らは世界を敵として征服する。そして当然ながらいつの日か、敵は人びとの足元に倒れ、出血多量で死ぬ。まさに現在の世界のように。

これがイシュマエルの声だ。イシュマエルはゴリラだが、話ができ、聖書を読み、テレパシーが使える。クインはイシュマエルを、人類に対する卓越したメッセンジャーに仕立てている。イシュマエルの教え子たち——事実上この本の読者一人ひとり——は、「世界を救うという切実な願い」を持たなければならない。「本人がじかに行動」しなければならない。世界との協調を目指す、生きる勇気の出る演目を演じなければならない。イシュマエルはこんなことを思い出させてくれる。環境汚染の抑止や炭素排出の削減は、それ自体がわくわくするような目標ではないが、自分自身や世界について新たな視点で考えることは、まさにそうした目標なのだ。環境保護主義者は、地球への影響を最小限に抑えようとする点で、残す者の文化の価値観にしたがっている。ところが気候エンジニアは、気候変動の抑止という名を借りて、正真正銘の奪う者となるのである。

サイエンス・フィクション

天気と気候の究極の支配は、われわれの荒唐無稽な幻想と極度の恐怖を具現するものだ。幻想は現実を特徴づけることが多い（逆もまた同じ）。NASAのマネジャーは、トレッキー〔スタートレックの熱烈なファン〕と同じく、そのことをよく知っている。最高のSF作家は通常、ある分野の現状を土台として未来のシナリオを――人間の条件を明らかにし、探求するシナリオを――構築する。科学者もまた、途方もない空想にふけることが多い。広く実証されているわけではないが、幻想－現実という軸線は、地球科学の歴史の著しい特徴である。主な違いは、SF作家が道徳的な核と羅針盤を提供する点にある。

一九世紀にちらほら現れた風変わりな雨乞いの物語につづき、サイエンス・フィクションの作品群が怒涛のように押し寄せた。天気と気候の支配にまつわる話だけを集めても、一冊の本ができたことだろう。『地球の危機』（一九六一）というSF映画では、世界的な環境危機への、エンジニアリングを用いた英雄的かつ一面的な対策を中心に話が展開する。ヴァン・アレン放射線帯〔地球を取りまくドーナツ状放射線帯〕が流星群の突入によって燃えあがり、地球は迫りくる温暖化と大量絶滅の危機に直面する。北極の氷冠が崩れ落ち、アフリカで火の手があがり、世界の気温が急上昇し、文明の終わりが近づいたところで、最新式の原子力潜水艦（キャデラックのような水平舵を持っている）の艦長が、ある消火法を提案する。宇宙へ向けて核ミサイルを発射し、燃えさかる放射線帯を地球から切り離そうというのだ。国連の科学者たちが危険すぎるとしてその案を却下すると、艦長は小心な政府代表や選出議員の思惑を無視して一方的に行動に出た。巨大なタコや、世界の終焉は神の意志だと信じる宗教的狂信者などによるさまざまな妨害を乗り越え、潜水艦の艦長はミサイルを撃って世界を救い、自分の正しさを証明する。この作品のテレビ・シリーズでも、地球物理学的な脅威と地球工学的な対策にまつわる多くのエピソードが話の中心となっていた。

近年に現れたその他のスリラー物やパロディーにも、天気と気候の支配にまつわる筋立てが含まれていた。『電撃フリント　GO!GO作戦』（一九六五）では、人間離れした能力を持つスパイのデレク・フリントが、妄想にふけるマッドサイエンティスト率いる悪の秘密結社を退治するのだが、この科学者たちは気象制御による世界征服をもくろんでいる。『アンドロメダ…』（一九七一）という映画のラストシーンでは、地球外からやってきた「菌株」が、太平洋への雲の種まきによって、菌株を殺すと思われる海水のなかに洗い流される。ハル・クレメントの『窒素固定世界』（一九八〇）では、さほど遠くない未来における、地球規模の悲惨な化学的・環境的変化が描かれる。その変化のきっかけをつくる資源採掘産業と誤った遺伝子工学は、窒素化合物を質量ともに増大させることを目指している。結果として生じる化学反応によって、大気中の酸素は枯渇し、毒性・爆発性の化合物が地表に堆積し、海洋は酸性になる。そうした世界で繁殖する唯一の生き物は嫌気性細菌〔生育に酸素を必要としない細菌〕である。人間は呼吸装置を使ってようやく生き延びるが、この苛酷な環境ではほとんどの金属が腐食してしまうため、セラミック技術を土台とする物質文化を発達させる。ジャック・ウィリアムソンの『テラフォーミング・アース』（二〇〇一）では、以下のような状況が前提とされている。地球が小惑星の衝突によって壊滅的打撃を受けたあとで、心優しいロボットが生き残った人間の世話をし、地球の環境を徐々に元どおりにし、最後にはクローン人間のコロニーを地上に再建するのだ。一方、キム・スタンリー・ロビンソンは、『レッド・マーズ』（一九九三）、『グリーン・マーズ』（一九九四）、『ブルー・マーズ』（一九九六）の三部作で、遠くない未来に火星を地球と同じ環境にするという夢想的プロジェクトに期待を寄せている。ロバート・ズブリンは、『マーズ・ダイレクト』（一九九六）において、人間の移住のために火星の環境を地球と同じにすることは、意外に単純で簡単な仕事だと主張している。喜劇のジャンルも見落としてはならない。カナダのコメディー番組『レッド・グリーン・ショー』の「雨男」という回で、主人公のレッド・グリーンは、みずからの根城であるポッサム・ロッジに手製の雲の種まき砲を設置すると、化学物質を雲の中に噴射して旱魃を緩和しようとする——その結果は予想もしなかった滑稽極まるものなのだが。

以下では、現代あるいはポストモダンの、つまり一九六〇年代以降のSFの無尽蔵とも思えるテーマを並べて、読者を閉口させようとは思わない。そのかわり、もっと古い文学作品をいくつか紹介したい。ほとんどの人はそれらの作品を読んだことがないか、少なくとも最近は読んだことがないだろう。これらの文学作品は多くの点で時代遅れだが、その他の点ではきわめて現代的で面白く、テーマや道徳をめぐってさまざまな感情に訴えかけてくる。これらの感情は、天気と気候の支配に関する、過去、最近、現在の懸念を通じてこだましているものだ。私は、サイエンス・ファンタジーが最終的に科学的事実にたどりつくなどと主張したいわけではない。それどころか、そんな主張は支持できないと思っている。そうではなく、数世代の読者が、原子力時代や宇宙時代が訪れるかなり以前に、サイエンス・フィクションのなかにほのかな願望充足を感じていたと言いたいのだ。こうした願望充足は未来予想の基調を定めはするが、限界を決めるわけではない。以下で扱うメインテーマは支配だが、登場する文学のジャンルはさまざまだ。悲劇もあるが、多くはいわゆる「ハードパス」サイエンス・フィクションである（環境に優しいソフト・エネルギー・パスを提唱する物理学者のエイモリー・ロヴィンズには申し訳ないが）。つまり、ある惑星の環境を地球と同じにしたり、その基本的な物理的・生物物理的システムを地球工学によってつくりなおしたりという、壮大な英雄的努力にかかわっているのだ。そうした文学作品でよく強調されるのは、「征服」とか「抑制」といった言葉である。つまり、支配幻想にとらわれたベーコン的プログラムが演じられているわけだ。喜劇のジャンルも、ばかばかしくユーモラスな物語を通じてよく上演されている。結局、全体として見ると、天気と気候の支配をめぐる架空の作品に共通する唯一のスタイルは存在しない。また一部の作品が、ウッディー・アレンの映画『メリンダとメリンダ』（二〇〇四）のように、悲劇と喜劇を結びつけているのは明らかである。

ジュール・ヴェルヌとボルティモア・ガンクラブ

ジュール・ヴェルヌは、フランスの有名な「サイエンス・フィクション」作家である。一八六五年、ヴェルヌは『地球から月へ』という注目すべき本を書いた。英語版は一八七三年に出版された。物語のなかで、南北戦争の終わりを嘆く精鋭のボルティモア・ガンクラブのメンバーにとって、緊急の任務はなくなっている。そこで、クラブの会長であるインピー・バービケーンが、巨大な大砲をつくって月へ砲弾を発射しようと提案する。だが、バービケーンの敵がプロジェクトの失敗に莫大な金を賭ける一方、パイロットを志願する大胆不敵な人物が現れて、このミッションが「有人」飛行へ格上げされると、一人の男の夢は国際的な宇宙開発競争へと変貌する。

一八八九年に『地軸変更計画』という続編が出版され、英語版も同年に登場した。ヴェルヌは、巨大な大砲がつくられる可能性を再び描いているものの、今回は科学技術の驚異に対してかなり懐疑的な姿勢をとっている。アメリカのある投資グループが、広大で信じられないほど利益を生むが、一見して近づきがたい石炭鉱床の権利を一エーカー（約四〇〇〇平方メートル）二セントで手に入れる。北極の地下にある鉱床である。その土地を採掘するために、投資グループは極地の氷を溶かそうともくろむ。当初、このプロジェクトは一般大衆の関心を引きつける。投資家たちが、この計画によってあらゆる地域の気候が改善すると約束したからだ。彼らは、地軸の傾きを補正すべきだという考え方（ミルトンの『失楽園』が思い出される）を一般の人びとに納得してもらうのは、意外に簡単であることに気づく。この計画が実現すれば、夏と冬の差がなくなり、極

図1・3 『地軸変更計画』──（左から）キリマンジャロに大砲を建設、大砲の内部、発射！（絵・ジョルジュ・ルー、『イラストレイテッド・ジュール・ヴェルヌ』、1889）

端な暑さや寒さが和らぎ、人びとの健康が増進し、嵐の威力が弱まり、地球が地上の楽園となることだろう。この世界では、毎日が穏やかで春のようだ。ところが、投資家たち──ボルティモア・ガンクラブのメンバーで、月に砲弾を撃ち込もうとしたのとまったく同じグループ──が、世界最大の大砲をつくり、地球を撃って地軸をずらそうとしていることが明らかになると、世論は一変する。当初の大衆的熱狂は恐怖に変わる。この南北戦争の退役砲兵（現代のタイタン）たちが勝手な真似をして、一種のアルキメデスの梃子をつくれば、爆発による大津波のせいで数百万人という人びとが命を落とすのではないだろうか。隠密かつ迅速に、主人公たちはみずからの計画を進め、キリマンジャロの脇腹に巨大な大砲を建設する（図1・3）。企てが失敗に帰すのは、計算ミスのせいでこの大掛かりな狙撃に効果がない場合だけである。ヴェルヌは物語をこう締めくくっている。「したがって、世界の住人は安心して眠ることができた。地球の運動の条件を変えるなどということは、とうていい人間の力の及ぶところではないのである」[7]。それとも、人間の力はそこまで及ぶのだろうか？　おそらく、ヴェルヌがそう言い切るのは早すぎたのである。

マーク・トウェイン――気候を支配して販売する

アメリカのユーモア作家であるマーク・トウェインは、『アメリカの爵位権主張者』（一八九二）という作品を突飛な主張によって書き出している。「本書にはいっさい天気の話が出てこない。これは、天気に触れることなく一冊の本を書き上げようという試みである。小説では初めての試みなだけに、失敗に終わるかもしれない。だが、誰か向こう見ずな人間が挑戦してみるだけの価値はあるように思えたし、筆者はまさにその気になったのだ」(8)。「本書における天気」と題された冒頭の節で、トウェインは望ましくない「天気の絶え間ない侵入」について述べている。それは、読者にも作者にも道草を食わせる。「天気についてあれこれ言うため、数ページ置きに立ち止まらねばならないほど、作者の前進を邪魔するものはない」からだ。人間の経験の物語に天気は欠かせないという当たり前の事実を認めたあとで、トウェインは邪魔にならない場所――「物語の流れを遮断しない場所」――にそれを持って行こうとする。こうして、彼は天気を作品の最後に――実際には「気候をめぐる」結びと補遺に――追いやると断言する。依然として皮肉たっぷりに、彼は天気を、あるいはそれについての記述を「文学上の特質」と持ち上げ、目の肥えた読者にこう指摘する。それは「素人が描くような、知識を欠いた不出来な天気ではなく、手に入るかぎり最高の天気でなければならない」と。

言うまでもなく、天気の話がこの作品を支配していたまさにその当時、つまり一八九〇年代には、ロバート・ディレンフォースがテキサスで行なった実験が、気象制御をめぐる議論を支配していた（第二章）。『アメリカの爵位権主張者』の結びの数ページで、トウェインは、マルベリー・セラーズ大佐という奇人の話をしている。アメリカの自由企業体制の権化であるこの人物は、太陽黒点を操作することによって、世界の気象を支配しようと――そして売ろうと――する。大佐は自分の計画を説明する長い手紙を書いている。

要するに、私が抱いているすばらしい構想とは、利害関係のある人たちの望みに応じて地球の気候をつくりなおそうというものだ。つまり私は、現金または流通手形を代価として、注文にしたがって気候を提供する。従来の気候は内金をもらって引きとるが、もちろん、かなりの割引料金を設定する。その際には、その気候をわずかな費用で補修し、人里離れた貧しい地域に賃貸するという条件をつける。そうした地域は良好な気候を買うだけの余裕がないし、ただ展示しておくだけの高価な気候には興味がないからだ。

大佐はみずからを、統制官と同じく選ばれた少数者なのだと言い、（古気候学者のウィリアム・ラディマンよろしく）こう断言する。有史以前、旧石器時代の人びとによって気候は操作されていたと――しかも利益を得るために！

研究を通じて私は、気候を統制することと、古い在庫から自由自在に各種の新たな気象を生み出すことは可能だと確信するに至った。実のところ、それはかつてなされていたと確信しているのだ——有史以前、いまでは忘れ去られ、記録にも残っていない文明によって。私は至るところで、過ぎ去った時代に気候が人為的に操作されていた古めかしい証拠を発見する。氷河期について考えてみよう。それは偶然に起こったのだろうか？ 決してそうではない。金を儲けるために引き起こされたのだ。私はその証拠を一〇〇〇も持っているし、いつの日かそれを明らかにするつもりでいる。

セラーズ大佐は、太陽黒点の背後にある「途方もないエネルギー」を支配する「完全無欠」の方法の特許をとりたがっている。この力を使いこなすことによって、セラーズが気候の再構築をもくろんでいるのは「有益な目的があるからだ……目下のところ、こうしたエネルギーはトラブルを招き、害を及ぼしているにすぎない。サイクロンをはじめ、激しい雷雨を引き起こしているからだ。しかし、人間的で知的な支配に服すことになれば、そうした事態は終わりを告げ、このエネルギーは人間にとって恵みとなるだろう」。この技術を商業化するための彼の計画は、次のようなものだ。「小国には手ごろな値段で」ライセンスを供与する一方、大帝国には通常の業務を特別価格で提供し、「戴冠式、戦闘、その他の大掛かりで格別の行事では最高の料金をいただく」。彼は高価な装置を必要としないこの事業で、数十億ドルを稼ぐつもりであり、数日か、長くても数週間以内に操業に入りたいと願っている。最初の目標はシベリアの気候の改善と、ロシア皇帝との契約締結である。セラーズが自信満々で計画しているこの契約によって、彼の名声と信用は一気に高まることだろう。どこかボルティモア・ガンクラブの北極購入を思わせる話だが、この頭のいかれた大佐は、友人でありかつての同僚でもあるモース・ワシントン・ホーキンズ——「太り気味で、やる気のなさそうな男」——に秘密を打ち明ける。

君はふさわしい装備を整え、私が電報を打ったら昼夜を問わず即座に北へ向かってほしい。北極から四方に広がる地域を、かなり南の緯度まで買い占めてもらいたいのだ。グリーンランドとアイスランドを最善の値段で買いとってほしい。いまなら安いうちに買えるからだ。私は回帰線の一つをその地域まで引き上げ、寒帯を赤道に変えるつもりだ。来年には北極圏全体をサマー・リゾートとして売り出そう。従来の気候のうち、赤道上で利用できるもの以外の余った分は、反対側のリゾート地の気温を下げるのに使おうと思う。

セラーズはホーキンズに連絡すると約束するが、その手段は手紙や電報などというありふれたものではない。太陽そのものの表面から送られる宇宙のシグナル——太陽光線の途方もない減衰——を利用した「宇宙をまたぐキス」なのだ。この途方もない減衰は、現代において太陽放射管理を提唱する人びとのあいだにさえ羨望を呼び起こすだろう。軌道を回る宇宙鏡を使って太陽に影を落とそうという人であればなおさらだ(第八章)。セラーズはこう書く。

それまで、私からの合図を待ってほしい。いまから八日後、われわれは遠く離れているだろう。私は太平洋の端にいるつもりだし、君ははるかかなたの大西洋上にいて、イングランドへ向かっているはずだ。その日、もし私が生きていて、私の崇高な発見が証明され認められていれば、君にあいさつの言葉を送ろう。私の使者が君のいる場所に、人っ子一人いない海の上に、それを届けてくれるはずだ。というのも、私は巨大な黒点に、漂う煙のように太陽の表面を横切らせ、君はそれを私の愛のサインだと知るからだ。そして、君はこう言うだろう。「マルベリー・セラーズが宇宙をまたいで投げキスをくれたんだ」と。

約束にしたがい、トウェインは『アメリカの爵位権主張者』を、こんな副題のついた補遺で締めくくっている。「本書で使われている天気。最高の典拠より選出」。彼は、自分自身の文章から締め出せない、天気をめぐる綿密な記述の愉快なパロディーを披露する。ここでトウェインは、次の二つを対比する。一つは、ウィリアム・ダグラス・オコナーの『真鍮（しんちゅう）のアンドロイド』（一八九二）における冗長さ。その装飾過剰な文体が、中世ロンドンの雷雨のあとの紫の空を想起させる。もう一つは、ノアとその家族が経験し、『創世記』の七・一二に記録された、はるかに偉大な啓示の簡潔な優雅さ——「雨は四〇日と四〇夜降りつづいた」

南極の難破船

チャールズ・カルツ・ハーン作『南極の難破船、あるいは大いなる偽善者』（一八九九）のなかで、主人公のジョージ・ワイルディングは、南半球の低緯度海域で難破し、氷の大陸に打ち上げられてしまう。彼は謎の人びとに助けられ、その導きにしたがって南へ進むと、気候は温暖になっていく。到着した大都市には、読心術と幽体離脱を実践する神智学者が住んでいて、精神によって自然を支配しようとしている。この都市の気象庁は天気を予想するわけではない。精神的技能を使ってそれを支配するのだ。「彼らの任務は、一定の季節や日に応じてふさわしい天気を決めてから、その地域がその天気になるよう取り計らうことである」[9]。この土地には旱魃も暴風も存在しない。警察は犯罪者を逮捕するわけではない。読心術による監視で嫌疑をかけられた容疑者を追跡し、拘束するのだ。

神智学の奥義をきわめた賢者である「偉大なる偽善者」は、自分の心を他人に読ませない技を会得している。「私は自分の思考を、想像できるかぎり最悪の混乱状態に陥らせる習慣を身につけた」。それゆえ、誰にも捉えることはできないのだ。この人物こそ、地球工学者のトップにして最も偉大な将軍である。自分が守る都市を脅かす革命軍を打ち破るため、「偉大なる偽善者」は突如として地軸から南極をねじりとることに決める。高波で敵を壊滅させ、「旧体制を復活させる」ためだ。彼がこの計画を実行に移せば、世界中のあらゆる気候帯が劇的に変化するだろう。サイクロン、竜巻、地震などの数も激しさも、温帯緯度が回帰線に合致するまで増しつづけるはずだ。南極が崩壊すると（それが計画よりも遅れたある日のことだったのは、「偉大なる偽善者」の混乱した思考のせいかもしれない）、周囲の氷壁に想像もできない亀裂が走り、「恐怖と苦悩の日々」としか言いようのない意図せざる帰結が到来する。物語はここで唐突に終わる。世界の運命については何も語られない。だが、はっきりしているのは、ジョージ・ワイルディングが、人里離れ、氷に覆われた入り江で再び座礁するものの、友人たちの幽体に介抱されて励まされ、まもなくその人たちと再会するということである。

巨大な天気シンジケート

ジョージ・グリフィス作『巨大な天気シンジケート』(一九〇六)では、天気と気候の支配、戦争、ジェンダー、ロマンスが並置されている。この小説のなかで、若きイギリス人エンジニアのアーサー・アークライトは、天気を改変する装置を開発する。大気に穴を開け、風や雲の方向を変えるというのがその方法だ。この発明によって、アークライトは「世界の運命の主人」となることが約束される。[10]〈世界天気シンジケート〉の投資家たちと合意に達したアークライトは、「大気粉砕機」を装備する一連の山岳観測所を設置する。この装置が発する衝撃はきわめて強力なため、雲を粉砕して消散させる一方、大気に不完全真空、すなわち「穴」を生み出すのだ。シンジケートはこうした企てを連携させることによって、観測所の周辺一帯の風向きと天気を決定できる。したがって、全世界の天気の支配は、観測所の数を増やすという単純な問題になる。シンジケートのおかげで「われわれは世界の天気を管理できるし、特定の天気を必要とする国々にそれを言い値で売却できる」。たとえばメキシコ湾流は、この技術を使えば、代金を惜しまない人たちに都合のいいように変えられるのだ。アークライトの恋人であり、最大の投資家の娘でもあるアイリーニは、道徳的な観点から反論する。

だけど、それは不正なことだと思うの。あなたは自然の秩序をひっくり返そうとしている。暑い国を涼しく、涼しい国を暑くしようとしている。お金儲けのためだけにね。でも、あらゆる窮状や飢餓、あらゆる恐怖のことを考えたことがある？　あなたはそれを、何の罪もない労働者に押しつけようとしているのよ。実際に何が起こっているのかを知らない人たちに。その国の政府が、望みの天気を手に入れるためなら言い値を払うからといって、肥沃な土地を砂漠に変え、農場主や工場主を破産させ、その下で働いている人たちを路頭に迷わせるというの？　いけないわ、まったく不正なことだもの。

ある敵対するシンジケートは、みずからの「きわめて大きな構想」を持っている。ベーリング海、バフィン湾、スピッツベルゲン諸島を横断するダムを北極海に築き、南へ向かう氷山をすべてせき止め、氷が積み上がるまで北極海を封鎖しようというのだ。すると、超過重量によって地軸が変化し、世界地図の全面的な再区分が起こる――陸地、海、天気のすべてが変わる。この悪のシンジケートが地軸の支配権を握れば、つづいて、世界の天気の支配権をめぐる戦いが始まるだろう。それによって「人類は災難に見舞われるだけ」かもしれない。こうして、アークライトは自分が「世界の経済的支配をめぐる戦争のとば口」に立っていることに気づき、「力の及ぶかぎり、石にかじりついても」勝ってやろうと奮い立つ。しかしアイリーニは、アークライトがこの力をどう使いこなすか見届けるまで結婚を拒む。

天気への支配力を見せつけようと意気込む世界天気シンジケートは、七月六日、英国の外相をうならせるべく、ロンドンで吹雪を起こす。このとき、アークライトの良心の声となったのが、ランカシャーに住むおばのマーサだ。「あの子に面と向かってこう言ってやるわ。自然の営みに干渉するのは、罰当たりで恥知らずなことだってね。おまえ、恥を知りなさい！……なぜ、天気のことを神様の思し召しにお任せできないんだい？　自分の商売のためだけに、こんな大都市を、ことによるとイングランド全体を滅ぼそうというのかい？」

アークライトは、自分も支援してくれる投資家も、ほかの人のためを思っているのだと答える。

さて、まったく正直に申し上げて、われわれはお金を儲ける一方で、ついでながら世界をいっそう豊かにしたいと願っています。砂漠を楽園に変えるのは、その手段なのです。もちろん、法外にならない程度の代金をいただくつもりです。この仕事が進展するのに伴い、戦争を止めたいとも思っています……それには、交戦国の艦隊を凍りつかせたり、いかなる戦場であれ戦闘が不可能なところまで気温を下げたりするだけでよいのです。

もう一人の女性、アークライトの妹のクラリスの良心の声は、次の点を心配する。シンジケートのエンジニアが、イギリスの冬をひどく寒いものにしてしまった場合、「苦しまねばならないすべての貧しい人びと」はどうなるのだろうか。つまり「仕事につけず、薪も石炭も石油も買えず、言うまでもなく満足な食事もとれない人びと」のことだ。

アークライトは、かつての不毛地帯を耕作地に変えることで財産を築くと、世界の飢餓、貧困、とりわけ戦争をなくすというユートピア的プロジェクトに目を向ける。世界の軍国主義者と戦うため、気象を操るモーセでもあるかのように、天から猛烈な吹雪を呼びよせる。軍隊はその場で凍りつき、戦場は霧で覆われ、軍艦は凍結した港に閉じ込められる。「これは戦争と戦う天気であり、天気は勝利を収めるでしょう」。神聖ローマ帝国を復活させようとする、あるドイツ人の企てを阻んだあとで、彼はドイツ皇帝にそう語る。

少なくともこの科学ファンタジーでは、天気を支配する技術によって、世界が平和と繁栄を享受する一〇〇〇年の治世が始まる。世界天気シンジケートはたいてい、それが救う耕作限界地に住む人びとから「ある種の地上の神」とみなされる。アイリーニは結局アークライト(自然力の支配者)と結婚し、「世界の気候の管理法」を教えようとする。こうしたフィクションにおいては、のちに現実に提案される場合と同じく、天気と気候の正確で究極の支配というテーマのなかで、経済的、人道的、軍事的な目的が密接にからみあっているのだ。

二一世紀の実在の地球工学者のなかには、そのキャリアの初期に、地球をかすめて飛ぶ小惑星の向きをそらせようという英雄的な企てに取り組んだ者もいる。彼らがグリフィスの別の小説『一九一〇年の世界危機』(一九〇七)を読んでいたのは間違いないだろう。ギルバート・レナードという天文学者が、地球を破壊するおそれのある彗星を発見する話だ。この小説では、アメリカの資金とノウハウを活用して、ある坑道に超弩級(どきゅう)の大砲が建造される。巨大な砲弾が彗星の向きをそらし、地球への衝突は回避される。

喜劇的な西部劇

ウィリアム・ウォーレス・クック作『八番目の不思議』(一九〇七)は、ユーモラスな「地球工学」西部劇(ウエスタン)である。一九〇七年に『アルゴシー』という大衆雑誌に連載された作品だ。舞台はノースダコタの荒地。運に見放された自転車屋のアイラ・ザークシーズ・ペックは、意気消沈しているものの才能あふれる発明家のコペルニクス・ジョーンズと友人になる。ジョーンズは、天然の鉄鉱層である馬蹄ビュートを世界で八番目の不思議に、つまり世界最大の電磁石に変えることによって、国家の電力市場を独占しようともくろんでいる。この装置は、ジョーンズにとって世界を動かすアルキメデスの梃子となるに違いない。「それが儲かるとは思えないな、コペルニクス」と、ペックは恐る恐る意見を述べる。「宇宙の仕組みをあれこれいじってみても……そこにお金がないなら、儲かるとは思えないんだ」[11]。この巨大磁石を作動させるや、半径二五マイル(約四〇キロ)以内からあらゆる鉄製品——工具、ポンプ、ワゴン、脱穀機、果てはブリキ製の家まで——が空中を飛んできて山に吸いつく。ジョーンズは有頂天になる。天然磁石のせいで危機に陥る船の神話のように「大昔の作り話が現代に実現する……これこそ、われわれが文明とか進歩とか呼ぶものではないか」

ジョーンズは科学者というより発明家であり、実際、彼のつくった装置は国中から電気を引き寄せることに失敗してしまう。ところがその代わりに、地軸の傾きをずらして季節を変えはじめるのだ。ジョーンズはこの予想外の結果を自分の手柄とし、それを利用してひと儲けをたくらむ。

北半球を恒久的に温暖化してしまおうというのだ。「われわれは暑い気候を独占する……そして、人びとにその代金を払わせるのだ！……　われわれは望みどおりの天気を選び、私は……その地軸の傾きを正確に維持しよう」。絶えず彼の良心の役割を果たすペックは、ジョーンズにこう語りかける。「地軸をいじることには責任が伴うんだよ、コペルニクス。われわれはその事実に目をつぶってはならないんだ」

世界の市民はペックとジョーンズへ答える形で、季節をあれこれいじるのは自然に対する犯罪だと主張した。実業家はとりわけ頑固だった。というのも彼らは儲けの大半を、寒い時期や季節の変わり目に手にしていたからだ。気候決定論者の言い分をオウム返しに真似て、彼らはこう強調する。氷雪が年に一度戻ってくることは、アメリカを偉大な国としてきた忍耐強い人格と「強烈なエネルギー」を維持するために必要なのだ、と。一方で、温暖な天候がつづけば「われわれの力は衰える」はずだと指摘する。「寒さは、成果を追い求める気質に刺激を与える。熱帯の国々では、住人はたいてい夢想家であり、過剰な湿度のせいで努力はないがしろにされてしまう」

もっともその間、ジョーンズは自分が何をしているのか、自分の行為がどんな結果を招くのかを、実はわかっていなかったようだ。ペックの言葉を借りれば、「コペルニクスと私は、マッチ一箱分の火薬をおもちゃにしている二人の子供のようだった」。名声と富か、汚名と牢獄か、可能性は五分と五分だ。二人は、一〇〇億ドルを払ってくれれば、磁石を止めて「季節を出会ったときのままにしておこう」と申し出る。つまり、現状を維持したければ、途方もない代価を払えと要求するのだ。ペックとジョーンズは、木製の棍棒だけで武装した連邦軍（磁力によって金属製の武器を奪われてしまったため）による磁石装置への攻撃を退けるが、ついに、大砲の砲撃を受けて鉄のビュートを破壊されてしまう。巨大な電磁石が、飛んでくる砲弾を引き寄せてしまったからだ！　ペックとジョーンズは生き延びるものの、ジョーンズにはまるで懲りた様子がなかった。偽名を名乗って発明による悪だくみをつづけ、こう言い放つのだ。「何か変わったことが起きたら、君には誰の仕業かがわかるだろう……僕はヨーロッパへ行くよ……大西洋の向こうで何を使って遊べるかを見てやるんだ」

メキシコ湾流を曲げる

別のジャンルのある物語で語られるのは、地球のシステムのデリケートな部分をいじれば、どれほど大規模で破滅的な帰結を招くかということだ。ルイス・P・グラタキャップ作『イングランドからの避難――メキシコ湾流を曲げる』（一九〇八）は、南北アメリカ大陸を結ぶパナマ地峡の崩壊によって引き起こされる地球物理学的・社会的混乱の話である。パナマ地峡の崩壊は、メキシコ湾流の方向を変え、気候的・社会的な大変化を招く。ヨーロッパの寒冷化と人口減少はその一例である。

科学者によるこんな警告から、物語は始まる。北米から中米にかけての西海岸地域は不安定要因を抱えており、そのせいで巨大な地質的連鎖反応が生じるかもしれないというのだ。地震をきっかけにパナマ地峡と西インド諸島の「火山エネルギー」が解き放たれると、その地域に新たな均衡状態が必要となり、「地殻均衡的リバウンド」――要するに地殻の再調整――が起こる可能性がある。パナマ地峡が(人為あるいは地質的な原因によって)分断されると、「二つの大洋が再び一つになり、あの激しい海流、すなわち、現在はカリブ海をとうとうと流れるメキシコ湾流が猛威をふるい、そのすさまじい波は分水嶺を横断して太平洋に吐き出されることになるだろう」(12)

こうした警告にもかかわらず、実業界とアメリカ大統領はパナマ運河の完成を強く求める(実際には、四億ドルの費用をかけて一九一四年に完成した)。この本では、一九〇九年に掘削が始まり、自然災害の引き金を引くことになっている。多発する地震と高波がコロンという港町を襲う。パナマ地峡は沈み、大西洋と太平洋をつなぐ水路が三〇〇万年ぶりに開通する。パナマ地峡の沈下の結果、火山が爆発し、カリブ諸島が集合して隆起するという天変地異が起こる。地球は震え、両極は「ふらつき」、メキシコ湾流は「泰然とした陸の壁を目の前にして脇へそれたりはせず、太平洋に向かって意気揚々と進んでいく」。こうして「世界の歴史と諸国の歴史に新たな一章が」開かれる。セオドア・ローズヴェルト大統領の反応は控えめで、以下のように述べたとされている。「この物理的な改変が意味すると思われるのは、地球のより古い部分の気候の変化」であり、「イングランドの栄光」の終焉ではないだろうか、と。

いまやメキシコ湾流がアメリカの太平洋岸を暖める一方、ヨーロッパは新たな氷河時代に突入する。北大西洋が急激に冷え、猛烈な吹雪がその地を襲うからだ。映画『デイ・アフター・トゥモロー』(二〇〇四)のワンシーンのように、アイスランドの首都レイキャビクは人の住まない土地となる。エディンバラでは、雪が「プリンセス・ストリート・ガーデンの深い濠(ほり)を埋め、城のごつごつした縁と曲がりくねった胸壁を取り囲む」。市場がパニックに陥り、道徳の腐敗が広まると、ヨーロッパは「新たな不安」に身震いする。ロンドンからは人気がなくなる。野蛮なスコットランド人が南へ移動してくると、イングランド人はアジアやオーストラリアの植民地に逃げ出そうとする。「暖かさは命であり、寒さは死である……われわれの文明、ヨーロッパ文明は、許される気候の限界を踏み越えてしまったのだ」。こうしたあらゆる帰結を招いたのは、地質学者の忠告を無視したマクロエンジニアリング・プロジェクトだったのである。

地球を揺さぶる

マッドサイエンティストに要求されて実現する世界平和。それが、アーサー・トレイン、ロバート・ウィリアムズ・ウッド作『地球を揺さぶった男』（一九一五）のテーマだ。戦争で破壊されたほとんどの地域に、ＰＡＸなる発明家から無線通信で謎のメッセージが届く。「すべての人類へ告ぐ――私は人間の運命を握る――独裁者である――地球の自転を通じて――私は昼と夜を――夏と冬を支配する――これは命令だ――戦闘を中止し――地球に対する戦いをやめよ」[13]

みずからの決意と、自然を支配する力を誇示するため、ＰＡＸは地球の自転を五分間だけ緩める。すると、八月だというのにワシントンに雪が降る。さらにＰＡＸは、空飛ぶリングと超強力な「ラベンダー光線」を使って、地中海をサハラ砂漠に変え、パリに向かって発砲しようとするドイツの攻城砲を破壊する。これらの事態には、地球物理学上の驚くべき現象が伴っている。見慣れない黄色のオーロラ、地震、高波、大気擾乱などだ。対策を立てるべく、科学者の国際的協議会が組織される。ところがこの協議会は、行き詰まって失敗するよう外交官たちによって仕組まれている。特定の国々が、PAXを捕まえて彼の力を手に入れ、特別に有利な立場に立とうとしていたのだ。

PAXは力の源――原子核壊変――を支配している。これが、地球を花開かせることになるのだ。「バラのように！　かつては砂漠だった谷は水をたたえる。戦争、貧困、病気はなくなる！」ここで連想されるのは、約四〇年後に原子力エネルギーの可能性を喧伝するレトリックだ。感銘を受けた物理学者のボニー・フッカーは、PAXと「史上最大の偉業！」の背後にある秘密を探りはじめる。

一方、休戦協定違反に失望したPAXは、人類に最後の警告を発する。「北極がストラスブールの位置に、南極がニュージーランドの位置に来るように、地軸を移動させる」と宣言するのだ。フッカーはようやく、カナダのラブラドル半島にあるPAXの研究所を探し当てる。そして、瀝青ウラン鉱の巨大な露頭近くの爆発によって、彼が死亡するのを見届ける。「この放射性の山は、この現代のアルキメデスが地球を動かすための支点なのだ」。数年のうちに国際連盟が創設されるのに先駆け、地球上の国々は、オランダのハーグに連立政府を置くと、国際協力、平和、かつてない繁栄という新たな時代の扉を開く儀式として、すべての兵器を破壊する。続編の可能性を示唆するように、ラベンダー光線で動く「宇宙航行車」に乗ったフッカーが、太陽系を探検する場面で物語は幕を閉じる。

空気トラスト

ジョージ・アラン・イングランド作『空気トラスト』（一九一五）は、地球化学と政治のファンタジーを結びつける。社会主義者のひたむきな一団が、世界の大気供給を牛耳ろうとたくらむ無慈悲な資本家の計画を阻止する物語なのだ。この本にはユージーン・V・デブズ〔アメリカの社会主義者〕への献辞が記されている。「同志ジーン、世界解放の使徒」。作者は金で雇われる科学者を、みずから資本家の家来になる者として、また企業プランおよび、場合によっては人類に対する従順な死刑執行人として描いている。イングランドは序文でこう述べる。「思うに、資本家が海や大気を物理的に支配できたとしたら、とっくに「そうしていたことだろう」」

物語の冒頭で、億万長者の実業家にして、かつてないほど強力な新しい独占事業を探しているアイザック・フリントが、こう問いかける。

誰もが持たねばならないもの、しなければならないもので、私が支配できるものは何だろう？……呼吸だ！……呼吸は命だ。食べ物、飲み物、住まいがなくても、人はしばらく生きられる。水なしでさえ、数日はもつ。だが、空気がなかったら——人はどうやったってすぐに死んでしまう。自分自身の空気がつくれれば、私はあらゆる生命の主人だ！……生命、空気、呼吸が——私の掌中にある世界の呼吸が——ついに絶対の力を与えてくれるのだ！(14)

彼のビジネス・パートナーであるマキシム・「タイガー」・ウォルドロンはこう提案する。「空気トラスト――呼吸特権の独占!……想像してみたまえ。われわれが空気から酸素を抜きとってしまえば――人びとは、まるで水から上がった大量の魚のように口をパクパクさせながら、われわれの元にやってくるはずだ。空気を買おうと先を争って!」

二人の実業家は計画の細部を詰め、実行する責任を産業調査スタッフに委譲した(「それは彼らの役割だ」)。こうしたスタッフの一人として描かれているのが、ハーツォグという化学者である――「太っていて赤ら顔のメガネをかけた男」で、頭が切れ、二本の指がなく(爆発物を使った実験で失ったため)、「性格とスタミナはクラゲに近い」。小説のなかで、酸素抽出工場はナイアガラの滝にあり、水力発電力を使って蓄電器(コンデンサー)を動かしている。この本では、読者にリアリティーを感じさせるため、酸素の抽出過程や事業の規模について、技術的な細部がしっかりと説明されている。また、一九〇九年頃にドイツ人科学者のフリッツ・ハーバーによって開発され、一九一三年にドイツのカール・ボッシュによって産業化された窒素固定プロセスと類比されているのも明らかだ。空気を商品化することの利益としては、液体ガス冷却剤、肥料や火薬に使う窒素、さらには環境を「刷新し、浄化する」ためのオゾンさえ販売できることが挙げられる。だが、圧倒的に貴重な商品は酸素、つまり命を支えるのに不可欠なものである。フリントの言葉を借りれば、「われわれは世界の気管を押さえるだろう。そのとき、大衆にそれだけの勇気があれば、わめかせてやればいいのだ!」

物語の筋書きは、フリントのノート紛失へと展開していく。このノートが、ヒーローである社会主義者、ガブリエル・アームストロングの目に留まるのだ。アームストロングは、「悪魔のように有能な暴君」を抹殺する必要があるかどうかについて、同志と激論を交わす。この暴君が手に入れたのは「科学が生み出してきた、あるいはマスコミ、教会、大学が教える、あるいは政治的従属が可能とするあらゆるもの」である。資本家たちは「軍事力、裁判所、監獄、電気椅子、全世界を（一週間で！）窒息させて服従させる力を」支配する。彼ら社会主義者が空気トラストを破壊できれば、資本主義を壊滅させる「偉大な革命が後につづくだろう」

攻撃の戦略を練り上げると、労働者たちは団結し、アームストロングに率いられて工場を襲撃する。土曜の公演（マチネー）にもふさわしいシーンで、彼らはフリントとウォルドロンを巨大な空（から）のエアタンクの一つに追い込む。化学者のハーツォグは小瓶に入った毒を飲んで自殺する。最後のシーンは愉快ながら恐ろしく、残酷だ。ウォルドロンがオゾンの匂いに気づいて、こう叫ぶ。「フリント！　フリント！　酸素が入ってきている！」　破裂したバルブから大量に流れ込む純酸素がタンクを満たし、フリントとウォルドロンの脳は文字どおり「酸化」しはじめた。

「はっはっは！」　ウォルドロンの狂った笑い声が響き渡った……出し抜けに、彼の手にした葉巻が燃え上がる。呪いの言葉を吐くと、ウォルドロンはそれを投げ捨て、よろめきつつ後ずさりして梯子（はしご）にもたれかかり、そこに立ってふらつきながら［真っ赤な顔であえぎ］、梯子をつかんで体を支える……「助けてくれ！　助けてくれ！」［フリントは］金切り声を上げた。「私を救いたまえ——神よ——救いたまえ——外に出してくれ、出してくれ！　出してくれれば一〇〇万やろう！　一〇億——全世界！……それは私のものだ——私の持ち物だ——すべて、すべて私のものだ！」

最後のエネルギー爆発とともに「彼の心臓は、酸素によって容赦なく急き立てられ、死に向かって早鐘を打った」。フリントは走ってタンクを横切り、神を冒瀆する言葉を叫びながら反対側の壁に激突すると、大の字になって倒れ、息絶えた。タイガー・ウォルドロンは、タンクのてっぺんのドアまでよじ登ろうと、最後の突進を試みる。「五〇フィート（約一五メートル）、七五フィート、九〇フィートと登り」——とうとう、酷使された心臓がまたしても張り裂け、彼は落下して死ぬ。「二人が世界を支配する道具にしようとした酸素が、依然として勢いよく流れ込んでいた——意識を持たないこの物質が、無分別で邪悪な男たちにしゃにむに復讐したのだ。彼らは不遜にも、酸素を檻（おり）に閉じ込めて服従させようとしたのだ！」

工場が炎に包まれると、巨大な火の玉のなかで酸素タンクが爆発する。こうして社会主義者たちは、世界の空気供給を——したがって世界そのものを——支配しようとする試みを阻止し、強欲な資本家の爪からの人類の「大解放」を開始する。主人公のアームストロングの言葉を借りれば、「学術的議論など、金権主義の野蛮人の前ではお笑い種だ」。こうした手合いが求めるのは「空気を完全に独占し、あらゆる政治的権利を無制限に抑圧することなのだ」。奴隷制度か暴力革命か、どちらかを選ぶしかないのである。

レインメイカーの話

マーガレット・アデレード・ウィルソン作『ザ・レインメイカー』は、一九一七年に『スクリブナーズ・マガジン』に掲載された短編小説で、ウィリアム・コンヴァースの希望と夢をめぐる物語である。コンヴァースは、当時の実在の人物であるチャールズ・ハットフィールド（第三章）と似たような活動をする。高い塔の上で化学物質を混ぜ合わせ、蒸発させるのだ。「この化学物質によって台風の目がちょうど頭上に保たれるのだが、蒸発の量は途方もないものになる。風が吹かなければ――風さえ吹かなければ、今度こそ雨が降るだろう[15]」

コンヴァースは自分の人工降雨の手法に絶対の自信を持っている。彼がこの砂漠にやってきたのは、ある使命を帯びてのことだ。みずからの技術を使って、父の死の埋め合わせをしようというのである。父は約三〇年前、まさにこの場所の近くで渇きで亡くなったのだった。ところがコンヴァースは、乾燥した空など比較にならないほど手ごわい相手に立ち向かわねばならなかった。裕福な企業家と結婚するつもりでいた妻のリンダは、彼の理想主義的な探求にきわめて批判的になっており、煙を出すコンロでベーコンとジャガイモをいためたりしながら、テントに閉じこもっていた。「あなたはグラス・ヴァレーでの申し分のない契約を断ってしまった。一〇〇〇は堅いし、運があればもっともらえるかもしれないのに。そして、私をこの荒れ果てた土地に引っ張ってきた。周囲三〇マイル（約四八キロ）に、雨が降るかどうかわかる人は一人もいない土地にね。どういうつもりなのか知りたいものだわ」。志の高いコンヴァースは、現代のヨブでもあるかのように、「荒野に雨を降らせよう」としている。父が死の夜にしたように、天に向かって抗議の声をあげることによって。だがコンヴァースは、粗野で、見栄っ張りで、強欲なリンダには支えてもらえない。彼女は辛辣な言葉を吐いて、彼をテントから夜の闇に追い出してしまう。もはや彼を信じていないし、もしかすると一度も信じたことはなかったというのだ。

「自分を苦しめる相手から逃れたいという、動物としての盲目的欲求に突き動かされ、コンヴァースは岩だらけの小道をつまづきながら塔へ向かって歩いていく」。言葉の暴力に打ちのめされたコンヴァースは、リンダに自信を粉々にされてしまったことに気づく。砂のなかの何かにつまづくと、「焼けるような痛みが足首に走る……それはヘビに違いなかった」。あわれなコンヴァースは、ますます意識朦朧となり、涸れた水たまりに倒れ込む。父が亡くなった場所である。死を間近にしながらも、彼は暗く陰気な空にじっと目を凝らす。たくさんの雲が低く垂れ込め、やがて、しとしとと、ぱらぱらという、砂上へ落ちる雨の音が「彼の」成功を教えてくれる。「雨だ！……荒野の雨……やはり失敗ではなかったのだ……父を見つけて知らせなければ」──彼のしびれた体にとっては無理な望みだが、勝利に歓喜する魂にとってはそうではないのだ。

エリザベス・マドックス・ロバーツ作『風に響くジングル』（一九二八）は、複雑な文体をもつ多義的なトーンの詩で、「気象制御のファンタジー」とされている。[16] この作品のなかで、われわれはレインメイカーのジェレミーに出会う。自然の純粋な感覚を共有し、「研ぎ澄ませる」男だ。ジェレミーにとって、内面の感情や省察は、単なる雨の水分よりも大事である。水分は「重要度の最も低い部分」なのだ。「彼は空に雨をもたらしてきた。科学と装置を駆使して、雨を発生させてきた。そしていま、雨を降らすレインマンとして周囲を見回し、自分の仕事がうまくいったこと、粘土塊や裂けた壌土(ローム)にその目的があることに気づいた[17]」

ケンタッキー州ジェイソン郡の行政官たちは、ジェレミーの技術を利用し、農場主と協議して月ごとの降雨スケジュールを設定した。だが、その対象となるのは、あくまで自分たちの管轄区のみである。この手法はきわめて正確なので、もし雨のスケジュールの日に晴天を望むなら、隣の郡に行くだけですむ。カンザス州やネブラスカ州の昔のレインメイカーそっくりに、「蒸留器、雲、方程式、アンテナ、クレーン、大桶、酸」などが、人工降雨の舞台では得体の知れない象徴的な役割を演じる。レインマンの集会場でも同じことだ。そこでは認可を受けた専門家たちが打ち合わせをし、来客が天気図に目を通し、装置をつつき、来客名簿に名前を書き込んでいる。

だが、弁論術の観点からしてより重要なのは、この技術の道徳性をめぐる討論である。集団のうち、ジェイムズ・エイハブ・クラウチ牧師（「神のために世界を平和にしよう」）に率いられた半数の人びとが、不敬あるいは異教的な「悪魔の仕掛け」だとして、降雨の支配に反対する。クラウチ牧師は、レインマンの活動を抑え込もうとする法案を議会で支持し、「全能の神から全能性を奪い去ること」の恐ろしさについて大きなテントから説教する。もっと頭の柔らかい、あるいはおそれを知らぬほかの人たちは、降雨の支配には大きな利益があるとみなす。彼らは「雨の大規模な披露、つまり、レインマンの誰かによって予見され、調整され、実行され、支配されたモデル降雨」を目玉とするカーニバルを計画する。

グッドランド郡共進会(カウンティーフェア)（第三章）のフランク・メルバーンと同じく、ジェレミー——ぴったりした黒のレイン・スーツを着ていることから「レイン・バット」の名で通っていた——はカーニバルに招かれると、期待に満ちた観衆に二時までに大雨を降らせると約束する。彼は何かにとりつかれたように作業を進めていく。装置を調整し、独占権を持つ化学物質を混ぜ合わせ、雲を呪文で呼び出し、ドラゴンのように応戦する雲と格闘する。ついに「その獣の巨大な裂け目から雨が流れ出し、水路をいっぱいにして、あふれ出す」。ジェレミーの成功を祝してパレードが催される。車列の先頭のオープンカーに乗るレイン・バット。音楽が演奏され、太鼓がたたかれ、男は喝采し、女は気絶し、頭上では飛行士が空中文字を書いて彼を称える。この本が書かれた当時、チャールズ・ハットフィールドはまだその分野で活躍していたし、ロックアイランド鉄道のレインメイカーの記憶も残っていたのである。

N・リチャード・ナッシュのロマンティック・コメディー『ザ・レインメイカー』(一九五五)の舞台は、テキサス州スリーポイントの「壊滅的な旱魃に見舞われたある夏の一日」に設定されている。リジー・カリーの家族は、死にかけている作物や家畜よりも、彼女の結婚の見通しのほうを心配している。突然、魅力的なよそ者がやってくる。ビル・スターバック——レインメイカー!——という名のテキサスのつむじ風のような男だ。ペテン師なのだが、根っからの悪党ではない。彼は一〇〇ドルで奇跡を起こす、つまり雨を降らせると約束する。夏の嵐雲が頭上に集まってくると同時に、孤独で地味なリジーも、そのペテン師の策略によって「種をまかれた」恋愛生活を送るようになる。

どうやって雨を降らせるのだろうか? スターバックは、科学者を真似たペテン師の声でこう叫ぶ。「塩化ナトリウム！　それを高く投射せよ――雲に届くまでだ。寒冷前線を帯電させよ。温暖前線を中性化せよ。対流圏界面の気圧をあげよ。空の閉塞前線を磁化せよ」[18]。だがスターバックは、信仰治療師と同じく、彼自身の方法、「完全に私独自の」方法を持っている。それは、ヒッコリー〔クルミ科の落葉高木〕の棒を振り回して自信をみなぎらせるところから始まる。スターバックは招かれてもいないのに夕食に押しかけ、前金の一〇〇ドルを徴収すると、家族のメンバーに自分の仕事を手伝わせ、彼らの信頼度を試す――大太鼓をどんどんたたき、家から稲妻をそらすための矢印を地面に描き、農場のラバの後脚を一つに縛る――質問はいっさい許さず、分別くさく行動することももちろん認めない。リジーはこうしたことのすべてに唖然とし、父のＨ・Ｃにこう言い聞かせる。

リジー　なんて馬鹿な真似をしているの！　お父さんの常識はどこに行ってしまったの？

Ｈ・Ｃ　常識だって？　でも、そんなものは役に立たなかったじゃないか――私たちは困っているんだ。ひょっとすると、常識なんて捨ててしまうほうがいいのかもしれないぞ。

リジー　お願いだから、少しは常識を持っていてちょうだい！

スターバックは反論する。「みなさんは私の話に乗らなければなりません。一生に一度はペテン師に賭けてみなければならないからです！　みなさんは私の話に乗らなければなりません。死にかけた子牛が、回復して命をつなぐかもしれないからです！　一〇〇ドルは一〇〇ドルにすぎませんが——乾期の雨は見るもすばらしいものだからです！　みなさんは私の話に乗らなければなりません。暑い夜が来るから——暑い夜には世界が狂ってしまうから——そして、暑い夜は私の話のためにあるのかもしれないからです！」　H・Cは答える。「スターバック、これで話は決まりだ！」

カリー一家が雨乞いの儀式に忙しくしているあいだ、スターバックはリジーに言い寄り、自分の美しさに気づかせる。こうして、彼女に本当の自信が生まれるのだ。だが、トルネード・ジョンソンの異名をとるスターバックは、以下のような容疑で指名手配されている。レイン・フェスティバルのチケットを一〇〇枚売ったものの、雨は降らなかった。日食を見るためのスモークガラスのメガネを一〇〇〇個売り歩いたものの、日食は起こらなかった。竜巻をさわやかな春風に変えるという木柱を六〇〇本売った。スリーポイントの市吏たち——そのうちの一人はリジーに思いを寄せている——との最後の対決で、スターバックは一〇〇ドルをテーブルに投げつけると、芝居がかった身のこなしで逃げ出してしまう。彼はその後すぐに戻ってくる。旱魃が終わり、頭上で嵐が吹き荒れはじめたとたんのことだった。「雨だ、みなさん——雨が降る！　雨だよ、リジー——人生で初めてだ——雨だよ！」（彼は金を手にとり、再び走り去るが、一瞬立ち止まってリジーに手を振る）。「さようなら——美しい人よ！」

『ザ・レインメイカー』のブロードウェイ公演が、ニューヨーク・シティーのコートシアターで始まったのは、一九五四年一〇月二八日のことだった。ダーレン・マクギャヴィンがビル・スターバックを、ジェラルディン・ペイジがリジー・カリーを演じた。ロンドンの『デイリー・メール』紙はこの作品を評して、「感動で胸のつまる美しいコメディーの小品」と書いた[19]。ある批評家はこう論評した。スターバックがリジーとその家族の心を奪ったのは「共謀するためでも堕落するためでもない。そうではなく、彼は敬意を受けて生きなければならないのだ。だとすれば、自分自身が周囲に敬意を向ける以外にやるべきことがあるだろうか?」[20]一九五六年の映画版では、バート・ランカスターとキャサリン・ヘップバーンが主役を演じた。『ニューヨーカー』誌の映画評論家、ポーリーン・ケイルはこう述べている。

> 牧牛地帯の小さな町で旱魃に苦しむオールドミスにキャサリン・ヘップバーン、雨を降らす男にバート・ランカスター。この配役はほぼ完璧だ。ランカスターは、たくましいながら同時に非常にいじらしい面もある男という役柄だ。彼が演じるペテン師は単なる詐欺師ではない。人びとに自分の魔力を信じてもらう必要のある詩人であり、夢想家なのだ。ヘップバーンはぎすぎすしたところのある男勝りの女性で、地味だと思われているが、人を引きつける魅力のある美人だ。これは、牛飼いのコメディーとして脚色され、形而上学的な誤謬によって水増しされたおとぎ話(醜いアヒルの子)である。だが、荒削りながら気持ちのいい方法で、本当に人の心を動かす物語でもある。とはいえ、戯曲と脚本の両方を書いたN・リチャード・ナッシュは、下層中流階級の好みに合わせることに徹しすぎたきらいがある。いったん気持ちの持ち方が変わると、ヒロインは詩人の求愛をはねつけ、保安官代理(ウェンデル・

コーリー）を選ぶ。もし続編があれば、彼女は詩人の想像力の旱魃に苦しむことになるかもしれない。(21)

翻案されたミュージカルの『日陰でも一一〇度』（一九六三）は、大入りの劇場で上演された。一九八二年にケーブルテレビのＨＢＯで放送されたリメイク版（主演はトミー・リー・ジョーンズとチューズデイ・ウェルド）は、まったく注目されなかった。ウッディー・ハレルソンとジェイン・アトキンソンを起用したブロードウェイのリバイバル作品は、一九九九年に公開されたが、ほとんど話題にならないまま幕を閉じた。それでも、『ザ・レインメイカー』は息の長い魅力を保っており、学校や市町村の数え切れない劇団によって、現在まで繰り返し上演されている。

スカイ・キングとインディアンの雨乞い師

スカイ・キングは、アメリカで人気の空飛ぶカウボーイだ。彼はアリゾナ州のフライング・クラウン牧場の上空に広がる「青く澄んだ西部の空」を支配している（もっとも、オープニング・クレジットには高い巻層雲が映っていたのだが）。姪のペニー、甥のクリッパー、自家用飛行機のソングバードの助けを借りて、スカイ・キングは謎を解き、困っている人を助け、悪者と戦う。この番組は、ラジオでは一九四六年から五四年にかけて放送され、テレビでは一九五一年から六二年にかけて断続的に土曜日の朝に放映された。一九四八年六月、ゼネラル・エレクトリック社（ＧＥ）による雲の種まきのニュースが報じられると（第五章）、「レインメイカーの魔法」というタれた。

イトルの一話がラジオで放送された。八年後の一九五六年、テレビ・シリーズの「レインバード」という一話で、その話題が再び取り上げられ、気象制御の伝統的方法と現代的方法が対置された。

壊滅的な旱魃のあいだ、インディアンの踊り手、呪医、雨乞い師が、雨を降らせてくれるよう天に嘆願する。地元の部族の酋長と長老は、古参の呪医であるタイ・ラムに最後通牒を突きつける。二日のうちに雨が降らなければ、ほかの呪医に交代してもらうというのだ。これを気の毒に思ったスカイ・キングは、こっそり助けてあげようと、地元の気象局に、いつ、どこで雲の種まきをすべきかについて助言を求める。ペニーは仕事の段取りを整える。タイ・ラムに合図して、カチーナ人形〔精霊をかたどった木彫りの人形〕をゆすり、あわれな雨乞いの詠唱を始めるタイミングを教えると同時に、スカイ・キングが「上層前線」にヨウ化銀をまくのだ。こうして大雨が降りはじめたものの、今度はペニーと部族が危機に陥ってしまう。ダムがあふれんばかりになり、谷を洪水が襲う可能性が出てきたのだ。ところが、登場人物の誰一人として、現代的な気象制御のテクノロジーにも、伝統的な雨乞いの手法にも罪を負わせようとはしない。気象局によれば、この雨の原因は自然発生的システムの予期せぬ変化にあるという。二度目の嵐が急接近するにつれ、再び懸念が高まってくる。この嵐でダムが決壊してしまうかもしれない。スカイ・キングは命の危険を覚悟で飛び立つと、またも雲の種まきによって上層前線の方向を変えるべく、そこに突入する。一方、タイ・ラムは新たな詠唱を始める。今度は雨を止めるためだ。カチーナ人形とヨウ化銀の力が一つになり、最後にすべてが好転して三〇分のお話は幕を閉じる。この虚構のお話は、当時実際にあったことをモデルにしている。ジャーナリストのA・J・リーブリングは、一九五二年の「古き秩序は変化する」というタイトルの雑誌の切り抜きについて説明している。「ニューメキシコ州ギャラップの近くに住むナヴァホ・インディアンのN・Mは、自分たちの昔ながらの雨乞いの儀式に懐疑的になっている——あるいは、ただうんざりしている。最近起きた旱魃に際し、彼らはプロの人工降雨専門家を雇い、居留地の上空に雲の種をまいてもらった。その結果、一・五インチ（約三八ミリ）の雨が降ったのである」[22]

誰あろう、未来派のSF作家であるアーサー・C・クラークが、ニューメキシコのズニ族について書いている。ズニ族は雨乞いの踊りで有名だ。夏至の直後、儀式の冒頭で「火の神」に扮した少年が、乾いた草原に火を放つ。これを合図に、ズニ族の踊り手——体に黄色い泥を塗りたくり、生きたカメを抱えている——が踊りはじめる。それは必要のあるかぎり、雨が降るまでつづけられる。クラークはこんな見解を披露している。「それは雨乞いの一つの美であり、いつでも最後には効力を発揮する。もっとも、結果が出るまで、ときには数週間から数カ月待たなければならないのだが」[23]。クラークの記事には、伝統的な手法と科学的な手法を対比する戯画が添えられている（図1・4）。

図1・4 新旧の雨乞い（絵・チャールズ・アダムズ、クラーク「人工天気」『ホリデイ』1957年5月号）

ポーキー・ピッグとドナルド・ダック

商業的な雲の種まきはマンガにすら入り込んでいる。ワーナー・ブラザーズが製作するルーニー・テューンズというアニメ映画シリーズの『雨乞いのポーキー』が劇場公開されたのは、一九三六年のことだった。壊滅的な旱魃に見舞われ、ブタのポーキーは息子を町に使いに出す。なけなしの一ドルを持たせ、腹をすかせた動物たちのエサを買ってくるよう命じるのだ。町に着いてみると、飼料店の隣にクワック博士がワゴンを出し、「雨を降らせる薬（レインピル）」を一ドルで売っている。クワックは使用法を説明しながら、観衆に傘を配り、豆鉄砲で一粒のレインピルを空に向けて発射する。レインピルがディレンフォースの大砲のように破裂すると（第二章）、ただちに雨が降りはじめる。

効果を確信したポーキー・ジュニアは、家族にとって最後の一ドルでレインピルを一箱買う。ところが、怒った父は「ジャックと豆の木」のワンシーンのように、それを地面に投げ捨ててしまう。ここからはお決まりの滑稽な場面の連続だ。ニワトリは稲妻のピルを食べ、即座に感電する。老いた灰色のロバは霧のピルを食べ、雲に包まれる。ガチョウは雷と風のピルを食べ、パニックに陥る。こうした大騒ぎのさなか、一粒の雨のピルが空に届くと、すぐさま雲がわいて雨が降り出す。クレジットが流れる頃には、農場では万事がうまく収まり、全員が幸せに浸っている。

「これでおしまい！」

ウォルト・ディズニーの『ウォルト・ディズニーの漫画と物語』（一九五三）では、ドナルド・

ダック——M・R・M（Master Rain Maker　最高のレインメイカー）——が、人工降雨の科学を完成させる。オープニングのシーンで、ある農場主が麦畑に二インチ（約五〇ミリ）の雨を降らせてほしいと注文する。ドナルドは、飛行士のヘルメットをかぶってM－3型「雨の種」の入ったバッグを指差し、同じ価格で二・五インチの雨を降らせようと言う。ドナルドは契約を「ミリ単位まで」きわめて正確に履行する。農場主のX字型の農地に、その上空へ「強引に押しやった」X字型の雲で種をまくのだ。農場主と妻は、隣家の干草置き場には雨が一滴も降らなかったことを喜んだ。「あのアヒルはすばらしい！　ぴったりフェンスのところまで雨が降っている！境界線上に落ちる雨粒は、なんと片側が平面になっているんだ！」

もちろん、ドナルドはどんなエピソードでも最後には腹を立てることになるのだが、今回も例外ではない。ガールフレンドのデイジーが、ドナルドのいとこのグラッドストンと連れ立って、アイドル・ダンディーズという同好会のピクニックに出かけてしまったのだ。ドナルドは嫉妬と怒りに燃え、雲の種まきに使う飛行機に乗って飛び立つ。今回積み込んだのは「雪誘発剤」で、それを使って天罰を加えてやろうというのだ。ピクニックの現場であるグリーンウッド・キャニオン上空の澄み切った青空を飛びながら、ドナルドはライバルへの怒りを募らせていき、ついにはこうぶちまける。「ともかく気分が悪いから、今回はどんなことでもしてやるぞ！」　不気味な雨雲を集めると、「突然の豪雨なんてありきたりのものじゃ許さない……猛吹雪をお見舞いしてやるんだ！」と言い放つ。実に印象的なシーンで、彼はコントロール・レバーを引くと、「雨」、「雹」、「雪」を通り越し、とうとう「猛吹雪」にセットしてしまう。ところが、計算をミスして

「種をまきすぎ」たせいで、雲はカチカチの氷のドームに変わってしまうのだ。

ドナルドは氷に衝突し、パラシュートでグリーンウッド・キャニオンへ降下すると、ピクニックを楽しんでいる人びとに上空の危険を知らせる。氷のドームは彼らの駐車した車の上に崩れ落ちるものの、これはディズニー・アニメなのでケガ人は出ない。だが、責任を逃れ、否認権を維持するため、ドナルドは実入りのよいレイン・ビジネスを休業すると、進行中の捜査の現場からこっそりと立ち去り、長期の休暇に出かけるのだ――アフリカのティンブクトゥへと。

雨の王ヘンダソン

もう少し文学的な文献を取りあげてみよう。ソール・ベロー作『雨の王ヘンダソン』(一九五九)の主題役のユージーン・ヘンダソンは、内省的で、まじめで、自己中心的な元バイオリニストにして養豚家である。彼は自己を発見しようと、また現代世界で抱えるトラブルから逃げ出そうと、アフリカへの片道切符を手にする。アフリカ全土を横断し、先住民を訪ね歩く途中、彼はいくつかの武勲を立てたところで、思いがけず「偉大なる白きスンゴ」、ワリリの雨の王に祭り上げられてしまう。水と土の責任者として、ヘンダソンは熱狂的な儀式に参加する。人びとは飛び跳ね、太鼓をたたき、甲高い声で叫び、詠唱し、神の像とおたがいを鞭で打つ。

この狂気の沙汰に巻き込まれ、私はひざをついた姿勢で打撃をかわした。自分の命を守るために戦ってるような気がして、叫び声をあげた。それも雷鳴が耳に届くまでのことだった。

やがて、馬のいななきのような、強く冷たい一陣の風が吹くと、雲がわき、雨が降り出した。手榴弾のような雨粒があたり一面を、また私の体をたたきはじめた……そんな雨を目にするのは初めてのことだった。[24]

少なくとも自己の一部を発見したヘンダソンは、さまざまな経験を経て大きく変わり、新たなスタートを切りたいと願って、アメリカに飛んで帰る。ジョニ・ミッチェルのポピュラーソング「青春の光と影」にインスピレーションを与えた印象深い一節で、ベローはこう述べている。「われわれは雲を両側から見る初めての世代である。なんと光栄なことだろう！　最初の世代の人びとは上を向いて夢を見た。いまや人びとは上と下の両方を向いて夢を見ている。これによって、必ず何かが変わるだろう」。「［雲は］永遠の天国の法廷に似ている。雲だけは永遠ではなく、すべてである。一度は見られても、決して二度とは見られない。それは幻影であり、現実に甘んじることはないからだ」

猫のゆりかご

一九四七年、カート・ヴォネガットは兄のバーナードの熱心な勧めにしたがい、ニューヨーク州スケネクタディへ引っ越すと、不運にもゼネラル・エレクトリック社――かつて彼が「サイエンス・フィクションだった」と言った会社――で広報係として働くことになった。彼が言うところの「このいまいましい悪夢のような仕事」である。[25]空軍の「巻雲（けんうん）プロジェクト」が、雲の種まきビジネスを引き継ぎつつあったとき（第五章）、ヴォネガットは『バーンハウス効果に関する報告書』というSFを『コリアーズ』という雑誌に発表した。この作品のポイントとなっているのは、ある発明家による、自分の発明の軍事利用計画に対する道徳的抵抗である。最初の長編小説となる『プレイヤー・ピアノ』（一九五二）は、彼がGEで目にした職場の機械化をきっかけに書かれたものだ。そのテーマは、巨大企業がテクノロジーを利用してすべてを自動化し、人間の労働を機械で置き換えようとすれば、人のやる気を奪ってしまうというところにある。物語の舞台は、ニューヨーク州のイロコイ川に面した架空の町、イリアム。この陰鬱な工場町は、イリアム・ワークスなるハイテク工場に支配されている。現実には、モデルとなったスケネクタディはモホーク川の畔にあり、GEの本拠地である。一方、イリアムはトロイの古代ローマ名であり、トロイはスケネクタディ近郊の工業都市の名でもある。

まだGEで働いていた頃、ヴォネガットは、一九三〇年代にH・G・ウェルズが工場を訪れた際の話を耳にした。物理化学者のアーヴィング・ラングミュアが、その有名な未来派作家に物語のアイディアを提供したという。それは、室温で凍結する新しいタイプの水（アイス・ナイン）を題材とするものだった。ウェルズがそれについて書くことは一度もなかったが、ヴォネガットはいつか取り上げる価値があるかもしれないと考えていた。実際にはすでに、バーナード・ヴォネガットによって、六面構造のヨウ化銀（アイス・シックス？）が、雲の自然結氷を引き起こす物質として同定されていた。数年後、ヴォネガットはこのアイディアを使って『猫のゆりかご』（一九六三）を書いた。この物語では、フェリックス・ハニカーという気まぐれで道徳観念のない科学者――ラングミュアのほか、スタニスワフ・ウラムとエドワード・テラーという水爆科学者らを適当に合成した人物――が水に似た物質を発明する。この物質に触れるとあらゆるものが即座に凍ってしまう。「アイス・ナイン」のちっぽけな結晶を液体の水に接触させると、水の分子が刺激され、みずから固体へと配列を変えるのだ。

バーナードがカートに大きな影響を与えたのは明らかだ。実在の気象学者であるクレイグ・ボーレンは『猫のゆりかご』を、活字になっているもののなかでは「核形成についての最高の論考」とみなし、この小説にはそのテーマに関して「有史以来に書かれたどんな物理学教科書」よりも多くの情報が含まれていると評した。(26) 実際、ラングミュアとテラーは、アイス・ナインのような物質が実際に存在する理論的可能性に魅せられていたと伝えられている。この本で、ハニカーの意図はぬかるんだ戦場で動きの取れない軍隊の役に立つ物質をつくることなのだが、結果としては世界を破壊する前例のない生態学的災害を引き起こしてしまうのである。

＊

言うまでもなく、気象制御の実践は、西洋世界や、現代や、科学的実践に限られているわけではない。それは世界の文化にはるかに深く根ざしており、単に雨を降らせたり止めたりといったことよりもはるかに大きな意味を持っている。米国気象局の気象物理学者、ウィリアム・ジャクソン・ハンフリーズ（一八六二―一九四九）は、『人工降雨と天気の気まぐれ』（一九二六）のなかで、人工降雨を三つの一般的カテゴリーに分類している。すなわち、魔術的カテゴリー（自然の秘密の力を個人で支配すると称するもの)、宗教的カテゴリー(崇高なる力あるいは超自然的存在に訴えるもの)、科学的カテゴリー(そのままなら乱れることのない自然の成り行きを変えるために自然的手段を使うもの)である。スコットランドの人類学者、ジェイムズ・ジョージ・フレイザーの重要な作品、『金枝篇』(一八九〇)を大いに見習い、ハンフリーズは読者に魔術的な雨乞いの慣行を紹介している。たとえば、瀉血(しゃけつ)や、稲妻、雷鳴、雨、雲の模倣といったことである。彼以前にフレイザーがやったように、ハンフリーズは雨をやませる儀式について書いている。その一例に共感呪術があるが、これは火をつける、石を熱する、物を乾かしておくといったものだ。彼が扱った宗教儀式には、神、部族の先祖、亡くなった雨乞い師に対する懇請や嘆願などもある。場合によっては、こうした儀式の目的は、時の権力者を脅し、侮辱し、いらだたせることである。荒れ模様の天気に際して教会の鐘を鳴らすこと、雨が降るように祈ることは、最もよく見られる二つの事例だった。ハンフリーズは自著のなかで、神話を科学から敢然と切り離そうとしており、神話「科学的人工降雨」をとくに別枠で扱っている。だが、本章とこの先の各章で示すように、神話的と分析的の、また虚構的と野心的の区別は、それほど明確ではないのである。

こんにち、化学的な雲の種まき師はたいてい、伝統的な雨の王や女王の座を奪っている。ところが、気象制御という(一見したところ)同じテーマを扱っていることは別として、彼らの社会的地位はまったく異なっているのだ。ヨウ化銀の閃光は、シャーマニズム的な慣行に代わる新たな崇拝物として機能するかもしれない。だが、伝統的な雨乞い師が昔も今も社会の中心人物として称えられる一方、雲の種まき師はせいぜい文化の末席に連なる者と考えられているにすぎない。

世界の文化が、神話、伝統、物語に依然としてしっかり根ざしているとすれば、天気と気候の支配の歴史もまた同様なのである。

パエトンの思い上がりと愚行、ミルトンやダンテが扱ったテーマ、われわれ自身の文化以外から得られるさまざまな例が、神話と物語の豊穣さと重要性を思い出させてくれる。イシュマエルの架空の声を通じて表現された、ダニエル・クインの「奪う者」と「残す者」の区別は、空に対する人間の関係や姿勢を問題化し、一般化するのをさらに助けてくれる。これらの物語は、合理性に反対するのではなく、自然、文化、人類の連帯のあいだの根本的な関係を指摘する。それはいまのところ、科学万能の西洋世界では検討されていない。

天気と気候の支配にまつわる初期のSF文学のさまざまな例で、多くの道徳的論点が、科学者やエンジニアの口から発せられないままになっている。この章で取り上げた物語は、有名作家の手になるものもあるが、ほとんどはあまり知られていないだろう。さまざまなジャンルで、異なる角度から書かれたこれらの作品はすべて、この先の各章にかかわってくる。通常の歴史では、英雄物語が特権的な地位を占めていることが多い。軍人、政治家、科学者、一匹狼の発明家などが立ち上がり、知られざる事態に直面したり、前代未聞の難題に立ち向かったりするのだ。これは、科学の歴史の大半についてとくに言えることである。だが、本書では違う。ファイドーの消霧の物語（第四章）は、英雄物語にかなり近い話ではあるのだが。

本章で紹介したフィクション作品のなかでは、ジョージ・グリフィスの『巨大な天気シンジケート』が、英雄物語の型にはまっている。アーサー・アークライトが、管理される英雄となって話が終わるからだ。もっと無秩序なのが、空気トラストに反対する英雄的な社会主義者たちである。悲劇的要素に支配されているのが、『南極の難破船』、『イングランドからの避難』、短編の『ザ・レインメイカー』である。マーク・トウェインの『アメリカの爵位権主張者』は純粋なコメディーであり、地球工学ウエスタンの『八番目の不思議』もそうだ。『風に響くジングル』に登場するレイン・バットことジェレミーの物語や『雨乞いのポーキー』もまた同様である。一方、N・リチャード・ナッシュの『ザ・レインメイカー』は、自称ロマンティック・コメディーだ。『スカイ・キング』のエピソードはたいてい分類できないが、結局のところは冒険笑劇である。

悲劇と喜劇が混ざり合ったジャンルもまた、こうした文学によく見られるものだ。たとえば、ジュール・ヴェルヌの『地軸変更計画』で、利益のために地軸を傾けようとして失敗したボルティモア・ガンクラブ、『地球を揺さぶった男』のPAXとラベンダー光線、そして、カート・ヴォネガットの『猫のゆりかご』に登場するフェリックス・ハニカーや、ボコノン教の馬鹿げた人間中心哲学の実践者など。「最高のレインメイカー」ことドナルド・ダックでさえ、怒り狂って不始末をしでかし、非難をかわすために顔を伏せてこっそりと立ち去るのだ。この種の分析には、文学に興味のある新参の学者が価値を見出す機会が十分にある――われわれが物語の型から抜け出しさえすれば。いかなる古典的ヒーローも、ここにはいない。たいていの場合、天気と気候の支配をめぐる波瀾万丈の歴史の現実に最も近いと思われるのは、悲喜劇――ヴェルヌ、ヴォネガット、さらにはドナルド・ダックの声――なのである。

第二章 レインメイカー

あまり知られていないことだが……人工的に雨を降らせるという課題は、決して新しいものではない。
——ロバート・デクーシー・ウォード『人工降雨』

大空も含めて自然を支配しようとする探求は、西欧科学の歴史に深く根ざしている。サー・フランシス・ベーコン（一五六一―一六二六）は『大革新』（一六二〇）の献辞で、「最も聡明にして博識な」庇護者ジェイムズ一世に、科学を再生させ、復興させてほしいと働きかけた。ベーコンの計画には、哲学と科学を「あらゆる種類の経験の確固たる基礎の上に」築くため、自然史および実験史を「収集し、まとめ上げる」ことが含まれていた(1)。特定の歴史にかかわるベーコンの広範な目録には、本章に関連する大気や海洋についてのテーマも並んでいた。たとえば、稲妻、風、雲、雨、雪、霧、洪水、熱、旱魃（かんばつ）、潮の干満などだ。ベーコンの目的は、アリストテレスの自然哲学を一新し、科学の急速な進歩を促し、テクノロジーを通じて人間のありようを改善し、結果的に自然を支配することにあった。

ベーコンの哲学では、自然の三つの基本的状態が認定されていた。すなわち、（1）自然の自由、

（2）自然の束縛、（3）人工的な事物、の三つだ。第一のカテゴリーでは、自然はまさに「自然」であり、自由で拘束されない。第二のカテゴリーは、運動が暴力的に強制されたり妨げられたりすることで生じる誤りや奇怪なものからなっている。第三のカテゴリーには、技術やテクノロジー――人間の支配下で働くよう自然に強いるメカニズムや実験――が含まれる。したがって、空から降ってくるしめやかな雨は、自然に庭を潤すかもしれない。一方、自然のプロセスを束縛し歪めようとする人工降雨は、暴力的もしくは強制的な行為であり、巨大な奇形物だ。そして、多くの農民が利用する計画的な灌漑（かんがい）システムは、巧みな技術に等しい。自然の三つの状態の例をもう一つ挙げてみよう。日よけの木とそよ風は、暑い一日にひと息つかせてくれるものかもしれない。だが、氷山を低緯度地帯に曳航（えいこう）したり、太陽光線を弱めるために硫酸塩エアロゾルで青空を乳白色に変えたりすることは、強制運動を伴う暴力行為であり、その誤りはぞっとするほど大きくなる可能性がある。そして、個人の選択にしたがう建物の換気・冷却システムの設計は、明らかに巧みな技術の領域に属している。三つ目の例を考えよう。火山の噴火は自然力とみなされる。一方、人工火山をつくったり、さもなければすでに存在する火山に手を加えたりするのは、間違いなく誤りである。だが、溶岩流の方向を変えて村を守ることは、人為的ではあるが有用ななすべき行為なのだ。

『ニュー・アトランティス』（一六二四）というベーコンのユートピア小説では、「ソロモンの館」の科学者たちが、気象を観測するとともに操作もする。「われわれはいくつもの高い塔を持っている……さまざまな大気現象――風、雨、雪、雹（ひょう）、さらには燃えさかる流星――を観測するためだ。さらにいくつかの場所では、その塔の上に隠者たちの住まいがある。われわれは、ときにその隠者たちを訪れ、何を観測すべきかを指示する……風を増幅し、強化して、さまざまな運動を引き起こすための装置もある」[2]。巨大な実験室では、研究者たちが、雪、雹、雨、雷、稲妻、そして「水ではない液体の人工雨」といった自然の大気現象を模倣し、実際に起こしている。三人のいわゆる謎の男たちが、まだ技術として完成していない取り組みのレパートリーを広げる仕事を任されている。三人の開拓者あるいは採掘者は「自分たちが良いと思う」新たな実験を試みる。要するに、彼らはそれ以上の審査も監督もなしに自然を操作するのだ。これは、実験主義者の完璧な美徳と判断力を必要とする任務である。

ベーコンは歴史を三つの区分――古代、中世、近代――に分ける由緒ある人文主義の伝統に通じていた。だが、三つの時代に対するベーコンの評価はバランスを欠いていた。古代はしぶしぶ尊重していたものの、中世は過小評価し、近代の業績を古代の偉業に比肩するもの、あるいは、ほどなくそれを凌駕するものとして持ち上げたのだ。ベーコンにとって、当時の科学の勃興は「真の経験的方法」のおかげであり、その方法は「適正に秩序づけられ消化された経験から始め、手際よく一貫性を保ちつつ、そこから原理を引き出し、確立された原理から再び新たな実験を始める」というものだった[3]。「新たな発見は、古代の闇に戻って取ってくるものではなく、自然の光の中から探さなければならない」と、ベーコンは主張した。彼は自分の新たな方法について詳細に説明すると、研究者たちにともに活動するよう呼びかけ、科学はきわめて豊穣な時代に入ろうとしているとする重要な指摘をした。ベーコンの共同体主義的な運動は、一七世紀の無数の実践者に引き継がれた。ベーコンの最大の遺産が機関にまつわるものだったことは疑いない。彼の見解は、ロンドン王立協会をはじめとする多くの科学者団体に受け入れられたからだ。

「大気の」科学革命

「科学革命」は、激しい史実論争の的となるものの、通常は自然についての考え方のある変革を指す言葉である。この変革を通じ、古代の文献の権威が「機械論的哲学」と近代科学の方法論に取って代わられたのだ。すべてではないにせよほとんどの歴史家が、科学革命を一六世紀から一七世紀にかけて起きた一連の出来事としてみなしている。より厳密に言えば、一五四三年（コペルニクスの『天体の回転について』）から一六八七年（ニュートンの『プリンシピア』）までだ。標準的な説明では、天文学、物理学、医学が特別扱いされる。だが、この時代にはまた、自然哲学者たちがアリストテレスの『気象論』に関する注釈を書くという伝統的慣行から離れ、代わって大気を記述し、計測し、計量する新たな技法を重視しはじめたのである。こうした転換の背後には、ともかく定量化は物事の理解につながるはずだし、予測と支配をはじめ新たな能力を次々と手にするきっかけになるのではとの希望があった。フィレンツェのアカデミア・デル・チメントを嚆矢とするヨーロッパの科学者団体は、気象史を編纂しようと、遠隔地や地球上の広い範囲から、気象学的記録を収集し、整理し、普及させ、議論のテーマとするよう奨励した。新しい機械論的・化学的哲学の信奉者たちは、あらゆる大気現象は要素のプロセスに還元できるし、姿を現しつつある一連の自然法則によって説明できると主張した。彼らは大気の性質を観察し定量化するための新しい道具――温度計、気圧計、湿度計、目盛りつき雨量計――を開発した。新しい手法と展望が意味するのは、今後はどんな大気過程も、いかに取るに足りないものに見えようとも、必ず記録されるということだった。その結果、計測の文化が生まれ、地球規模の新たな気象科学につながった。実用的な気象計器の「さまざまな種類のこうした系譜」は、科学者や歴史家によって実に誇らしげに跡づけられているが、それは物語の一面にすぎない。というのも、多くの技術が結局は行き詰まってしまったからだ――その手法が消滅したり、忘れられたりして。だが、統一基準もなく地球的・時間的な観測範囲も定まっていないという点は、引き続き課題として残された(4)。

一九四九年、科学革命という考え方の初期の擁護者の一人だったイギリスの歴史家、ハーバート・バターフィールドはこう書いている。

「科学革命」は、中世ばかりか古代世界の科学の権威をも転覆させた。スコラ哲学を失墜させたのみならず、アリストテレス物理学の破棄という結果をもたらしたからだ。それ以来、「科学革命」はキリスト教成立以降のあらゆるものをしのぐ輝きを発し、ルネサンスや宗教改革は、中世キリスト教世界の体系内における単なる一つのエピソード、単なる内部転換に格下げされている。「科学革命」は、物理的宇宙の図式全体や人間生活の構造そのものを転換させる一方、非物質的な科学の実践においてさえ、慣れ親しんだ知的活動の性格を変えた。以来、現代世界と現代精神の真の起源としてきわめて大きな存在感を示しているため、ヨー

ロッパ史の慣行的な時代区分は過去の遺物、足手まといになっている。(5)

もっと最近では、著名なフェミニスト学者のキャロリン・マーチャントが、同じ出来事をまったくの惨事とみなしている。「宇宙についてのアニミズム的・有機的な前提を取り去ることは、自然の死を意味していた。これが『科学革命』の最も甚大な影響である」(6)。彼女はこう主張した。科学者は自然を、自力では運動できない死んだ粒子のシステムとして再定義し、その粒子を動かすのは内部ではなく外部の力だとした。そのため、機械論的哲学の還元主義的枠組みを承認することによって、自然の操作と漸進的な破壊を正当化してしまったのである。自然を支配する力は、科学者の究極の支持者——政府——とりわけ軍事機構、商品化主義者、その他さまざまなタイプのイデオローグや日和見主義者の価値観にぴったり合致する。ほかには、科学革命とは何度もあったのだろうとか、もしかしたら一度も起こらなかったのではないかなどと思う人もいるのだ!(7)

ほとんどの歴史家の意見は次の点で一致している。一七世紀以来、科学者たちはベーコンのプログラムを完成させようとしてきた。つまり、自然に関する知識の獲得を人間による偉業の必須条件に格上げしてから、その知識を活用して自然を制御し、支配する力を手に入れるということだ。その公言された目的は——どんなに狭義であれ——人間の置かれた状況を改善するところにあった。ところが、こうした目標は達成されないことが多かったのである。このプログラム、つまり、ガリレオ、デカルト、その他の人びとによってさまざまな形で表明された革命を開始する楔(くさび)は、研究室や現場におけるひと揃いの新しい技法にとどまるものではなかった。人類を宇宙の概念的・意図的中心に位置づけ、人間と自然界の関係を再定義し、教父から明け渡されたばかりの真理の頂点に科学的方法を押し上げ、終末論的考え方に打撃を与えるという、思想の革命だったのである。啓蒙運動が歴史の原動力としての神慮への信仰を蝕むにつれ、歴史的文献の隙間は進歩の概念によって埋められていった。これは一つの非宗教的概念であり、その根底には、理解、予測、最終的には支配という課題を解決すべく、人間理性を発展させ応用するという発想があるのだ。

大火災と人工火山

ヨーロッパでは一八世紀末の数十年に、ロシアとアメリカではやや遅れて、気象観測の地理的範囲を広げ、収集データを標準化し、その結果を公開する真摯な試みがなされた。それぞれの現場で個々の観測者たちがきちんと観測日誌をつける一方、協力しあう観測者のネットワークが気象学のフロンティアを徐々に広げていった。しかし、本格的な科学に基づく気象制御のプログラムを提案する者は、まだいなかった。ジェイムズ・ポラード・エスピー（一七八五―一八六〇）は、当時の指導的気象学者であり、気象の専門家としてアメリカ政府に雇われた初めての人物だった。彼はペンシルヴェニア州ワシントン郡の農家に生まれ、ケンタッキー州のトランシルヴァニア大学に学んだあと、開拓地で教師や弁護士として働き、一八一七年にフィラデルフィアに移った。その地で、フランクリン協会の数学および古典のパートタイム教師として生計を立てながら、空いた時間を気象研究に当てた。一八三四年から三八年にかけて、エスピーはフランクリン協会とアメリカ哲学協会の合同気象委員会の委員長を務めた。一八三六年には、雹に関する理論によってアメリカ哲学協会からマゼラン賞を授与された。フィラデルフィアの科学関係諸団体と共同で、ペンシルヴェニア州議会からの支援を得て、州内各郡の気象観測者に、気圧計、温度計、その他の基本的観測機器を配った。天候、とくに嵐の進路について、より広範で総観的な情報を得るためである。彼はまた、通信員とボランティア観測者の全国的ネットワークを運営した。この頃、エスピーは初期の霧箱（きりばこ）である「ネペレスコープ」を発明すると、一般向けの講義やみずからの技術的研究に利用し、水蒸気を凝結させることによって放出される熱量を計算した。

一八四二年、エスピーはワシントンDCへ移った。政府関係の最初の役職である海軍の数学教授として、彼は艦船用の換気装置を開発し、気象通信員のネットワークを拡大した。また、アメリカ陸軍衛生部の「国家気象官」も兼務した。この地位についたおかげで、駐屯地の軍医による気象報告が入手できるようになり、エスピーによる嵐の研究は大きく前進した。一八四七年から五七年まで、彼の給与は連邦議会の年間予算によって賄われた。さらに、物理学者のジョゼフ・ヘンリーとともにスミソニアン気象観測者システムを設立し、電信を使った天気予報を試みた。エスピーの気象学に関する主要な報告書のいくつかは、アメリカ上院機密文書とされた(8)。

エスピーは大気を巨大な熱機関とみなしていた。彼の嵐の熱理論によれば、雷雨、ハリケーン、冬の嵐といったあらゆる大気の乱れは、蒸気力によって生じるという。太陽に熱せられ、湿った大気の柱が上昇すると、そのあとに周囲の空気が急激に流れ込む。熱せられて上昇した大気は、冷やされ、水分が凝結する。それによって潜熱が放出され（これが「蒸気力」だ）、雨、雹、雪などが生じるのだ。エスピーは正当にも、大気中の水蒸気量を知ることの重要性を強調した。「というのも、嵐におけるすべての風力の元になるのは、水蒸気に含まれる潜在的なカロリー（つまり熱）だからだ。大嵐を生み出せるだけの蒸気力が大気中に存在するのは、露点が高い場合にかぎられる。あらゆる嵐は蒸気力によって生み出されるからだ」[9]。エスピーの理論は、フランソワ・アラゴが委員長を務めるフランス科学アカデミーの委員を含め、当時の多くの科学者に好意的に迎えられた。エスピーの対流理論は、いまでは気象学の一部と認められており、彼はその発見により科学史において高い評価を受けている。

　エスピーが科学の本流から逸脱したのは、次のようなアイディアを推進したときのことだった。農業や水運にとって商業的重要性を持つ相当量の雨は、広大な森林を伐採して燃やすことによって生み出せるというのだ。こうした火事で発生する熱と煙は、高温の大気の柱をつくりだし、雲を生じさせ、雨を降らせると、彼は信じていた。火山の噴火とよく似た効果を発揮するからだという。彼は、大火事を起こすと雨が降る科学的理由を五つ挙げている。（1）膨張する大気は急激に冷えることが実験で示されている。（2）膨張する大気は、高湿度の一定の条件下で、可視雲と相当量の降雨をもたらすことが実験で示されている。（3）この水蒸気の凝結で放出される「弾性熱」（潜熱の古い言い方）は莫大であることが、化学原理からわかる。一平方マイル（約二・六平方キロ）の雲の広がりごとに、約二万トンの無煙炭を燃やすのに等しいのだ。エスピーの対流理論ではさらにこう主張される。（4）こうした熱の放出によって、雲の浮力が保たれ、気圧が下がり、「大気が四方八方から雲の中心へと流れ込み、中央では急上昇し、かくして水蒸気の凝結、雲の形成、雨の発生というプロセスが継続する」[10]。エスピーは、その効果をめぐる観測記録や証言を集め、経験的に次のような最終結論を導いた。（5）大気は大雨が降っている地域の中心に向かって四方八方から流れ込み、雲に向かって上昇する。

エスピーは、大火事による降雨を妨げる可能性のある三つの要因を挙げた。（1）風、（2）過剰な湿気、（3）上層大気の安定性である。エスピーは風を感じとるため、小型の気球を上げてその飛び方を追跡した。湿度計を使って大気中の湿度を計測し、高度による湿度の変化を見積もった。安定性の問題はもっと厄介だった。彼が述べたように、当時の科学のレベルでは、上層大気の気まぐれな動きは必ずしもわからなかったからだ。雨を降らせようという提案を聞いて、気象通信員、友人、さらには国会議員までがエスピーを笑った。だが、エスピーは科学が自分の味方をしてくれると請け合った。彼は、好ましい条件下で実験がどんな結果になるかを思いきって予言したし、偉大な実験が行なわれるのを見たいと願うことは決して恥ではないと感じていた。自分の苦労は成功によって報われるものと信じていた。

一八三八年、エスピーは上院に対し、森林を焼き払うことで雨を降らせる自分の能力にふさわしい報奨を出してくれるよう請願した。ジェイムズ・ブキャナン（民主党、ペンシルヴェニア州）は、同僚議員たちに自分が提出しようとしている「奇妙な請願」の件で謝罪しつつも、その請願はすばらしい推薦状や経歴を持つ「大いに尊敬されるべき科学者」からのものだと保証した。

この請願者は……請願者の手法を使わなければ雨の降らない時期にある地域に、雨を降らせる方法を発見したと述べております。エスピー氏は自費で実験を行なうと申し出ています。そして、一〇マイル（約一六キロ）四方の土地に雨を降らせることに成功した場合は一定の金額で報い、一〇〇〇平方マイル（約二五九〇平方キロ）の土地に雨を降らせた場合にはさらに高額な報奨金で報い、五〇〇〇平方マイルの土地に雨を降らせた場合にはさらに高い報酬を出し、最終的に、オハイオ川を夏のあいだずっと、ピッツバーグからミシシッピ川まで航行可能にした場合には、さらに高い対価を支払うと約束する法律を議会で成立させてほしいと申し出たのであります(11)。

ブキャナンは、エスピーの科学者としての評判を根拠にその請願を支持したものの、「その問題についてどう言えばいいかは、ほとんどわかっていなかった」。ジョン・J・クリッテンデン上院議員（ホイッグ党、ケンタッキー州）は「仮にそんなことが可能だとしても、そうした手段を推進することが政策としてよいかどうかを大いに疑っていた」。いかなる人間もエスピーが公言するような力を手にすべきではないし、オハイオ川をエスピーの特別な保護に委ねることは誰にもできないと、彼は考えた。

さて、この人物はわれわれを切れ目のない雲で覆い、実のところ、大地は二度と水中に沈めてはならないという約束を反故にしてしまうおそれがあります。彼に雨を降らせる力があるとすれば、雨を降らせない力があってもおかしくはありません。すると、航行可能な川を与えてくれる代わりに、自分の望むままに、岩礁、浅瀬、砂州を生じさせるかもしれません。これは、一個人に委ねるにはあまりに危険な力だと考えられます……われわれが日光を手っ取り早くつくりだす方法を持たないかぎりは。

上院議員たちは明らかに議論を楽しみながら、いかなる市民であれ、意のままに雲や水蒸気を蓄えたり与えたりする権限を持つべきではないと指摘した。ブキャナン議員の動議は否決され、エスピーの請願は棚上げにされた。その年、またその後数年にわたり、エスピーはもっと身近な機関に目を向け、人工降雨への政府援助を求めたが失敗に終わった。『ジェネシー・ファーマー』誌は「壮大ないんちき」と書いた。『ボストン・クォータリー・レビュー』誌によれば「一般の国民は、エスピーをいささか頭がおかしく、人工雨をつくりだせると空想する男と思っている」という。[12]

エスピーの代表作『嵐の哲学』（一八四一）には「人工雨」というタイトルの長い章があり、火山の噴火や大火災に伴う降雨の証言がまとめられている。「このテーマについて私が集めた記録は、実験が成功することを証明するわけではないが、少なくとも実験すべきであることを証明するものである」。[13] 柱状の巨大な空気塊が上昇を強いられれば、自律的に持続する雲が発生してさらに空気を呼び込み、雲と雨がさらに生成されることになると、エスピーは結論づけた。これが火山の噴火における事実であることは間違いないし、大火災における事実でもあるはずだという。エスピーは、著名なドイツの地理学者で探検家のアレクサンダー・フォン・フンボルトが書き留めた火山と雨の不思議な関係に言及している。フンボルトによれば、ときとして火山が噴火しているあいだに乾期が雨期に変わることがあるというのだ。こうしてエスピーは、大規模な森林火災が雨を降らせる効果は、火山の噴火の効果と同じはずだと主張した。

エスピーは補強証拠となる文献を探しまわった。そして、南米で活動したオーストリア人のイエズス会伝道師、マルティン・ドブリッツホファーに言及している。ドブリッツホファーは、パラグアイのアビポン族が（明らかにきわめて多雨な気候であるにもかかわらず）平原に火を放って雨を降らせるのを目撃したと書いていた。エスピーはまた、アメリカ先住民が草原（プレーリー）を燃やして雨を降らせる慣行にも触れている。さらに、配下の気象通信員に、自分の理論を補強する類例の報告や証言を送るよう呼びかけた。ルイジアナ州のある観測員は、背の高い草の茂る草原で大火が起きたあとで、すぐに雨が降り出したと書いてよこした。

一八四五年、エスピーは「化学の友へ」と題する回状を出し、人工降雨計画を具体的に詳しく説明した。彼はアレゲーニー山脈（エスピーにとってはすっかりおなじみの地域）沿いで大規模な実験を行なおうと提案した。「ペンシルヴェニア州ではマッキーン、クリアフィールド、カンブリア、サマセットの各郡、メリーランド州ではアレゲーニー郡、ヴァージニア州ではハーディー、ペンドルトン、バス、アレゲーニー、モンゴメリーの各郡で、夏のあいだ七日ごとに……四〇エーカー（約一六万二〇〇〇平方メートル）に……火を放とう」。エスピーは上層大気の風のずれ（ウインド・シア）の影響を見越して、相互に数マイル離れた植林地に火を放つよう促した。「そうすれば、燃えている植林地の上空に、広い底部を持つ上昇する大気の柱が形成される。よって、垂直の柱はたちまたま吹くかもしれない風によって傾く前に、かなりの高さまで上昇する」というのだ[14]。

エスピーはまた、さらに大がかりな大陸規模のプロジェクトを提案した。アメリカ西部のロッキー山脈に沿って六〇〇ないし七〇〇マイル（約九六〇ないし一一〇〇キロ）にわたり、七日ごとに、二〇マイル置きに四〇エーカーの土地で大量の森林を同時に燃やそうというのだ。エスピーの予測によれば、この管理されたシステムの帰結としてありそうな事態は、時計のように規則正しく、穏やかに、安定して雨が降り、それが国全体を潤し、農民や航行者に恩恵をもたらすというものである。エスピーは自分の計画をこう説明している。

南北に非常に長く延びる雨の帯が、火事の列の近辺や上空に発生しはじめる。この雨は東に向かって移動し、はるか彼方の大西洋に達するまでやむことはない。降りはじめた場所から東の全域に雨が降ることになる。どの地域でも短時間しか降らない。次に降るのは七日後である。どの地域でも十分な雨が降るが、降りすぎはしない。陸上でも大西洋上でも、暴風が伴うことはない。通常の降雨時やその合間に、雹が降ったり竜巻が発生したりすることはない。壊滅的な洪水が起こったり、河川の水位が著しく下がったりすることもない。もはや猛暑も酷寒もない。農民も船員も、いつ雨が降りはじめていつやむかを事前に知っている。洪水とその後の旱魃に起因する流行病は終息する。農業の収穫は大幅に増え、国民の健康と幸福は著しく増進する。

エスピーは、火災によって雲と雨がともに発生するのを目撃した人びとの証言を挙げた。ペンシルヴェニア州コーダーズポートの、弁護士、判事、聖職者を含む良識ある市民が、一八四四年七月に起きた休耕地の野火で雲と雨が発生したと証言した。同様の現象は、前年の夏にインディアナ州で起きた野火の際にも見られた。測量技師のジョージ・マッケイは、フロリダ州で「非常に燃えやすい」カヤツリグサを刈って燃やすと対流雨が降ったと主張した。「その後、われわれはカヤツリグサの湿地に火を放つことがよくありました。すると、風がそよとも吹かないときは、必ずにわか雨が降りました」[15]。どうやら、フロリダ州の多くの農夫は、トウモロコシの作付けに際し、雨を降らせるために草を焼く習わしがあるらしかった。一八四六年にミシガン州ロイヤル島で起きた森林火災でも同じような結果となった。カナダはノヴァスコシア州の大規模森林火災や、イングランドの工業都市マンチェスターでの石炭燃焼の場合もそうだった。

ことによると、大火に熱せられた大気の「蒸気力」をめぐる最も注目すべき証言は、J・D・ウィリアムソン牧師から送られたものかもしれない。一八五六年七月、ウィリアムソン牧師は友人と連れ立ってニューハンプシャー州キーン近くの山頂をハイキングしていた。「ひどく暑い日だった。雲ひとつ見えず、風はまったくなかった。南東の五、六マイル（約八、九・五キロ）ほど先に目をやると、数エーカーの広さの休耕地にちょうど火が放たれたところだった。煙の柱が崩れることなく垂直に上昇していった」。エスピーの理論を知っていたウィリアムソンは、上層気流に邪魔されなければ、あの火はまもなく雨を降らせるはずだと友人に告げた。

煙の柱は矢のようにまっすぐに上昇すると、ほどなくてっぺんが膨張し、雲のような様相を呈しはじめました。この雲は土台が動かないまま、上へ向かって広がっていきました。下方に巨大なエンジンがついていて、蒸気を逃がすためにバルブを開きっぱなしにしているかのように膨らんでいき……まもなく雨粒が落ちはじめ……［そして雲は］土砂降りの雨を降らせながら東の方角へ流れていきました……私は［この出来事を］［あなたの］理論の正しさの完璧で否定しようのない証拠だとずっと考えてきましたし、その理論を疑わないのは、この目で見た証拠を疑わないのと同じことです。(16)

エスピーは、地図作成と天気予報における業績、また人工降雨の飽くなき提唱のおかげで、「嵐の王」という揶揄するようなあだ名を奉(たてまつ)られた。

エリザ・レスリーの「雨の王」

エスピーがワシントンへ移った年、人気のある雑誌寄稿家のエリザ・レスリーは「雨の王、あるいは次世紀への一瞥(いちべつ)」という短編小説を『ゴーディズ・レディーズ・ブック』誌に発表した。一世紀後の一九四二年を舞台とする人工降雨の空想的なお話だ。この物語では、エスピーの甥の曾孫にあたる新たな「雨の王」が、フィラデルフィアの一帯で注文に応じて天気を提供する。さまざまな党派が、望みの天気を手に入れようと争いを繰り広げる。多くのタバコ農家と三〇〇人の洗濯婦が永遠の快晴を雨の王に嘆願する一方、トウモロコシ農家、辻馬車の御者、傘職人はずっと雨がつづくよう望んでいる。好天派と雨天派は同じ日数を割り当てられるが、それも、上流階級のある夫人によるその後の依頼によって状況が一変するまでのことだった。彼女は大雨で道をぬかるみにし、田舎者の従兄弟が訪ねて来られないようにしたいと切望していたのだ。

人工雨が降っても誰も満足することはなく、人びとのあいだに猜疑の念が広がる。雨の王は、すべての人を喜ばせる奇跡の力を持たないせいで、突如として人気を失ってしまう。彼は蒸気船で中国へ向かう。いつの日か新たな贈り物を携えて帰国することを夢見て、その地で魔術を学ぶのだ。レスリーはこう書いている。「自然の雨が降っても、せいぜい、不都合をこうむる人が我慢を強いられてがっかりするだけであり、怒りよりも悲しみをもって受け入れられるのが普通だ。ところが、こうした人工雨の場合、それを望まないすべての人が悲しみではなく怒りを感じるのである[17]」

レスリーのユーモラスな短編ファンタジーが明らかにしたのは、人為的な気象制御によって、人びとの態度が劇的かつ一瞬のうちに変わってしまうということだ。レスリーは気象学者ではなかったが、彼女の物語は「天気の人間的側面と気象制御の落とし穴を、エスピーが書いたどんなものよりもずっと的確に把握していることを示していた[18]」。だが、それ以降、天気や気候を支配することの人間的側面という厄介な問題は、楽観的な雨の王や、考え方――あるいは少なくとも観点――が単純な気候エンジニアの技術的構想に、主役の座を奪われてしまったのである。

一八四三年、エスピーは、ナサニエル・ホーソーンの短編『幻想の殿堂』で選外ながら表彰されている。「幻想の殿堂」とは、奇抜なアイディアの売り込み市場であり、たいていの人が少なくとも一度は訪れるが、そこに永遠に住みつく夢想家もいる。また、どうやら、雨の王や気象エンジニアによるユートピア的なアイディアにぴったりの市場のようだ。殿堂には創作の支配者や英雄――ホメロス、ダンテ、ミルトン、ゲーテ――の像が石で刻まれる一方、より限られた束の間の名声を得ただけの人物の像は木で刻まれている。プラトンのイデアがすべてを見下ろしている。社会改革主義者、奴隷廃止論者、さらにはキリスト再臨派の開祖である「ウィリアム・ミラー神父その人！」までがいる。土木技師や社会工学者はこんなアイディアを出していた。「道なき森の真ん中に、まるで魔法を使うかのようにして都市をつくる。現在は波の逆巻く海となっている場所に道路を敷設する。紡績工場の機械を動かすために大河の流路を維持する」[19]。ホーソーンはこう叫んだ。「なんたることか！　こうした夢想家の話に耳を傾けるのは危険だ。彼らの熱狂は伝染する」。この殿堂には、空想的な機械の発明家がいて、「白昼夢を実行に移す」ことを目指している。たとえば、空中を通る鉄道と海中トンネルの原型、月の光の熱をとらえ、朝霧を花崗岩の四角いブロックに凝結させる蒸留器、女性の微笑みから日光をつくりだすレンズなどだ。「ここにいるエスピー教授は」風の神アイオロスを思い起こさせる人物で「猛烈な嵐をゴム袋に詰めて持っていた」。「幻想の殿堂の住人」は、川岸に並ぶ「事実の陸標」に気づかないまま、「一つの理論の流れ」に身を投じることによって永遠の住みかを手に入れたとされている（誰でもときにはこの殿堂を通り抜けることを忘れてはならない）。

大砲と鐘

シャルル・ルマウ（一八〇五―八七）は、ブルターニュ海岸近くのサンブリューという町に住む薬剤師兼鉱石鑑定人で、ひたむきな平和主義者だった。彼が平和を支持する強力な論拠の一つは、戦争による大虐殺、荒廃、さまざまな悲劇といったありふれた理由をはるかに超えるものだった。ルマウは戦争、とくに連続砲撃および鐘の連打によって、大気の成分の脆弱な均衡が崩れ、あらゆる好ましくない大気の乱れが生じると考えた。たとえば、雨、雹、雷、稲妻、厳冬であり、もしかすると空気伝染病もそうかもしれないという。ルマウはこう書いている。

海の深みに暮らす魚のように、われわれが、そのなかで生きてゆくべく運命づけられている大気の脆さ（もろさ）を正しく知りたければ、大砲に撃たれ、頭上で粉々に砕け散る水晶宮に住む自分たちを想像してみるといい……砲撃がやみ、あるいは鐘が鳴りやむやいなや、空が曇っていようと暗かろうと、天気は回復し、青空と陽光が姿を見せる……したがって、神が晴天をつくり、人間がそれを汚すといっても過言ではないのだ。(20)

クリミア戦争中の有名なセヴァストポリ包囲戦（一八五四―五五）を目撃したルマウは、「あらゆる自然が（砲撃による）影響を受けた」と述べ、それが原因で百日咳が大流行したと主張した。彼は、科学を重んじる陸軍大臣で、電信を使った天気予報を始めたジャン・バプティスト・フィリベール・ヴァイヤン元帥を説得し、砲兵将校に大砲を撃つ日の天気を記録するよう命じてもらった。その結果からはっきりしたことはわからなかったため、肩すかしを食ったヴァイヤン元帥は『官報』で「よく知られた大砲の影響は錯覚だ」と結論し、ルマウの理論を否定した[21]。ルマウは失望したものの、挫けなかった。自分自身で統計を集め、平和な時代の天気は戦時のそれより健康にいいことを示そうとした。戦時であれ祝典の際であれ、ヨーロッパや地中海地方では大砲や鐘を使わないように提言した。大砲や鐘の音による震動が風の自然な流れを阻害し、はるか彼方で雲や結露を生じさせるからだという。

人間は、大気に影響を与えるために自由に使うことのできる、二つの強力な手段［大砲と教会の鐘］を持っている。人間は、もし望むなら……大気現象を支配できる。それゆえ（人間による地球表面での擾乱がすべてやめば）大気は引力の法則にしたがい、嵐にかき乱されていない海面と同じように、おそらく静けさを取り戻すことだろう[22]。

反対に、旱魃のときは状況に応じて大砲を撃ち、鐘を鳴らせば、農業の助けになる可能性があると主張した。ルマウは、世界平和の確立のために最も重要な説を示したものと自負しており、人類のためにこの学説を宣伝し、広めてくれるよう強く読者を促した。彼は詩的な表現でこう書いている。

自然が嵐や暴風雨を準備し、人間がそれを爆発させる。
神が好天をつくり、人間がそれを悪天にする。
火薬をまく者は、嵐を刈りとらねばならないのだ。[23]

戦争と天気

アメリカでは、火薬をはじめとする爆発物を使った「嵐の刈り入れ」への熱狂がまさに始まろうとしていた。南北戦争のあいだ、一部の気象観測者は、砲火の煙と衝撃によって雨が降るのではないかと疑いはじめていた。やはり、ほとんどの戦闘の一日後、あるいは二日後……三日後に、雨が降る傾向が見られたのではないだろうか？　一八六三年七月初めの三日間に晴天のゲティスバーグで激戦が戦われたあと、七月四日は土砂降りの雨が昼夜降りつづいた。そのため道路は膝を没するぬかるみとなり、南軍の退却の妨げとなった。疑い深い人たちはすぐさまこう指摘した。戦争と天気の関連は古来のものであり——また当てにならないものである、と。

「プルタルコスの「ガイウス・マリウス」（紀元七五）では、「実際、大規模な戦闘のあとには、途方もない降雨が観察されることが多い。何らかの神が天からの水で大地を洗い流し、清めようとするのか、あるいは、血と腐敗が発する湿気と大量の蒸気が、わずかな原因で変化してしまいそうな大気を密にするのか、そのどちらかだ」とされている。[24] 物理学者にして大気調査員のウィリアム・ジャクソン・ハンフリーズによれば、プルタルコスの第一の見立ては、信仰の問題で科学ではないし、二番目の見立ては取るに足らないものだという。なぜなら、一万人の兵士が血液と汗だけからできていると仮定し、彼らが「完全に蒸発してから、そのすべてが凝結しても」約〇・〇一インチ（約〇・二五ミリ）ばかりの雨が一平方マイル（約二・六平方キロ）にわたって降るにすぎないからだ。[25] ハンフリーズは、雨と戦闘のあいだに存在するらしき密接な相互関係について、なるほどと思える説明をしている。彼が注意を促すのは、計画が立てられ、戦闘が行なわれるのは、普通は天気がいいときだということだ。そのため、ヨーロッパや北米の温帯地方での戦闘のあとは、三日から五日の自然な降雨周期にしたがって雨が降りやすいのである。おそらく将軍たちは晴れた空の下で戦いたかっただけであり、それゆえ、当然あとには雨の日がつづくことになりやすい。おそらく、たいてい何かをした後数日には、雨が降りやすいものなのだ！

一八七一年、シカゴの土木技師で南北戦争の退役将軍だったエドワード・パワーズは『戦争と天気、あるいは人工降雨』という本を出版した。そのなかでパワーズは、いくつかの戦闘を選んでその後の天気を調べ、砲撃戦のあとには、通常は数日以内に雨が降ると主張した。パワーズはそのことの「完璧な説明」を、海洋学者マシュー・フォンテーン・モーリーの理論のなかに見いだした。モーリーは、空高くをほぼ正反対に流れる巨大な気流、つまり赤道流と極流が存在すると断言していた。パワーズは、戦闘の震動によってこうした上層気流が混ざり合い、湿気を放出するのだと主張した。そして、凧や気球で上空へ運んだ爆薬を爆発させ、その大音響の作用により、望みどおりに雨を降らせようという構想を抱いていた。地面が乾ききっている旱魃のときには、太平洋から豊富な水分を運んでくる上空の大気の川を利用すればいいのだ。地下水を求めて井戸を掘るのと同じように、大気中での爆発によって、すでに頭上を流れている水分を放出させるだけで済むのである。七〇年後、この「大気の川」はジェット気流と名づけられ、そこに含まれる水分のためでなく——というのもジェット気流は完全に乾燥しているので——高空を飛ぶ飛行機と地上の天気への動的効果のために重要視されることになる。

批判者たちが、大音響による衝撃に効果があるなら、すぐに雨が降り出すはずであり、何時間も何日もあとになるのはおかしいと指摘すると、パワーズは二つの気流の理論を持ち出した。「戦闘によって生じた大気の乱れの中心は戦場の近くにとどまっており、そのあいだに二つの気流が混ざり合い、雨を降らせる一連のプロセスが始まっている——このプロセスの効果が出るまでに時間がかかるのは言うまでもない[26]」。気象学的な詳細がどれほど欠けていようとも、パワーズの理論は、当時のニューイングランドの農民をはじめ雨を渇望する人びとに強くアピールした。その理論のおかげで彼らは、からからに乾いた農地や壊滅状態の作物から目を上げ、希望に満ちた視線を空の高みに向けられたからだ。パワーズは農民に、地表からの蒸発ではなく、太平洋に由来する水分が大量に存在し、利用されるのを待っていることに気づかせた。もっとも、ある気象観測者は、ロッキー山脈で採掘や道路工事のため長年爆薬を使用したあとでも、天気への影響はいっさい認められなかったと指摘していた[27]。

パワーズはアメリカ陸軍通信部気象課に対し、チャールズ・ファーウェル下院議員（共和党、イリノイ州）を通じて自説への支援を求めた。ファーウェル議員は、その後二〇年にわたってこの主張を擁護することになる。下院農業委員会は、パワーズの理論と彼の提案——大砲を直径一マイル（約一・六キロ）の円形に配置して砲撃する——を検討し、報告書でこう結論した。政府はこのきわめて重要な課題に片務的に対応し、パワーズの野外実験を支援すべきである、と。「われわれには火薬があり大砲がある。それを操作する人員もいる。気象を制御して人間の役に立てられるかという重要な問題の解決を、他国や後世の人びとに委ねるべきではない」[28]。もう一つの提案で、パワーズはイリノイ州のロックアイランド兵器工場の攻城砲を使い、降雨実験を行なうよう持ちかけた。それにかかる経費は一度の暴風雨につき二万一〇〇〇ドルだった。彼が要求したこの金額は、灌漑費用や雨不足による作物の損害額よりはずっと安かったが、家族経営の農家二〇軒の生活を賄う費用よりは高かった。この提案への出資は見送られた。

パワーズは結局、ヴァージニア州フレデリクスバーグのダニエル・ラッグルズと手を組んだ。ラッグルズはウェストポイント陸軍士官学校の卒業生で、以前は南軍の将軍だった。テキサス州リオ・ブラヴォーに牧場を持っており、一八八〇年に「機雷などの爆発物を雲のある領域に運んで爆発させ……雨を降らせる」という特許をとっていた[29]。ラッグルズの「発明」を構成しているのは、簡単に言えば以下のようなものだった。機雷を運ぶ気球、ニトログリセリン、ダイナマイト、綿火薬、粉火薬、雷酸水銀といった爆発物を装塡した爆薬筒、そして、爆薬を爆発させるための電気装置と気球の接続法だ。

先駆者のエスピーと同じく、ラッグルズはこんな驚くべき主張をした。「大気圏の雲を凝結させ、雨雲から雨を降らせる方法を発明した。その目的は、旱魃を防ぎ、植物の生育を促し、降雨量や流水量の変動をなくし、また現在利用可能なさまざまな科学的発明を結びつけることによって、疫病や飢饉を防ぎ、それらが生じている地域では抑止したり緩和したりすることだ」という[30]。

適切な条件下であれば、爆発の衝撃や震動によって、頭上を通過する「拡散した霧」が凝集して雨になるはずだと、彼は主張した。ラッグルズの計画では、時限信管や電線を用いた遠隔爆破が望ましいとされていたが、より正確な（またはるかに危険な）方法として、気球の操縦士がパラシュートつきの機雷で雲を爆撃するという想定もあった。科学的厳密さ（現在においても人工降雨の課題）を請け合うべく、ラッグルズは「明確な気象データ」に基づいて実験の対象とする雲を選ぶよう提案した。その種のデータとして彼が挙げたのは「気圧、温度計とその変化、湿度計、風速計、風向計……標高、平均降雨量、河川水位、大気圏の磁気的・電気的条件」だった。

　人間が雲を操作することを神が望まなかったとすれば、神は人間の視線の先にあれほどはっきりと雲を置かなかったはずだと述べ、ラッグルズはこう約束した。「陽光のなかでも嵐のなかでも、雲界の大気の法則をわが物とし、可能なかぎり、莫大な産業の利益と人間の活力の範囲内でその法則を活用する」と。みずからの才能、企ての規模、「計り知れない進歩」への期待に目がくらみ、ラッグルズは叫んだ。「この分野は広い——本当に広い。そして、広いのと同じように深い——本当に深い！」

　ラッグルズは（その後のあらゆる世代がそうしたように）、自分は科学技術上の次なる一歩を踏み出そうとしているのだと主張した。この場合その方法は、最新の化学爆薬と電気装置を使う操縦士を探査気球に乗せ、地表から大気圏へ打ち上げるというものだった。すべては、エスピーの知らなかった先端的な工学と気象科学の旗印のもとになされるのだ。

雲を頂く山々を大またで通り抜けるエンジニアは、古い海底の土台を引き裂く驚異的な力を手にしている。現代の「プロメテウス」、つまり磁電気の稲妻は、当時はまだ鎖につながれていなかった。巨大な海獣（リヴァイアサン）のように強力な「蒸気」は、当時はまだ渦巻く大海原の泡に閉じ込められていなかった。航空術は翼をもがれて科学の神殿の入り口に鎮座していた。爆薬の開発における化学原理と、写真術における光の構成要素の凝縮の偉大な勝利、広大な鉱山の開発と莫大な富、広げられた気象科学の旗――いや、残念ながら、こうした神秘的科学の大発見は、一つとして彼には利用できなかった。これらの大発見は、当時［エスピーの時代］はまだ、人間精神の地平線にほとんど姿を現していなかったのである。

これまでは非宗教的な説法だった自分の議論を、進歩の行進と教会の説教壇から拝借したテーマに包み、ラッグルズはこう主張した。自分の技術はアメリカおよび世界中の人間の苦しみを和らげるかもしれない、と。

そびえる山脈を冠に頂くわれらの大陸の構造、境界をなす大河川、広々とした肥沃な平原と果てのない森林――大陸を取り囲む大海原で生じる雨雲がそれらすべての上を流れていく――といったもののすべてが保証するのは、技能と産業が結びつけば、われらが国土を実質的に守れるということだ。差し迫った旱魃からも、東方世界の年代記にしばしば見られる悲惨な飢饉の厄災からも……［この計画がうまくいけば］、人間の知るほかのいかなる慈善の企ても——キリストの律法に具現されたものを除き——それを超えることはないのだ！

ラッグルズは、自分の企てを「気象工学」という科学における「先進的な一歩」だと述べると、上院農業委員会に対して、人工降雨実験の支援として一万ドルを出してくれるよう申請したものの、認められなかった。南北戦争の際に大きな戦闘でまったく雨が降らなかったのを目にしたある退役軍人は、『サイエンティフィック・アメリカン』誌への投稿のなかで、戦闘中の砲撃で雨が降らないとすれば、ラッグルズが特許を持つ気球も雨を降らせることはないだろうと書いた。(31)ある編集者はこんな見解を述べている。「その発明には一セントの価値もなければ、特許を受ける価値もないと思う(32)」

戦闘をそっくり真似る

毀誉褒貶のある行動派の特許弁護士で、ワシントンDCで活躍したロバート・セントジョージ・ディレンフォース（一八四四—一九一〇）は、空中での爆発によって雨を降らせることができると確信していた。人工降雨について書かれたものには可能なかぎり目を通した。そのなかには、フランスのルマウが書いた小冊子、一八九〇年に出版されたパワーズの著作の第二版も含まれていた。さらに、陸軍通信部に所属する気象学者のジョン・P・フィンリーをはじめ、多くの人びとと意見を交換していた。長期にわたる厳しい旱魃が西部を襲った際、当時上院議員だったチャールズ・ファーウェルは、爆発の衝撃による人工降雨の一連の新規野外実験を支援するため、九〇〇〇ドルの予算獲得に成功した。ファーウェルは、ジュレミア・ラスク農務長官をプロジェクトの責任者に推薦した。新たに設置された米国気象局は、ラスクの監督下にあったのだが、爆発の衝撃による人工降雨にきわめて懐疑的だった。また、森林部のトップであるバーナード・E・フェルノーは、計画はすべて頭で考えられただけのもので、実験がうまくいくとは予想しにくいと考えていた。それにもかかわらず、ラスクはディレンフォースを主任調査員および政府の特別代理人に選任した。

ディレンフォースはシカゴに生まれ、ドイツで教育を受けた。プロイセン士官学校、カールスルーエ工芸学校を経て、ハイデルベルク大学に進み、一八六九年、機械工学の博士号を得た。一八六六年のオーストリア‐プロイセン戦争の際には従軍記者として働き、南北戦争では北軍の少佐となったが、後年、自分は「将軍」だったと言い張っていた。ワシントンDCのコロンビア・カレッジで法律を学んだあと、特許庁に弁護士として勤務し、個人でも開業した。真偽の疑わしいものまで含めて自分の業績を鼻にかけ、家族にも部下にも、きわめて要求が厳しかったという(33)。

ディレンフォースはこんな結論を下した。人工的に雨を降らせる最善策は、気球、凧、ダイナマイト、迫撃砲、発煙弾、さらには花火までを使い、多くの戦線で大気を攻撃することだ、と。基本的な考え方は、水分を凝結させる、つまり爆発の衝撃によって、反対側を流れている湿った空気と冷たい空気の進路をそらせ、混ぜ合わせるというものだった。その際には、利用可能な爆破装置をすべて利用する。以上において、ディレンフォースはパワーズとラッグルズのつけた道しるべを忠実にたどっていた。彼はまたこんな理論を唱えた。二次的効果として、爆発は衝撃、圧力、熱を生み出し、渦巻をなす強力な上昇風と、急激に流れ込んで上昇する気流をつくりだすというのだ（これはエスピーの対流理論に合致する）。爆発は電荷をも生み出すが、これが大地と空を分極化し、磁場をつくり、おそらく水分の凝結を促すはずだ。これは、一八三〇年代にアメリカの化学者ロバート・ヘアが発表したある理論を思い起こさせる。スコットランドの物理学者にして気象学者のジョン・エイトケンに由来する論法にしたがって、ディレンフォースは、火薬の煙が浮遊している水分の粒子を凝集させる核になるものと予想していた。

もう一つの考え方は次のようなものだった。酸素と水素を一対二の割合で混ぜたガスで気球を膨らませ、上空に打ち上げて電気の火花で爆発させれば、その過程でおそらく少量の液状の水が生成する。これによって、水を引き寄せる核が雲にまかれ、さらに多くの水が凝集することになるというのだ。批判者たちは、現場で水素ガスと酸素ガスを発生させるには時間がかかるし、大がかりで高価な設備や材料が必要だと指摘した。そのうえ、大きな気球一個を爆発させても、せいぜい六オンス（約一七〇グラム）の水しかできそうにないから、一パイント（約〇・四七リットル）の水を気球か凧に載せて雲の中に送り、ぶちまけたほうが効率的なはずだ。ところが、ディレンフォースは譲らなかった。この方法の二次的効果が気に入っていたからだ。つまり、気球の爆発が生み出す大音響である。ディレンフォースは、酸素と水素でできた小さな泡は「大型ピストル」のような音を出すと述べ、数年前のある出来事を振り返った。物理学者のジョゼフ・ヘンリーが、地中に埋めた容器に五〇立方フィート（約一四〇〇リットル）の混合ガスを充塡して爆発させ、地面に直径一八フィート（約五・五メートル）の穴を開けたのである。ラッカロック（石炭採掘で広く使われていた爆薬）と、酸素と水素の混合ガスを詰めた一〇フィートの気球を使ったディレンフォースの実験は、マウント・プレザントにある彼の広大な屋敷で行なわれた。ワシントンDCにある現在の国立動物園に近い場所だ。立ち会ったのは、スミソニアン協会会長のサミュエル・P・ラングレー、アメリカ地質調査所のジョン・ウェズリー・パウエル、特許保有者のダニエル・ラッグルズ、その他錚々たる面々だった。当日、ディレンフォースは雨を降らせることはできなかったものの、隣人でスミソニアン協会事務長のウィリアム・J・リーズに、農務長官宛ての抗議状を書かせることになった。リーズは爆発のせいで、自分のすばらしいジャージー種の牝牛の群れはおびえ、農場内の家屋は揺れ、家族は慌てふためいたと述べ立てた。裏庭で行なわれたこの爆撃は、隣人を動揺させただけではなかった。煙が立ちのぼり、酸素と水素の詰まった気球が火に包まれて空から降ってくる様子は、壮大な見ものだった。そのため、大勢の見物人が詰めかけ、楽しいひと時を過ごしたのだ。結局のところ、この実験は、旱魃と退屈の両方に対する政府の宣戦布告となったのである。[34]

著名なシカゴの食肉処理業者で、世界最多のブラック・アンガス牛の所有者と言われていたネルソン・モリスは、テキサス州ミッドランド近くに持つ「C」牧場を野外実験の用地に提供しようと持ちかけた。その牧場は北緯三二度一二分、西経一〇二度二〇分、海抜約三〇〇〇フィート（約九〇〇メートル）、起伏のある乾燥した土地で、テキサス・アンド・パシフィック鉄道の敷設用地のすぐ脇の場所だった。モリスはさらに、ディレンフォース一行に対し、宿舎と食事を無償で提供し、現地で使う経費を全額負担しようと気前よく申し出た。実験用地は一七八八号ランチロード沿いに位置している。私の言わんとすることを理解し、日帰りで行ってみたければ、ニューメキシコ州のアラモゴード、ソコロ、ロズウェルからそれほど離れていない地点だ。

先発隊がワシントンDCを列車で出発したのは、一八九一年七月三日のことだった。スーツケース、迫撃砲、さらに、海軍提供の鋳鉄（ちゅうてつ）切り粉二トンを水素製造用に運んでいた。詳しい説明はディレンフォースの最終報告書に載っている。だが、シカゴの『ファーム・インプリメント・ニューズ』誌によるユーモラスな記録によると、一行は六人の専門の科学者で構成されており、「全員が非常に博識で、理論的知識を熱心に追求するあまり、分別をなくしている者もいた」という。(35) マイヤーズとキャステラーは気球の操縦者、ローゼルは化学者、カーティスは気象学者、ドレイパーは電気技師だった。一行はセントルイスで、ドラム缶入りの硫酸を八トン、追加の鋳鉄切り粉を五トン、塩化カリウムを一トン、酸化マンガンを〇・五トン、さらに、樽、気球、その他の装備を手に入れた。テキサスに着くと、鉄道会社が無料でミッドランドまで送ってくれた。到着したのは八月五日のことだった。線路の側線で待っていたのは、電気凧をつくるために薄板に延ばされた純錫（じゅんすず）と、地元の石炭鉱山から寄贈された黒色火薬の小樽六個だった。

ディレンフォース、パワーズ、ラッグルズの「将軍たち」が到着したのは、たまたま夏の乾期だったが、都合のよいことに、昔から同じようにやってくる（また広く知られている）雨期、つまりモンスーン期の始まりでもあった。メキシコ湾とカリフォルニア湾からの風が、例によってにわか雨や雷雨を高原に運んでくるのだ。ディレンフォースは肩幅が広く威勢のいい人物で、騎兵ブーツを履いて探検帽をかぶっていた。彼は人びとに向かって演説すると、芝居がかった態度で状況を説明し、自分の人工降雨実験が成功した場合の達成感をかきたてた。その地域の不毛さと極端な乾燥、暑く厳しい日差し、雲ひとつない空、乾いた南風、アルカリ性の土壌、自分の皮膚が羊皮紙に変わってしまいそうな感覚などを大げさに語った。南からの風がテキサスの上空に水分を貯めこみつつあると述べながらも、目下のところ現地は乾燥しきった状況にあると指摘した。ディレンフォースはこう確信していた。自分の技術によって、ミッドランドの井戸や湖は水で満たされ、上質な土壌は豊かな実りを生み出し、ほとんどの望みがかなえられると――この地域に水さえ供給されれば。

「C」牧場では、六インチ（約一五センチ）の井戸用パイプでできた即席の迫撃砲六〇基によって、攻撃の最前線が形成された。係員がプレーリードッグの巣穴のような筒にダイナマイトを装塡し、それを平らな石の上に設置し、メスキート（マメ科の低木）の茂みをラッカロック爆薬で覆った。電気凧と酸水素気球が第二、第三の戦線を形成した。雇われ気象学者のジョージ・E・カーティスが、気圧計、温度計、振り回し乾湿計、風速計を設置したが、奇妙なことに、雨量計や電気式の計測装置は見当たらなかった。[36] 実験が始まる前の八月一三日に、最初の雨が降った。ところが、『シカゴ・ヘラルド』紙はこの出来事を「牧場に豪雨、実験隊の努力実る」と報じた。この日、気象局はテキサス州のなかでも主にミッドランド東部で雨や夕立があると予報していた。それにもかかわらず、ディレンフォースは、雨雲がミッドランドに荷を降ろすのに自分も手を貸したと思い込み、その日に約一インチの「非常に激しい雨」を降らせたと主張した。

『ファーム・インプリメント・ニューズ』誌の派遣記者の見方は違った。見出しにはこうある。

「雨乞い師のニュース。失敗の原因は乾燥した天候と機器の動作不良。自然力は味方せず」。ディレンフォースたちの活動について、彼はこう書いている。

凧は上がらない……水素タンクや気球からはガスが漏れ、雲すら協力してくれない……ガス製造炉が火を噴くと、結局一人のカウボーイが燃えあがる炉にロープをかけ、貯蔵タンクまで引きずって消火した……たまたま積雲がやってくると、爆発装置を稼働させられずにいるうちに雨が降ることも多い(37)。

八月一七日の夕方、空中への集中砲火と地上での爆破が始まり、その大音響は一晩中とどろきつづけた。明け方になっても空は晴れ渡っていたが、一二時間後、あたりに雨が降りはじめた。ディレンフォースはただちに自分の手柄だとしたものの、牧場に降った雨はごくわずかだった。約一週間後の八月二五日、気象観測員のカーティスが帰った翌日、ディレンフォースは、牧場で働く人たちの意見にしたがい、天気は「安定しており、乾燥している」と宣言した。実験隊は終日にわたって爆破をつづけ、その晩一一時に終了させた。ディレンフォースは「そのときの大気は澄みきっていて、それまでと同じように乾燥していた」と述べている。だが、爆破の衝撃は効果をあげたようだった。「翌朝の三時頃、つまり二六日の明け方、私は激しい雷鳴で目が覚めた。空を切り裂くように稲妻が走った。北のほうで激しい暴風雨が起こっているのが見えた――砲撃のあいだずっと地表風の風下になっており、爆発の衝撃が主に伝わっていった方角である(38)」

テキサス大学のアレクサンダー・マクファーレン教授の見方は違った。「八月二五日金曜日の試行は、非常に重要な実験だった。大音響を発して雨を降らせることはできないという、まともな物理学の知識を持つ人なら誰でも分かっていることだけでなく、真っ黒な雨雲の中で直径一二フィート（約三・六メートル）の気球を爆発させても、にわか雨一つ降らせられないことを実証する結果となったのだ[39]」。その翌日、ディレンフォースはワシントンへ向けて出発した。実験の結果は要領を得ないものだったが、彼が何かをやりとげたと思っていたのは明らかであり、実際そう主張していた。彼は実験隊にこう指示を出した。ジョン・T・エリス〔オハイオ州オベリン大学教授〕の指揮のもとに、市長の招きを受けているテキサス州エルパソで、費用を負担してもらえるかぎり実験をつづけるように、と。

弾薬が必要だったので、エリスはニューヨーク市の「コンソリディティッド・ファイヤーワークス・オブ・ノース・アメリカ」社と契約し、一発の重量が二一ポンド（約九・五キロ）もある礼砲用の砲弾を六ダース手に入れた。さらに、二〇〇〇立方フィート（約五六・六立方メートル）の酸素、一〇〇〇ポンドのダイナマイトを購入した。エルパソ市当局は、機材と運搬の費用として四七七ドルを負担した。実験隊は九月に、市の中心部から北へ一・五マイル（約二・五キロ）の場所にある、海抜約五七〇〇フィート（約一七〇〇メートル）の山の背で実験を行なった。

九月一八日、二三人の砲手の一団が、空に向かって一日中大砲を撃ちつづけた。その様子を目にしたある人物の言葉を借りれば「戦闘の美しい模倣」のようだったという。この実験には、市長、地元気象局の観測員、物見高い市民、メキシコの要人など、多数の人びとが立ち会った。彼

図2・1　テキサス州エルパソで、気球が膨らむのを見守る天候エンジニアと見物人。エリスがこれに乗って空に昇ることになっている（『ハーパーズ・ウィークリー』1891年10月10日号）。

らは一頭立ての軽装馬車に乗り、日傘を差して山の背に集まると、エリスが水素気球を膨らませ、空に向けて放つのを見物した（図2・1）。ほとんどの見物人は昼食を持参し、丸一日の花火ショーを満喫した。複数の目撃者によれば、日没時、風下に雲と稲妻が見えたという（当日のような天気では少しも珍しいことではない）。エリスは希望を込めて報告した。「真夜中を過ぎてまもなく、エルパソから数マイル圏内の南および南東方向で雨が降りはじめた」[40]。だが、実験は市の北で行なわれていて、卓越風は南から吹いていたことを忘れてはならない。言い換えれば、エリスの砲撃隊が原因であろうとなかろうと、彼らはその地域に降るすべての雨を、自分たちの手柄にしようとしたのである。この「雨期」のあいだに起こった一回の雷雨に対して、市当局に提示された最終的な請求額は、一三〇〇ドルだった。

エリスの一行は、招きによってエルパソからテキサス州のコーパスクリスティとサンディエゴに移動した。その地域は「厳しい旱魃に苦しんでいる」と報じられていた。エリスによれば、一行が到着し、装置の設置も終わらないうちに「激しい雨がメキシコ湾沖から降りはじめ、嵐のような天気が数日間つづいた」という。それでも、彼らは雨の降りしきる空を砲撃することにした。たくさんの砲弾が炸裂してもはっきりした効果はなかったというのに、エリスは都合よくこんな報告をした。通常より濃い雲の中で一度爆発が起こると「ただちに土砂降りの雨となり、数分にわたってつづいた。一群の見物人はずぶ濡れになって馬車へ逃げ込んだ」

長期の気候記録によれば、一八九一年のテキサス西部は十分な水に恵まれ、降雨量は平均より一インチ（約二五ミリ）ほど多かった。ディレンフォースの砲撃隊の成功したとされる実験によって雨量が増え、統計にゆがみが出たのだろうか？　砲撃隊の副司令官を務めたS・アレン・ダイアー中尉は、みずからの経験からこう結論した。「人工的な手段によって雨を降らせることは可能だ……雨が降りやすい条件下であれば、『人工降雨』は実用的できわめて有益な成果をもたらすことがわかる」。実験隊の一員であるユージーン・フェアチャイルドは、こう証言した。「実験が完全な成功だったことはもちろん、この企てが実用的なものであることを、私は確信しています」。だが、一つの町に二〇人以上の砲手を滞在させ、資材だけで一五〇〇ドルを超える費用をかけることが、本当に実用的だろうか？　ところが、サンディエゴの有力市民のなかにも、事の成り行きに「驚き」、雨は実験の必然的な結果に違いないと言う人がいた。ジェイムズ・O・

ルビー判事は、ディレンフォースにこんな祝辞を述べた。「驚いたことに、その晩帰宅してから、パラパラという［雨の］音が聞こえてきました。そのとき、陽気なカウボーイに倣って言えば、みなさんが『雨の神であるプルウィウスの鞍帯をがっちりと握り』、時の『権力者』が澄みきった純水を携えてやってくることを知ったのです」

それにもかかわらず、三回の実験に一万七〇〇〇ドル（政府から九〇〇〇ドル、地域の財源と現物による援助で八〇〇〇ドル）を費やしたディレンフォースは、公式報告書で確信のなさを表明している。「実施された数回の実験からは、はっきりした結論を下せるだけのデータや、爆発の衝撃によって人工的に雨を降らせたり増やしたりする理論を支持、あるいは誤りとする証拠は得られなかった」。それでも彼は、あえて前向きな三つの「推測」を述べている。

第一に、水分を含んだ雲が存在しても、何もしなければ、水分は凝結しないまま通り過ぎてしまう。そこで、衝撃を与えて雲を揺らしてやれば、浮遊している水の粒子が凝集して落下するはずだ。降水量の多寡は、雲の中と下の湿度に応じて決まる。

第二に、旱魃時、アメリカ全土ではないにしても大半の地域によく訪れる時期を利用するといい。つまり、植物の生育に十分な降水量がない地域で、大気の条件は降雨に適しているのに実際には雨が降らない時期である。この場合、大気に衝撃を与えることによって雨を降らせることができるかもしれない。

第三に、降雨にはきわめて不利な条件下でも……不利な条件をあえて打開すべく、時間と資材をふんだんに使えば、嵐の起こる条件が整って雨が降るかもしれない。

これらすべてを言い換えれば、典型的な雨期にある乾燥地帯に行き、面白く見ごたえのある公開実験を行なう一方、降雨量をきちんと測定しなければ、目撃者に実験の有効性を信じ込ませられるし、近くに降る雨を自分の手柄にしてしまえるということだ。

メディアはディレンフォースの実験を面白おかしく取り上げた。『ネイション』誌は、直径一〇フィート(約三メートル)の水素気球を気流のなかで破裂させる効果は、「二〇ノット(時速約三六キロ)の速度で航行中の一〇〇〇トンの汽船の上で一匹の元気なノミが飛び跳ねる効果にも及ばない」と書き、税金の無駄遣いだとして政府を批判した。[41]『サイエンティフィック・アメリカン』誌の指摘によれば、レインメイカーがテキサスから全国各地に向けて、自分たちの爆弾は見事な成功を収めたと打電したあとで、次のことが明らかになったという。その地方の気象記録から、一日か二日のあいだ雨が降る可能性があるのは砲撃の前にわかっており、火薬を炸裂させたり気球を打ち上げたりしなくても雨は同じように降るはずだったのである。この記事にはインドの伝統的な雨乞いのイラストが添えられ、ヒンドゥー教徒がお辞儀を繰り返すのも、爆薬で大音響を立てるのも、雨を降らせるための効果には違いがなさそうだという辛辣なコメントがついていた。[42]『ファーム・インプリメント・ニューズ』誌は、作業にあたるディレンフォースと砲撃隊の風刺漫画を掲載した(図2・2)。

一八九一年、『ライフ』誌に発表されたF・W・クラークの『降雨術への頌歌(しょうか)、あるいは、雨

図2・2　ディレンフォースは、1891年にテキサスで連邦政府資金による人工降雨に取り組んだあと、実験は成功したと主張した。気象局から「暴風雨接近中」との電報を受けて、ディレンフォースは部下たちに準備を急ぐように命じた。「急いで気球を膨らませろ！　爆弾に点火せよ！　凧を揚げろ！　ラッカロック爆薬を炸裂させろ！　電報は嵐が来ると言っている！　急がないと、大音響を発生させる前に頭上に来てしまうぞ！」（絵・H・メイヤー、『ファーム・インプリメント・ニューズ』1891年9月号）

を降らせる機械の押韻詩』というユーモラスな作品は、明らかにディレンフォースの実験に着想を得たものだ。この詩のなかで、不運な農場主のジェレミー・ジョナサン・ジョゼフ・ジョーンズは、旱魃を終わらせようと以下のような道具を使う。

大砲、迫撃砲、多量の砲弾
トン単位のダイナマイト
ガス気球と一組の鐘の音
その他さまざまな魔法の呪文
目的は、太陽を雲で覆うこと。

雲ひとつない空へジェレミーが三発目の砲弾を撃つと、「大量の露」が発生した。四発目を撃つと、竜巻、「雷鳴、雨、雹」が生じた。次いで洪水が起こり、ジェレミーは溺れ死に、彼の農場はいまや湖となった。大洪水を押しとどめようとするいかなる手立ても、役に立たなかった。

ワシントンの気象局がようやく動き出し
たった一言で嵐を止めた
天気予報は——雨です！[43]

ディレンフォース実験隊の一員である気象学者のカーティスは、苦々しい調子で公式報告を締めくくった。「これらの実験が、大気への衝撃によって暴風雨を生じさせられるという理論に科学的根拠を与えることはなかった」[44]。カーティスの考えでは、こうした理論は、雨の少ない州に住む農民をだますことに忙しい「ペテン師や詐欺師」に力を貸したにすぎなかった。この手の輩は、雨を降らせる契約を農民と結んだり、さまざまな独自の降雨術の利用権を売りつけたりしていたのだ。しかし、実験を支援してきたファーウェル議員は、『ニューヨーク・ワールド』紙のインタビューできわめて楽観的な意見を述べている。「二〇年のあいだ、こうした方法による降雨の可能性を疑ったことはありませんし、実験は必ず成功すると思ってきました……ディレンフォース教授がこれらの実験に関する公式報告をまとめれば、［政府は予算として］人工降雨に対して一〇〇万ドル、少なくとも五〇〇万ドルを認めるでしょう」[45]。ディレンフォースは最終的に勝利を宣言し、一八九二年には実際に政府の人工降雨担当に再任された。テキサス州サンアントニオで実験をつづけるよう一万ドルの補助金を与えられたが、使ったのはその半額にも達しなかった。ディレンフォースは、マスコミによるあらゆる報道や騒ぎからは距離を置いたものの、公式報告ではこう主張した。自分の実践的なスキルと「天気を不安定に保つための」特別な爆薬を併用することによって、雨を降らす、あるいは少なくとも促すことができる――ただし、条件に恵まれれば！　とはいえ、誰もが納得したわけではなかった。(46)

一八九一年、カンザス州立農業大学で物理と電気工学の教授を務めるリュシアン・I・ブレイクは、ディレンフォースの実験について吟味し、大気への衝撃だけで雨を降らせるという作業仮説を批判した。「大気の振動」（基本的には音波のエネルギー）の効果は即座に生じるはずなのに、ディレンフォースの報告では雨が降ったのは爆発の数時間後や数日後だというのだ。ブレイクは、ことによると爆発で生じた煙や微粒子のほうが、大気への衝撃よりも大きな影響があるのではないかと主張した。水分は粉塵がない大気中では凝結せず、粉塵の核、すなわち「エイトケン核」の存在が必要であることが、科学者たちによって最近発見されたことをブレイクは指摘した。さらに、あらゆる雹が一つの小さな塵（ちり）を内包していることを述べ、みずからの実験的種まきの結果を提示した。これは、炭素、二酸化ケイ素、硫黄、食塩の粉末を用いて凝縮室のなかで水分を凝結させたり、硫黄や火薬を燃やして、目に見える蒸気の厚い雲を生じさせたりするという実験だった。(47)

一年後、ブレイクは、自由大気中に雨を生じさせる野外実験を提案した。約半マイル（約〇・八キロ）間隔で比較的安価な係留気球を数多く揚げる。それぞれの気球が、くすぶって煙を出している三〇ポンド（約一四キロ）の玉を持ち上げる。この玉は、おが屑、麦わら、製紙用パルプなどを松やにと混ぜたものだ。これらの仕掛けによって相当な煙幕が生じ、雨を降らせるのに適した種類の核がちょうど良い（だが過剰ではない）密度で発生する可能性があるというのだ。ブレイクはこの野外実験の資金を十分には集められなかったものの、自分の推論は適切な室内実験に基づいており、ディレンフォースの爆発を利用した手の込んだ方法よりはるかに安上がりだと主張した。(48)

爆発を利用したアメリカ人の人工降雨の試みを遠くから見守っていた人びとも意見を述べた。一八九二年、『ロンドン疫学協会紀要』において、ウィリアム・ムーア卿〔英国下院議員〕はこんな事件に触れている。ニューヨークのあるレインメイカーが、クロトン水路の上空に気球で二〇〇ポンド（約九〇キロ）のダイナマイトを吊り上げて爆発させると、即座に土砂降りの雨が降ったというのだ。ムーアは、雨を降らせることは「十分に可能」だと考えていた。彼の理解によれば、雲は気体状の「大量の微小な水泡」だからである。爆発によってこの水泡が液化し、結果として生じる圧縮によって水分が結合し、さらに大きな水滴となり、雨として落下するのだ。パワーズ、ラッグルズ、ディレンフォースらはすべて、衝撃を起こす爆発は、高々度の目に見えない豊富な水分の流れに直接干渉すると主張していたが、ムーアはこの点には反対だった。前もって雲が存在していないかぎり、十分な量の雨を人工的に降らせることはできないと考えていたのだ。だが、旱魃に見舞われている熱帯地域は、前もって雲のある状況にはなさそうだ。そこでムーアは政府に、人工降雨実験ではなく、灌漑システムに投資することを勧めたのである。(49)

一八八〇年、雨を降らせるためのより華やかな当時のアイディアの一つが、ニューヨークのG・H・ベルから出された。ベルは高さ一五〇〇フィート（約四五〇メートル）のひと連なりの中空の塔を建設するよう提案した。そのうちの一部の塔が飽和空気を温度の低い大気中に吹き上げ、水分を凝結させて雨を降らせ、残りの塔は雨雲を吸い込み、必要に応じて利用できるよう蓄えておくというのだ。発明者のベルは、同じシステムを使って雨を降らせないようにすることもできると考えていた。送風機を逆回転させれば、下降気流によって雲は「全滅」してしまうからである。(50)

爆発を利用するほかのアイディアもまた、空中に目を向けるものだった。一八八七年、竜巻を破壊あるいは崩壊させる気象特許が、J・B・アトウォーターによって申請された。アトウォーターの考案した装置は、信管をつけたダイナマイトを何本もの竿に装着し、住宅地の南西一マイル（約一・六キロ）ほどの場所に設置するというものだった。この空中の地雷原を竜巻が通過すると、強風と巻き上げられた瓦礫で爆薬が炸裂し、うまくいけば竜巻の循環を崩壊させ、町を守ることになるというのだ。ある地域を竜巻が襲う可能性は非常に低く、それが再来する可能性はさらに低いので、地雷原——たとえ空中地雷原であれ——が実際に設置されることはなかった。当時、野原で遊んでいた子供の世代にとっては幸いだった。(51)

しかし、最もありそうにない発明は、カンザス州パトモスのローリス・ルロイ・ブラウンによるものだった。一八九二年、ブラウンは「降雨を促す爆薬の自動搬送および点火装置」の特許を申請した（図2・3）。これは基本的には巨大な塔で（A）、斜めにワイヤーが張られている（B）。

ワイヤーは蓄電池に接続されている（C）。塔の上に載った一人のオペレーターが、棒状のダイナマイト（D）を滑車（E）にぶら下げ、レールに沿って滑らせる。やがて、ワイヤー（F）と接点（G）がレールの先端（H）で電気回路を完成させる。電気回路の目的は、ダイナマイトに点火し、降雨を促す衝撃波を発生させることだ。エドワード・パワーズが公表したアイディアにしたがっているわけだ。こうした装置を建設し、とくに稼動させるとなれば、カンザスの平原ではありがたい気晴らしとなることは確かだろう。だが、設計上の欠陥として次のような問題が考えられる。オペレーターは激しい雷雨のなか、棒状のダイナマイトを手に金属の高い塔を登るという危険を冒さねばならないし、レールの先端で最初の爆発が起これば、斜めに張ったワイヤーの基部で装置が完全に破壊されてしまうことは火を見るより明らかなのだ[52]。

＊

一九世紀、科学を使う雨の王たち——ジェイムズ・エスピー、シャルル・ルマウ、エドワード・パワーズ、ダニエル・ラッグルズ、ロバート・ディレンフォース——は、偏執的な利他主義者だった。彼らは豊かで健全な世界秩序というビジョンの基盤を、ただ一つの気象変数、すなわち降雨量の根本的な支配に置いた。神秘的な大気の王国の主人を気取りながら、科学的なものであれば藁（わら）にもすがり、大衆の抱く可能性への期待に訴え、政府の分別の無さにつけ込んで資金を調達した。空想的な本を書き、特許を振りかざし、発火したり爆発したりする仕掛けや玩具をもてあそんだ。まるで、独立記念日に爆竹で遊ぶ子供のように。彼らをペテン師呼ばわりするのはフェアではないだろう。技術的原理を説明し、公開実験を行ない（しばしば余った軍用品が使われた）、直接的あるいは欺瞞的な売り込み手法をとらなかったからだ。とはいえ、往々にして現実的な理論よりもナンセンスな話のほうが多く、彼らの努力から生まれたのは、成果どころか、見通しとも言えない誇大宣伝だったのかもしれない。

もちろん、現在の状況は当時とは異なっている——規模がはるかに大きいだけだとしても。二一世紀の気候エンジニアも、ご存知のとおり、偏執的な利他主義者として振る舞っている。豊かで健全な世界秩序というビジョンの基盤を、ただ一つの気象変数、すなわち太陽放射あるいは二酸化炭素の根本的な支配に置いているのだ（第八章）。そう、現在の状況は確かに異なっている。「気象の王」はもはや、神秘的な大気の王国の主人を気取りながら、科学の藁にすがろうとはしない。大衆の抱く可能性への期待に訴えたり、政府の分別の無さにつけ込んで資金を調達したりもしない。それとも、そうしているだろうか？　地球工学に関する空想的な本、特許、論文、仕掛けや装置があふれているわけではない。それとも、あふれているだろうか？　「軍用品の

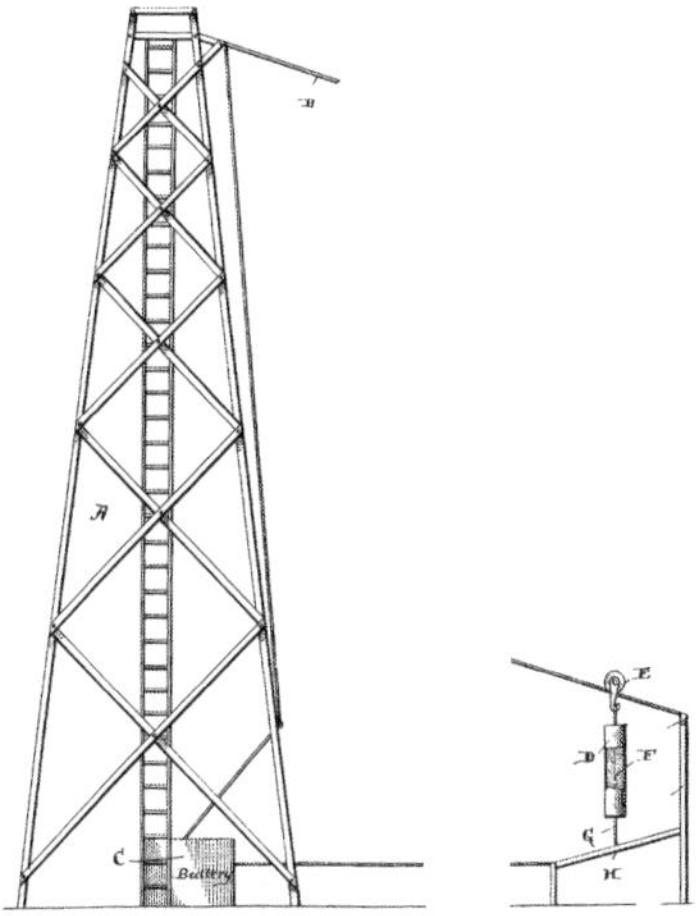

図2・3　ブラウンが提案した塔とダイナマイト点火装置。嵐が激しさを増すなかで金属の高い塔に登る危険はさておき、ダイナマイト（D）が斜めに張ったワイヤー（B）を滑りおりれば、装置のその部分は完全に破壊されてしまうだろう（アメリカ特許申請書、1892年4月26日）。

玩具を手にした子供たち」症候群がとっくに終息したのは間違いない。それとも、まだ終息していないのだろうか？

第三章

レインフェイカー

「世渡り上手な」人びとのなかには、巧妙に、だが、公然と他人を食い物にする類の輩がいる。彼らを駆り立てる誘因、つまり金銭欲や名声欲は虚栄心によって刺激され、彼らの進路は偽善という舵で決められる。他人の金で暮らすことがそうした人びとの生業だが、寄生したり、こびへつらって養ってもらったりするわけではない。それどころか、自分の後援者をカモにする、しかも、何らかの専門分野で高いレベルの知識や技能を持っているふりをすることでそうするのだ。犠牲者たちは、まったくの信じやすい性格のために餌食にされる。他人を食い物にするそうした連中は「ペテン師」と呼ばれる。

——ダニエル・ヘリング『科学の欠点と誤謬』

「長期にわたる、あるいは繰り返される災難を、救いも求めずに甘受することは人間の本性にそぐわない」[1]——一九二四年、物理学者のダニエル・ヘリングは気象制御についてこう書いた。農民による雹(ひょう)や旱魃(かんばつ)との戦いにおいて、ここで言われる「救い」とは、天気を変える新たな技術を探し求めることだった。レインメイカーが独占権を持つ化学物質を混ぜ合わせ、からからに乾いた大草原にわずかな雨でも降れば、ほっとした農民が奇跡を目撃したと信じてしまうのはいかんともしがたい。ヘリングはこうしたペテンを「昔からおなじみの勘違い」——そのあとに起こったのだから、そのために起こったのだ——であるとし、気象制御などというのは「荒唐無稽な考え」だと述べた。雹に向けて大音響とともに大砲が発射され、嵐雲が消散したあとで「やれやれと安心したブドウ栽培者たちに、大砲が嵐を追い払ったわけではないと納得してもらうのは……容易でなかった」

ロバート・ディレンフォースと実験隊の誇大宣伝は、一種のペテンとみなすことも十分可能だったとはいえ、彼らは控えめながらもみずからの仮説を説明しようとしたし、事業の遂行に当たって大々的な売り込みをすることもなかった。先行したジェイムズ・エスピーと同じく、ディレンフォースもまた、一つの技術や理論に夢中になりすぎた、誠実だが勘違いした人物に分類するのがふさわしい。ところが、秘密の薬品を調合する雹撃ち師(ヘイルシューター)や雨乞い師は、見当違いの期待と騙されやすい心理を食い物にしたのである。

雲と戦う

長年にわたり、厳しい天候が予想される際の対策としては、基本的に二つのアプローチが主流を占めてきた。すなわち、儀式的方法と軍事的方法だ。一七五〇年頃までは、生贄(いけにえ)、祈禱、嵐を防ぐ聖なる鐘などが最も人気があった。その後は、雲に対する軍事攻撃が幅を利かせるようになっている。古代ギリシャのクレオナイでは、「雹の番人」なる役人が公費を使って任命された。番人は雹を監視し、畑を守るために血の生贄を捧げるよう農夫たちに合図を送るのだ。ヒツジ一頭、ニワトリ一羽、あるいは、指から血を流している不運な男でも十分とみなされていた。だが、生贄を捧げるべきときに合図を出さず、あとで作物が倒れてしまった場合、この怠慢な番人はただではすまなかった。怒り狂った農民によって、番人自身が殴り倒されてもおかしくなかったのだ。ローマの哲学者セネカは、こうした慣習を「わがストア学派の友人たちの馬鹿げた理論[2]」の一つだとあざ笑った。古代スカンジナビアの伝承では、嵐の最中に大騒ぎをすれば、嵐の悪霊を脅して追い払えると言われていた。この手の行ないは、初期および中世のキリスト教徒のあいだにも広まっていた。「魔王」に関する聖書の一節から、聖ヒエロニムスは、嵐のあいだはあたりに悪魔がいるものと信じていた。魔女も悪天候を呼ぶとされていた。『魔女大要』（一六二六）には、嵐雲の中でヒツジに跨(またが)る魔女の挿絵が載っている。中世を通じて、嵐のときには祈禱行列が行なわれ、村人全員が参加することも珍しくなかった[3]。

教会の鐘は祈りの言葉が刻まれ、聖別され、洗礼を施されることさえあった。フランスの著名な科学者にして政治家のフランソワ・アラゴは、『気象論集』（一八五五）において、教会の新たな鐘の据え付けに際して朗唱される伝統的な祈りの言葉を多く引用している。そのなかには「この鐘を祝福し給え。この鐘が鳴るときには、悪霊、つむじ風、落雷の悪しき影響とそれがもたらす荒廃を追い払い給え[4]」というものもある。教会の鐘の響きは、信者を祈禱や集会に呼び集めたり、侵入者への警戒を地域に促したりするだけでなく、大気を振動させ、硫黄を含んだ蒸気を吹き飛ばし、雷や稲妻から人びとを守り、雹や風を消散させると信じられていた。ドイツの劇作家にして叙情詩人のフリードリッヒ・シラーは、有名な「鐘の歌」の題辞として、多くの教会の鐘を慣例どおりに称えるラテン語の文を配している。「われ、生者に呼びかけ、死者を悼み、稲妻

図3・1　雹に矢を射かける中世の射手（オラウス・マグヌス『北方民族文化誌』、1555）。

を打ち砕く」[5]。オーストリアには、「雷の鐘」を打ち鳴らしたり巨大な「天気の角笛」を吹いたりしながら、牧夫が恐ろしいうなり声をあげ、女が鎖をじゃらじゃらと鳴らし、牛乳桶をたたき、被害をもたらす嵐の精霊を追い払うという伝統があった。しかし、雷雨の最中に教会の鐘を打ち鳴らすのは危険ではないだろうか？　大勢の鐘撞きが雷に打たれて死んだため、オーストリアのマリア・テレジア大公妃は、一七五〇年にその慣行を禁止した。一七八六年にはフランス政府もそれに倣ったが、その決議に際して、悪霊が教会に稲妻を投げつけている疑いは依然としてあると指摘した。それでも鐘撞きたちは、激しい嵐の最中には、高い塔の上で大きな金属の物体に近づいたり、そこにつながる濡れたロープに触れたりしないよう十分に言い聞かされていた。

武力を誇示して嵐に対抗するというのも、古くからのもう一つの慣行だった（図3・1）。ギリシャの都市エリスの神話上の王で、アイオリス人の血を引くサルモネウスは尊大な人物だった。サルモネウスは、二輪戦車で青銅の鍋を引きずって雷に見立て、燃えさかる松明を空に投げ上げて稲妻に見立てた。ゼウスが操る雷が天空を横切る様子を真似ようという、不遜な望みを抱いていたのだ。実際、サルモネウスは自分は実はゼウスなのだと公言し、みずから生贄の供物の受領者に収まってしまった。ゼウスはこの馬鹿げた振る舞いを罰するため、サルモネウスに雷を落として殺し、彼の統治するサルモニアの都を破壊した。

図3・2　３本の竜巻を砲撃する軍艦（エスピー『嵐の哲学』、1841）。

神を演じるという過ちのせいで、天の怒りがサルモネウスの身に降りかかっただけでなく、彼の王国に住む正しくない者も正しい者も同じように滅んでしまったのだ。このケースでは、「模倣は最も誠意あるお世辞なり」ということわざは通用しなかったわけだ。紀元前五世紀、ペルシャのアルタクセルクセス一世は、雲、雹、雷雨を追い払うため、二本の特別な剣を切っ先を上にして地面に突き立てたと言われていた。[6] 八世紀のフランスでは、民衆が同じ目的で畑に高い柱を立てた。この柱は、ベンジャミン・フランクリンが発明した避雷針の先駆けというわけではなく、嵐から身を守るまじないの言葉で埋まった御札がぶら下げられていた。フランク王国のカール大帝は、こうした慣行を迷信だとみなしていた。中央ヨーロッパの農村社会では、嵐が来る前に麦わらや粗朶(そだ)を山のように積み上げて燃やす伝統があった。その主な効果は、気象にかかわるものではなく、リスクを共有し、共同体をあげて取り組む意識を涵養するところにあったようだ。言うまでもなく、燃えさかる薪の山は、稲妻と雷鳴の荘厳な光景に華を添えたはずである。

より近い時代の例としては、アラゴによると、船乗りはたいてい、大砲の音は雷雨を追い払うし、海上の竜巻は砲撃で粉砕できると信じていたという(図3・2)。アラゴはデストレ伯爵の事例に触れている。一六八〇年、伯爵は南米沖で嵐を砲撃して追い払い、スペイン人の目撃者を驚かせたと伝えられているのだ。しかし、一七一一年には、リオデジャネイロ港でフランス海軍が猛烈な砲撃をしたあとに、激しい雷雨が襲来したのである。

嵐を砲撃するという慣行は海から陸へと広まったらしい。フランスの有名な『百科全書』(一七五〇年版)の「嵐」の項目で、執筆者の一人であるルイ・ド・ジョクールは、大砲の音による嵐の消散は「まったく可能性がないとは思えない」ため、費用をかけて実験する価値があると述べた。一七六九年には、フランスの退役海軍将校のシェヴリエ侯が、激しい雹や恐ろしい嵐と戦うためにみずから砲台を設置した。一貫した経験主義者であるアラゴは、パリ天文台の気象記録を調べてみた。この天文台は、近くの砦(とりで)で二〇年以上にわたって定期的に行なわれた砲術訓練の音が聞こえる場所にあった。アラゴが発見したのは、連続砲撃に雲を消散させる効果は認められないという事実だった。ところが、一九世紀中頃までには、反対の意見——大爆発の衝撃は雨を降らせる可能性がある——が新たに人びとの注目を集めるようになっていた。だが、そうした意見の受容を促したのが、シャルル・ルマウ、エドワード・パワーズ、ダニエル・ラッグルズ、ロバート・ディレンフォースなどの業績でなかったことは確かである。

雹への砲撃

何世紀にもわたり、オーストリアの農夫たちは、聖なる銃で嵐を撃って消し去ろうとしていた。釘を込めた銃は、雲に跨る魔女を殺すためのものだとされていた。銃身に何も込めず空砲で発射される銃は、大きな音を立てるため――嵐の電気的平衡を乱すためと言う者もいた――のものだった。一八九六年、南東オーストリアに住むブドウ栽培者で、ヴィンディッシュ-ファイストリッツの市長でもあるアルベルト・シュタイガーは、「ハーゲル・シーセン（雹への砲撃）」という古代の伝統を復活させた。それは基本的に、嵐のおそれがある場合に、大砲を発射して「雲との戦争」を宣言するというものだった[7]。雹を伴う夏の嵐は、シュタイガーの栽培するブドウにとって脅威であり、その損害は大きくなる一方だった。そこで彼は、「嵐の前の静けさ」、つまり夏の豪雨が始まる直前に見られる大気の奇妙な静けさを、迫撃砲を発射することによって途絶させようとした。

最初の試みで、シュタイガーは悪評に曝された。一八九六年六月四日、砲撃によって谷間にある彼の畑には小雨が降ったものの、ほかの場所では雹の被害が出たと伝えられている。彼は一夏を戦いに明け暮れてすごした。さまざまな機会に四〇回にもわたって雲を砲撃したのである。彼が雹を撃つ大砲は、口径一二インチ（約三〇センチ）の鉄の発射器（つまりパイプ）でできていて、

図3・3 雹への砲撃をめぐる国際会議、1901年。

四分の一ポンド（約一一〇グラム）の黒色火薬が装填されていた。だが、発射時に破裂してしまうものもあった。その後継品は鋼鉄製で、使い古しの蒸気機関車からとった漏斗状の煙突を利用していた。これらの蒸気機関車は、州政府がシュタイガーをはじめとする人びとに無償で払い下げたものだった。この装置はまっすぐ上を向いたメガフォンそっくりで、オーク材でできた頑丈な台座に据えられていた。台座には牽引用の車輪がついている場合もあった。さらにのちのモデルには、銃身の内側に鋼鉄のリングを溶接し、施条の機能を持たせたものもあった。この機能のおかげで、放出されるガスと煙は独特の回転をしながら、ヒューという音を発した。これには、大気をかき混ぜる効果があると言われていた（図3・3）。

シュタイガーは、畑のある谷を見おろす場

所に、数列に並べて小屋を建てた。小屋の屋根からは、雹を撃つための漏斗型の大砲が突き出していた。それぞれの小屋は半マイル（約〇・八キロ）くらい離れており、尾根に沿って並んでいた。これらの「雹を防ぐ砦」には、将校、砲兵、雲を的確に砲撃する信号手からなる小さな軍隊が配置されていた。小屋には二つの機能があった。一つは、砲撃手を少しでも雲に近づけること。もう一つは、土砂降りの雨のなかでも砲撃をつづけられるように、砲撃隊と火薬を濡れないようにしておくことだ。

雹の季節には、大勢の見張り番が山上の監視塔に陣取った。彼らの任務は警報を鳴らすことだった。嵐がやってくる前に、砲兵が不吉な静寂を打ち破れるようにするためである。最前線の見張り番は町の電信係で、彼らの仕事場には磁針のついた伏角計（ふっかく）〔地磁気の方向が水平面となす角を計る装置〕が備えつけられていた。伏角計の針が不規則な動きをする場合、そうした動揺は大気中に大きな電位差が存在することを示すと考えられていた。近くの町からの連絡によって、迫りくる嵐に警戒を促されることもあった。電信係はまず赤い旗を掲げて近隣に警報を発した。これは、四輪馬車などの御者に、やがて始まる一斉射撃に備えて、馬の手綱を緩めないでおくよう注意するものだった。つづいて、電信係は警報として大砲を一発を撃った。これを合図に、砲撃手がそれぞれの持ち場に駆けつけ、一分当たり二発、一つの嵐に対し一砲台当たり一〇〇発におよぶ一斉射撃を始めるのだ。

こうしたやり方の有効性はまるで証明されていなかったにもかかわらず、オーストリア皇帝は好意的な意見を持っていて、この手法は近隣諸国に広がっていった。一九〇〇年までに、北イタリアで何門かの大砲が売られたし、雹を撃つ大砲の音が聞こえる地域のブドウ栽培者に対し、保険料率を下げると決めた保険会社もあった。町が将官を任命し、砲兵を訓練し、大砲をテストして発射し、軍から提供される火薬を貯蔵できるように、資金を提供する地方政府もあった。雹に向けて大砲がとどろきはじめる日は、近隣にとってはとてもわくわくする一日だった。ある人物の評によれば、大砲が発射される様は見応えがあったという。「砲口から、高温のガス、煙、煙の輪が大量に放出され、垂れこめる雲に向かって勢いよく進んでいく……蒸気機関車が蒸気を吹き上げるのに似ているが、推進のエネルギーははるかに大きい……気球操縦者から見れば紛れもないガス攻撃だ」(8)。実弾が使われていないにもかかわらず、砲撃の威力は小鳥を殺せるほどだと言われていた。

一九〇七年、二〇世紀の初頭から雹への砲撃について論評していたアメリカの気象学者、クリーヴランド・アッベが、イタリアにおけるその慣行の終焉を報じた。ローマのアッカデーミア・デイ・リンチェイ〔自然科学・数学・哲学研究の学士院〕の特別委員会が、次のように結論する報告書を公にしたばかりの頃である。すなわち、五年にわたって毎年夏に、大砲をはじめとする二〇〇を超える爆発装置をテストしたところ、音、煙、熱、大きな渦状の輪(ボルテックス・リング)が、雹を発生させる巨大な雲に有意な作用を及ぼすと考える合理的な根拠はない、と。この種の雲は、三万フィート（約一万メートル）より高い場所に広がっている。研究からわかったのは、雹を撃つ大砲から発射されたボルテックス・リングは、地表からせいぜい三〇〇フィートまでしか到達せず、嵐雲には何の影響も与えないということだった。特別委員会の委員たちは、イタリア政府がもはや「このような費用のかかる無益な事業」を後押ししないように提言した(9)。公的支援は次第に減ったものの、雹への砲撃は止むことなくつづいた。人間は希望を捨てないものだし、砲撃のあとで実際に雲が消えることもあったからだ。ブドウ栽培者たちの安堵感はきわめて大きかったため、大砲の砲撃が嵐を追い払ったわけではないと納得してもらうのは難しかった。

現代の雹撃ち師は、アメリカの大草原（グレートプレーンズ）の農業地帯で、依然として大音響を立てている。映画『天気を所有する』（二〇〇九）では、マイク・ジョーンズと仲間たちが、大量の麦わらを詰めた囲いのなかにストーブの煙突型をした無線制御の大砲を設置し、発射した。彼らは大砲の甲高い「衝撃音（ソニックブーム）が雹の形成を妨げ」、形成の機会を減少させると主張した。ジョーンズは、こうした手法の波乱に富んだ歴史を知っていたものの、新たな技術と「関連する物理学の新たな理解」のおかげで、その復活が進行中なのだと言い張った。[10] もっと本格的な科学者たちは、雹への砲撃は、気象改変の活動に汚名を着せるという見方をしていた。一九二六年、ウィリアム・ジャクソン・ハンフリーズは、自著の題辞で雹への砲撃をこうけなしている。「雹を伴う嵐を回避したり破壊したりしようとするのは、その手段が脅しであれ祈りであれ、砲撃であれ感電であれ、大昔からいま現在に至るまで人間がなしてきた愚行の一つである[11]」

ハリケーンを撃つ大砲

ウィリアム・サダーズ・フランクリン（一八六三—一九三〇）は、最初にリーハイ大学、次にマサチューセッツ工科大学で物理学教授を務めた人物である。彼は、大気の不安定性と、それをどう利用すれば気象を制御できるかがわかったと思っていた。一九〇一年、フランクリンはハリケーンが上陸する前に対策をとるよう提案した。火薬を爆発させて上昇気流を起こし、嵐が強くなる前にそのエネルギー源を消散させてしまおうというのだ。フランクリンにとって、それはちょっとした思いつきにすぎなかった。「この構想を実現すべくきちんと設計され、組み立てられた機械を私が手にしているなどと思わないでほしい。現実には、まだまったく実験もしていないし、計画が現実的かどうかもよくわからない[12]」

フランクリンは、うまく配置した少量のエネルギーを利用して気象を制御しようと思案した。ぐらついている煉瓦の煙突が一陣の風で倒壊することがあるのと同じように、不安定な大気中では、五〜一〇トンの火薬を爆発させることで嵐を起こせるはずである。ドミノ効果を例にとり、フランクリンは、ドミノ牌を一面に並べた部屋に「何匹かのバッタ」を放せば、並べた牌は間違いなくドミノ倒しになるはずだと指摘した[13]。フランクリンは、たった一つの火花が燃えさかる大火を引き起こし、わずか一匹の虫の動きが嵐の呼び水となるように、大気も彼の言う「衝動プロセス」に反応するものと確信していた。

地表近くの暖かい空気層の上に、冷たい空気がかぶさっていると考えてみよう。大気のこうした状況は不安定なため、ほんのわずかな擾乱(じょうらん)でも、場合によっては全体的な崩壊のはじまりとなる可能性がある。それゆえ、アイダホの一匹のバッタが嵐の運動のきっかけとなり、その嵐がアメリカ大陸を席巻してニューヨーク市を破壊するかもしれない。あるいは、アリゾナの一匹のハエが嵐の運動を引き起こすものの、その嵐は被害を及ぼすことなくメキシコ湾へ抜ける場合もあるだろう。こうした結果が同じでないのは確かだが、バッタやハエに相当するものは無限と言ってもよいほどさまざまであり、特定するにはあまりに小さく取るに足りないものである。したがって、衝動プロセスの初期段階におけるごくわずかな違いが、そのプロセスの最終的な動向の階差につながる可能性があるわけだ。[14]

こうした微小な擾乱が、フランクリンが「大気崩壊」と呼んだものの「決定的要因かもしれない」。それは、激しい「ドミノ嵐」が始まる時間と場所を決めるのだ。[15] 注意してほしいのは、不安定な平衡過程の引き金を引くことは、気象学者エドワード・ローレンツのカオス理論におけるバタフライ効果、より正確には、ローレンツ・アトラクターとは違うということだ。ローレンツ振動子の非線形、三次元、決定論的な解のセットは、グラフに描くと一羽の蝶に似ている。ローレンツかつて、ローレンツにこうたずねたことがある。一羽の蝶が地球の大循環に影響を及ぼすなどということが、とくに粘性を考慮した場合、本当にあるのだろうか、と。ローレンツは笑って「その蝶がロッキー山脈くらい大きければね」と答えた。私はこれを「モスラ効果」と呼んでいる。

フランクリンは、気象学の究極の目標を次のように考えていた。すなわち、適切なエネルギーを使い、ここぞという時と場所で、嵐の運動を制御する手段を考案することだ、と。本当に実現できるかどうかはともかく、この問題は「控え目に言っても正当な構想」であり、気象学者が関心を持つ価値が十分あるというのが、彼の結論だった。フランクリンは、シュタイガー市長が使った煙の輪を発射する大砲を、あらゆる種類の嵐の運動を制御できる手段だとして称賛し、気象制御の鍵を握るものだと考えた。予測にかかわる問題の数学的処理と、数千という方程式を同時に解く未来のコンピューターの必要性を説明したあとで、フランクリンはフロリダを守るためのより実践的な方法を提案した。ハリケーンが近づいてきたら、その地域の大気のエネルギーを「発散させる」というのだ。雹を撃つ不格好な大砲——砲口の開いた鋼鉄製の巨大な円錐——が二〇から三〇基、海岸沿いにずらりと並んでいる様子を想像してほしい。基部の直径は一五〜二〇フィート（約五〜六メートル）、上端の直径は四〇〜五〇フィートで、それぞれの高さは一〇〇フィートあり、一基当たり一トンを超える火薬を爆発させることができる。この爆発が円錐内の空気（六万立方フィート=約一七〇〇立方メートル）を一種の巨大な「煙の輪」として上空に打ち上げると、それによって空気の柱が上昇を始める。したがって、近づいてくるハリケーンからこのエネルギーを奪うことになる。こうしたプロジェクトには数百万ドルの費用がかかることもあるが、フランクリンによれば、フロリダ南部の住人にとってはそれだけの金を出しても利益があるという[16]。

アッベは、フランクリンの提案は「科学が提供すべき最善のものではない」と考えた。アッベが指摘したのは、連続砲撃の衝撃も、渦状の輪を発射するシュタイガーの特殊な大砲も、これまで一度として有効性が証明されたことはないという事実だ。アッベはこう結論づけた。「大気の不安定平衡の重要性は、エスピーの時代から徹底的に研究されてきた問題なので、フランクリン教授は気象学の最近の文献と旋風の仕組みを学びさえすれば、自分の立論のばかばかしさがわかるはずだ[17]」。アッベが望んでいたのは実験であり、無学な者の思い込みではなかった。七〇年以上あとになって、ロス・ホフマンが、カオス理論のゆがんだ理解をもとに再びハリケーンの制御を提案することになる（第七章）。

カンザスとネブラスカのレインメイカー

一八八〇年代から九〇年代にかけて、カンザス州とネブラスカ州で断続的に起こった旱魃は、地域によってはきわめて厳しいものだった。経済の混乱や農作物の不作が重なったせいもあり、農民たちはレインメイカーの力を借りようとするに至った。気候学上の記録によれば、一八九一年には、ほぼ平年並みの雨が中西部に降っている。とはいえ、カンザス州および近隣の州では夏の日照りがつづき（本格的な旱魃ではなかったが）、このままでは作物の生育に支障が出るおそれがあった。農民たちは事前に対策を講じようと、レインメイカーのフランク・メルバーンと契約を結んだ。「オーストラリア人」、「アイルランドの雨乞い師」、「オハイオの雨の魔術師」といった数々の異名を持つメルバーンは、五〇〇ドルの料金で、その一帯が水浸しになるほどの雨を降らせると約束した。「相応の力のある農民はすべて、すみやかに行動し、この事業に資金を拠出しようではないか」と呼びかけたのは『グッドランド・ニューズ』紙だった。「そうすれば、過去に例のない力強い好況を、グッドランドの町とシャーマン郡にもたらすことになる」[18]。競馬、講演、夜の大舞踏会といった郡共進会（カウンティーフェア）の呼び物に、メルバーンを加えようという計画が立てられた。州知事や州農業委員会の委員が来賓として招待され、ロックアイランド鉄道は来場者全員の運賃を割引すると発表した。この取り組みに反対の人びとは、それは「神の御業」への思い上がった干渉であり、「グッドランドの町を地球上から吹きとばす」ほどの竜巻を起こすといった意図せざる結果をもたらす危険があると訴えた。

メルバーンは仰々しいファンファーレのなかを、専売特許を持つ薬剤と降雨装置を携えて到着した。だが、到着したこのレインメイカーはいくらか濡れていた。天気の変わりやすい時期がちょうど始まっていて、すでに小雨が降っていたからだった。雲から水分をさらに絞りとることで料金をせしめてやろうと、メルバーン(おそらく「レイン・バット」ことジェレミーのモデルだろう)は共進会場へ向かった。会場では、自分の指示にしたがって特別に建てられたいわくありげな小屋の二階に閉じこもり、一人で薬剤を調合した。小屋は二〇フィート(約六メートル)のロープで周囲から遮断され、ボディーガードか用心棒のように一階を離れないメルバーンの弟がパトロールをしていた。人びとにできることといえば、「雲製造物質」が屋根の穴から漏れてくるのをひと目見ようと、小屋を眺めているくらいがせいぜいだった。メルバーンは期待を高めるため、大雨が追い風に乗って近づいていると知らせるレポートを近隣の町から発表し、すべては自分のおかげだと言った。ところが結局、契約を守ることはできなかった。メルバーンがこんな言い訳をすると、多くの人が納得した。雨を降らせるための条件が整っていなかった、つまり、比較的涼しい夜と強い風のせいで、薬剤と降雨装置が効果を失ってしまったというのだ。はるか遠方での仕事のために町を去るにあたり、メルバーンは薬剤の製法と降雨装置の複製品を地元の企業家に売って懐を肥やし、二度と戻って来なかった。まもなく、三つの新会社――インターステート人工降雨会社、スイッシャー雨会社、グッドランド人工降雨会社――がその地方全域に「降雨隊」を派遣するようになった[19]。

一八九四年、『アメリカ気象ジャーナル』に次のような記事が載った。企業家的なレインメイカーたちは、多くの一般人ばかりか料金を払う依頼人たちにさえ、こう信じ込ませることに成功したというのだ。すなわち、自分たちは代価をもらえば適切な薬剤を用い、乾ききった空から水分を絞りだすことができるのだ、と。『カンザスシティー・スター』紙は、レインメイカーはうまくタイミングを捉えていると報じた。というのも、彼らはちょうど雨が降る時期に実験を始めることが多く、騙されやすい見物人に、成功は偶然ではないと思い込ませたからだ。気候学上の記録によれば、一八九三年と九四年の現地の降雨量は平年並みだったのだが、それも問題にはならなかった[20]。

こうしたことが起こっていた数年のあいだ、ロックアイランド鉄道は、一般向けの人工降雨事業部を運営し、各路線を走る列車に特別車両を引かせていた。この車両に乗り組んでいた係員は、雨を発生させると言っていたわけではない。そうではなく、自然がみずからの役割を果たす手助けをするため、震動、ガス状の混合剤、放電などによって、大気に欠けている（だが名前はわからない）元素を供給すると主張していたのだ。一八九四年までに、ロックアイランド鉄道はこうした人工降雨に必要な装置を開発して一〇セットほどそろえた。使用に当たっては、一度に三セットを配備して連携させることが多かった。主任操車係のクリントン・B・ジュエルは、人工降雨サービスを無料で提供していた。彼の移動式の人工降雨車両は、ディレンフォースの実験に着想を得たもので、メルバーンの秘密の薬剤と装置――とジュエルが主張するもの――を会社の経費で装備していた。この車両が線路を走るさまは、一種の動く花火か演芸ショーのようだった。ダイナマイトを爆発させたり、気球やロケットを打ち上げて破裂させたり、悪臭のする帯電させた揮発性ガスを噴射したりしていたからだ。この揮発性ガスは、空気を冷却して凝結を促すものだとされていた。ジュエルは「カンザスの天気」を中西部全域の顧客に届けると約束していた。(21)

ジュエルは自分の特別車両に記者を案内し、雨を降らせる手順について説明した。彼のガスは「金属ナトリウム、アンモニア、黒色酸化マンガン、苛性カリ、アルミニウム」を使い、これらを「ムリウムとして知られる合金」と混合してつくられるという。ムリウムとは、塩酸のなかで反応を生じさせるとされた架空の基である。これらの材料は毒性があるうえ、爆発するおそれもあった。雨を降らせようとする際、ジュエルは特別車両を側線にとめ、屋根に設置した八〇〇ガロンのタンクに水を満たした。車内の実験室には幅の広い棚があり、化学薬品の瓶や各種の器具が収められていた。棚の下には錠のかかった大きな箱があったが、見学者のいるときにそれが開けられることは決してなかった。二つ目の棚には二四セルのバッテリーが載っていて、電線によってかなり大きな壺に接続されていた。電線の束はもう一本あり「本来の人工降雨機」とつながっていた。人工降雨機は二個ずつ組み合わされた六個の大きな壺でできていた。そのなかでガスがつくられ、三本のパイプを通じて車外に放出されるのだ。それ以外にもパイプ、瓶、容器が所狭しと並んでいたせいで、その車両はあたかも小さな化学実験室のようだった。ジュエルの説明によると、この暖かく、空気より軽く、青みをおびたガスを空中に放出するには、何の力も要らないという。「人工降雨機の運転中には、毎時一五〇〇立方フィート(約四二・五キロリットル)

のガスが三本のパイプのそれぞれから放出されます。その暖かいガスは四時間をかけて徐々に四〇〇〇～八〇〇〇フィート（約一二〇〇～二四〇〇メートル）の高度まで上昇します」。数時間後、ガスはどういうわけか「ただちに冷却して一気に下降し、真空を生み出します。そこに空気中に含まれている水分が急激に流れ込み、雲を形成します。この雲が嵐の中心をつくるのです」。「ほぼ即座に雨を降らせる」方法を探究していたジュエルは、液状のガスを破裂弾に充填して打ち上げる装置を開発中だと語った。この破裂弾が爆発すると、液状のガスが放出されて四方八方に飛び散り、あっというまに大量の冷却ガスが生成されるという。ジュエルと仲間たちは、自分たちの操業中に雨が降ると、近くであれ遠くであれすべてがみずからの手柄だと喜んで主張した。もっとも、雹を伴う嵐がカンザス州ベルヴィルを襲い、窓を壊して地元の人びとを怒らせ、損害賠償の訴訟を起こされそうになったことが少なくとも一度はあったのだが。それにもかかわらずジュエルは、自分の試みは〇・五から六インチ（約一三から一五〇ミリ）の雨を降らせることが多いが、「毎回、気象台の予報とは反対の結果になる」と断言した。[22]

カンザス州ダッジシティーで開かれた郡共進会に一人のレインメイカーが登場したことは広く報道されていて、そのときの液体ガス弾のテストについて次のように書かれている。

正午になろうとする頃、無蓋(むがい)貨車に人工降雨用の珍妙な仕掛けを載せた特別列車が到着した。この装置は怪物迫撃砲、つまり「並外れて大口径の大砲と巨大なパチンコを掛け合わせたようなもの」と説明されていた。作業員たちは、数時間を費やしてデモンストレーション向けに機材を準備した。数千人という人びとが車両の周囲をうろつきながら、質問したり助言したりした。ようやくのことで支度が整うと、鉄道会社の係員が見物客を静かにさせた。彼は、この装置が成果を生むかどうかは誰にもわからないと言った。そして、わが社はみなさんの利益を考えており、この地域の作物に雨をもたらすために喜んで会社の金を使うつもりだと述べた。大砲に化学爆弾が装填され、パチンコによって空中に投げ上げられた。一ダースを超える化学爆弾が発射され、爆弾は黄色い煙の雲を放出した。(23)

伝えられるところによれば、見物客はそのデモンストレーションに満足し、まもなくどしゃぶりの雨が降ってずぶ濡れになるものと信じ込んでいた。しかし、何も起こらなかった。あとに残った効果は、見事な花火大会と同じようなものだった——印象的だが、束の間のものにすぎなかったのだ。

「不運なレインメイカー」

『ハーパーズ・ウィークリー』誌は、一八九三年にカンザス州で行なわれた人工降雨のパロディーを掲載した。カンザス州ハンキンサイドという町の「不運なレインメイカー」こと、シャーマーホーン・モンゴメリーという架空の男の物語である。遅かれ早かれ、何か具合が悪いことが起こるのは避けられなかった。モンゴメリーは、自分が雨を降らせたと言い張ったせいで、洪水を起こしたとして法的トラブルに巻き込まれた。「一人の人間が、言うならば、片方のポケットに激しい雷雨を、もう片方のポケットにしとしとと降りつづく長雨を入れてあちこち歩きまわりながら、家全体が露でびっしょり濡れることさえない普通の人びとに厄介をかけずにいられるとは、とても思えなかった(24)」

モンゴメリーは、自分が雨を降らすのは夜間と日曜日だけだと宣伝していた。また、夏の涼しい北西の風を起こしているのも自分だとしたが、それについて代金は請求しなかった。「私は雨の注文を受けるたびに、風をおまけすることにしています。焼き肉料理(チョップ)を注文すると、ベイクドポテトが付いてくるようなものです。霧、霜(しも)、曇った日、オーロラは追加料金をいただきます。地震については、必要なときの二日前に予約をお願いします」と、彼は説明した。

とりわけ激しい雨が降った翌朝、モンゴメリーは自分のサービスに対する代金として、郡内の農民全員から一ドルを徴収しようとしたものの、これが猛反発を招いた。一人目の農民は「それが人工的な雨ではない」ことをどういうわけか知っていた。二人目は「それは自然の雷雨だと思っていた」。三人目は、その雨がモンゴメリーの特製だという証拠を出せと言った。モンゴメリーは公開集会の席で、納得していない農民に向かって演説した。

「あの雨を降らせたのは私です」とモンゴメリーは言った。「それは、私が降らせる雨はすべてそうなのですが、夜に降りました。夜のあいだは、みなさんが雇人をまともに働かせることはできないからです。この地域に雨が必要なのはわかっていたので、私は昨夜みなさんが寝ているあいだに外へ出て、雨を降らせました。おかげで今日、みなさんの畑は喜びに満ちあふれ、ありがたく思った牛は牧草地で気持ちよさそうに感謝の鳴き声をあげています。その牧草地をよみがえらせ、満足させたのは、私の降らせた恵みの雨なのです」

この演説のあとで一人のトウモロコシ農民が立ち上がり、あの雨を本当に自分の雨だと思っているのかとたずねた。「しずく一滴まで」とモンゴメリーは答えた。「それなら」と農民は無邪気につづけた。「あの豪雨で俺の一〇エーカー（約四万五〇〇平方メートル）のトウモロコシ畑が流されたのはあんたのせいだ。損害賠償の訴えを起こしてやる」。その農民は四〇〇ドルという多額の賠償を求めてモンゴメリーを訴えた。

『ハーパーズ・ウィークリー』誌はその論説で、「人工降雨の科学はまだ幼年期にある」（いつまでたってもそう見えるのだが）と付け加えると、人工降雨というビジネス（あるいは、ついでに言えばハリケーンの進路制御や気候工学）はつねに訴訟のリスクを抱えており、そうした訴訟は防ぐことができず、事業に打撃を与えるだろうと指摘した。「レインメイカーが、傘もささずに広大なカンザスの大草原の真ん中に立ち、自分が降らせた雨が激流となって、顧客の作物がそのすさまじい洪水で派手に流される光景をなす術もなく見つめているのは、これ以上ないほど気の重いことにちがいない」。レインメイカーであるモンゴメリーは、雨を止める方法は知らなかったらしい！

チャールズ・ハットフィールド、「雨を呼ぶ男」

チャールズ・マロリー・ハットフィールド（一八七五頃―一九五八）は、主に西部諸州で独占的事業を営んでおり、二〇世紀初めの数十年には毀誉褒貶定まらぬ人物だった。ハットフィールドはカンザス州に生まれ、青年時代に家族とともにカリフォルニア州に移ると、その後ミシンのセールスマンとして働き、やがて「ホーム・ソーイング・マシーン社」のロサンジェルス市責任者となった。一八九八年には気象学を学びはじめた。地理学者、ウィリアム・モリス・デイヴィスの『気象学入門』がお気に入りの教科書で、びっしり書き込みをしていたが、とくによく読んだのが雨の原因と広がりに関する章だったのは疑いない。

一九〇二年、ハットフィールドは人工降雨の道へと転進し、サンディエゴ近郊のボンセルにある父親の牧場で最初の実験に取り組んだ。ハットフィールドは風車に登り、いくつかの薬剤を金属盆のなかでかき混ぜて熱し、蒸気が空に上昇していくのを見つめながら待った。やがて激しい暴風雨が起こると、ハットフィールドは自分の手法には効果があると確信した。彼は向こうみずにも人工降雨を職業にすべく、一九〇四〜〇五年の冬から春に、ロサンジェルスで一五インチ（約三八〇ミリ）の雨を降らせることができると宣言した。著名な実業家三〇人が、五月一日までにその数字を達成できたら一〇〇〇ドル払うという契約にサインした。すると、降雨量は一カ月早く目標を超えてしまった。とはいえ、ハットフィールドが何かを「した」わけではない。ロサンジェルスの長期平均降雨量は年間一五インチで、標高の高いところではもっと多く、ここ数年は四インチから三八インチを超えるところまで変動していた。その年、ハットフィールドはついていた。前年の総降雨量がわずか八・七インチだったのに対し、賭けの対象となった一九〇四〜〇五年は一九・五インチであり、彼が何もしなかった翌年は一八・二インチだったのだ。

ハットフィールドが「した」ことは、パサデナの北のサン・ガブリエル山地にあるエスペランサ・サニタリウム付近に高い塔を建て、冬のあいだじゅう、悪臭はするが基本的には無害な薬剤を念入りに混ぜ合わせることだった。ハットフィールドは、自分の手法は冬の雨期、標高三〇〇〇フィート（約一〇〇〇メートル）を超える地点で最も効果があると信じていた。この二つの条件はデイヴィスから学んだのだろう。『ロサンジェルス・イグザミナー』紙のある記者が、三月にハットフィールドに話を聞いた際、彼は自分の理論を「美しい理論」だと説明した。

湿気をたっぷり含んだ大気が、たとえば太平洋上に漂っているとわかれば、私はみずから調合した薬剤の助けを借りて、すぐさまその大気を招き寄せはじめます。私のこうした努力は、凝集の科学的原理に基づくものです。ディレンフォースと違い、私は「自然」と戦いません。ジュエルをはじめとする数人の人たちは、ダイナマイトなどの爆発物を使いました。私はこの巧妙な誘惑によって、「自然」を口説くのです。(25)

ハットフィールドが使う主力装置は、亜鉛メッキされた蒸発皿でできていた。この皿のなかに薬剤と水を入れ、大気に吸収させせようという寸法だ。「大気中でこの液体が水分を招き寄せ、増大させるよう働きはじめるのです」。彼はまた、気象局用の標準雨量計を使って実験結果を記録した。最初の塔は底面積が一四平方フィート（約一・二六平方メートル）、高さが一二フィート（約三・五メートル）で、上昇気流を生み出して蒸発を促すため、下のほうに小さな穴が開いていた。兄弟のポールに協力をあおぐと、ハットフィールドはほぼ夜通し、ポールは朝の四時から八時まで見張り役を務めたそうだ。それから、ハットフィールドが夕方の六時までふたたび持ち場につき、三時間眠って夜に備えた。兄弟のどちらかが、つねに見張りをしていた。二人は「夜間の予告なしの訪問者を探知」しようといくつかの警報装置を考案し、テント内に「小さな武器庫」を備えていた。ハットフィールドは記者にこう語っている。「災難を招くようなことをする人は災難に出くわすものです。私は山での狩りにいくぶんかの時間を割いているのです」。自分の手法は先人たちのそれとくらべ、はるかに繊細で、騒音も小さく派手さもないが、請求する料金はずっと高いと彼は言った。政府に特許を申請したいとはまったく思わないという。「特許を申請すれば情報を公開することになりますが、そうなると、アメリカ中に雨後のタケノコのように雨乞い師が現れるでしょうから」（一九四七年以降、実際に現れた）。彼の方法に懐疑的な人びとについて聞かれると、ハットフィールドはすぐさまこう付け加えた。「非難や冷笑は、偏狭で無知な人びとから科学的啓蒙に贈られる最初の賛辞なのです」

米国気象局長官のウィリス・L・ムーアは、ハットフィールドの方法を「偽の人工降雨」と呼び、その冬の広範で「過剰な」降雨は西部全体に見られるものだと指摘した。

したがって、ごくわずかな力しか持たない数種の薬剤の放出によって降ったとされる雨が、広い地域にまたがる一般的な大気条件の結果にすぎないことは明らかである。南カリフォルニアの人びとがこの問題を誤解し、おそらく何の価値もない実験を重視しすぎることのないよう願っている。広い地域に雨を降らせるさまざまなプロセスはきわめて大規模なので、そうしたプロセスに対する人間の些末な働きかけの影響など、取るに足りないものなのだ。(26)

気候学的に確証されている雨期（カリフォルニアでは普通は真冬）に業務を行ない、気象局の予報を参考にし、旱魃に苦しむ地域で状況の改善を見越して契約を結び、近隣に少しでも雨が降れば成功だと主張したおかげで、ハットフィールドはかなり儲けることができた。新聞広告で「雨を呼ぶ男」と自称していたハットフィールドは、いわくありげな高い塔を普通は丘陵地に、またしばしば湖の近くに建てると、大きな浅い皿を設置し、専売特許を持つ薬剤を入念に調合して蒸発させた——雨が降ってくるまで。ハットフィールドは、失敗した場合の日常経費を賄うための契約条項とともに「雨が降らなければ代金不要」という項目を入れるテクニックを使った。契約期間中に契約地域のどこかで雨が降るだろうから、予定の料金に対してハットフィールドが賭けるのは時間だけだと皮肉る者もいた。ハットフィールドが雨を降らせるとする地域は半径一〇〇マイル（約一六〇キロ）にも及んでいた。そのため見掛けの成功率は、たとえば半径一〇マイルの場合とくらべると一〇〇倍にもなっていた。注意深い読者ならお気づきだろうが、人工降雨のテクニックが伝統的なものであれ科学技術的なものであれ、指定された地域が十分に広く、実行する者がどこまでもやりつづければ、いつかは雨が降る。数週間かかろうが数カ月かかろうが、結局はどこかに雨が降るし、雨期であればその時期はさらに早まる。世界全体にまで範囲を拡大すれば、いまこの時点でも地球上のどこかで豪雨が降っている。ずっと待っていれば、あなたのいるところにも雨は降る。ハットフィールドは、雨を降らせないでほしいという要請にも巧みに対応した。ローズパレードの行なわれる一九〇五年一月のパサデナの天気について、ハットフィールドに対するこんな請願が地元の新聞に載った。「偉大な雨乞い師殿、もし聞き届けてくださるなら、こうお願いします。心優しき雨乞い師殿、どうか月曜日には雨を降らせないでくださ い！」[27]

ハットフィールドは、西海岸に沿ってカナダやメキシコまで足を伸ばしながら商売に励んだ。一九〇六年夏、ロサンジェルスで彼が最初の成功を収めたあと、カナダはユーコン準州で旱魃が起こると、州知事たちはハットフィールドの自己宣伝の「格好の餌食」となってしまった。彼らはドーソン近くの山の頂である「ドームでの気象学的実験」について、ハットフィールドと五〇〇〇ドルの契約を結んだ。地元で有数の鉱山会社のいくつかが、民間の出資としてさらに五〇〇〇ドルを拠出した。契約によれば、七人のメンバーからなる評価委員会を満足させるだけの雨が降らなかった場合、ハットフィールドが受け取るのは、クロンダイク地方までの往復の旅費と輸送費、本人と助手一名分の経費だけとされていた。[28]

こうした取り決めは、大陸の反対側の首都オタワでカナダ国会の懸念を呼ぶことになった。最も雄弁だったのはノーストロントのジョージ・E・フォスター議員だ。「ハットフィールドなる人物が装置を稼働させ、膨大にして繊細な宇宙の大気に働きかけてそれをいじくり回すとしてみましょう。彼が栓を抜いたり歯車をはずしたりすることは許されないし、こうした宇宙の仕組みがひとたび誤った方向に動き出してしまえば、この大陸が完全に水没するところまで行ってしまうこともありえるのではないでしょうか？」[29] そのうえ、損害が国境を越えて生じたらどうするのだろうか？

われわれの政府の依頼をきっかけに、ハットフィールド氏が大空に向かって何かを舞い上がらせ、得体の知れない不思議な薬剤の混合物を大気中に撒き散らし、われわれだけでなくアメリカ合衆国も一定の権利を有する大気のメカニズムの巨大な連鎖を阻害するとしたら、他国不干渉を基本とするモンロー主義はどうなるのでしょうか？……国際的混乱、国際的紛争が起こるかもしれないし、おそらくは、途方もない損害賠償を求められることになるはずです。

フォスターの考えでは、科学的見解はハットフィールドにとって不利だった。「私は米国気象局を信頼しています……気象局は科学的見解として、ハットフィールド氏は紛れもないペテン師であり、彼と付き合いのある人びとは常識をほとんど奪われていると述べています。しかし、それは一つの気象局［の見解］にすぎません。ユーコン準州議会やカナダ自治領政府とくらべれば、気象局が何だというのでしょうか？」　カナダ国会は結局、人工降雨は地元のユーコン準州議会

図3・4　発明者の機密を守るために厳重に警備されている。カナダのアルバータ州チャッピス湖畔にあったハットフィールドの人工降雨施設、すなわち「薬剤を入れた蓋のないタンクを載せたデッキ」。はめ込み写真はハットフィールド（「化学薬品で旱魃と戦うレインメイカー」『イラストレイテッド・ロンドン・ニューズ』1922年2月4日号）。

の問題だと判断した。こうしてハットフィールドは、自分の取り組みが「成功」したと主張する道を見いだしたのである。

ハットフィールドはかつてこう評されている。「笑みをたたえ、朗らかで、口がうまい。突き出た顎、大きな鼻、広い額、ライトブルーのきらきらした瞳を持ち……地味な服装をした、中背で怒り肩のほっそりした男で、四〇歳に手が届こうとしている」[30]（図3・4）。別の評によれば、ハットフィールドは「使命感を持った男で……骨と皮だけと言っていいほど痩せており……グレイハウンド犬のような細面で……大きなわし鼻が目立ち……しかし……静かなカリスマ性、つまり、風采の上がらない顔つきにそぐわない風格ある自信を備えている。ときおり、とうとうとまくし立てる際には、その刺すような青い瞳は伝道者のきらめきを帯びることもある[31]」

ハットフィールドが人びとの記憶に残っている主な理由は、彼が一九一六年一月に行なった人工降雨業務と同時にサンディエゴで大洪水が起きたことである。サンディエゴ市の水管理部の記録によれば、その月には二八インチ（約七一〇ミリ）を超える雨が降り、モレナ貯水池があふれ、ロワー・オタイ・ダムが決壊し、サンディエゴ中心部に水の壁が押し寄せた。数十人が死亡し、多くの人びとが家を失い、市内の一一二の橋のうち残ったのは二つだけだった。サンディエゴ市当局は訴訟を逃れようと、降雨の増進について曖昧な契約しか結んでいなかったハットフィールドとの関係を否定し、彼が権利を主張した一万ドルを支払わなかった。ハットフィールドはその後二〇年にわたって市を相手に訴訟をつづけたものの、一九三八年、ついに支払いのないまま訴えは棄却された[32]。

だが、ハットフィールドは仕事をやめようとはしなかったし、彼のサービスには全国から引き合いがあった。一九二〇年には、エフラタ商業クラブの後援のもとにワシントン州と契約した。モーゼス湖畔に数百人の野次馬が集まり、謎のガスが発散されるというハットフィールドの奇妙な塔を遠巻きに眺めた。すぐには何も起こらなかったが、ハットフィールドが立ち去ってすぐに、空が割れて土砂降りの雨が降りはじめた。その突然の豪雨とそれに先立つハットフィールドの努力は無関係だとする疑り深い人たちもいた。だが奇跡を起こす男ハットフィールドは、その雨は自分が降らせたものであり、自分の商標がついていると主張した——もっとも、降るのがいくらか遅れたことは認めたが。『シアトル・ポスト‐インテリジェンサー』紙はこう報じた。「奇跡を行なう本人は、自分の起こした嵐が州全体を暴れまわり、果樹園を洗い流したり水路を決壊させたりする事態になれば、その手法が粗雑で不完全であることを認めなければならない。おそらく将来的には、レインメイカーに自分の起こした嵐を抑制させる法律が必要だろう」[33]。一年後、ハットフィールドは一インチ(約二五ミリ)の降雨につき三〇〇〇ドルという契約でワシントン州に戻った。また、カナダはアルバータ州の農協連合会から一インチの降雨につき四〇〇〇ドルを受けとったが、二インチの雨が降ったところで、今度は「蛇口を閉める」ように要請された[34]。

一九二二年、ハットフィールドは旱魃に苦しむイタリアはナポリに装置を持って行った。アメリカの新聞報道によれば、ハットフィールドは雨が降ったあとで英雄として歓待され、イタリア政府は一〇〇万リラでその秘密を買おうとしたが失敗したという。二年後、権威ある『マンスリー・ウェザー・レビュー』誌は、その技術志向の読者に向けて、ハットフィールドがカリフォルニアで失敗し、降雨量は一カ月で一・五インチ(約三八ミリ)という目標に遠く及ばなかったため、塔を片づけてベーカーズ・フィールド地域をひっそり去ったと伝えた[35]。

ハットフィールドは米国気象局とは決して良好な関係になかったが、地方の気象官とは個人的に付き合いがあり、気象局のデータ、地図、予報を大いに利用していた。ハットフィールドはたいてい、降雨量が平年より少ない地域で契約し、雨が降りそうな季節に仕事をした。こうした条件の組み合わせのおかげで、地元の市民は雨を切望し、契約締結のチャンスは増し、人工降雨の料金は上がり、平年並みかそれ以上の雨——ハットフィールドはそれを自分が降らせたことにできる——がまもなく降り出す可能性は高まった。一九一八年、サンディエゴおよびロサンジェルスの気象支局長であるフォード・アシュマン・カーペンターは、カリフォルニア南部で数十年にわたって企てられた人工降雨について振り返った。具体的な名前は挙げずに（だが、明らかにハットフィールドを念頭に置いて）、カーペンターはそのレインメイカーが「限られた教育しか受けておらず」、原因と結果を区別する能力を欠いていると指摘した。「雨が降らなければ代金不要」というシステムをとりながら、いつも前払いで経費を徴収し、乾燥した秋が過ぎて雨が降りやすくなる一月と二月に仕事をするのが普通だった。カーペンターは、そのレインメイカーの仕事の何よりも重要な特徴は、人びとの信じやすさに付け込む点にあると結論した。「したがって、それは気象学的問題というより心理学的問題である。なぜなら、その基本的要因は心理的なもので、物質的なものではないからだ[36]」。こうした意味においてこそ、ハットフィールドはブロードウェイ・ミュージカル『ザ・レインメイカー』（一九五五）の主人公スターバックのモデルとなったのだ。ハットフィールドは、このミュージカルのロサンジェルス初演に招待までされたのである。

天気に賭ける

一九五〇年代初め、ニューヨーク州北部の住民が、二〇〇万ドルを超える支払いを求めてニューヨーク市を訴えた。ウォレス・E・ハウエル博士がキャツキル山地の貯水池上空で雲の種まきをし、そのせいで損害を被ったから賠償してほしいというのだ。この訴訟は専門的な問題だったために結局は棄却されたものの、話し上手な初老の美食家で、しばしば「誠実なレインメイカー」を自称していたジョン・R・スティンゴ大佐は驚きを禁じえなかった。数十年前には、彼の人工降雨の試みはすべての関係者に好感を持って受け入れられていたというのに、いまや科学者が損害賠償訴訟や嫌悪の対象となりつつあったからだ。『ニューヨーカー』誌の著名なコラムニストであるA・J・リーブリングは、マンハッタンに軒を連ねる飲み屋でスティンゴ（この名前には実際に「強いビール」という意味がある）と出会い、彼が往年の生活を語るのを聞いた。それは、小才と賭け事で世間を渡ってきた彼自身に都合よく脚色され、きらびやかで、嘘っぽく、聞く者を惑わしかねない物語だった。賭けの対象は（自分の金を賭けたことは一度もなかったが）ボクシングの試合、競馬（当時は競馬場での賭けは違法だった）、そして言うまでもなく、天気だった。彼にとって人工降雨は信用詐欺であり、科学的な試みではまったくなかった。リーブリングはスティンゴについて、こざっぱりした服装で、背は低く、陽気で機転がきき、昔の軍人の雰囲気があると描写している。表情はいつも「スタッド・ポーカーで、エースを一枚見せて、伏せたカードにもう一枚エースを持っていると思わせようとしているプレーヤーのようだった」[37]。彼の独特の養生法は、午前中に卵の黄身を入れたゴールデン・ジンフィズの杯を重ね、昼間は強い酒、その後はずっとビールとワインを飲むというものだった。

ほら吹き名人のスティンゴは、まだ若かった一九〇八年にカリフォルニア州のロワー・サンウォーキン渓谷で、実に印象的だが結局は何の効果もなかった派手な人工降雨ショーを目にしたと言い張った。ジェイムズ・マッキトリック大尉なる人物が、作付けした小麦を救おうと、エジプトきってのレインメイカーである（でっちあげの）「スディ・ウイッテ・パシャ」と、側近である大学教授および聖職者二二人、さらに祈禱文の詠唱者、僧侶、鐘撞き、占い師、踊り子、料理人、召使い、ボディーガードからなる一行を（これもでっちあげの）二二万二〇〇〇エーカー（約八六〇平方キロ）もある「マッキトリック農場」へ招聘したという。彼らの人工降雨の手法は、詠唱、祈禱、沐浴、踊り、それもたくさんの踊りを三日にわたってつづけるというものだった。四日目に、パシャと随員たちは古代ペルシャから伝わるコフ豆をすりつぶして畑にまくと、三〇〇人の賓客のために「雨乞いの饗宴」を催した。それは五日目までつづいた。さらに数日待ったものの雨の降る気配はなかった。それまでは上機嫌だったマッキトリック大尉も、すでに約二〇万ドルを費やしてたため、パシャ一行を最寄りの駅まで送ることにした。そこから「フェニックス、フォートワース、さらにニューオーリーンズへと向かう『ペリカン急行』に乗せ」、最終的に汽船で「クレッセントシティー」からジブラルタル海峡を抜けて、浜辺にヤシがそよぐ古き懐かしのカイロ」へ帰るのだ。スティンゴはパシャの派手なショーに感心したが、運命の女神がその週にいつもの雨を降らせなかったのは、タイミングが悪かったと考えた。その経験からこんな印象を持ったという。アメリカの市場では、異国情緒をもっと弱め、客観的な科学と見栄えのいい——場合によっては崇高な印象を与える——装備が必要かもしれない、と。

つづいてスティンゴ大佐は、一九一二年の西部におけるみずからの初期の奮闘について語った。そのときは、（これまた架空の名前の）「ジョセフ・キャンフィールド・ハットフィールド教授」の人工降雨ショーで看板役あるいは責任者を務めたという。スティンゴ（当時は本名のジェイムズ・A・マクドナルドとして活動していた）は、契約をまとめるために次のような演説をして大勢の農民をその気にさせた。

雨は――それが足りているか不足しているかは――古代の人びとにとって死活問題でした。というのも彼らは、大地、ヤギ、ウシ、海の魚、空飛ぶ鳥、シカやシロイワヤギを生活の糧とし、みずからの生存の活力としたからです。こうしたあらゆる要素の存在そのものを支えているのが、潤沢な、しかし損害をもたらすほどではない雨です。人類の歴史を通じて、雨が多いか少ないかが、生と死の差を生み、雨すなわち生存の喜びと苦悩の差を生んできたのです。

次に演壇に上がったのは、大砲などの機材の責任者を務めるジョージ・アンブロシウス・イマヌエル・モリソン・サイクス博士だった。博士は、大砲とガトリング速射砲で雲に集中砲火を浴びせることにより、雲の中の水分を絞りとる方法を説明した。つづいて、とりわけ雄弁でも説得力のある人物でもなかったが、自分の手法を心から信じているJ・C・ハットフィールド教授自身が、マルコ・ポーロが中国から爆発性の黄色火薬を持って帰国したこと、古代中国においてその火薬が雨を降らせる手段として使われたことを、口ごもりつつ説明した。最終的に、地元の農業団体幹部に「ハットフィールド降雨会社」との「砲撃サービス」契約にサインさせ、取引をまとめる（つまり罠にかける）役目はスティンゴに任せられた。料金は三インチ（約七六ミリ）までは一インチ当たり一万ドル、四インチに達したときには八万ドルだった。スティンゴはリーブリングに「第一級の罠はすべて、本当に巧妙なとっておきの切り札を持っているものだ」と打ち明けた。ハットフィールド降雨会社は、気象局の表、図、平均降雨量を一連の賭けの確率に換算することで成り立っていた。それは一種のハンディキャップ付きのパリミューチュエル方式の賭け〔賭け金の総額から手数料を差し引き、残りの金額を賭けた人びとに分配する方式〕であり、会社の勝つ確率は五五パーセントと計算されていた。それからスティンゴは、五〇〇〇人もの人びとが暑く乾いた午後に人工降雨チームが大砲を撃つのを見に集まってきたこと、ハットフィールドが旧約聖書の預言者よろしく山に登ったこと、サイクスの妻が熱心な支持者を集めて雨を祈ったこと、大砲がとどろき煙がもうもうと吹き出したこと、夜中に嵐がやってきて低地が水浸しになったこと、レインメイカーたちはそれをみずからの手柄としたこと、地元の人びとは満足し、ハットフィールドの力を称賛し、八万ドルを支払ったことなどを語った。スティンゴの分け前は二万二〇〇〇ドルだった。チームは次の夏にはオレゴンで人工降雨ショーを繰り返し、成功させた。しかし、農場組合が自前の大砲を買ってから数年のうちに、事業は先細りになっていった。

新聞記事を見ると、スティンゴの話の一つは事実をもとにしていることがわかる。一九三〇年、大恐慌と禁酒法時代のまっただなか、スティンゴはニューヨーク州ベルモントパーク競馬場で、一般人を相手に小才を働かせて生計を立てつつ、『ニューヨーク・エンクワイアラー』誌の競馬コラムを書いていた。原稿料はもらえなかったが、書くことによって社会とのつながりを保っていたのだ。九月初めのある雨の週のこと、スティンゴはかつて一緒に人工降雨事業を手がけたサイクスを見かけた。サイクスは、いまでは「ゾロアスター教の聖職者」で、地球は平らだと信じており、もう一人の「オズの魔法使い」とでも言うべき人物だった。そして、カリフォルニアを本拠に彼が運営する「全米気象制御局」は、競馬シーズンの降雨を防いで競馬場を破産から救えると、競馬場の幹部（また、ほかの「間抜けな金持ち」）に信じ込ませようとしているところだった。新語をつくっては勝手に使っていたサイクスは、「ダイナジー、ズージー、サイチャージー……アイソゴニック・フォース、クァンツミー、ボレキュラー・エナジー、フリーナジー――とくに、フリーナジー……そしてサーマジー」によって天気を制御するのだと言い張った。[38]

まもなく、スティンゴとサイクスは対等なパートナーとしてかつての事業に戻った。つまり、スティンゴは事務を執り、九月に雨の降る確率を計算し、説明の大部分を引き受け、契約をまとめた。一方、サイクスは理解しがたい狂信者として振る舞い、謎めいた降雨装置（この装置を逆転させれば雨を追い払うこともできると、サイクスは説明した）を設置して操縦することにした。契約にはサイクス夫人の取り分一〇パーセントが含まれていた。それは、彼女が一九一二年にしたように祈禱の先導役を務めたからではなく、「ピスコ・パンチ」をピッチャーにつくって渉外活動に寄与したからだった。ピスコ・パンチはペルーのピスコブランデーをベースにした口当たりのよいフルーティーな伝統的飲み物で、広く飲まれるようになったのはカリフォルニアのゴールドラッシュ時代のことだった。

スティンゴは、このプロジェクトのスポンサーで、ウェストチェスター競馬協会会長にして大富豪のジョセフ・E・ワイドナーと、女性共同出資者のハリマン夫人を甘言で丸めこんだ。夫人は「背が高く、考えが柔軟で、商売上手」だったが、オカルトを信じていて「探究心旺盛」という決定的な弱みを抱えていた。そこで、スティンゴは言葉たくみに売り込みをした。「われわれ全米気象制御局は……次のような条件で、ヨウ化銀噴霧装置とガンマ線ラジオシステムを設置し、保守し、運転することに同意します」。その条件とは、二週連続で土曜日に雨が降らなければ一日当たり二五〇〇ドル、そのあいだの週日に雨が降らなければ一日当たり一〇〇〇ドルを競馬場が支払い、いずれかの日に雨が降れば一日当たり二〇〇〇ドルを気象制御局が支払い、建物費用と人件費は競馬場の負担とする、というものだった。すべての日が快晴であれば、降雨抑制者たちは一万ドルを手にし、雨であれば四〇〇〇ドルを支払う。気象学的な確率は〇・七四九九で自分たちに有利だと、彼らは計算していた。(39)

ほどなくサイクスが機材の設置にとりかかった。「空気震動ユニットと化学薬剤倉庫」は使われていないクラブハウス内に、「爆発性化合物」は、走路をはさんでクラブハウスと反対側にある窓も間仕切りもない五角形の一部屋の小屋に置かれた。クラブハウスの屋根からは、輝く二本の鉄の棒が突き出していた。クラブハウス内には、発振機として使われるT型フォードの古いエンジン、目を引くワイヤーの山、蓄電池、ずらりと並んだ派手な色のガラス瓶(おそらく色をつけた水が入っていたのだろう)、悪臭のする薬品で満たされた洗濯たらいがあった。小屋はけばけばしく「神秘的」に見える星型五角形で、ワイヤーがクモの巣のように張りめぐらされていた。南京錠が掛けられたドアと警備員が、野次馬が近づくのを防いでいた。『ニューヨーカー』誌に競馬コラムを書いていたオーダックス・マイナーの当時の記述によると、「屋根の上にある五つの突起を持つ大きな星には、無線アンテナがつながれ、廃棄された真鍮(しんちゅう)製ベッドから外した飾りと箱型マットレスからとったバネが花綵(はなづな)のように縛りつけられていた。その星はつねに風上に向けられていた」。サイクスは小屋の屋根を覆うように小さな舞台をつくり、そこに立って「電磁インパルスを送り」、ショーを進行できるようにした。

二つの建物はおよそ一マイル（約一・六キロ）離れていたが、スティンゴの説明によると、「エーテルの導管で」つながっており、「そのなかを発振機で起こった最初の振動が三万倍に増幅されて光速で伝わり、さらにアンテナを経由して、自然の電波となり、伝達経路を持つ同軸ケーブル付属装置に至る」のだそうだ。取材陣もしばらくは調子を合わせて、得体の知れない装置の記事を書いた。また、サイクスの主張を取り上げて、彼は「西半球最強の無線設備の一つ」を持っているので、その装置によって生じた静電気がラジオの感度を悪化させているのではないかと地域住民から疑われていると報じもした。連邦通信委員会の代表が視察に訪れると、次のことが明らかになった。サイクスはその奇妙な装置を動かすために、コンソリデイティッド・エジソン電力会社の配電網から、毎日約三万二四〇〇キロワットの電力を無断で「借りていた」のだ。そのせいで地域に停電が起こっていたため、当局は二度とそんな真似をしないようサイクスに警告した。

その週の天気は、最後の土曜日に軽い霧がかかったことを除けば、ずっと快晴で乾燥していた。おかげで気象制御局は、八〇〇〇ドルの純益とともに、付随契約と賭け（その一部は地元のギャングを相手にしたものだった）による副収入を手にした。事業の成功を祝おうと、サイクス夫人はマンハッタンのインペリアル・ホテルに数百人を招いてパーティーを催した。室内楽が演奏され、ダンスは深夜までつづき、ピスコ・パンチの大杯は尽きることがなかった。すべて順調だった。ところが、最後まで順調とはいかなかった。新聞記者たちがサイクスは運がよかっただけだと批判すると、サイクスは、おそらく飲み過ぎていたせいだろうが、次の月曜日の午後二時半から四時半のあいだに装置を逆回転させて土砂降りの雨を降らせ、自分の力を証明してやろうと宣言したのだ。形勢は圧倒的にサイクスに不利だった。スティンゴは「フルハウスを崩してフォーカードを狙う」ようなものだと言った。問題の午後に雨は降らず、「嘲りの大洪水」がサイクスと気象制御局を襲った。その結果、交渉中だったニューヨーク州ベルモントパーク競馬場とケンタッキー州チャーチル・ダウンズ競馬場との契約は取り消しになった[40]。こうして、スティンゴによれば、レインメイカーの技は輝きを失い、数十年後まで復活することはなかった。そして、復活したときにはもはや古びたフォードのエンジン、ラジオ、秘密の薬剤ではなく、飛行機、ドライアイス、ヨウ化銀の時代になっていたのである（第五章）。

アメリカ西部に雲の種をまく

アーヴィング・P・クリック（一九〇六―一九九六）は、ビジネスと気象学の両面で、才能あるカリスマ的な「レインメイカー」だった。彼を表すのに最もふさわしい言葉は「一匹狼」である。クリックはピアノにかけては神童であると同時に、物理学を学ぶ学生でもあった。カリフォルニア工科大学（カルテック）の気象学博士課程を修了後、カルテックの気象学部創設に参画したものの、クリックにはしっかりした理論的背景が欠けていた。彼が開発した教育プログラムは、とりわけ急成長しつつある航空産業で役立つようにと、応用気象学を重視していた。クリック本人は、気象学部の敷地と気象局の設備を利用して、カリフォルニア州パサデナの「クリック・ウエザー・サービス社」を拡大することに大半の時間を費やした。彼の専門は理論的な超長期予報だったが、米国気象局はそれを怪しげなものとみなしていた。クリックが一躍有名になったのは、映画『風と共に去りぬ』（一九三九）のアトランタ炎上が撮影される夜は風が吹かないと予報したからだった。クリックが予報の基本としたのはいわゆるアナログ的方法で、歴史的地図から得たデータを活用するものだった。彼はそうしたデータをシンプルな計算尺を使って利用しやすく分類した。そうしてなされる予報は、依頼者の希望に添うように仕立てられてもいた。映画会社は、雨の日には屋外での撮影をせず経費を節約できるため、雨降りを好んだ。すると、クリックはいつもよりも「湿った」予報を出した。これとは反対に、水力発電会社のエジソン・エレクトリックは、ダムの貯水保全に有利な好天の予報を好んだ。[41]すると、クリックは喜んで期待に応え、エジソン社のためにできるかぎり晴れを予報してやった。

クリックの利用していたアナログ的な予報手法は、第二次世界大戦の際、もう少しで大惨事を招くところだった。当時、連合軍主任気象予報官の一人としてアメリカ空軍に勤務していたクリックは、ノルマンディー侵攻作戦の決行日の天気予報を任され、六月五日に侵攻を開始すべきだと強く主張した。もしそうしていたら、連合軍の侵攻部隊は、英仏海峡の風にあおられて沈没していたことだろう。どんなときにも自己宣伝を怠らないクリックは、のちに、実際に作戦が決行された六月六日を主張したのは自分だという話にしようとした。だが、より公平な報告によれば、六日の天候を保証したのは実際には一つのグループであり、クリックはここでも一匹狼だったことがわかっている。[42]ノルウェイの気象学者でグループの中心人物だったスヴェレ・ペターセン

（一八九八―一九七四）は、当時の状況について、のちにこんな見解を述べている。

私はクリックをよく知っていた。一九三四年に、ノルウェイのベルゲンで二週間ほどともに過ごしたことがあったし、私がカリフォルニア工科大学の客員教授を務めた一九三五年には、四カ月のあいだ一緒に仕事をした。彼はきわめて有能で直観力のある予報者だったから、気象予報の理論的背景をさらに深く学べば、かなりの業績を上げるだろうと思っていた……だが、賢明だったのかそうでなかったのか、クリックは産業への応用に力を入れ、まずは映画産業に、のちには業種や場所を問わずにサービスを提供するようになった。カルテックで主にクリックを擁護したのは、第一次世界大戦でアメリカの気象研究の成果を体系的に活用した、学長のロバート・A・ミリカン博士だった。ミリカン博士は、アメリカ陸軍航空部隊のH・H・アーノルド司令官の最高レベルの科学顧問にして親友だった……クリックは、海軍に短期間勤務したあとで陸軍航空部隊に移った。彼の長期予報システムは、そこである種の公認を得た。アーノルド将軍が大勢の上級気象官をクリックのもとに送り、彼の手法を学ばせるように取り計らったのだ……私はアナログ的な予報の機械的選択システムをほとんど信じていなかったので、「いんちき」という言葉の真の意味を調べ、その予報をいっさい無視するのは難しいことではないと思っていた。[43]

クリックは第二次大戦後カルテックに戻った。だが、元学長のリー・A・デュブリッジによれば「学内のあらゆる人、また国中のほかの気象学者と科学者が、クリックはいかさま師だと言っていた」という。デュブリッジは、クリックの率いる学部が長期予報と専売特許を持つ手法に注力するのをやめ、「大気物理学の現実的研究」に焦点を合わせるよう望んでいた。そこで、ヴァネヴァー・ブッシュ、カール・コンプトン、ウォーレン・ウィーバーというエリート科学者に、クリックの仕事を検証するよう指示した。三人はクリックが「できないことをやると言い、やらなかったことをやったと言い張っている」と断定した。ほぼ同じ頃、気象局は、カルテックに貸し出している装置をクリックが営利目的で利用しているとして非難した。一九四八年、デュブリッジはカルテックでの気象学プログラムを中止し、クリックの辞表を受理した。しかし、クリックはすでに商業的レインメイカーとして新たな職を得ていた(44)。

ゼネラル・エレクトリック(GE)社の雲の種まき実験のあとまもなく、クリックはGEの気象研究レポート一式を請求して手に入れた。彼は巻雲プロジェクトの物語と、ニューメキシコのヨウ化銀発生装置をめぐるアーヴィング・ラングミュアの主張(第五章)を興味深く見守っていた。一九五〇年二月、クリックは最新の雲の種まき技術に関するアドバイスを求めてGEを訪問したが、その訪問は緊張をはらんだものだった。クリックは自分の人工降雨プロジェクトを西部へ売り込むに際し、非公式ながらGEと関係を持っていると自称し、ラングミュア、ヴィンセント・シェーファー、バーナード・ヴォネガットの名前を親しい同僚であるかのように顧客にほのめかしていた。『サンフランシスコ・クロニクル』紙の科学欄編集者は、人工降雨をめぐるクリックの主張について記事を企画し、その関係でGEに接触したとき、GEとクリックのあいだには、誰にでも行なっている参考資料の提供以外には「何の関係もない」ことを知った。[45]

一九五〇年代初めに旱魃が西部を襲った際、クリックは大規模な農業団体を相手に雲の種まき事業を開始した。依頼主には小麦農家や牧場主がいたほか、ソルト川（アリゾナ州）やコロンビア川（太平洋岸北西部）の流量増加プロジェクトがあった。コロンビア川のプロジェクトでは、開墾局は増加した流量の八三パーセントをクリックの功績だとした。しかし、気象局はこの主張を無意味とみなし、ことあるごとにクリックの評判を落とそうとした。事業の最盛期には、彼の会社は一億三〇〇〇万エーカー（約五三万平方キロ）に及ぶ西部地域で雲の種まきを行なっていた。これは、チャールズ・ハットフィールドがかつて人工降雨を実施したすべての地域にあたる[46]（図3・5）。一九五四年までに、オーストラリア、カナダ、フランス、南アフリカ、スペイン、ペルー、イスラエルなど約三〇カ国で雲の種まきが試みられた。また同年、ハワイとプエルトリコを含む二五の州と地域で合計五七の商業的な雲の種まきプロジェクトが進行していた。[47]

その後クリックは、一九六〇年の冬季オリンピックのためにカリフォルニア州スコーバレーでヨウ化銀発生装置を運転する契約を結び、たっぷり積もった雪の一部は自分の努力の賜物だと主張した。彼は超長期予報の活動をつづけながら、秩序ある宇宙（そして大気）を信頼しているし、アナログ的手法とデジタル・コンピューターを使えば宇宙や大気の規則性を解明できるはずだと公言していた。長期予報に対する当時の一般的感情に応えるべく（第七章）、クリックは「みなさん、十分な時間とコンピューターを与えてもらえれば、今後二〇〇年間のニューファンドランド島の天気をお教えしましょう」と宣言した。[48] また、著名な数学者であるゴットフリート・ライプニッツとピエール＝シモン・ラプラスの決定論に共鳴し、「氷河時代までさかのぼる正確な情報を持っていれば、西暦三〇〇四年三月一一日、午後三時一〇分の東京の天気を言い当てられるはずです」とも主張した――その予報を検証する人はいそうにないが[49]。また一九六〇年の大統領選挙でリチャード・ニクソンに投票したと言っていたにもかかわらず、クリックはジョン・F・ケネディの就任式のために無料の（そして縁起のいい）長期予報を発表した。「快晴、寒く、乾燥している」と。だが、クリックをめぐってはいつまでも論争が絶えなかった。根拠のない主張によって自分の予報手法を擁護するとともに、米国気象学会（AMS）の職業倫理規定に違反したと非難されて、クリックは学会を脱退した。だが一九八五年に復帰すると、その理由について、自分を批判する者はほとんど死んでしまったからだと述べた。『米国気象学会会報』に掲載されたクリックの死亡記事は、控え目な表現のお手本である[50]。

図3・5　西部17州とメキシコでクリックが雲の種まき事業のために設置した発生装置（ウィラード・ヘーゼルバッハ「ロッキー山脈のレインメイカー、史上最大の気象実験が進行中」『デンヴァー・ポスト』1951年4月22日号）

死のオルゴン

一九五一年、オーストリア生まれで変

わり者の物理学者・臨床精神分析医のヴィルヘルム・ライヒ（一八九七―一九五七）は、ラジウムを使った実験をして危うく命を落としかけた。その実験で、彼は独占権のある新しいタイプのエネルギーを発見したと結論し、それを「死のオルゴン」と名づけた。死のオルゴンが物質の形をとると、黒く有毒な微粒子として空気中に現れるという。これが風を止め、木の葉をしおれさせ、鳥や虫を沈黙させ、人を病気にさえするのだ。翌年ライヒは、大気中の死のオルゴンを引き寄せて除去するため、中空のパイプをガトリング砲のように束ねた「クラウドバスター」を発明した。パイプのなかを流れる水が、蓄積した毒素を洗い流し、排出する働きをする。ともかく、ライヒによればそういうことだった。

一九二〇年代にジグムント・フロイトとともに人間の性的特質を研究したこともあるライヒは、一九三〇年にドイツへ移住して共産党に入党、社会理論と性的タブーからの個人の解放とを結びつけようとした。ナチスが政権につくと、ライヒは北欧諸国を渡り歩く生活を余儀なくされた。それらの地では、簡単な電気機器を使って「バイオエレクトリック・エネルギー」と称するものについて実験をした。いくつもの実験を通じて、ライヒは宇宙の基本的な原動力を発見したと信じるに至り、それを当初は「バイオン」と、のちには「オルゴン・エネルギー」と呼んだ。ライヒによると、このエネルギーはあらゆる生命に充満しており、大気中にも存在しているという。一九三九年にノルウェイからアメリカに移住すると、ライヒはオルゴン・エネルギーの心理学的側面について講演をし、健康な組織と癌組織の両方について自分の理論を実証するために「オルゴン・エネルギー・アキュムレーター」なる単純な装置を考案した。一九四〇年代末、詐欺で告訴されたり、性的不適切行為の疑いをかけられたりしたライヒは、活動拠点を人里離れたメイン州レンジリーのオルガノンと命名した場所に移した。「死のオルガゴン」を発見したのはこの地でのことだった[51]。

クラウドバスターが照準を定めた場所ならどこであれ、雨を止めたり降らせたりできると、ライヒは主張した。さらに、患者に照準を定めるためのより小型の医療装置まで考案したのだ！もっとも、どんなときであれ、雨が降っているか降っていないかのどちらかではないだろうか？患者はおおむね健康か、不健康かのどちらかではないだろうか？　一九五三年にメイン州で行なわれたデモンストレーションの目撃者は、こう報告している。「彼らが作業にとりかかってまもなく、見たこともない奇妙な雲が湧きはじめた[52]」。ライヒの遺産を維持しようと、現在でも献身的な信奉者の一団が、銅パイプ、水晶結晶板、金属の削りくずで手造りしたクラウドバスターを使い、「ケムトレイル」〔航空機が有害物質を散布してできると言われる飛行機雲〕を一掃しようとしている。彼らは「空を修繕」しているのだ[53]。だが、そうすることで自分の健康を危険にさらしている。というのも、インターネット上で発表された計画には、死のオルガゴン自体の排出が含まれていないからだ。このクラウドバスターを使えば、雨が降るか、空が澄みわたるかのどちらかだ——選ぶのはあなたである。

プロヴァクア

ハットフィールドが現代に活動していたら、アースワイズ・テクノロジーズ社に勤務し、イオンレイン・プロジェクトを売り歩いていたかもしれない。だが往々にして、陰の英雄が現れてペテン師の正体を暴き、擁護できない主張に異議を唱えるものだ。テキサス州ラレードでテレビの天気予報を担当するリチャード・「ヒートウェーブ」・バーラーは、ジャーナリズムの賞を受ける資格がある。毎晩の天気予報のなかで時間を割いてペテン師たちに立ち向かい、そのばかばかしさを明らかにしたからだ。二〇〇三年一一月末のこと、ウェッブ郡行政委員会はあるおせっかいな提案に応え、ラレード周辺に雨を降らせる契約をアースワイズ社と結んだ。「プロヴァクア」と呼ばれるこのプロジェクトの一つが、リオグランデ川流域にイオンを発生させる大きな降雨塔を四基建設することだった。建設費用は五〇〇万ドルまで、ウェッブ郡の納税者には一二〇万ドルの負担が求められ、残りはメキシコが持つとされていた。

テキサス州ダラスを拠点とする個人企業のアースワイズ社は、ＩＯＬＡ（地域のイオン化）と言われる、まだ実証されていないロシアの技術を宣伝販売していた。三年前、アースワイズ社――というより、正確にはスティーヴン・ハワード、つまり社長にしてただ一人の社員――は、ヒューストン‐ガルヴェストン地域に最大で二五基の「イオン化プラットフォーム」を設置する提案をしたが、成約には至らなかった。その地域には人口が密集しており、アメリカ環境保護庁によれば、大気汚染の環境基準がクリアされていなかった。ハワードは年間二五〇〇万ドルの料金で、大気から粒状物質を除去し、地表近くに集中したオゾンを減らそうと申し出た。ハワードによれば、アースワイズ社が特許を持つＩＯＬＡ技術は、上に向かって伸びる「対流煙突」をつくって汚染された大気を吸い込み、自然に起こる場合よりも急速に、かつ高いところに汚染物質を拡散させるという。この装置は、巨大な家庭用空気清浄機のように、重い粒子の降下を促し、地表のオゾン形成を緩和すると、ハワードは説明した。

プロヴァクア・プロジェクトは、地球の水循環における自然の大気エネルギー・プロセスを制御し、方向を変えられるとされていた。ハワードによれば、雨を降らせるのに雲は必ずしも必要ないという。アースワイズ社が建設を提案した、電気の流れる高い塔から空へ昇っていくイオンは、空気中の水分に固着し、雲を生成し、徐々に穏やかな雨を降らせるはずだ。そのイオンはまた、メキシコ湾から新たな「大気中の水分の流れ」を引き寄せ、汚染を拡散させ、空気を新鮮にし、浄化するだろう。ハワードはさらに、ウェッブ郡行政委員会へのプレゼンテーションで、IOLAは「水蒸気の電荷を変化させ、それによって自然の水蒸気凝結のスピードを上げる」と説明した。アースワイズ社は、測定可能な雨量を最低でも一五〜二〇パーセント、最高で三〇〇パーセントまで増やすと申し出た[54]。色めき立ったウェッブ郡行政委員会委員長のラウル・カッソは、地元のKGNSテレビのインタビューを受け、社会は数世紀にわたって雨を降らせたいと望んできたが、いまやそれが可能になったと思うと述べた。「雨を降らせることは……人間の古くからの願望の一つでありつづけました……人びとは、水脈探索用の占い棒や占い師、雨の神、その他ありとあらゆるものを使い、雨を降らせようとしてきたのです。しかし、うまくいかなかった——ただし、いままではの話です」[55]。だが、ヒートウェーブ・バーラーは胡散臭さを感じていた。

ある夜の天気予報の終了間際に、ヒートウェーブはプロヴァクア・プロジェクトについて、自分はそれが効果を発揮することはありえないと言っているわけではなく、効果があるという証拠がないと言っているだけだと述べ、控え目に懸念を表明した。ヒートウェーブはカッソにインタビューし、プロジェクトに一二〇万ドルの税金を使うと決定する前に、郡行政委員会は誰か科学者の意見を求めたかとたずねた。カッソは当初、相談したさまざまな市民団体の名前を挙げたが、科学者の意見は求めなかったことを最終的に認めた。ヒートウェーブの疑問に対し（アースワイズ・テクノロジーズ社として仕事をしている）ハワードは一連の説明をもって応えた。ヒートウェーブはそのすべてが誤りであることを理路整然と暴いてみせた。

ヒートウェーブは、いまやこの問題の追及に全力をあげていた。みずからの番組を利用して、専門家の審査を受けた論文がないことや、郡行政委員会に提出された書類の不備をめぐる懸念を表明した。さらに、ずっと以前に活動したディレンフォースやハットフィールドと同じように、ハワードが自然に到来する雨期に雨を降らせようとしている点に興味を抱いた。アースワイズ社は一年間だけの降水測定に基づいて実験の成功を主張していた。だが、ヒートウェーブが強調したように、これは気象を扱う場合の評価期間としては短すぎた。年度や地域によって降雨量が桁違いに変動する場合はなおさらだ。ヒートウェーブの言葉を借りれば、コインを一回投げて、あとはどれだけ投げてもすべて一回目と同じ結果になるはずだと言っているようなものである。ヒートウェーブが、ほかの場所で行なわれた同様のプロジェクトが有効性の証明のないまま終わっていることを明らかにすると、アースワイズ社は、その手法については数多くの研究や論文があるが、残念ながらすべてロシア語であり、まだ翻訳されていないのだと答えた。ヒートウェーブはこの回答に驚いた。なぜなら、米国気象協会と世界気象機関という二つの組織に限っても、ともにロシアの気象学者と長い協力の歴史を持っており、報告や論文要約を翻訳発表して言葉の障壁を乗り越えてきたからだ。こうした状況のあまりのばかばかしさに、バドワイザー・ライトビールのCMをもじった「ダド（役立たず）・ライト」というパロディー広告が、地元のラジオ局で放送された。その大まかな内容は、魔法の力によって雨を降らせる機械がたった五〇〇万ドルで買えるが、取扱説明書はロシア語で、これまでほかの場所で試した結果はすべて失敗だったという保証書が付いているというものだった[56]。

二〇〇三年一二月、ウェッブ郡行政委員会は仰々しい会議を開き、ルイ・ブルーニ判事によるあきれるような資金拠出の積極的支持にもかかわらず、この大失策の幕を下ろした。判事の意見が郡の行政委員に否決されたのは、選挙民の圧倒的多数がそのプロジェクトを拒否していたからだった。これは、ヒートウェーブの追及に負うところが大きい。地元誌『ラレード』は、その会議の雰囲気を手短に伝えている。「最初のうちこそ表面的な礼儀正しさで取り繕われていたが、会議はすぐにどうでもいい出し物へと堕した——目に余る侮蔑、皮肉、言い逃れ、しかめ面、いくつかの欺瞞、横柄な発言、そして郡政府の部外者から見れば、民衆の指導者がこんなやり方で事業を進めているのかという不信感[57]」。謙虚なヒートウェーブ・バーラーはレインメイカーに立ち向かって打ち負かし、郡と区に数百万ドルを節約させ、さらなる財政悪化を防いだのである。

＊

作物を守るために雹を砲撃するとか、旱魃時に人工降雨を試みるといったことは、やけくそになった人びとによるやけくそその行為だとみなされるのが普通だ。しかし、文化的にも心理的にもそれとは別の側面がある。一つは、神の摂理を拡大するために何かを、また何でもやろうとする共同体の連帯意識。もう一つは、秘儀、けたたましい花火、ショーマンシップを携えて町にやってくるレインメイカー一行の純然たる娯楽としての価値だ。人びとは、繰り返しその両方を行なっている。つまり、祈りを捧げ、レインメイカーを雇っているのだ。チャールズ・ハットフィールドが、自然が生み出し、気象局が予報した湿った気団を利用して儲けたことは間違いない。ジョン・R・スティンゴとジョージ・サイクスは、気候学、賭け率の設定、複雑な装置を組み合わせ、信用詐欺を働いた。二人は、クリントン・B・ジュエルをはじめとする人びとと同じように、自分たちの秘密のテクニックを徹底して隠しつづけた。他方、フランク・メルバーンのように、自分の秘密を一種のフランチャイズ権として最高入札者に売って儲けた者もいた。

成功したペテン師に共通する特徴は、自然に降った雨を自分の手柄にして金銭的利益を得ようとすることだ。資本やビジネス・トレーニングは、皆無かそれに近くとも構わない。倫理的責任感や地域社会との長期的かかわりは邪魔かもしれない。最新テクノロジーの使用、その背景には深遠な知識があるとする奇妙にして神秘的な主張、さらには科学的呪文の朗誦なども役に立つようだ。

現役の気象学者たちは、人工降雨や雹への砲撃には一様に批判的だった。一八九五年、気象学者のアレクサンダー・マカディーはこう書いている。「現代のレインメイカーは、激しい振動によって雨を降らせようと、大気を叩いたり打ったりしている。無駄にタンクをたたいて水を流そうとしているせっかちな子供のようだと言っていいだろう[58]」。気象予報士のフォード・カーペンターがレインメイカーの手法を検証してみたところ、それが「物理法則を無視」しており、成功の裏付けも見込みもないことが明らかとなった。[59] コーネル大学学長デイヴィッド・スター・ジョーダンは、リスクも努力もなしで金持ちになろうというレインメイカーの試みを、「多雨文化の芸術」とこき下ろした。[60] ウィリアム・ジャクソン・ハンフリーズはその手の行為を「人工降雨計画の拡大と売り込みであり、旱魃でも決して枯れることのない作物」だと定義した。[61]

いまの世にもペテン師はいるのだろうか？　アーヴィング・P・クリックの会社に似た巨大な営利団体が存在するのは間違いない。こうした団体の望みは、迫りくる水不足、被害をもたらす嵐、気候変動などにまつわる科学的・社会的不安をダシにして儲けることだ。ラレードのプロヴアクア・プロジェクトは、わかりやすい一例である。炭素クレジットから利益を得ようとする、海洋の大規模な鉄肥沃化計画も頭に浮かぶ（第八章）。気象制御は現在、五つの大陸にまたがるおよそ四七の国々で、一五〇の実験的・実践的プログラムを通じて行なわれている。効果はどの程度あるのだろうか？　二〇〇二年、テキサス州農務局は人工降雨事業に二四〇万ドルを出資した。アメリカ西部では、農業、水保全、水力発電にかかわる企業が、全体の約三分の一にあたる地域で日常的に気象改変を行なっている。効果の程ははっきりしないが、やめるのが怖いのだ！

二〇〇三年、米国科学アカデミーは『気象改変研究の重要課題』という報告書を発表した。この研究は、前途に立ちはだかる社会的・環境的難題——水不足や旱魃、暴風雨による物的損害や人命の喪失など——を引き合いに出し、国内外における気象改変研究の新たな大型プログラムへの投資を正当化するものだった。こうしたプログラムは基本的に、自然に足りないものや自然の怒りに対して、エンジニアリングによる解決策を見いだそうとするものだ。報告書は「国際的な気象改変への取り組みの有効性に関する有力な科学的証拠」のないことは認めていたが、執筆者たちはこの分野への「新たなコミットメント」が必要だと信じていた。事実としては、気象改変が確実かつ制御可能な形で機能することは一度も証明されていないし、それは報告書でも認められている。「評価方法にはさまざまなものがあるが、一般的に言って、成功や失敗の有力な科学的証拠は見いだされていない」[62]。これは歴史を通じて真実だったし、こんにちでも依然として真実である。

二〇〇八年の夏季オリンピックの開催中、中国は人工的な降雨の促進や抑止に、どの国よりも多くの資金を投じた——だが、成果は実証されなかった。中国は農民砲兵団を養成してきた。彼らはハイテクを装備した中央気象局の支援を受け、水分を奪ったり凝結させたりするとされる科学薬品で、通過するすべての雲を砲撃する準備を整えている。大砲を使うという点に注目してほしい。いずれの時代であれ、天気や気候を支配しようとする人びとは最新の技術を活用する——爆発物、専売特許を持つ薬剤、電気や磁気を利用した装置など。二〇世紀の初めには航空機が、半ばにはレーダーやロケット工学が加わった。それ以降、気象にかかわるあらゆる新技術が、賛否両論ある気象制御の探究において提案され、実際に試されてきた[63]。莫大な資金が投じられたにもかかわらず成果がほとんどないことを考えると、世の中には想像以上にペテン師が跋扈(ばっこ)しているのかもしれない。

霧に煙る思考

霧とは地面につながれた雲である。
――アレクサンダー・マカディー『霧の支配』

人類史の大半の期間、少なくとも一九四四年まで、人間は視界を遮る霧や水蒸気の扱いに手を焼いていた。遠くから眺める分には、渓谷一帯に立ち込めていたり、天気のよい朝方に晴れていったりする自然の霧はまことに美しい。ところが、霧に閉じ込められた人にとって、ホワイトアウト〔吹雪や霧で視界が悪くなる状態〕はそれほどありがたいものではない。もちろん視界がきかなくて好都合な場合もある。ウェルギリウスの『アエネイス』では、女神ヴィーナスが息子アエネアスと連れを深い霧で包んで道中守ってやった。第一次世界大戦の際は、すさまじい大砲攻撃のあとの霧が「無言の威圧感を漂わせていたせいで……戦闘命令はすべて撤回され、無数の大砲の轟音に代わり、静けさがあたり一面を制した」[1]。霧が芝居の幕代わりに使われることもある。シェークスピアは天気を利用して、ハムレットが空を「汚れていて害をもたらす水蒸気の塊」と捉える際の精神状態を表現している。コールリッジの『老水夫行』の不運なアホウドリは最初、氷霧(ひょうむ)のなかから老水夫の前に姿を現す。ロンドンでは、無数の煙突から吐き出される煙が混ざった「黄色の濃霧」が出る。サー・アーサー・コナン・ドイルが『緋色の研究』で「焦げ茶色のとばり」と称したものは、ときに黄色、ときに茶色で、煙と水蒸気の有害な混合物だ。[2] 文学に登場する霧に対して実物の霧は、有害で不快なものであり、海運や航空といった日常の活動を妨げたり中断させたりするとみなされていた。

一八九九年、気象学者のクリーヴランド・アッベは、船に搭載する局地用消霧機を考案した。航海を支援したり、場合によっては降雨量を増やしたりするためのものだ。チューグリン消霧機という名称だった。霧が立ち込めたとき、航海士が、端にマスケット銃型の継手（フランジ）のついた直径三インチ（約七・五センチ）のパイプにエンジンからの暖気を流し、「霧に穴を開け」て雨を降らせ、前方の視程数百フィートをクリアにして衝突を避けるのだという。[3] アッベは、パイプを垂直にすれば霧の水蒸気を凝結させて雨を降らせることも可能だと説明した。そうすれば、カリフォルニア沿岸部で農業に使える。気象学者のアレクサンダー・マカディーによれば、一九二九年三月に、それまでの二〇年間で最も執拗な深い煙霧がニューヨーク市一帯を覆い、大西洋路線の定期船が出航できなくなった。交易は停止、通勤客は数日間足止めを食った。商用航空と軍用航空が発展すると、霧による脆弱性や制約を克服したいという操縦士の願望（そして実際の必要性）が、霧を追い払う試みを推進する原動力となった。一九二五年から五〇年にかけて考案された電気的、物理的、化学的消霧法には、L・フランシス・ウォーレンとその仲間による電気砂を使った試み、ヘンリー・ホートンによる化学物質をスプレーする実験、第二次世界大戦時の消霧バーナーを使用したファイドー作戦がある。どれも航空安全の確保が目的であり、軍も関心を寄せる方法だった。

電気的方法

ベンジャミン・フランクリンの時代から、気象プロセスにおける大気電気の役割――降雨を刺激する役割があるとか、霧を晴らす役割を担えるなどとされていた――については活発な研究が行なわれていた。一九世紀初めには、地方地誌学者のジョン・ウィリアムズが大気に電気を流してイギリスの大気を除湿する方法を提案した。個人的で、政治的で、また科学的とも言えそうな理由から、彼はイギリスの気候の変化は一七七〇年あたりから目立つようになったと語った。春と夏は雲りがちで湿気が増して寒くなり、逆に冬は暖かくなった。ウィリアムズはこうした移り変わりの原因を、「イギリスの地表に与えられた人為的な変化」だとした。森林伐採、運河建設、土地の囲い込み――こうした活動の影響が一つになると、大気中に放出される水蒸気が増え、人間の健康や農業に悪影響を及ぼすようになる。ウィリアムズによれば、このような物理的な変化のそもそもの原因は、アメリカ独立革命、穀物価格の暴騰、労働と農業に課された重税といった政治経済の変化にあるという。これはウィリアムズの個人的な不安とイギリス全土を覆っていた不穏な空気から生じた見方だった。彼はこの新しい「不快な季節」は、州当たり二基の電動風車を建設すれば改善できると述べた。巨大な回転式シリンダーが帯電した余分な水分を大気中に拡散させる。すると、新たに帯電した大気が霧を一掃し、雨雲を消滅させるとウィリアムズは考えた。電動風車は結局実現しなかった。イギリス人は湿度が高く曇りがちな天気にいまも悪態をつき、「独特の天気」の原因究明と改善策を議論しているが、はっきりとした答えは出ていない。(4)

一八三〇年代、アメリカの化学者でペンシルヴェニア大学教授のロバート・ヘアは、嵐の電気学的理論を発表した。彼は、大気は莫大な正反対の電荷（天と地）を帯びたライデン瓶（ガラス瓶の表面と内側に金属を貼った電気を蓄える装置）のように振る舞うと考えた。雲は、天と地の媒介の役割を果たし、静電場の導体球のように浮かんでいる。電気的な均衡が破られると、大気は重力に対抗するように振る舞う。その結果、圧力は局地的に減少し、内向きの気流と外向きの気流がぶつかりあって、雨、雹(ひょう)、雷、稲妻、極端な場合には竜巻が発生する。ヘアは、大気中の「対流による放電」を新たに発見したと主張した。その放電は嵐の原動力となり、フランクリンが落雷時に発見した、かの有名な伝導による放電を補完するものだとされた。(5)

一八八四年、イギリスの物理学者オリヴァー・ロッジは、静電気製造装置からの放電によって煙や埃(ほこり)が凝集して降下することを実証し、こう語った。「自然界の降雨が人工的な力を借りてはいけない理由があるだろうか(6)」。大規模な実験でロッジは、煙を充満させた部屋から煙を除去し、電気が微小な雲粒の合体を促して「霧雨」に変化させることを発見した。彼は、ロンドンの霧を晴らし、工業活動や都市が吐き出した煙の害を減らすのは「困難だが、ひょっとしたら不可能ではないかもしれない」と述べた。これは、北極海航海、南極大陸探検、エヴェレスト山登攀(とうはん)、熱帯病根絶にも匹敵する崇高な目標だという。ロッジは見込みは明るいと考えており、大気の制御は「いまは無理でも後世で」取り組まれるはずだと思っていた。しかし、この技術を屋外で応用するとなると話は別だった。物理学者は「気象学者が踏むを怖れるところに飛び込む」性向がある、とロッジは認めている。こうして、雲を制御したがる者たちが、雨を降らせ、霧を消散させようとする際に、手持ちのツールに電気を付け加えるお膳立てが整った。

帯電した砂

ロッジの説に基づき、一九一八年にオーストラリア・メルボルンのジョン・グレーム・バルシリにアメリカの特許が与えられた。対象となったのは「大気中に含まれる水の粒子の合体によって雨を降らせるプロセスと装置」である。[7] バルシリは、「適切な光線の放射によって」大量の空気をイオン化し、雲の電荷の極性を転換すれば、雲が相互に引きつけあって、人工的な雨が降ると主張した。概念図によると、その装置は地上の送電機器につながったひと連なりの風船もしくは凧(たこ)でできている。彼の特許では、空に浮かんだ管から発せられたエックス線が、金属でコーティングされた風船に反射して、周囲の空気をイオン化するとされていた。謎めいたエックス線が肉を透過して骨を見られるようになっていた時代だから、雨を降らせる光線銃もまもなく開発されるものと思われた。バルシリの風船には三二万ボルトもの電圧がかけられていて――少なくとも彼はそう言っていた――イオン化は、それぞれの風船もしくは凧から優に二〇〇フィート(約六〇メートル)から三〇〇フィート離れた範囲にまで及ぶ。こうした風船や凧は、嵐になりそうなときは(大小はあれど)編隊を組んで浮かぶ。とはいえ、この特許が発明者の途方もない空想以上のものだという証拠はどこにもなかった――L・フランシス・ウォーレンとその仲間に与えた影響を除いては。

第一ラウンド——デイトン

一九二三年二月一二日、『ニューヨーク・タイムズ』紙にこんな見出しが躍った。「飛行機が帯電した砂で雨を連れてくる」。話そのものはひどくがっかりする内容だった。一九二一年から二三年にかけて、オハイオ州デイトンのマクック飛行場で行なわれた現地実験で、帯電した砂は雲を分解できるし、霧を消散させて雨を降らせる日がくるかもしれないことがわかったという。この実験を考えついたのは、自称独学の発明家兼夢想家のルーク・フランシス・ウォーレン(一九三〇年が活動の最盛期)だった。彼はしょっちゅう自分の肩書きを「ハーヴァード大学のウォーレン博士」と偽っていた。信用と資金を提供していたのはワイルダー・D・バンクロフト(一八六七―一九五三)だ。コーネル大学教授で安定した地位にいたが、何かと話題の多い人物だった。技術面で力を貸したのは、ハーヴァード大学の電気物理学者エモリー・レオン・チャフィー(一八八五―一九七五)である。アメリカ陸軍航空部が航空設備を提供した(ついでに箔もつけてくれた)。都市、港湾、飛行場に雨を降らせ、霧を追い払うという願望だけでも壮大なのに、宣伝はそれを上回る壮大さだった。ウォーレンについてはほとんど何も知られていない。残っているのは報道記事が数件だけだ。しかし、彼の物語はコーネル大学が所有するバンクロフト文書を通じて知ることができる。

ワイルダー・D・バンクロフトは、著名な歴史家にして政治家のジョージ・バンクロフトの孫で、偉業をなしとげるよう期待されていた。ドイツはライプツィヒでヴィルヘルム・オストヴァルトに、オランダはアムステルダムでJ・H・ヴァントホフに師事して物理化学を学び、一八九五年からコーネル大学で教鞭をとった。バンクロフトは化学よりも文筆の才に恵まれていたようだ。学生も、バンクロフトの実験の腕前より彼の上品な物腰と機知に引かれた。バンクロフトはその文筆の才を、創刊されたばかりの『物理化学ジャーナル』で遺憾なく発揮し、三七年間編集を担当した。第一次大戦時は化学戦部隊に所属し、その歴史を書いた。第一次大戦後は米国学術研究会議の化学部門のトップを務め、コーネル大学に復帰するとコロイド化学の研究に取り組んだ。コロイド化学は、懸濁(けんだく)物質中の分散した微細な粒子に関する化学物理学であり、懸濁物質とはインク、ワイン、牛乳、煙、霧などの複合的な流体のことだ。霧、とくに霧の消散について考えたことが、気象制御という議論かまびすしい分野にバンクロフトが足を踏み入れるきっかけだった。実験室における実験で電場が煙と霧を消散できたのであれば、自然のなかでもできないことはないのではないか?

当時、バンクロフトは、彼の有機化学の説明が明瞭さに欠けること、量子力学の新しい物理学的意味をほとんど見逃していたことで専門家から批判を受けていた。彼は順調ではない専門誌を、新しいアイディアの採用ではなく外交と資金集めによって、潰さないようにすることで忙しかった。バンクロフトにとっては、アイディアを外部に売り込むことが重要だった。彼はかつてこう言ったことがある。「偉大な発見とは世界がまだ受け入れ準備ができていないものだろうから……偉大な科学者は本来、超やり手のセールスマンであるべきだ」。しかし気象制御では、彼は投資家兼応援者として脇に回ることにして、仲間のウォーレンがプロジェクトの推進者として、そして超やり手のセールスマンとはいかないまでも実務的な「レインメイカー」として前に出るに任せた。気象制御の分野で飛行機が新たな一時代を切り拓いていたので、一九二〇年、バンクロフトはウォーレンにこう手紙を書いた。「下から雲をスプレーして雨を降らすのには、仰天するような費用がかかるだろう。しかし、上から雲をスプレーすれば満足のいく結果が出る可能性はきわめて高い[8]」

　このアイディアを実行に移すため、ウォーレンはワシントンでロビー活動を行ない、バンクロフトの金を使って「空軍の有力者たち」とランチやディナーをともにした。当初、陸軍は飛行場での電気的測定を申し出ていただけだった。ゼネラル・エレクトリック社（ＧＥ）は電気設備の提供に興味を示していた。第一次世界大戦時に陸軍通信隊で気象を担当したウィリアム・ブレア少佐が飛行機を供与してくれた。ロビー活動がもたらす可能性は計り知れなかった。ウォーレンはバンクロフトに手紙を書いて、即座に行動を起こさないと「私はひたすら娯楽に興じ、『新しい仲間』と曲乗り飛行を見に行かなければならなくなります。もっとも、彼らみんなが好きだし、私は誰にでも甘い性分なので、懸念しているのは深刻なトラブルではなく、ちょっとした不都合な事態にすぎません。このままではやがて、故郷から遠く離れた場所で、金（主にバンクロフトの金）にあかせて浮かれ騒ぐしかなくなるでしょうから」と訴えた。週末のあいだワシントンに引き留められたウォーレンは、とりうる行動のリストを挙げて手紙を締めくくった。「ラングレー飛行場で空中飛行ショーを見る、日曜日に子供たちと公園で遊ぶ、レストランで帽子をかぶった女の子といちゃつく」[9]

彼のロビー活動は最終的に実を結び、陸軍は初期の実地試験に資金を提供した。一九二一年夏、ウォーレンは電気的な作業をやってもらうために、ハーヴァード大学クラフト高圧研究所の物理学者チャフィーと契約を結んだ。チャフィーは小さな粒子に高圧電気をかける理論的根拠を検討し、飛行機のモーターを動かす発電機をつくり、砂を撒き散らす最良の方法を考案した。彼が選んだ方法は、電圧を加えられたノズルとプロペラの後流を利用するものだった。[10]ウォーレンは九月七日にデイトンに到着し、飛行機への機器の取り付けに着手した。陸軍はチャフィーを日当二五ドルおよび経費で雇ったが、ウォーレンは自分の事業の権利を守るために陸軍から給与をもらわないことにした。彼は当時、複数の国際特許を出願している最中だった。陸軍航空部は飛行機二機を提供し、操縦士、機上偵察員、車と運転手、速記者、調整担当士官のT・H・ベイン少佐を派遣した。しかし、万事順調というわけにはいかなかった。債権者への支払いが遅れ、ウォーレンは例のごとくバンクロフトに手紙で泣きついて「このごたごたから脱け出すのに手を貸してもらいたい」と金銭的援助を頼んだ。彼の計画では「ほかとは離れた雲の上に行って小糠雨を降らせるよう試みるつもりです。一〇日以内に成功すると思います」ということだった。[11]

この「曲乗り飛行」(とても実験と呼べる代物ではなかった)では、雲の上を飛んでいるラ・ペール型飛行機が、機上に搭載された風力発電機によって約一万ボルトの電気を帯びた砂を撒いた。帯電した砂はマスケット銃型のノズルから放出され(図4・1)、プロペラによって広範囲にわたって撒き散らされた。ときに、ごくまれに、この空中「攻撃」が、晴天時に特有の積雲に穴を開けたり、積雲を完全に消滅させたりすることがあった。このプロジェクトの公言されていた目標は、飛行場の霧を晴らして雨を降らせることだったが、低空にできる層雲や雨雲では実験は行なわれなかった。飛行士の腕前を派手に披露した以外は（プロペラの後流だけで、雲が周囲の乾燥した大気と混ざって消散することは当時もわかっていた）、帯電した砂を使った手法がどう作用するのかは、誰にもわからなかった。

ウォーレンは、実験室における煙除去の小規模な実演について曖昧に語りながら、帯電した砂の粒子は「気団〔広範囲にわたり、気温や水蒸気量がほぼ一様な空気の塊〕の中で自由に動いている電子」を加速させる効果があるなどと技術的なでたらめを並べ、「それぞれの電子に一定数の分子がくっついてガスイオンとなり、そこで水蒸気が凝結して雲の粒子になる」[12]という自説を報道陣と支援者に披露した（しかし決して論文としては発表しなかった）。彼は、自分の手法が「いわゆるトリガー作用を誘発し、雲の電荷を静的状態から動的状態へと変化させる。高電荷で運動している嵐のごく一部に数ポンドの塵を撒くだけで、この動的状態が曇った領域全体に急速に拡散したり通過したりして、湿球温度計の条件が乾燥した地域に好適な場合に雨を降らせる」と主張した。発電機の極性を転換すれば、このプロセス全体をひっくり返し、「雲を貫く大きな穴を……ほんの一瞬で」開けられるとも言った。もちろん、これはまったくのたわごとで、雨を降らせると豪語する大ぼら吹きの科学的根拠のない主張に等しい。なぜ好天時の雲にしか対応しないのかと問われると、ウォーレンはデイトンには実験にうってつけの霧がないこと、雨雲の中の飛行は危険であることを挙げた。というのも、どの雲も「非常に電荷が高く、操縦士と機体を事故から守る安全措置が取られなければ、高圧の雲を相手にするのは安全とは考えられない」からだという。

マクック飛行場で働いていた操縦士の草分け、オーヴィル・ライト（アメリカの飛行家ライト兄弟の弟）は、テスト飛行を一度オフィスから見ていて『ニューヨーク・タイムズ』紙に電報を打ち、操縦士は一〇分で積雲を細かく引き裂いたが、雨は降らなかったと証言した。「この実験に必要な気象学やほかの学問の知識に乏しいので、実験の実際的な価値や、実験から引き出せる可能性について、私が意見を述べているとは思わないでほしい[13]」。海軍司令官のカール・F・スミスも実験を見ていた。スミスのメモ「人工降雨専門家、ウォーレン博士」にはこうある。一観察者として自分は「騙されていないし、依然として懐疑的だ」が、操縦士のテクニックで雲が真っ二つになった光景は「掛け値なしに超自然的だった[14]」。軍事用に使えるのは明らかだった。スミスは、霧を消散させたり雲に穴を開けたりして飛行条件を改善し、大きな雲堤（うんてい）を楯にしつつ敵を爆撃する特別な「障害物除去機」を思い描いていた。完全に納得したわけではなかったが、ウォーレンの技術は「実に重要」なので、あと数回テストしたのちに、アメリカ海軍航空局がそれを特許局に持ち込むか、直接ウォーレンの権利を買い取って軍事目的で保有することをもくろんでいた。それに同意

図4・1　消霧装置。1万ボルトの電圧の砂がノズルから噴射されている（National Archives Photo）。

図4・2　「お好みで雨降らせます」。帯電した砂を利用した降雨法の用途を予想した風刺画（1923年2月15日付『ニューヨーク・ワールド』紙に掲載されたアル・フルーの漫画。バンクロフト文書）。

していればウォーレンはひと儲けできただろう。ところがウォーレンは権利を売らず、即座にA・R社（「人工降雨（アーティフィシャル・レイン）」の略）を設立して、バンクロフトに対して一株当たり五ドルで一〇〇〇株を発行した。また、特許局に「大気中の水蒸気を凝縮、結合させ、雨を降らせる」技術で特許を申請した。(15)

この話がはじめに新聞で報道されると、漫画家たちはすぐに仕事にとりかかった。『ニューヨーク・ワールド』紙に掲載された漫画では、こんなふうに空想されている。この技術は、日曜日の野球を中止にしたいとき、恋敵の新品の帽子を使いものにならなくしたいとき、火事を消したいとき、パレードを妨害したいとき、雨傘を売りたいときに使える、と（図4・2）。

初めての報道から一カ月後の一九二三年三月、米国気象局の司書で気象についての著作が広く読まれていたチャールズ・フィッツヒュー・タルマンは、気象学者はデイトンでの実験結果を依然信じていないと語った。(16) 気象局のプレスリリースで、ウィリアム・ジャクソン・ハンフリーズ

図4・3　「ザ・レインメイカーズ」――「ノアよ、誰かがやる前に、とっとと空に上がって10エーカーの畑の上を覆っている雲を引き裂いてくれ。だがな、家庭の平和のためにも、かみさんの洗濯の邪魔はしてくれるなよ」（『ライフ』1923年4月5日号）

図4・4　雲をつくって雨を降らせるために科学者が提案する方法。「最初の飛行機が火花を散らすアンテナを引き、放電し、煤と水蒸気を含んだ空気を雲へと凝結させる。後ろの飛行機が帯電した砂を撒いてこの雲を雨に変える」（マヌス・マクファーデン「人工降雨の謎は解けるか」『ポピュラー・サイエンス・マンスリー』1923年５月号）

は、膨大な大気の前では取るに足らない人工降雨専門家の試みなど「まったく不毛だ」と断じた。ハンフリーズはバンクロフトとウォーレンの技術を初期の人工降雨の大家の技術と比較した。「大学教授と彼の友人の飛行家がオハイオ州クリーヴランドで試した、飛行機で電気砂を雲めがけて降らせるというアイディアは、絵になるし有望ではあるが、商業的な規模には至らないだろう[17]」。大気中に作用している巨大な力を考えれば、作物が育たない地域の農家はいわゆる降雨装置にこつこつ貯めた金を費やしてはいけないと、ハンフリーズは警告した。「気象学者、農民、雨傘のセールスマンが長年夢見ている自由自在に雨を降らせる技術は、いまなおうつろな幻想だ[18]」。これを受けて、バンクロフトはこう書いている。「気象局と言い合っても無駄だ。結果が出れば、それがおのずとすべてを語るだろう[19]」。ある漫画家は、ハイテクがもたらす可能性と農家の暮らしのあいだの緊張関係を捉えて作品を描いた。そこでは、白髪まじりの年長の男性が両方の世界を代表している（図4・3）。

『ポピュラー・サイエンス・マンスリー』誌一九二三年五月号は、ウォーレンとバンクロフトの実演を取り上げ、こう煽りたてた。「考えてみてほしい。好きなときに雨が降り、好きなときに太陽が照る。ピッツバーグがロサンジェルスの天気になり、西部の乾燥した砂漠地帯に四月の雨が降る。人間が空を支配し、好きなように天気を変えられる[20]」。イラストでは、帯電した飛行機が都市を覆うスモッグを人工的な雲に変え、後ろの飛行機が雨を降らせて雲を除去している（図4・4）。

ウォーレンは、この技術が実用化される日はもうそこまで来ている主張した。都市から煙を一掃する、ロンドンの霧を晴らす、海戦を中断させる、農民に恵みの雨を降らせる、などといったことができるのだ。彼が説明したように、砂と雨を降らせることで発生した電気が今度は隣の雲から雨を降らせるというふうに、空全体が長いヒューズのように作用して、広範囲で雨が降る。バンクロフトはそれまでずっとウォーレンを支援してきたものの、同時に費用のことがいつも頭から離れず、この説明も疑っていた。活動の果てに待ち構えているおそれがある訴訟を懸念して、実地試験は都市上空ではなく、大西洋上空で実施するよう助言した。事故防止にもなるし、海上の霧で実験するよい機会にもなるからだ。

第二ラウンド――アバディーンとボーリング

一九二三年三月、政府内の支援者に連絡を取りやすいようにと、ウォーレンはテスト飛行の場をメリーランド州ボルティモア北東のチェサピーク湾にあるアバディーン実験場に移した。そこは悪くはないが理想的な場所ではなかった。飛行場の三分の一ほどしかテスト飛行に使えなかったのだ。陸軍の射撃練習が最優先だったからである。機械工場もその他の製造施設もなかったため、ウォーレンは商用変圧器を購入したが、飛行機に載せるには重すぎたし、当初の予算をオーバーしていた。それ以外の遅延の原因は、働き手の問題、慢性的な資金不足、過剰な官僚主義などにあった。

もがいたり後退したりしながら一年余りが過ぎたのちの一九二四年七月八日、ウォーレンの機器を載せた飛行機はアバディーンを出発し、サスケハナ川河口上空で激しい雷雨に遭遇した。二人の操縦士はこう報告している。「(負の電気を帯びた一〇ポンド〔四・五キロ〕の砂を) 降らせると、すぐに稲妻も雷もやみ、ごく局地的にではあるが一時間にわたって小雨が降った」[21]。ウォーレンはこの結果は決して偶然ではなく、飛行機が干渉したために嵐の電気的な均衡が崩れたからだと主張した。ロビー活動はさらに熱を帯びた。一九二四年一〇月三〇日、帯電した砂を噴射する装置を搭載した飛行機が二機、ワシントン上空でデモ飛行を実施した。ウォーレンは、飛行機がワシントン上空の雲を「攻撃する」のを閣僚と議員に「観察」していただきたいと、カルヴィン・クーリッジ大統領にメッセージを送った。観察者によるデモ飛行の記録は残っていないが、ウォーレンはこう書き残している。「何事も起こらず、惨敗だった」。とはいえ、ウォーレンは落胆はしたが挫(くじ)けることなく、さらにワシントンに近いボーリング飛行場に作戦の場を移した。それから一カ月もしないうちに、『タイム』誌はワシントン上空で実施された砂を降らせる一連の作戦の成功を報じた。L・I・イーグル大尉とW・E・メルヴィル中尉が、デ・ハヴィランド社製飛行機を高度一万三〇〇〇フィート(約四〇〇〇メートル)まで上昇させ、そこから帯電した砂を集中的に撒いて、空に連なって浮かんでいる積雲を「撃墜」した。飛行機が上空を旋回すると雲に裂け目が広がった。「奇跡だ!」と見ていた数人が歓声をあげた[22]。とはいえ、ウォーレンは雲を引き裂きはしたが、まだ霧を晴らしても雨を降らせてもいなかった。好意的な報道はあったが、ウォーレンと彼の会社であるA・R社は発明で一銭も儲けておらず、バンクロフトは依然として小切手を切りつづけていた。

第三ラウンド——ハートフォード

経費の節減と自宅近くに移るという理由で、ウォーレンは一九二五年に作戦の場を三たび移動した。今度はコネチカット州ハートフォードの公営飛行場だ。好天時の雲を引き裂くというちっぽけな成功をもとに——それまでの六年間の戦績は成功四三回、失敗二六回だった——彼は再び陸軍、海軍、郵便局に研究への支援を要請した。ウォーレンは、雲の真上まで行ける性能のよい飛行機を自由に使わせてもらいたいと訴えた。「飛行機がつけた深い切り込みの断面に太陽の光がふんだんに降り注いで……砂の電気的作用が……太陽光線の放射エネルギーによって何倍にも強化され、活性化されるようにするため」だという[23]。陸軍と海軍は一万五〇〇〇ドルの研究費と操縦士数人を提供したが、新型飛行機も機器も供与しなかった。ずいぶんな仕打ちだとウォーレンは思った。

アレクサンダー・マカディーはハートフォードのテスト飛行の場で、飛行機が搭載した装置によって雲を「8の字」型に切り抜いたのを観察していた。GEがドライアイスを使って同じような試みを成功させる二〇年ほど前のことだ[24]。ウォーレンはすぐさま実験は成功したと宣言した。バンクロフトに電報を打って「二つの小さい雲から詰めものをたたき落とした[25]」と伝えたが、これは別にニュースでも何でもなかった。五年前にも同じことを言ったのだから。研究費が底をつきそうになったので、ウォーレンは一〇月に報道陣に向かって「ここでの作業は完了しました……飛行機を利用して雨を降らせる方法に関する理論をきちんと立証できたので、現在は装置を完全なものにしている状態です[26]」と発表した。しかし、「なすべき作業は山ほどあります」と付け加えるのも忘れなかった。ウォーレンは、雲退治のテスト飛行のあとの大気は「なんとも形容しがたい気味の悪い様子だった。高い圧力がかかると油溶性ガスが逃げていくように、活発に動いているというか、急に蒸気が大気をかけめぐって攪拌(かくはん)したかと思うとさっと蒸発した[27]」と認めた。それまで熱狂的だった報道陣は、次第に疑いの目で見るようになっていた。ウォーレンは、報道される内容が非現実めいてしまうのを恐れた。「魔女やまじない師の話と同じにされないよう、偽りは暴かれなければならない」。これは、自分の怪しげなアイディアは暴かれなければならないと言ったも同然だった。現在に至るまで、世界が下している判決は「証拠不十分」なのである。

「人工降雨」というビジネス

根っからのビジネスマンだったウォーレンは、自分の業績、苛だち、夢を『事実と計画——人工降雨　霧と放射飛行機』(一九二八)というパンフレットにまとめた。優れた高圧技術によって「降雨技術が完成したら、生産性が上がって生活費が減り、富と繁栄は『貪欲な者さえ夢想だにしない』規模に達するだろう。それもわが国だけでなく、世界全体で」と記した。これ以上軍の支援も見込めそうにないため、どうやらウォーレンは、夢を実現するには民間から資金を調達せざるをえなくなったようだ。しかし、その時点で投資者はバンクロフトだけだった。ウォーレンの事業計画(もしくは構想)に含まれていたのは、大気汚染をなくし、旱魃(かんばつ)を救い、森林火災を消火する飛行機隊だった。顧客候補は都市、農家、政府団体、鉄道会社、汽船会社だ。ロンドン商工会議所は、濃霧を晴らすためにロンドンが負担しなければならないコストを一日一〇〇万ポンドと見積もった（そしてウォーレンは一日で霧を晴らすと約束した）。このような契約を請け負うために、彼はウォーレン社を設立すると言い出し、一株八ドルで一〇〇万株発行して会社を設立した。飛行機四機、助手二名、機械工場、実験室というのがその陣容だった。「ウォーレンと助手二名は一年以上、ほかのことをすべて投げ打ち、目の前の作業にすべての時間を費やし、満足のいく仕事ができるようになるまで、会社からは給与も経費もいっさいもらわなかった」

　さらに先を見据え、ウォーレンは一〇万ボルトもの電気を帯びた金属製の放射（イオン化）飛行機をつくれないものかと、冷静に考えるようになっていた。この飛行機は、イギリス人化学者・物理学者のサー・ウィリアム・クルックスが「放射性物体」の第四の状態と称したものに作用すると、彼は書いている。「このような放射飛行機が、放射性物体に接するや否や水蒸気を分解すると、オゾン……水素、窒素、ヘリウム、アルゴン、ネオン、クリプトン、キセノン等が生成されるか、もしくは不活性の希ガスが電気放射によって強制的に除去される」。この飛行機はみずから部分的な真空をつくりだすことによって、「飛翔による抵抗を最低限に抑え」、飛行速度の新記録を打ち立てるだろう。まったく、空想はとどまるところを知らないものだ！　ところがそれだけではない。ウォーレンによれば、この飛行機は電気によって除氷されるので、悪天候でも飛べるし、オゾンを回収して「エンジンと搭乗者のために」機上で利用できるという。放射飛行機は、「烈風、嵐、トルネード、サイクロンなどの摩擦作用を含め」自然界のあらゆるものを駆逐し、消滅させる。どれほど寒く冷たい環境でも、どんな高さでも飛べるだけでなく、燃費がよく、かなりスピードも出る。空気抵抗がないため、飛行機は浮力を増し、十分帯電した空気をクッションにして飛ぶ。「あらゆる自然界の攻撃を免れるため」飛行機の扱いも制御も楽になる。ウォーレンの『事実と計画』の表紙には「極秘、一般閲覧不可」と記されていた。バンクロフトが持っていた『事実と計画』の表紙の内側には、著者自身の献辞がある。「他者への公開はご無用に願います。予期せぬ展開に絶大の自信をもってお送りします。ご心配は無用です」

だが、バンクロフトは心配だった。もうウォーレンを信じていなかった。熱意にあふれた相棒は、自分の置かれた状況を（モールス符号を考案したモールス、電話を発明したベル、無線電信を発明したマルコーニといった）偉大な発明家の苦難に好んでなぞらえていたが、よく計画の遅れを他人のせいにした。自分の欠点を、機器、雇い人、政府の官僚主義、自分の体の弱さ、挙句の果てには軍部間の競合意識のせいにした。それでも自説は一度として疑わなかった。バンクロフトは霧を晴らし、雨を降らせるプロジェクトに莫大な財産を注ぎ込んだが、八年経っても大した成果は上がっていなかった。強いて言えば、雲退治の小規模なデモンストレーション、ウォーレンの約束、紙くず同然の株だけだ。一九二七年、バンクロフトは損切りする潮時だと決断を下した。損失はとんでもない額に達していた。噂では、投資に回すために、祖父の代から伝わるリンカーン大統領のゲティスバーグ演説の草稿まで売ったそうだ。ウォーレンは、バンクロフトが手を引くと聞いてショックを隠せず、落胆もした。だが、その後逆襲に出ると、はるか昔のデイトンの実験について回想し、当時バンクロフトはよそよそしく見下した態度だったので、「益よりも害のほうが大きかった」と言い放った。一九二九年二月まではウォーレンもまだ粘って、支援してくれるよう航空業界の大物を説得したり、新しい会社の株を発行しようとしたり、あきれたことにまたバンクロフトから金を引き出そうとしたりした記録が残っている。[28] そこから消息は途絶えた。おそらくは株式市場の暴落が原因だろう。しかし、バンクロフト文書には、このプロジェクトとそれ以外の冒険的企てについて、伝記が書けるほどの資料が揃っている。一九三八年、大学卒業五〇周年記念の際、バンクロフトはハーヴァード大学のクラスメイトにこう書き送った。「これまでの生涯のあらゆる局面で少数派の道を選んできたため、たいていの人にとって私の研究は説得力を欠くように思えるだろう。公然と異端なアイディアばかり扱っていたここ一〇年で、状況はさらに悪くなった。いまや私はさらに多くの人を苛つかせているからだ[29]」。帯電した砂の話に加え、人間の神経系をコロイド化学の観点から解明できないだろうかという脱線や、麻酔に関する彼の理論をめぐる医学界からの疑問の声を指しているのだろう。被毒、薬物依存、アルコール中毒、精神異常を一般化学の観点から説明しようと試みたこともあったが、下手な(不道徳だという人もいた)人体実験のせいで、より大きな研究団体と真正面から衝突してしまい、彼は科学的な名声を失った。帯電した砂だけで話は終わらなかったのである。

マサチューセッツ工科大学による霧の研究

「霧の消散はいかれた発明家の興味を引きつけたが、真面目で有能な研究者の心を奪いもした。そのため、港湾からも飛行場からも霧を一掃するという空想ともいうべき壮大なアイディアは、依然として存在する。その事業の規模は、物理的実体としての霧に関する事実データがないこともあり、常識にとらわれない山っ気のある発明家の心をつかむと同時に慎重な研究者の頭を悩ませた[30]」。一九三八年にこの文章を書いたエドワード・L・ボウルズは、マサチューセッツ州ダートマスにあるマサチューセッツ工科大学（MIT）ラウンドヒル研究部門の長で、同研究所の霧研究の責任者だった。

MITの気象学者ヘンリー・ギャレット・ホートン・ジュニア（一九〇五―八七）が、霧の研究に携わる「慎重な研究者」を自任していたのは間違いないし、ウォーレンのことを「山っ気のある発明家」だと思っていたのも確かである。当時は、降水形成にかかわる理論的プロセス――ヴェーゲナー‐ベルシェロン‐フィンダイセンの氷晶生成プロセス（冷たい雲の場合）、あるいは衝突‐併合プロセス（暖かい雲の場合）――が定義されたばかりだった。一九三五年、ドイツの気象学者、アルフレート・ヴェーゲナーがなしとげた研究の基礎に取り組んでいたノルウェイの気象学者トール・ベルシェロンは、ある仮説を立てた。氷と水滴の両方を含んでいる雲の中で氷晶が成長すると雨が降る、というものだ。三年後、ドイツの気象学者、ヴァルター・フィンダイセンがベルシェロンの考え方を明確にして拡大した[31]。霧を晴らすカギはこのプロセスを逆転させることにあるように思えた。

一九三八年、ホートンと同僚のW・H・ラドフォードは、霧を消散させるさまざまな方法を調べ、物理学的方法、熱学的方法、化学的方法の三種類に分類した。彼の報告の概要は次のとおりだ。

■物理学的方法

飛行場の霧を晴らす想像力に富んだ方法の一つに、滑走路の下に強力な扇風機と通風管を設置して新鮮な空気を循環させるというものがある。しかし、飛行場が大きな霧堤（むてい）に包まれていて、扇風機を回しても湿った空気しか循環しないなら、この方法は機能しない。ひと揃いの整流板を使って空気の流れのスピードを落とし、板と接する水蒸気を凝結させるという方法も考えられたが、そんな装置は巨大で、非効率的で、非現実的なものとなりそうだ。

高音波はどうだろうか？　実験では、空気から煙と塵が除去されることが実証されていた。その理屈は、音が生み出したエネルギーが密閉された狭い空間の壁に反響し、それによって空中の浮遊物が沈殿するというものだった。しかし、飛行場は実験室と違って密閉空間ではない。自由大気中の霧の粒子は、煙や塵の粒子よりずっと大きいし、霧が立ち込めるたびに飛行機の利用客や飛行場の近隣住民を高音波にさらすのは、彼らにとって迷惑だし危険でもある。

それなら電気はどうだろうか？　霧や雲の上から帯電した砂を撒くというウォーレンの手法を使えば、理論的には、雲の中の水滴は凝結するはずだ。しかし実際には、現実面の問題が多々あり、ごく限られた成果しかあがらなかった。代わりに帯電した水滴をスプレーするのも効果がありそうだが、実際にはさらに霧がひどくなるだけだ。煙、塵、産業用ガスから生じる煙霧の除去に長年利用されていた電気集塵（しゅうじん）機も霧の除去に転用できるが、中規模の飛行場で地面から三二フィート（約一〇メートル）ほどの高さに吊り上げられた巨大な板が必要となり、板と地面の間に六〇〇万ボルトもの電圧差が発生するおそれがある。この装置をショートさせてしまったら、人であれ物であれ悲惨な末路をたどることになる！

■熱学的方法

当時、燃料を燃やして（詳細は後述）大気に直接熱を供給するのが、霧を晴らす簡単な方法だということは広く知られていた。しかし、この方法は膨大なエネルギーを必要とした。水の蒸発時の潜熱〔物質の状態が変化するときに温度の変化を伴わずに吸収または放出される熱〕は非常に大きいからだ。装置（直火、電気格子、空気か蒸気の噴射）が大きくなり取り扱いも面倒なので、おそらく飛行場では危険な障害物扱いをされるだろう。赤外線放射の選択吸収を利用して空中の水蒸気や二酸化炭素を温めるという方法もあるが、現在（一九三八年）の技術では実現不可能だ。とはいえ、これは理論的には面白い。取り扱いが面倒な機械を飛行場に設置する必要はなく、遠距離から霧を一撃して消滅させるために適切に設計された不可視熱線があればいいからだ。

■化学的方法

ホートン自身の研究プログラムは、凝結、霧、雲の物理的性質や放射特性に着目したものだった。彼の実験では、化学乾燥剤として塩化カルシウムが使われた。ホートンはそれを、飛行場上空に設置したパイプの列から噴射したのだ。それ以外に利用可能な化学物質としては、望ましくない副作用があるものが大半なのだが、シリカゲル、硫酸、特定の強アルカリ性物質などがある。

たとえば、酸化カルシウム（生石灰）は大気中の二酸化炭素や水蒸気に反応すると発熱するが、苛性(かせい)なので目や皮膚を刺激する。また、自然発火を避けるため、正しく保管し、取り扱わなければならない。したがって、飛行機を使った屋外の業務には適さないと考えられていた(32)。

ホートンはニューヨーク市に生まれ、マサチューセッツ州ニュートンの高校に通った。一九二六年にドレクセル大学で理学士号を、一九二七年にＭＩＴで理学修士号を、それぞれ電気工学で取得した。一九二八年から三八年にかけては、ＭＩＴのラウンドヒル研究所職員として働いた。そこでボウルズと一緒に霧の中の可視光線の透過を計測し、小さな水滴が形成されたり蒸発したりするときの振る舞いを調べ、霧を消滅させる化学的手法を開発した。一九三九年にＭＩＴの気象学部の助教授になり、一九四二年から四五年にかけては准教授兼事務局長として同学部の指揮をとった。第二次世界大戦中は、気象担当士官を訓練し、国家や軍の委員会の委員をいくつも務めた。戦後は国防省の共同開発理事会の気象小委員会委員長、空軍司令官の科学諮問委員会委員を歴任し、一九五九年には大気研究大学機構の初代議長を務めた。彼は生涯を通じて気象制御にも関心を持ちつづけていた。一九五一年、米国気象学会と合同で降雨量を増やす手段としての雲の種まきの評価を行ない、気象兵器についての議論に貢献した（第六章）。一九六八年には、降雨のしくみとその人工的な改変についての論文を『応用気候学ジャーナル』に寄稿した(33)。

一九三四年の『タイム』誌の記事は、ホートンの化学的な「霧の箒(ほうき)」のテストについて報じている。テストは風変わりな億万長者であるエドワード・ハウランド・ロビンソン・グリーン大佐

図4・5 ホートンが、サウス・ダートマス近郊の MIT 研究施設に設置した化学的消霧装置の上に立っている。グリーン大佐の邸宅と捕鯨船の帆が背景に見える（National Archives Photo）。

が所有するラウンドヒルの敷地にある、バザーズ湾を見下ろす飛行場で行なわれた。ホートンは、滑走路をまたぐようにして、迷路のようなパイプとノズルを支える大きな足場を設置した。ノズルは「本物のスカンクの体の先端部を真似た」という。これは「局地的な霧を人工的に消滅させる方法として初めて実地にテストされるもの」だと、彼は主張した（図4・5）。厚い霧堤が海から押し寄せてくると、ホートンは「秘密の」装置を作動させた。『タイム』誌の記者は次のように書いている。「遠心ポンプが高圧の液体を頭上のパイプから噴射した。ノズルがうなりをあげ、ホートン氏の化学物質が噴き出して、決闘用の長剣のように霧を切り裂いた。白い海が真っ二つに割れ、引いていったように見えた。まるでモーセの目の前の紅海のようだった。やがて見物人の視界に、澄んだ大気のトンネルが半マイル（約〇・八キロ）にわたって広がった。高さは三〇フィート（約九メートル）、幅は一〇〇フィートに及んだ[34]」

　ホートンの研究は、軍の化学者の目標をかなえるのに役立つものだった。彼らは、毒ガス攻撃をかける際に使おうと、効果的な煙幕用薬剤と中和剤になりうる化学薬品を探していたのだ。ホートンは、チタンや塩化亜鉛は煙幕をつくるのに使えるが、塩化カルシウム（$CaCl_2$）は吸湿性の乾燥剤として作用することを知った。塩化カルシウムは無害な発熱性の化合物で、水の氷点を下げる。硬水軟化剤として利用されたり、未舗装道路の埃を抑えたり、氷を溶かしたり、コンクリート用乾燥剤として使われたりする。食品保存剤としても使われるが、濡れた皮膚や目、鼻、口、咽喉、肺には刺激が非常に強い。燃えると有毒で腐食性の煙を発生する。水があると亜鉛に作用してそれを破壊し、きわめて引火性が高い水素ガスを生成する。鉄筋を腐食させることもある。霧箱で行なわれた実験では、塩化カルシウム一グラムが三メートル四方に立ち込めた霧を晴らすことがわかった。おそらく水の蒸気圧力が下がったからだろう。ホートンは、彼の化学物質スプレーが、飛行場の霧を晴らしたり、船舶の進路の視界を良好にして運航の安全性を向上させられればと願っていた。基本的には、彼が設計したのは巨大な化学除湿機だった[35]。

　この技術の実用化にとって逆風だったのは、霧に中規模の穴を開けておくだけでも膨大な量の化学物質が必要なことだった。海上の霧は立ち上っては生じを繰り返すので、ラウンドヒルでの実験のように半マイルの穴を開けておくだけで一秒間（！）に四〇〇ポンド（約一八〇キロ）の化学物質スプレーが必要だった。さらに、研究者たちが認めていたように、「この種の装置を手軽な大きさにするのは簡単ではないため、その大きさが用途によっては、とくに飛行場では、かなり邪魔になる」。前述のとおり、高圧の電気を帯びた塩化カルシウムのスプレーをかけると金属は腐食した。ノズルはしょっちゅうつまった。スプレーがかかった金属の物体、なかでも電気系統や、パイプ、さらにはスプレーの恩恵を受けるはずの飛行機や船さえ、すぐ洗浄しなければならなかった。スプレーは人間にも危険で、浴びたらすぐ洗い流さないと発疹が出た。植物も枯れた（塩化カルシウムは除草剤として販売されていた）。海軍は、この化学物質で何度か災難に見舞われたので、最終的に航空母艦に使用しないことに決めた[36]。

後世における雲物理学と気象改変の区別――ことによると基礎研究と実際的応用の違いかもしれない――をしのばせるが、ＭＩＴの研究者たちは、究極の目標は霧の研究であって霧の制御ではないことをすぐに指摘した。「最終的な成果は、局地的な消霧への実際的応用がどんなものであれ、霧の物理的な特性とこうした特性を簡単に見極める手段について格段に知識が増えたこと、また、無線であれ、光であれ、遠赤外線であれ、電磁波による霧の透過についてさらに詳しい定量的な知識が得られたことである[37]」

ＭＩＴの報告書の謝辞に挙げられた組織のリストは、一九三四年の軍産複合体の紳士録さながらだ。私有地を使用に供したグリーン大佐、研究費を提供したアメリカ哲学会、援助したアメリカ海軍航空局、アメリカ陸軍航空隊、商務省航空通商局などが並んでいる。膨大な量の化学物質はミシガン州とコロンビアのアルカリを扱う会社とダウ・ケミカル社から無料で提供された。ボストンのエジソン電気は大型変圧器を貸与した。政府、企業、個人が一丸となったこうした慈善的支援が、長つづきする後援活動のパターンの一つだったのだ。

滑走路にまたがっている高さ三〇フィート（約九メートル）の金属パイプ製の障害物が、飛行機の離着陸に危険だというのは間違いない。視界不良のときはなおさらだ。ホートンの化学化合物は、有望ではあったが、危険であり腐食の問題もあってやはり実用的ではなかった。それとくらべて実があがったのは、小さい水滴の形成と蒸発、霧の視覚的特性、霧を消滅させる可能性のある吸湿性の化学物質に関する彼の基礎研究だった。とはいうものの、ホートンの最大の貢献は、操作可能な気象改変とは異なるが関連のある物理学的な雲の研究が、現代の大学において存在意義を持っているという考え方にあったのだ。

ファイドー——力ずくで霧を消滅させる方法

第一次大戦時、霧は戦闘機の操縦士を地上に釘づけにした。一九二一年、イギリスの気象学者サー・ネイピア・ショーは、飛行場を熱して霧を消滅させる可能性について論じ、こう結論を下した。「資金と石炭が無尽蔵にあるのなら、不可能とは言えない」。とはいえ、ただし書きつきだ。「屋外の空気はひどく不安定であり、嘆かわしいほどあらゆる方法で制御を免れる」[38]。物理学者のフレデリック・A・リンデマン教授（のちのチャーウェル卿）もショーの見解に同意し、計器による着陸の技法を重視している。ほかの可能性としては、どれも実証されていなかったが、帯電した水や空気や砂（ウォーレン）の噴射、化学的処理（ホートン）、強力な送風、油による河川のコーティングなどがあった。しかし、確実に効果のある唯一の方法は、滑走路を熱するという力ずくの技術だった――もっとも、当時は途方もないコストがかかるように思えたのだが。

一九二六年、気象局のハンフリーズは、平均的な飛行場で厚さ一五〇フィート（約四六メートル）の霧の層を消滅させるには、一時間当たり石油六六〇〇ガロン、もしくは石炭三五トンを燃焼させなければならないと試算した。これではあまりにコストがかかりすぎる。インペリアル・カレッジでショーの後継者にあたるデイヴィッド・ブラントが、この問題を一九三九年に再検討した。ブラントは、厚さ三〇〇フィートの霧の層を晴らすには、平均気温を摂氏三・五度上昇（地表だと数値は二倍）させる必要があると試算し、飛行場に沿った石油パイプラインから無煙バーナーに給油すれば、この仕事をこなせるのではないかと述べた。ブラントのアイディアは一九三八年から三九年にかけての冬に実地に試されたが、結果は芳しくなかった[39]。

第二次世界大戦が激化すると、爆撃の成功にとって霧が障害となった。爆撃予定が増え、事故率が跳ね上がり、霧のせいで失われる飛行時間が長引くにつれ、この問題は「緊急を要する」ものとなった。一九四二年、ウィンストン・チャーチル首相は科学顧問のチャーウェル卿にこの課題に取り組むよう指示し、次のような声明を出した。「飛行機が安全に着陸できるよう、飛行場の霧を消散させる手段を見つけることはきわめて重要だ。石油戦略部（ＰＷＤ）はこの目的にかなうあらゆる実験をすみやかに実施せよ。それに対するいかなる支援も惜しんではならない[40]」

イギリスの燃料・電力担当相であるサー・ジェフリー・ロイドと陸軍少将サー・ドナルド・バンクスの指揮のもと、科学研究界の精鋭部隊と民間企業が手を組んでこの問題に立ち向かった。石油戦略部は「戦闘時に石油を燃焼させて攻撃・防御両用の武器として利用する可能性」を検討すべく、一九四〇年に設立された部局で、飛行場の霧を消散させるための、金はかかるが単純で安定した手法を開発する責務を担っていた。この手法は霧研究・消散作戦（Fog Investigation and Dispersal Operation　略してＦＩＤＯ（ファイドー））と称された。ファイドーは、秘密戦争兵器としてはきわめて派手だがほとんど知られていない存在だ。バンクスによれば、「われわれはドイツ軍を片づけるために膨大な準備をしてきた。今度は大気の問題が片づくかどうか試してみようではないか！」とのことだった。(41)

それは壮大な取り組みだった。ファイドー・プロジェクトのために操縦士、技師、燃料研究者、企業家、政府官僚、気象学者が参集した。緊急事態であることに鑑みて、通常の研究開発計画は棚上げにされ、国立物理学研究所、インペリアル・カレッジ、王立航空施設、武器研究省、また、産業界からはアングロ・イラニアン石油会社、ガスライト・アンド・コーク社、ＧＥ、インペリアル・ケミカル・インダストリーズ、ロンドン・ミッドランド・アンド・スコティッシュ鉄道、首都水道局の研究部隊が結集した総力戦となった。プロジェクトの監督者であるロイドによれば、「各人は、万全の支援と行動の自由をもって業務を遂行するよう言われた」そうだ。(42)

最初に成功した実験

ファイドーはイギリスの飛行場を取りかこむタンク、パイプ、バーナーからなり、石油を送って点火すると、周囲の気温が数度上昇するように設計されていた。気温がそれだけ上がれば、霧は消散し、飛行機の運航に十分な明るさを確保できる。ファイドー・システムの最初の大規模実験は野原で行なわれ、飛行機が離着陸することはなかった。一九四二年一一月四日の朝に濃い放射霧が発生するという予報が出ると、ファイドー部隊はハンプシャー州ムーディー・ダウンに集合した。高さ八〇フィート（約二四メートル）の避難梯子が、二基のファイドー・バーナーのあいだに設置された。各バーナーは長さが二〇〇ヤード（約一八二メートル）あり、一〇〇ヤードの間隔がとられていた。地元の消防団員が梯子の上まで登ると、その姿は霧で隠れた。バーナーが点火されると霧が晴れはじめ、消防団員の姿が現れた。結果を検証するため、バーナーを消すとまた霧が出た。再びバーナーをつけると霧は消えた。いかにも無口なイギリス人らしく、ロイドは「もう少しで喜びの雄叫びを上げそうになった」（傍点著者）と報じられている。[43]

同日、サリー州ステインズの飛行場でも実験が行なわれた。ここではコークスを燃やす火鉢が用いられた。滑走路と並行する線路に小型の鉄道車両を走らせ、コークスを運んだ。より濃い霧がより少ない煙で晴れたものの、コークスは着火するまでの時間が長く、補充するのも大変だった。ガソリンはパイプラインで簡単に運べることから、最終的にファイドーの燃料に選ばれることになった。一刻を争う状況だったため、実験と研究を重ねる時間はほとんどなかった。その結果、ハートフォードシャー州グレイヴリー飛行場の石油バーナーを用いたシステムがファイドーの標準となり、イギリス空軍の飛行場一四カ所に設置された。

一九四三年二月五日、空軍少将のドナルド・C・ベネットが、日中のファイドー・システム点火時にジプシー・メジャー・エンジンを搭載した軽飛行機をグレイヴリー飛行場に着陸させた。一三日後、最初の夜間テストで、再びベネットが重爆撃機ランカスターを着陸させた。このときは霧は出ていなかったものの視界不良だった。ベネットは、六〇マイル（約一〇〇キロ）先からでも炎が上がっている滑走路が見えたと回想した。着陸地点が近づくにつれ、「炎の輪を跳んでくぐり抜けるサーカスのライオンを見たときのことをぼんやりと考えていた。炎は確かに相当大きかったし乱気流も起こっていたが、何も心配することはなかった」[44]。ただし野火は例外だった。二月二三日に乗組員のためのデモ飛行を実施したときには、バーナーのそばの草、生け垣、木、電柱が燃え上がった。地元の弾着観測者や消防団だけでなく、あらゆる人が総出で消火にあたった。実際に霧が立ち込めている状態で飛行機を着陸させる最初の機会は、一九四三年七月に訪れた。三〇〇フィート（約九一メートル）から四〇〇フィートの深い霧が滑走路を覆ったため、視程は二〇〇ヤード（約一八二メートル）未満だった。ファイドーのバーナーが早朝五時に点火されると、七分間で奥行き一五〇〇ヤード、幅二〇〇ヤードの広さで霧が晴れた。飛行機も一五分間隔で無事に着陸できた[45]。

未来派作家のアーサー・C・クラークはコーンウォール州で行なわれたファイドーの実験を見たことがあった。

滑走路の両側にはパイプが二列並んでいた。距離にして総計四マイル（約六・五キロ）から五マイルだろう。このパイプが、ずらりと並ぶバーナーにガソリンを供給する。稼動中、バーナーはすさまじくガソリンを食う。一時間当たり一〇万ガロン消費して、滑走路の端から端までいくつもの炎の壁をつくりだした。

夜になって大西洋から霧が押し寄せてくると、ファイドー作戦はダンテの『地獄篇』さながらの情景を演出した。炎の轟音で話すこともままならない。上昇気流が起きて、滑走路の隅にある小石が空に舞い上がる。黄色い炎の壁は人間の背より高く、霧の深い夜、見える限り遠くまで延びている。一〇〇〇万馬力で大気に熱を送り込んでいるバーナーの長い列は、霧に細長い塹壕を掘るので、帰還してくる爆撃機操縦士は着地点を見つけられる。

霧が濃くて視程が一〇フィート（約三メートル）未満という晩もあった。しかし、両側で炎が燃えさかっている滑走路の真ん中に立っていると、頭上には星がまたたいている。ファイドーは力ずくの方法であり、レーダーの発達で用済みとなってしまったが、十分なインセンティブがあればどこまでできるのかを世間に示したのだ(46)。

操縦席からの眺めはとりわけ気分が浮き立つ。航空兵は、ファイドーのおかげで飛行が安全になったと感謝しているが、滑走路両側のファイドー・バーナーのあいだに最初に着陸したときは怖かったと語る。あるベテランの操縦士は、クラークの描写に同調して、着陸を地獄への下降にたとえ、自分が「再び［敵の］標的になり……その場所全体が炎に包まれてしまったかのようだった」と語った(47)。

ファイドーの実用化

ファイドーは実戦で使われた。ドイツ軍が地上に釘づけになっているとき、イギリス軍と連合国軍の戦闘機は視界不良の状態でも離着陸できた（図4・6）。一刻も早く実用化を、というチャーチルの要求に無事応え、ファイドーはただちにイギリス空軍と連合国軍の航空兵を無事に帰還させるという任務を担いはじめた。任務を終えて霧深いイギリスに戻ってくる操縦士には、遠くからでも飛行場が輝き、霧のない明るく照らされた飛行場がお帰りと迎えてくれているのが見えた。また、すっかりぼろぼろになった戦闘機と疲労困憊した（おそらくは負傷もしている）兵士を地上へと運ぶ貴重な時間を節約もできた。ファイドーのおかげで、敵の戦闘機が視界不良のために飛び立てないときも、連合国軍は哨戒(しょうかい)や空襲を実施し、無事帰還できた。ドイツ軍のUボートを探知するイギリス空軍沿岸防備隊の対潜哨戒機はファイドーを頻繁に利用した。あるとき、進路を見失ったライサンダー戦闘機が、霧がすっかり晴れた滑走路に着陸したことがあった。ファイドーが停止すると霧が再び戦闘機を包み込んだ。伝えられるところによれば、操縦士はずいぶん長いこと滑走路をさまよい、やっとの思いで管制塔を見つけたという。

　ファイドーの成功は戦争で疲弊した国民にはまるで奇跡のように思えた。新聞は救いの神だとかイギリス航空技術の勝利だなどと書きたてた。このプロジェクトを指揮していた人びとは、ファイドーのおかげで戦争終結が早まり、最高一万人の航空兵の命が救われたと述べた。軍事史家は、出来事をあとから構築しようとするとき、よく「戦場の霧」を持ち出す。イギリスでは霧とは文字どおりの意味だ。バルジの戦い〔西部戦線でのドイツ軍最後の大反撃〕が始まった当初は氷霧がつづいたので、ファイドーが連合国軍の航空部隊を支援した。しかし、長期の戦闘のあいだは天気もよく、航空支援に使われた戦術の大半はイギリスではなくヨーロッパ大陸に由来するものだった。したがって、

図4・6　1944年11月16日、第493爆撃隊のボーイング製B-17、通称「空の要塞」が、ファイドーの力を借りてイングランドに着陸。後ろで巨大な炎が燃えさかっている（National Archives Photo）。

「戦争終結を早めた」というファイドーの全面的成功を称える現代の評価は、少々甘く、自己満足と言えるかもしれない。[48]

ファイドーの余波

ファイドーは、第二次世界大戦におけるイノベーションの成功例の一つとなった。突貫的な研究プログラムが実用に結びつき、生命や設備を救い、戦争末期の二年間では間違いなく連合国軍の航空部隊を優位に立たせた。しかし、ファイドーは戦時中の絶望的な状況でのみ利用価値があった。どこよりもその恩恵に浴したイギリス空軍爆撃司令部は、「空中戦を革命的に変えた」とファイドーを賞讃している。だが、その成功が繰り返されることはなかった。飛行場でファイドー・システムに点火すると、飛行機が一機着陸するまでに最高で六〇〇〇ガロンものガソリンが燃やされる。それに対して、モスキート爆撃機が着陸時に消費する燃料はわずか一〇ガロンから二〇ガロンだ。ファイドーが実際に稼動していた二年半で、このシステムを利用していた飛行場は合計三〇〇〇万ガロンものガソリンを消費したと試算されている。このような支出が許されるのは、国家の存亡がかかっているときだけだ。皮肉にも、ファイドーの成功は控えめだが才能あふれるイギリスの防衛技術技師にして、温室効果が加速しているのは化石燃料の燃焼が原因だと指摘した最初の科学者、ガイ・スチュワート・カレンダーによるところが大きい。カレンダーは、ファイドー・システムを構成する主要部品（塹壕のバーナーを含む）の設計者であり、巨大なファイドー燃料バーナーの特許権者の一人だった[49]。

戦後、ファイドー・システムをロンドンのヒースロー空港に設置する計画があったが、実現には至らなかった。しばらくのあいだ、ファイドー・システムはハンプシャー州ブラックブッシュとケント州マンストンのイギリス空軍基地で整備されていたものの、一九五七年のある試算では、ファイドー・システムを稼動させるにはおそろしく金がかかった――一時間当たり四万四五〇〇ポンドだ。フランス・パリ近郊のオルリー空港と中国の北京南苑空港では、滑走路に沿って設置したジェット・エンジンで大気を熱し、霧を消失させる実験が行なわれたが、成果はまちまちだった。戦後に開発された主な霧への対処法は、気象や雲を改変するのではなく、計器を用いた着陸手法で、そちらのほうが普及した[50]。

未来の大気

一九三四年七月一一日、米国気象局長のウィリス・R・グレッグは、シカゴで開催された「進歩の世紀博覧会」の空調の効いた建物で落成式の司会を務めていた。その日は中西部でいまも破られていない史上最高の気温を記録し、ミズーリ州セントルイスは摂氏三八度にもなった。しかしシカゴは、ミシガン湖から風が吹いて気温が下がり、最高気温も摂氏二八度としのぎやすい状況だった。その年は黄塵のひどい年で、雨がほとんど降らず、地域の平均気温は例年を五度から一〇度上回っていた。NBCラジオでグレッグが語ったテーマは気象制御だった。彼は冒頭で、「爆発物数個を仕掛けるという至極簡単な方法で旱魃を終わらせることができると豪語する」人工降雨専門家や、「旱魃がひどい地域の近辺で棹や台の上に少量の化学物質が入った容器を積み重ね、あとは平均の法則と母なる自然を信じてここぞというときに雨を降らせ、降雨代を回収する」いかさま師の「荒唐無稽なやり口」を信用しないと言った。[51] 屋外の天気を制御できる見込みは、あと何世紀経とうとも「ほとんどない」と考えていたのだ。

グレッグが注目していたのは屋内の気象制御で、その日空調の効いた建物の中で実際に披露されていた。そこでは「不快な天気に苦しむ必要はまったくな」かった。言うまでもないが、屋内の空調の実際の発祥は有史以前だ。人びとは嵐を避けて暖かく乾燥した状態でいるために隠れ家を求めた。屋根、扉、窓、網戸、暖炉、ストーブ、かまどなどの機能は、雨風や疫病といった望ましくない自然作用から人間を守ることや、日陰、光、熱など望ましい自然の要素を取り込んだり提供したりすることだ。暑い気候の場合、通風・気化冷却システムが、湿度は無理でも暑さを和らげる役割を長いこと果たしてきた。ところが、一九三四年のこの展示館の内部は機械的な手段で冷やされ、除湿されていた。熱力学を用いた方法で、のちに「冷暖房空調」として知られる工学技術だ。動力は電気だった。グレッグによれば、屋内の空気を調整するのは「人体と人間の活動に最も持続的な影響を及ぼすものである天気の問題を、ささやかながら」解決するものだった。(52) 建物入り口のポーチで講演していたグレッグは、都市全体を機械によって冷やすという、実行は無理だとしても可能性のあるプロジェクトについて思いをめぐらせていた。だが、彼は予言者さながらに、空調のおかげで、以前は快適に過ごすには暑すぎると思われていた地域にも都市が広がっていくだろうと指摘した。現在の空調が効いた巨大ショッピングモールや屋根つきの野球場を見たら、グレッグはびっくりするかもしれないが、心底から驚きはしないだろう。というのも、すでに当時、空調は普及の一途をたどっていたからだ。黄塵地帯を経由して西部を視察した際、グレッグはときどき空調の効いた列車に乗り、空調の効いたホテルに泊まり、空調の効いたレストランで食事をした。彼は、空調は花粉症の救世主だとし、揺りかごから墓場まで空調がある暮らしについて語り、その年の五月にカナダで生まれたディオンヌ家の五つ子が入っている病院の保育器と、空調の効いた葬儀場の増加を例に挙げた。ところが、ワシントンにある気象局の彼のオフィスには空調がなかった。オフィスは天井が高く、扇風機があったので、うだるような暑さがいくぶん和らいでいた。連邦政府は酷暑の時期には自由に休暇を取ってよいという方針を定めていた。

では、屋外の大気はどうだろう？　一九三八年夏、グレッグは同僚に手紙を送り、五〇年後に気象関係の職業はどうなっていそうかを予測してもらった。戻ってきた返事のほとんどは、科学的かつ技術的に天気予報が進歩しているとするものだった。また、ラジオゾンデを使った高層大気の観測の重要性が高まると強調するものもあった。ラジオゾンデとは、気球で高空に上昇して気象を観測し、放送を利用して「一瞬にして世界中に記録を伝える」装置だ。気象学者のチャールズ・フランクリン・ブルックスは、極超短波送信で大気を遠隔測定できるようになると予測した。気象局職員J・セシル・オルターは、「空を縦横無尽に動く光センサー・ロボットが超高層大気を探査し、気団の境界、深さ、動く方向と速度、含水量といった要素について調べるようになる。ロボットが異なる気団を通過するたびに、光センサーから発射された屈折光線がたどった軌跡が、波形記録や写真複製として自動的に記録される」と述べた。[53]ハンフリーズは「ロボット・レポーター――天候のさまざまな項目を継続的に記録するだけでなく、ボタン一つで、もしくは一定間隔で、その時その場所の天気について、自動的にもれなく教えてくれる機械」ができているはずだと書いた。これらの予想は気象レーダーやその他の遠隔測定システムの発達によって、おおかた実現した。また一九三九年に、気象局職員のジョージ・W・マインドリングは滑稽な詩を書き、テレビの画像と赤外線センサーを利用した完璧な監視と完璧な予測による「音と画像の恒久的なショーの時代到来」を予言した。この技術はタイロス（テレビジョン赤外線観測衛星）という気象衛星となって、一九六〇年に利用が開始された。

音と画像が永遠につづくショーがやってくる
嵐が移動するときの振る舞いを全部見られる
遠くの海で嵐が発達するのを見られる
嵐の進路図がずっと簡単に作成できる
やがて新たな電気の時代がやってくる
画像がもっとたくさんのものを記録する
やがて予報が外れない日がやってくる
天気を細かなところまで予測する
いつ雨が降って、いつ雹が降るかまでぴたりと当てる(54)

ここに紹介したマインドリングの詩には、前にラジオゾンデを褒め称える連が七つ、後ろに天気予報がいつか天文学的予想と同じ精度を獲得することを期待する連が二ついている。

グレッグの依頼に応じて、地球工学を用いた荒唐無稽な空想を綴った者も二人いた。気象局サンフランシスコ支局のE・H・ボウイ少佐は、黄塵を終わらせる唯一の方法は公共事業局のプロジェクトによって、シエラ・ネヴァダ山脈とロッキー山脈の頂上を削ることだと主張した。ネブラスカ州リンカーンのT・A・ブレアは、一〇〇年後の気象制御局と「気団の支配をめぐる戦い」について、次のような不吉な予測を残した。

二〇三八年、アメリカの気象学者が天気を制御する方法を発見した……しかし問題が発生した。この制御には気団の移動が伴う。ということは、好みの天気を手に入れられる地域がある一方で、悪天候にさらされる地域が出てくる……政党はこれらの差をもとに発展し、「圧力団体」は天気配分局を支配しようとする。やがて他国も天気を操ろうとするようになる。国際的な紛争が起こり、世界中の民衆が気団の支配をめぐる戦いに巻き込まれるだろう。(55)

この時代の雰囲気をうまく表現しているのは、チャールズ・ウィリアム・バーバーの一九四三年のイラストだ。「天気にまつわる迷信と誤信」と題したカーテンが引かれ、天気の科学が進化して最終目標に至る道筋が見えている(図4・7)。ひょっとしたら、正確な長期予測と気象制御こそが、天気にまつわる本物の迷信と誤信なのかもしれない。

私は本書を、夏のメイン州の木陰で、空調なしで書いている。私のオフィスには空調がないし、自宅でも必要としていない。地下の除湿機、窓の網戸、扇風機、都合よく近くにある湖のおかげで、屋外の空気から隔離される必要などこれっぽっちもない。実を言えば、逆にサバティカル休暇でワシントンの空調が効いた美しい建物にこもっていたとき、一般向けの作品の筆がほとんど進まなかった。そこでは、日中の暑さを避けつつ、図書館や公文書の調査に集中するか、セミナーを実施したり受講したりするか、さもなければ自分の視野を広げることに専念した。アメリカの首都での天候に関する審議は、真夏の暑さから隔絶された空調の効いた建物の内部で行なわれているようだ。決定を下す人のなかには、天気配分局を支持する人さえいるかもしれない。

*

二〇世紀初めの数十年に文明と軍用航空が発展するなかで、研究開発の中心的なテーマとなったのは霧の消散だった。飛行機は、新たなツールと新たな研究基盤をもたらしたが、霧に弱かったせいで、新たな緊急事態が持ち上がった。電気的効果、化学親和力、大規模燃焼の新たな理論が試された。本章で紹介した三つの事例史では、L・フランシス・ウォーレンが一番の山師で、ワイルダー・D・バンクロフトが信用面でも金銭面でも最大の敗者となった。ヘンリー・ホートンは、理論の実用化には失敗したものの、慎重な研究者という名声を高めた。ファイドーは実際に稼動してイギリスの戦闘の助けになったかもしれないが、莫大なコストがかかるため、国家の存亡がかからない戦後は実用的ではないと判断された。

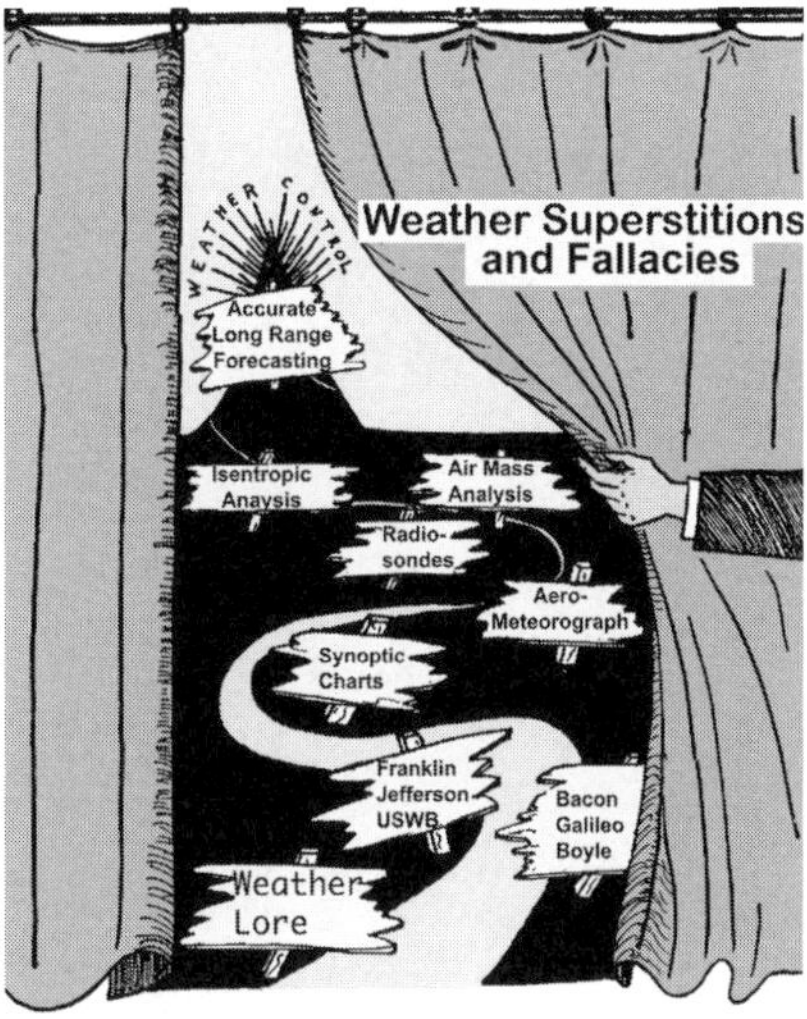

図4・7　「天気にまつわる迷信と誤信」(バーバー『イラストによる気象科学のあらまし』、1493)。(手前から)天気にまつわる言い伝え、ベーコン・ガリレオ・ボイル、フランクリン・ジェファソン・米国気象局、天気図、高層自記気象計、ラジオゾンデ、気団分析、等温位面解析、正確な長期予報

雲物理学と化学はこの時代に始まった。煙幕を張り、雲を消散させようとする真剣な取り組みも、

この時代に始まった。空調もそうだ。これはあっというまに、新奇な商品から、ますます広がるスペースに一見必須の設備へと変貌した。のちの時代と同様、一九四四年以前の気象制御の研究は、軍の援助やGEのような大企業の――支援とは言えないまでも――一過性の関心の恩恵に浴した。一九三八年にT・A・ブレアが描いた遠い未来の暗黒郷（ディストピア）的な気象制御のビジョンは、いまやそう遠くない未来に薄気味悪く待ち構えているようだ。これらのテーマは、小さな違いはあれど、立派な資格をもつ雄弁なスポークスマン、アーヴィング・ラングミュアの研究で再び登場することになる。

第五章

病的科学

病的科学とは、事実ではない事柄についての科学である。
――アーヴィング・ラングミュア「病的科学」

アーヴィング・ラングミュア（一八八一―一九五七）は、ノーベル化学賞受賞者にして典型的な産業科学者であり、ニューヨーク州スケネクタディにあるゼネラル・エレクトリック社（GE）の研究部門副責任者を務めた人物である。降雨技術界の大物であり、気象戦士の友だった。ドライアイスによる雲の種まき法を開発した「雪片（スノーフレーク）の科学者」ことヴィンセント・シェーファー（一九〇六―一九九三）や、ヨウ化銀が雲の種まき剤になることを発見したバーナード・ヴォネガット（一九一四―一九九七）が所属していた研究チームのリーダーでもあった。ラングミュアの界面化学（物質の境界に生じる現象を扱う化学の一分野）の研究は堅実で、めざましくさえあり、彼の科学的直観はたいていは至極健全だった。ラングミュアは見方によっては天才と言え、決していかさま師ではなかった。[1]ところが、気象制御の研究では、うまくいかない科学が病的なものである可能性について警告した自説を、身をもって実証することとなった。

一九五三年、GEのノールズ研究所で、ラングミュアは「病的科学」と題して「事実ではない事柄についての科学」に関するセミナーを行なった。実験科学の歴史やポップカルチャーから、彼は病的科学のさまざまな例を引いた。たとえば、物理学者のプロスペール・ルネ・ブロンロの実在しないN線（一九〇三年）。この放射線はあまりにかすかだったため、一人のフランス人だけにしか見えなかった。ロシアの生物学者、アレクサンドル・ギュルヴィッチの「ミトゲン線」（一九二〇年代）。彼は〔生物が出す放射線の発見によって〕植物の生命の秘密を明らかにしたと主張した。アメリカの超心理学者ジョゼフ・バンクス・ラインの超感覚的知覚（ESP）。彼の研究のおかげで、多くの人が自分は第六感を持っていると信じ込んだ。一九四〇年代の初めには、世界各地で空飛ぶ円盤について報告があった。ラングミュアは、通俗的な話ではなく基礎研究に焦点を合わせ、こう主張した。多くの病的科学の事例において、研究者は不正直なのではなく、主観の影響、希望的観測、閾値（いきち）の相互作用といったものに惑わされた人間が何をしでかすかがわかっていないため、間違った結果を出してしまうのだ、と。「研究」とは、知らないことを発見しようとすることと定義される。ラングミュアによれば、観察や計測の限界点――まさに最先端の研究が行なわれる場所――でなされる科学は、当事者が成果を誇張すれば病的になるという。検出閾値ぎりぎりの現象を研究している過度に希望を持った研究者は、ごくわずかな変化、さらには不規則雑音（ランダムノイズ）すら意味のあるパターンだと解釈してしまうことがある。彼らはほとんど感知できない、あるいは理解しがたい出来事に因果関係を見いだし、自分と同僚に「発見」は本物だと信じ込ませる。彼らが自説に固執すれば、つまり理論上筋が通っているだけの話をきわめて正確だと言い張り、批判にはその場しのぎの言い訳で応じるとすれば、病的科学の領域に足を踏み入れてしまいかねない。主張された結果をほかの研究者が一部でも再現できないなら、あるいは客観的な観察者の前で実験が何度も失敗するようなら、正統な科学的実践のルールが適用されることになる。つまり、支持者はあっというまに去り、救えるものは何も残らない――これがラングミュアの言い分だった。(2)

多くの科学者は、自分たちは変化の激しい知的興奮に満ちた分野で働いていると言うだろう。こうした分野では、画期的な研究や名前が残るような発見ができればキャリアが保証され、資金も必要なだけ確保できる。さもなければ、それほど気をもむ必要もないはずだ。こうした状況だと、外部や社会の圧力が科学的プロセスを歪め、病的科学の領域へと押しやる可能性がある。この種の圧力には次のようなものがある。発見の優先権を主張する、あるいは優先権をめぐる紛争を避けるため、疑問符つきであろうと推測にすぎなかろうと成果を急いで発表すること。マスコミ、法廷、政府の規制当局による科学的プロセスへの干渉。賞獲りレース、など。専売権のとれる発見の特許や潜在的な利益を考えてしまうと、科学的プロセスをはしょり、確立された証拠基準を破ったりごまかしたりするのが落ちだ。物事がいったんうまくいかなくなると、取り調べる側は実験結果の信頼性を傷つける共謀があったのではないかと疑うようになる――中心的研究者の人柄のおかげで、ほかの人たちにとっては納得できる結果であっても。

病的科学とは、暗い部屋や高温高圧下での秘密の物理実験に限られるわけではない（こうしたケースでは、実験者の主観や器具の不具合が偽りの原因となる）。実際、病的科学について講演していたまさにその当時、ラングミュアは眉唾もので擁護しようのない主張に固執していた。雲の種まきの有効性を訴えるその主張によると、雲の種まきは雨を降らせ、さもなくば天気を変え、場合によっては気候まで変化させるというのだ。ここで、ラングミュアが講演で触れなかった、病的な結論を支持する最後の基準を一つ加えよう——それは証拠ではなく、たとえばノーベル賞受賞者などといった科学者の経歴への過信である[3]。物理学者のロバート・N・ホールがラングミュアの講演を文字に起こした際、ラングミュアは編集の過程で次のくだりを足した。「病的科学は決して過去の遺物ではない。実際、現在の文献にも多くの実例が見つかる。この種の『科学』の出現は、科学活動が増えるにしたがって、少なくとも直線的に増えると考えるのが妥当である[4]」。ラングミュアの講演が行なわれたのが現代であれば、重合水（ポリウォーター）（一九六〇年代にソ連の物理学者のニコライ・フェディアキンとボリス・デリアギンが喧伝した実在しない形態の水）や常温核融合（一九八九年にイギリスの物理学者のマーティン・フライシュマンとアメリカの物理学者のスタンレー・ポンズが発見したとされる）も、病的科学の仲間入りだ。「バブル」核融合をめぐる、パーデュー大学の二〇〇八年の報告書には、同校の物理学者の一人による不正行為と立証できない主張に関する次のようなくだりがある。この人物は、小さな泡を破裂させることによって、机上実験で原子力エネルギーを発生させたと公に主張していた。「最初は小さな一歩だった。ところが希望的観測、科学的に誤った判断、直観的過失、人間的な弱さが複雑に絡まり合っていった[5]」。これが病的科学である。気象制御に対するラングミュアの執着ともいえる飽くなき情熱と裏づけのない言い分は、重大な判断ミスの表れだ。したがって、彼にとって最後の大事業である気象制御への進出は、病的科学をめぐる講演で彼自身が開陳した基準に照らして詳しく検討する価値がある。

煙を吐き出す

第二次世界大戦のあいだＧＥは、国家防衛研究委員会、科学研究開発局（ＯＳＲＤ）、化学兵器局、陸軍航空隊と契約し、さまざまなものについて研究した。たとえば、ガスマスク・フィルター、煙幕、航空機の着氷、降水空電、さらには煙霧質（エアロゾル）あるいは「雲」の物理学として知られるようになる学問の別の側面などだ。一九四一年、ドイツ軍がノルウェイのフィヨルドで発煙装置を使って戦艦ビスマルク号を隠すことに成功したのを受け、ラングミュアは研究仲間のシェーファーに、彼が軍との契約で、ガスマスクの空気フィルターのテスト用に製造した小型発煙装置を大型化するよう頼んだ。シェーファーは、ラングミュアの独自設計による、沸騰した油鍋につながれた水銀拡散ポンプを利用して、「部屋全体に煙を充満させる」ことに着手した。ところがそのせいで、研究所の周辺住民および地元消防署とのトラブルに巻き込まれることになる。事前の通知なしに、研究所の屋上でこの実験を行なったためだ(6)。

軍向けの完全な公開実験が行なわれたのは、一九四二年六月二四日の明け方、ヴルーマンズ・ノーズでのことだった。ヴルーマンズ・ノーズは高さ六〇〇フィート（約一八三メートル）の断崖で、スクーハリー・ヴァレーとして知られるニューヨーク州北部の農業地域が一望できる場所だ。公開実験に参加した著名人には、ＯＳＲＤのヴァネヴァー・ブッシュとアラン・Ｔ・ウォーターマン、ＲＣＡ研究所のウラジーミル・Ｋ・ツヴォルキン（第七章で詳しく取り上げる）、最上層の将校などがいた。ちょうどいいタイミングで夜が明け、重力風が谷へ吹き込むと、遠くに見える一基のラングミュア－シェーファー発煙装置からかすかな煙が立ちのぼり、あっというまに谷底を覆った。この装置は、摂氏約四五〇度の潤滑油一〇〇ガロンを超音速で熱い多岐管(マニホルド)に送り込むことによって機能する。油の蒸気が冷たい空気にぶつかると、微粒子からなる濃い白雲ができた。数分足らずのうちに、発煙装置は幅一マイル（約一・六キロ）、長さ一〇マイル、深さ一〇〇〇〇フィート（約三〇五メートル）の厚い煙幕を切れ目なく吐き出し、谷全体を覆い隠した。こうして、軍は煙幕を、GEは契約を手に入れ、ラングミュアとシェーファーは雲物理学という新たな分野に第一歩をしるした。人工雲の生成に成功したのだから、すでにある雲を変えられないはずはない。(7)

一九四三年、再び軍の支援を受けて、ラングミュアの研究チームは電気的効果——たとえば吹雪のあいだ無線通信に干渉する降水空電——の研究に重点を移した。ニューハンプシャー州のワシントン山観測所は、彼らの実験に最適の場所だった。偶然にもこの場所で、彼らは摂氏マイナス四〇度（「氷点をかなり下回る」）という低温の水滴を含む雲の振る舞いを研究することになった。こうした条件は、自由大気中の雲にとって典型的な環境だったため、氷晶核〔氷の凝固において核となる微粒子〕や氷の付着といった雲物理学のさまざまな側面の性質を理解する手がかりを与えてくれた。シェーファーはあるインタビューでこう語っている。「この過程でラングミュアと私は、過冷状態の雲に関するあらゆることに、また、その雲を変化させられるかどうかについて、大いに興味をそそられるようになりました」。気象制御研究のそもそもの目的は軍用だったということも、驚くほどの話ではない。陸軍の航空士官が帯電した砂を使って雲を退治しようとしたかつての歴史や、フアイドー・システムを活用してイギリスの霧を晴らそうとした同時代の試みを考えてみればいい。ラングミュア率いる研究チームは、アルフレート・ヴェーゲナー、トール・ベルシェロン、ヴァルター・フィンダイセンといったヨーロッパの研究者の手になる、氷晶降水の始まりに関する最新文献を読んでいた。シェーファーが再び先頭に立ち、過冷水滴でできた雲に「いくつもの異なる物質」の種を撒いた。滑石、炭素、石墨、火山灰、各種の煙、石英などだ。結晶が格好の凝結核となるかもしれないというフィンダイセンの考えに従ってのことだった（「ところがまったく作用しなかった」）[8]。しかし、シェーファーは自分の「試行錯誤を重ねる」方法に固執した。トーマス・エジソンが電球に適したフィラメントを探し求めるプロセスさながらだった。気象制御の歴史の新しい扉を開いたのは、シェーファーの理論ではなく、一九四七年夏に霧箱（きりばこ）を冷やすために彼がドライアイスを使ったことだったが[9]、この方法を試した者は以前にもいた。

液体と固体の二酸化炭素

一八九一年、シカゴのルイス・ガスマンが、ロケットや風船から「液化炭酸ガス」を放出することで大気を冷やし、降雨を促進・増加させる特許を取得した。ガスマンの計画では、雲に送られた液化炭酸ガスが気化して拡大し、周辺の大気を冷やすことになっていた[10]。この方法ではロケット射撃で薬剤を運ぶ手間がかかるが、ガスマンのアイディアは、振動によって雨を降らせようとする者のアイディアとはまったく異なっていた。ロバート・ディレンフォースを支持していたチャールズ・ファーウェル議員はこの特許に興味を持ったと伝えられているが、深く検討することはなかった。スタンフォード大学の物理学教授、ファーナンド・サンフォードはガスマンの理論を絶賛した。大気を冷やすのは、人工的に雨量を増加させる健全な物理学的方法だと考えていたのだ。サンフォードはディレンフォースが少し前にテキサス州で行なった降雨実験を「全国規模の大失敗」に分類していた。振動による爆発は実際には大気を熱し、いかさま師がはびこるのを助長したからだ。本物の科学者はきちんと練られた制御試験を行ない、論文を専門誌に発表する。彼らは、自分たちの突飛な考えをもとに議会に金をせびったりしない。サンフォードは「[ガスマンの企画案にあるのが] 雨を降らせる正しい薬剤であることは疑いの余地がない。唯一の検討材料は資金をどうするかだ[11]」と記している。残念ながら、大気の規模がアイディアの実現を阻んだ。サンフォードの計算によれば、六四〇エーカー（約二・六平方キロ）の範囲に〇・二五インチ（約六ミリ）の雨を降らせるために必要な一立方マイル（約四・一立方キロ）の大気を冷やすには、なんと四億六〇〇〇万ポンド（約一億八三〇〇キロ）もの炭酸ガスがいる。炭酸ガスの価格は一ポンド当たり一ドルなので、一エーカー当たりの降雨量に必要なコストは六〇万ドルというとんでもない数字になってしまう。

もしガスマンが次の段階に進んで、固体の炭酸（ドライアイス）利用を提案していたら、もしサンフォードが大気全体を冷やすという力ずくの方法ではなく、雲の種まきによるトリガー効果を考えていたら、もし誰かが発達途中の雄大積雲（ゆうだいせきうん）を爆撃するなどの実験を行なっていたら……しかしこれらは多々ある「もし」の一部である。一九四八年、『スタンフォード・ロー・レヴュー』誌は、当時の雲の種まきブームを支える科学を実証する企画でガスマンの特許に簡単に触れ、急速冷却プロセスにおいて、ドライアイスの微粒子や人工雲さえ形成されたに違いないと指摘した。同誌ではさらに、もしガスマンが生きていれば、そしてもし彼の特許が失効していなければ、「ドライアイスを使って雨を降らせる者に対して特許侵害訴訟を起こしただろう」と憶測をめぐらせている。[12] さらに大きな二つの「もし」だ。

一九世紀末、過冷状態の雲の状態は知られており、気象学者は氷晶の生成が雨を降らせる可能性をほのめかしていた。一八九五年には、アレクサンダー・マカディーが比喩を用いて説明している。「雪の結晶や氷晶が［過冷状態の雲に］落ちると、急激な凝結が始まる。これは穏やかな池の凍った水面がかき乱されると、氷晶があちこちの方向に伸びるのと同じだ」。高くそびえる対流雲――確かに大きいが、池のように穏やかではない――について、マカディーはこう言っている。「この怪物のごとき雲は巨大な銃のようなもので、弾が込められた状態で大人しくしているが、そっと引き金（トリガー）が引かれるだけで、落下する雪の結晶が弾を発射する」[13]。彼は「いずれ雨を降らせることに成功する技師が……雲形成の物理学的なプロセスを学び、きちんと理解した者のなかから現れるだろう」と予言している。ここでのキーワードは「トリガー」だ。これこそまさに、GEの科学者たちが一九四六年に引こうとしていたものだった。

一九三〇年九月号の『ポピュラー・メカニクス』誌は、オランダの科学者オーギュスト・フェラートが少し前に雲にドライアイス（固形の二酸化炭素）の粉末を投入して雨を降らせることに「成功した」と報じた。[14] フェラートはまた、種まきを早朝に行なうと太陽光が増え、その結果、その日一日、霧、靄（もや）、雲が出なかったと主張した。オランダのゾイデル海上空を飛ぶ小型飛行機から、フェラートは摂氏マイナス七八度のドライアイスの粉末粒子を、発達している積雲に三三〇〇ポンド（約一五〇〇キロ）散布した。これを見ていた観客は、その後いく筋かの雨が落ちてきたと証言したが、雨が実際に地面に到達したという証拠はない[15]。一九三一年、フェラートはオランダでちょっとしたベストセラーになったがいまでは入手困難な『曇りがちな北極にもっと陽光を、熱帯にもっと雨を』を出版した。この本で彼は、降雨技術にかかわった自分の経歴を語り、自分の実験と理論を概観し、広範で包括的な主張をまとめている[16]。

長年にわたって、ドライアイス、過冷した水氷、アンモニウム塩などを使って雲の種まきをあれこれ試したと、フェラートはこう述べた。彼の理論によれば、種まきした物質の粒子は以下のようなことができるという――雲の安定性を乱したり不安定性をかきたてたりする、凝結の潜熱を放出させる、場合によっては電荷に影響を与えて雲を消散させたり水蒸気を凝結させて雨を降らせたりする。新進気鋭の気候エンジニアとして、彼はこうした手法を広く適用すれば、雨（夜間）も太陽光も増やせる一方、空気を清浄にして嵐の頻度と強度を抑えられるのではないかと予想した。暑すぎたり寒すぎたり、湿度が高すぎたり低すぎたりする気候帯を手直しすれば、世界はよりよい場所になると考えた。

フェラートは一九三二年に死去した。ベルシェロンとフィンダイセンが雲物理学についての論文を発表する前のことだ。気象学者たちはこれまでフェラートの貢献を過小評価してきた。彼は「正しい」物質を使っていたのに、自分が引き起こした降雨プロセスを理解していたわけでも、過冷状態の雲をさらに冷やして氷晶を形成するにはドライアイスが効果的だと知っていたわけでもなく、うまくいったのは単なる偶然に違いないと一蹴したのである。フェラートは学術界にコネがなく、あまりにも情熱的だったため、オランダ王立気象局局長のE・ファン・エフェルティンヘン博士は、「非気象学者のいかさま師」というレッテルを貼った[17]。気象学者のホレス・バイヤーズは、一九七四年、雲の熱構造を変化させ、気温を逆転し、電気的効果を創出するというフェラートの曖昧な概念は科学界に受け入れられなかったと書いた[18]。そのため、気象制御の先駆者として人びとの記憶に残っているのは、フェラートではなくGEの専門家たちなのだ。

シェーファーはGEで機械工や工具製作者としてキャリアを積み、一九三二年にラングミュアの研究チームの一員となった。模型、装置、プロトタイプの製作が専門だった。彼は野外活動も行なっていて、自然の研究と保護に携わり、ニューヨーク州北東部のアディロンダック山脈をハイキングした。一九四〇年、薄いプラスチックコーティングを用いて個々の雪の結晶を複製する方法で一躍有名人となった。一九四六年七月一二日、シェーファーは、霧箱として利用している家庭用冷凍庫にドライアイスの塊を入れて、温度をさらに下げようとした。すると驚いたことに、冷たい水蒸気が即座に無数の小さな氷晶に変化したのだ（図5・1）。あとで測定したところでは、霧箱の温度は摂氏マイナス一二度からマイナス三五度まで下がり、「過冷」水滴から氷の雲が生成されたのだった。その日の彼の業務日誌にはこうある。「実験室で一連の実験を終了したばかりだ。これらの実験は多数の氷晶を生成する仕組みを示していると思う[19]」。シェーファーはのちにこう回想している。

図5・1　シェーファーが、ラングミュア（左上）とヴォネガット（右上）が見守るなか、1946年7月12日の発見を再現している。この発見が新しい気象制御のさまざまな実験のきっかけとなった。同僚によれば、シェーファーは見たいという人がいれば何度でもこの実験を繰り返したという（シェーファー文書）。

それは偶然の賜物だったが、私にも何が起こったかを理解するだけの判断力はあった……そこで霧箱からドライアイスの大きな塊を取り出し、次にもう少し小さいドライアイスを入れ、ドライアイスをどんどん小さくしていった。そしてとうとう、過冷状態の雲を生成してから、箱の上でドライアイスのかけらを削り落とすと、氷晶のついた小さな粒が箱を満たすことがわかったのだ。こうして、非常に重要なことをなしげたことを知った。[20]

翌週の七月一七日、ラングミュアは旅から戻ってきてその結果を自分の目で確かめると、業務日誌にシェーファーの発見に関する分析を書き、そのうえに「気象の制御」と大書した。[21] シェーファーによれば、ラングミュアは「すっかり舞い上がり、非常に興奮してこう言った。『よし、今度は実際に自然の雲で同じことができるかどうか大気で試してみよう』。そこで私はすぐに……自然の雲にも種まきをしようと計画を練りはじめた[22]」

その年の夏、気象制御の可能性があちこちで噂されていた。七月三一日、シェーファーはざっと計算して、五〇ポンド（約二三キロ）の塊のドライアイス（価格は二ドル五〇セント）があれば、粉砕して飛行機から雲へ撒き、大量の雪がつくれると考えた[23]。一九二〇年代の帯電した砂の手法を考案した科学者のように、シェーファーは「降水」が地面まで到達しなくても、雲を乾燥させて消滅させられると踏んだ。「そうすれば、弾幕や係留気球、ロケットなどを適切に活用することによって、空港周辺や飛行経路の視界をクリアにし、山岳地帯に雪を降らせて貯水やスポーツに利用し、都市に雪が降るのを防げるかもしれない[24]！」ラングミュアもまた、ドライアイスを使って自然雲の種まきをすることの甚大な経済的・実際的影響を計算していた。

昔日のレインメイカー

一般市民が雲の種まきについて耳にする前の一九四六年九月、アメリカ中西部に住む作家兼脚本家のホーマー・クロイが『ハーパーズ・マガジン』誌で子供時代に遭遇したレインメイカーについて回想した。記事の内容は時代錯誤もいいところだった。「私が少年だったある日、父が声をかけてきた。『支度して。レインメイカーを見に町に行くぞ』。やった！　仕事はなしだ。飴のネズミを買ってもらえるかもしれない。リコリス菓子だって……。いつも町に行くと何かしら面白いものがあった。すぐにタクシーに乗って、埃（ほこり）っぽい道を町に向かった。両側には、水欲しさにあえいでいる瀕死のトウモロコシ畑が広がっていた[25]」。クロイの回想では一八九〇年代、とくに旱魃時にはレインメイカーの需要は高かった。その日、クロイの家族はほかの住民と一緒に、鉄道の停車場に集まった。ロックアイランド鉄道が派遣したレインメイカーが、特別な装備をもつ有蓋貨車から魔法をかけるところだった。

謎めいた貨車の内部で派手な振動が起こったかと思うと、数分で灰色がかったガス（これがトウモロコシの救いの神になるのだ）が、屋根に取りつけられた燃料炉用の煙突から吐き出された。すぐにガスの臭いが鼻をついた。それまで経験したことがない悪臭だった。しかし雨を降らせるのに必要なのであれば仕方ない、我慢しよう。このときまでにわれわれの大半は知っていたのだが、理論上は、このガスが立ちのぼり、ガスの粒子の周りに水蒸気の粒が凝結して雨が降る……。単純で筋が通っているように思えた。ガスが空中に上がり、われわれの目も上を向き、希望も空高く舞い上がる……。二、三時間ですむこともあれば、二、三日かかることもあった。

しかしその日の午後は、「馬の毛布程度の大きさ」の小さな雲がひとつ空に現れたかと思うと、あっというまに消えてしまい、また雲ひとつない空になった。クロイの家族はその晩がっかりして帰宅したが、幻滅はしていなかった。ベッドに入ると、小屋の屋根を打つ雨音が聞こえてきた。最初は希望を持たせるようにぱらぱらと、やがて激しく降り出した。土砂降りが始まった。翌朝、「すべてうまくいった。旱魃は終わった。どうして終わったのか、われわれは知っていた……。

われわれは町に来てくれたあのすばらしい人物に感謝した」

この記事で、クロイはこうした出来事が起こったのも昔は騙されやすかったからだとし、こう結論している。「いまでは、中西部のトウモロコシ栽培地域のどこにもレインメイカーを信じる者はいない……。かつて私が、レインメイカーが作物を救うのを見に町に行ったものだなどとは考えられないだろう。だが当時の私は、そしてほかの人びとも、それを信じていた」。これほど皮肉なタイミングもなかっただろう。クロイの記事が『ハーパーズ・マガジン』誌に掲載されたのは、シェーファーがドライアイスによる種まきの効果を発見した直後で、GEがそれを発表し、気象制御に対する信頼と希望の新たな波を招き、商業的なレインメイカーが復活する直前だったのである。

GE、世界に公言

一九四六年一一月一三日、GE報道部がこんな発表をした。研究所の冷凍庫の実験で雪の結晶をつくりだすことに成功したので、科学者たちが近々「人間による雪雲の制御」について調べるために屋外実験を行なうというのだ。[26]『ニューヨーク・タイムズ』紙には「科学者が本物の雪の結晶を生成」という見出しが躍った。[27] 一一月一三日はまた、シェーファーが近くのバークシアヒルズ〔マサチューセッツ州西部の山地〕にあるグレイロック山の上空から六ポンド（約二・七キロ）ものペレット状のドライアイスを撒き、氷晶を生成して約三マイル（約四・八キロ）にわたり雪を降らせた日でもあった。こうして雲の種まきの新時代の幕が開いた。[28] シェーファーはこの実験について次のように語った。

午前九時三〇分、GEの飛行テスト部門のカーティス・G・タルボットが、フェアチャイルド社製の旅客機をスケネクタディ飛行場の東西に伸びる滑走路から離陸させた。同乗した私とカーティスが携えていたのは、カメラ、ドライアイス六ポンド、過冷状態の雲を氷晶に変える初の大規模実験の計画表である。離陸したとき、気温は摂氏六度だった。空には長い層雲がそれぞれ孤立して、高度約一万フィート（約三〇五〇メートル）あたりに浮かんでいた。

われわれはすぐに高度を上げはじめた。一時間ほど経った頃だろうか……（高度一万四〇〇〇フィート〔約四二七〇メートル〕あたりにある、摂氏マイナス一八・五度の過冷しているらしい雲に到着した。雲の端は明るい虹色で、温度計の水銀球に軽く氷がつきはじめていた）。午前一〇時三七分、カーティスが雲に飛行機を突っ込んだので、私もドライアイス散布装置を稼動させた。約三ポンド〔のドライアイス〕を撒き、飛行機を旋回させて南に向かった。

このあたりで後ろを向くと、通過したばかりの雲の底から雪が長い筋となって降っているではないか。大声でカーティスに呼びかけ、機体を旋回させてくれと頼んだ。そしてたくさんの輝く雪の結晶のあいだを突っ切った！　輝きを放つ二二度のハロー〔大気中に浮遊する氷晶によって生じる七色の光の輪〕とそれに隣接した幻日〔太陽の両側にできる二つの光点〕を見た……。次は、種まきしていない雲の密度が濃い部分に飛行機を乗り入れ、そこでさらにペレット状のドライアイス（一六分の五インチ〔約〇・八センチ〕から砂糖くらいの大きさのペレット）をまた三ポンドほど撒いた。窓を開けて、通過する大気にドライアイスを吸い込ませた。それから雲の中を西に向かい、二〇〇〇フィート（六一〇メートル）から三〇〇〇フィート下に、雪がとばりのように降っていて、雲がまたたくまに乾燥していくのを目の当たりにした……。われわれを取りまいている雲には、雪の結晶がきらめいていた。[29]

シェーファーのメモの次のくだりから、その瞬間の本当に興奮した様子がはっきりわかる。「私はカーティスのほうを向いて握手をした。『やったぞ！』当然、二人とも心から感激していた。二酸化炭素が窓から撒かれた速度が雲に与えた影響は驚くべきものだった。まるで二酸化炭素が爆発して、効果が瞬時に広範囲に広がったかのようだった」。飛行場に戻ると、ラングミュアが走ってきて実験者二人を熱狂的に祝福した。空港の管制塔からの眺めもすばらしいものだったと称え、雲の種まきが始まるやいなや、五〇マイル（約八〇キロ）以上離れた雲の底から長く筋を引く雪が見えたと声を弾ませた。

GEの副社長で研究部門担当取締役のC・ガイ・スーツはすぐさま、軍用機であれ民用機であれ、もっと高性能の飛行機を使うようにと勧めるメモを書いた。GEが所有している飛行機は高度一万四〇〇〇フィート以上は飛べないからだ。軍に太いパイプがあるのを誇示するかのように、スーツはこう述べている。「陸軍航空隊に何らかの支援を依頼しよう。その関係で［カーティス・E・］ルメイ少将（広島・長崎の原爆投下を指揮）に電話するのがいいのではないかと思う。この実験の初期段階の成果について［彼が知っているのであれば］なおさらだ[30]」

図5・2　1946年11月13日と14日にプレスリリースを発表したあと、GEが受け取ったニュース記事の山（シェーファー文書）。

翌日、GEはこの実験について詳しく発表し、実用の可能性が無限に広がりそうな科学的予測の勝利だと喧伝した。「一九四六年一一月一四日、ニューヨーク州スケネクタディ――GEの科学者たちは、マサチューセッツ州西部のグレイロック山上空を飛行機で飛び、三マイルにもおよぶ雲を使って実験を行なった結果、雲を雪に変えることに成功した[31]」。ラングミュアはこの結果が実験室での実験・計算に基づいた予測に「完全に一致している」と言い切った。彼の予測では「豆粒ほどの」ドライアイス一粒で数トンの雪を降らせることができれば、山のスキー場に「飛行機が一回飛ぶだけで膨大な量の雪を降らせ」、ひょっとしたら主要都市に雪が降らなくなるようにできるかもしれない。条件次第では、雲の種まきの技術を用いて、飛行場や港湾の上空の霧を晴らしたり、航空機への着氷の問題を防いだりできる可能性もある。発表後、報道が相次ぎ、実験室は無数の切り抜きで「埋もれた」（図5・2）。『ニューヨーク・タイムズ』紙は「三マイルの雲が、飛行機から散布されたドライアイスによって雪に変わった……人間による水蒸気制御の新たな可能性が生まれた[32]」。ルイス・ガスマンとオーギュスト・フェラートは草葉の陰で歯噛みしたことだろう。

封書、葉書、電報が洪水のように押し寄せた。クリスマスの野外劇で、去年の白いコーンフレークの代わりに雪を降らせたいという依頼があったかと思えば、大学の冬の祭りに人工雪をという依頼が舞い込んだり、市場で優位に立ちたいスキー場運営会社が助言を求めてきたりした。レーニア山（ワシントン州）の捜索救助隊が、墜落した飛行機を見つけるために霧を晴らしてくれ、とGEをせっついたこともあった。映画のプロデューサーが吹雪を特注してきたりもした。ロサンジェルスの空気汚染担当職員がシェーファーに手紙を書き、都市部の空気を浄化するにはどうしたらいいか聞いてきたこともある。カンザス州商工会議所会頭がハリー・トルーマン大統領に電報を打ち、GEの技術を使って旱魃を何とかしてくれと泣きついたこともあった。これに対して、米国気象局長のフランシス・W・ライケルダーファーが、ドライアイスの種まきは特別な状況下でのみ作用するもので、作用したとしても、どこまでが人間の力によるもので、どこまでが自然の力によるものかを判断する方法を誰も確立させていないため、賛否が分かれているという返事を書き送った。ハワイのサトウキビ栽培者は、自分もまた、一九四一年に山頂から巨大なパチンコで谷の霧に向かってドライアイスの塊を発射して雲を冷やし、雨を降らそうと試みたことがあると書いている。彼は暖かい雲を相手にしていたはずだから、さぞ大量のドライアイスが要ったことだろう。GEは、ホワイトクリスマスをわれわれに売りつけるために「雪カルテル」を形成しようとしているのではないか、という新聞の社説もあった。[33]

訴訟の脅威

気象改変の進展について極端に楽観的な報告が、GEの一九四七年の年次報告書に掲載された。

「気象制御のさらなる実験が新しい知識へとつながった。それは、いまや人類にとって計り知れない恩恵をもたらすものと思われている」[34]。シェーファーの雲の種まき実験が、偶然にもニューヨーク北部での八インチ（約二〇センチ）の積雪と重なったことがあった。その日、天気予報では「快晴で暖かい一日」になると報じられていた。ラングミュアはすぐさま、雲の種まきが嵐の「トリガーとなった」と主張した。雲の種まきは次第に問題視されるようになり、ラングミュアの誇張した言い分のせいで会社は訴えられるおそれが出てきた。一般企業の研究支援の範囲を大きく逸脱していたからだ[35]。

一九四六年一一月一八日、一般市民が雲の種まきのニュースを知ったわずか三日後、ニューヨーク市の保険ブローカーのシメオン・H・F・ゴールドスタインは、賠償責任補償の必要が生じるかもしれないとGEに注意を促し、「御社の指示で発生した人工雪嵐が原因の怪我や物的損害の賠償を求める訴訟から御社を守る」保険を提供すると申し出た。

新聞報道によれば、御社は雪を製造する方法を開発し、いずれそれを屋外で使用するとのことですが、そうなると御社は訴訟に直面することになるでしょう。交通事故や落下による怪我は自然の雪が降ってもたびたび起こりますから、人工雪が降っても同じように発生します。政府組織や大きな不動産の所有者は、道路や幹線道路を除雪するのに余分な経費を計上しなければなりません。雪が溶ければ洪水が発生します。また、屋外にある建物や、完全に覆われてはいない構造物に直接の被害を与えるおそれもあります……。これまでにない新手の事業ですので、予測可能な被害の原因だけでなく、ほかの損害賠償の原因にもなるかもしれません。その性質や賠償の範囲は予測不可能です。こうした状況に対し御社が何の手段も講じないでいるのは、きわめて危険だと申し上げたいと思います。ご連絡をお待ちしております。[36]

GEの弁護士は、対物賠償訴訟や、不便を強いられたために起こされる訴訟が殺到することをおそれ、すぐにラングミュアと彼のチームを黙らせようとした。しかし、ラングミュアとシェーファーはちょうど宣伝活動の波に乗っているところだった。どちらも積極的かつ熱心に大規模な気象制御を宣伝し、普及させた。しかしラングミュアのほうが影響力は大きく、ノーベル賞受賞者という立場をひけらかしていた。報道で、そして気象学者の前で、ラングミュアは大規模な気象制御、さらには気候制御という刺激的な構想の詳しい説明を繰り返した。軍用になるかもしれないともほのめかした。いよいよ病的になりつつあったのだ。[37]

巻雲プロジェクト

一九四七年二月、GEの研究部門担当取締役のスーツは、屋外の雲の種まき実験を急いで中止させ、ラングミュアのチームに、陸軍通信隊、海軍研究所、空軍が行なう秘密の新しい雲の種まきプロジェクトである巻雲(けんうん)プロジェクトには、あくまでもアドバイザーとしてのみ参加するよう指示した。GEの契約書で明記されているとおり、このプロジェクトの一般的な目的は種まきによる「雲粒と雲の改変の研究」であり、そこには雲の含水量、粒のサイズと分布、雲の垂直方向の発達についての調査が含まれる。[38] こうした政府機関は、雲の物理学と化学の基本的な知識を探究して、業務上の予測の精度を上げるとともに、雲を改変する実践的技術を向上させて、軍事目的や可能な経済発展に役立てようとしていた。[39] 契約の重要な条項ではさらに、「飛行計画は政府の人員と設備を使って政府が全面的に実施し、計画の独占的管理権も政府が持つ」と規定されていた。スーツは部下に「このプロジェクトに参画しているGEの社員は全員、飛行計画に関していっさいの管理も指示も控えることを徹底されたい。わが社の研究チームの責務は、実験室の作業と報告だけに厳密に制限されている」と通達を出した。[40]

GEは、本件は間違いなく一切が政府所掌となっており、政府は適切な法規によって降雨の発生を調整し、政府の代理として活動しているすべての契約者、とくにGEの損失を補償すべきだと主張した。ジェイムズ・フォレスタル国防長官は議会に「雲の改変の実験を請け負った契約者を、第三者による損害賠償から保護する」[41] 法律を求めたが、そんな法律は成立しそうになかった。『ハーヴァード・ロースクール・レコード』誌はこう報じた。

現在、巻雲プロジェクトの年間予算は陸軍と海軍で七五万ドルだ。雪や雨で敵の動きを取れなくする、最低限のコストで飛行場の霧を晴らす、発生させた嵐を細菌や放射性物質で汚染させるなど、軍事目的に転用できる可能性があるからだ。バルジの戦いでは、ナチスが過冷状態の霧の中を出動して攻撃したが、ドライアイスがほんの数ポンドあれば状況は一変したに違いない。[42]

一九四七年から五二年にかけて、巻雲プロジェクトは二五〇回ほど実験を行なった。その内容は、冷たい巻雲および層雲と暖かい積雲および冷たい積雲の改変、定期的な種まき、森林火災の消火、ハリケーンの威力を緩和させようという特筆すべき試みなどだ。このプロジェクトを進めていた研究者は、雲物理学に応用可能な最新の技術一式を開発した。飛行中に温度を測定し、雲の特性を分析する計器、雲粒と氷晶を集める機器、人工核を生成する装置などだ。[43] 種まき装置、新型計器、カメラを搭載した軍用機（最初はB17、次にB29で、最終的に六機）がスケネクタディ飛行場（プロジェクトの本拠地）のすぐ北にある一〇〇〇平方マイル（約二六〇〇平方キロ）の飛行制限区域で活動した。巻雲プロジェクトの援助を受けて、ラングミュアは中央アメリカの雲の種まき業者と相談したり、暖かい対流雲で雨を降らせたいハワイの雲の種まき業者と連絡を取ったりしていた。これがきっかけで、ラングミュアは、たった一滴の水滴で積雲に連鎖反応を起こせないかと考えるようになった。巻雲プロジェクトのスタッフは膨大な写真やその他のデータを集めて分析したが、種まきに対する大気の反応にはむらがあり、人工降雨剤の効果を確定するには至らなかった。とはいえ、数回の実験の首尾は上々であり、国防総省は巻雲プロジェクトの研究を拡大し、ニューメキシコ州の降雨増加の実験、ニューイングランド地方の森林火災の消火の試み、プエルトリコでの液体水を使った暖かい雲への種まき、大西洋のハリケーンの威力の抑制を含めることにした。[44]

同時並行で行なわれていた研究の一つに、空軍と気象局合同の雲物理学の研究プロジェクトがあった。このプロジェクトでは、層雲の層が消失するなど、種まきによって雲の外見ががらりと変わることがわかった。しかし、一九四八年にオハイオ州上空で、また四九年にカリフォルニア州とメキシコ湾岸諸州の上空で実験を行なったところ、雲の種まきは自己増殖する嵐を巻き起こすことも、旱魃を和らげることもないという結論が出た。気象局は一九四八年の実験に八万五〇〇〇ドルを、四九年の実験に一〇万ドルを支出し、空軍は航空機、人員、地上レーダー設備を提供した。(45)

ハリケーン・キング

一九四七年一〇月、GEは巻雲プロジェクトがハリケーンに干渉する予定だと発表した。ハリケーンを「退治する」のではなく、ハリケーンの一部にドライアイスで種まきをして、その効果を試す実験を行なうのだ。大西洋の熱帯低気圧八号、通称ハリケーン・キングがちょうどフロリダ州南部一帯に壊滅的な被害を与えて通過し、オーランドから北東約四〇〇マイル(約六四〇キロ)の大西洋を激しく波立たせているところだった。ハリケーンはさらに沖合いに進むと予測された。一〇月一三日、ダニエル・レックス海軍少佐に率いられ、シェーファーも同行した巻雲プロジェクト・チームは、嵐の目に八〇ポンド(約三六キロ)のドライアイスを、ハリケーンに付随している二つの対流雲に一〇〇ポンドのドライアイスを投下した。

新聞は当初、この部隊は「ハリケーン退治」をすべく嵐を「攻撃」し、風を減速させたり方向転換させたりすると伝えた。「史上初の人間による熱帯低気圧への攻撃」であり、原爆で放出されたエネルギーをはるかにしのぐ自然のエネルギー相手の実験と報じられた[46]。公式な成果は軍事機密扱いで、シェーファーも種まきによって見た目の変化があったかどうか「言うことを禁じられている」と語った。レックス少佐の公式報告書では、まだ公表されていないが、種まきされた雲層は目立って形が変わったとされている[47]。その後どうなったかは、ラングミュアに言わせれば「誰にもわからない」。というのも、ハリケーン・キングはU字曲線を描いて西に向かい、サヴァナ（ジョージア州）に近いサウスカロライナ州との州境の沿岸部一帯を直撃したからだ（図5・3）。チャールストンでは木が倒れて一人が死亡した。ハリケーン・キングが再上陸したときの被害総額は二三〇〇万ドル以上になった[48]。セントピーターズバーグ（フロリダ州）の新聞に掲載された手紙で、J・M・エンダースはGEの研究部門担当取締役のスーツに対し、この惨状は「あなたたちが天気をもてあそんだからだ」と非難し、サヴァナの住民はこれは偶然だとは思っていないと指摘した。それどころか「ハリケーンをおもちゃにした陸軍と海軍にひどく腹を立て[49]」てい

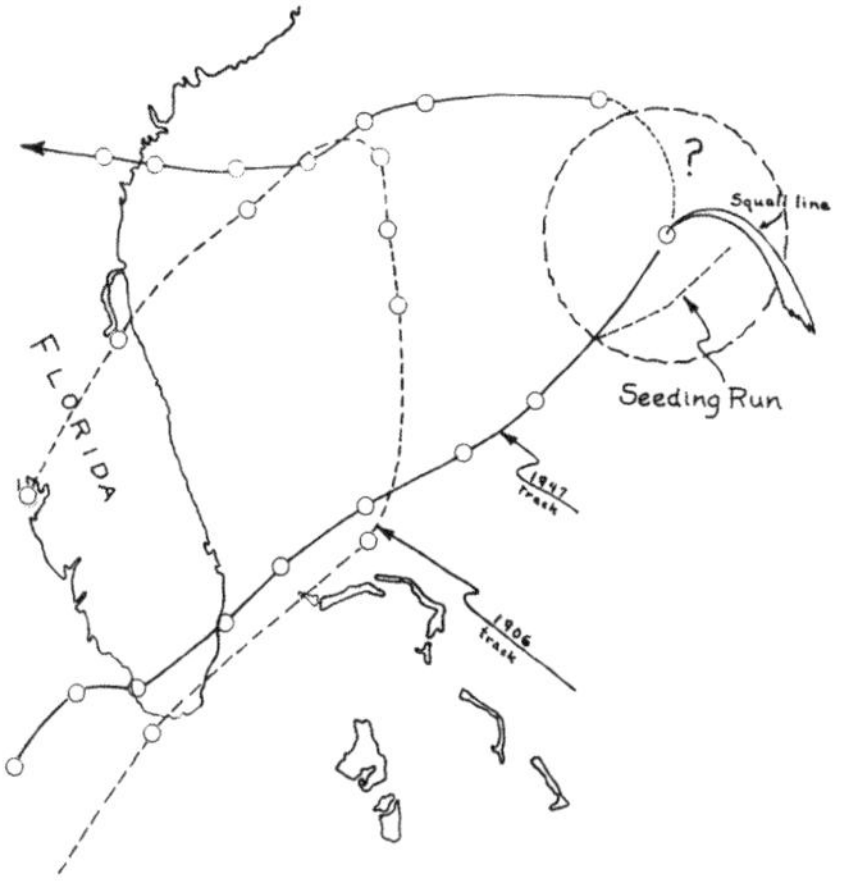

図5・3　1947年の巻雲プロジェクトによるハリケーンの種まき実験とその後のハリケーン・キングの進路（実線）、および1906年のハリケーンの進路（破線）。どちらも急に進路を変えた。気象局が実施した後ろ向き調査によれば、ドライアイスによる種まきではなく、上層の指向流によってハリケーンが突然方向を変えた可能性が高い（シェーファー文書）。

たのだ。

公に「ハリケーン・バスターズ」のせいだと責めた者はいなかったが、いまならそうはいかないだろう。種まきのあとに起こった――必ずしも種まきが原因とはかぎらないが――ハリケーンの突然の進路変更は、ハリケーンを制御したと大々的に宣伝しようともくろんでいたGEの士気を挫いた。シェーファーは記者会見に出席したが、質問をかわすので精いっぱいだった。彼は公式報告書にこう書いた。「プロジェクトの宣伝計画の変更が大幅に遅れたが、こうしたことは完全にやめるべきだ。再び同様の事態が試みられるようなら、プロジェクトの［広報係を］任命して事に当たらせるべきだ(50)」。普段は反省しないラングミュアもさすがにこう認めた。「今回の実験で得た最も大事な教訓は、ハリケーンについては、現在の知識を大幅に上回る知識を有していなければならないということだ(51)」。ラングミュアの心はすでに次のハリケーンの季節に向かっていた。彼の願いは、巻雲プロジェクト・チームが陸からかなり離れた沖合いでハリケーンに干渉することだった。ハリケーンの中を複数の経路で飛び、「ハリケーンに種まきして、どうにかその位置を変えたり動かしたりできないか観察することだ……。大きな賭けになるが、知識が増えれば、これらのハリケーンの悪影響をなくすことができると思う」

六〇年後、ハリケーン・キングの事例は国土安全保障省にとっていい教訓となるかもしれない。二〇〇八年現在、同省は熱帯低気圧の威力を弱め、進路を「そらす」ことを目指す新手の研究に資金を提供したいと思っている。だがもちろん、ハリケーンは決まったコースに沿って来るわけでも、スケジュールどおりに来るわけでもない。したがって、人間の手が加わったハリケーンに

よって被害を受けた人なら誰でも損害賠償を起こすことが可能だ——政府がこうした訴訟に禁止令を出さないかぎりは。(52)

ヨウ化銀

一九四七年一月、GEは気象制御について再び胸躍るニュースを発表した。物理化学者のバーナード・ヴォネガットが、ヨウ化銀の分子が人工核として作用し、雲の水滴を「騙して」結晶させることを突き止めたのだ。(53) 第二次大戦時、ヴォネガットはマサチューセッツ工科大学(MIT)の化学工学部でガス兵器について、気象学部で航空機着氷の問題について研究していた。一九四五年にGEに移ると、ラングミュアやシェーファーと密に連携しながら研究を進めた。弟で有名作家のカート・ヴォネガットも、宣伝担当としてGEに勤務していた。

シェーファーの冷凍庫の発見を受け、ラングミュアはヴォネガットに「ドライアイスによって生成される氷晶の数」について定量計算をするよう依頼した。それがきっかけで、ヴォネガットは雲の中で氷晶を生成する可能性があるほかの物質を探しはじめた。彼はそのときの話を五年後にこう語っている。「結晶の構造が氷に酷似しているものが見つかれば、うまくいくのでは、と思いついた。そこで、要覧を見て構造が似ている物質を探した。候補となったのは……ヨウ化鉛、アンチモン、ヨウ化銀だった」。(54) 粉末状のヨウ化鉛は、シェーファーの冷凍庫で「そこそこの数の結晶」を生成した。シェーファーはこの現象の原因を分子が六角形であることだとしたが、それでも彼らは望んでいた結果を得るには至らなかった。「どうすればいいかわからなかった。私はあたりをうろついてから、［銀から生じる］金属煙を冷凍庫に入れてみて何が起こるか観察することにした。すると驚いたことに、冷凍庫は氷晶でいっぱいになった。ものすごい数だ……。そこでヨウ化銀を思い出し、それを使って煙を立ててみた……。ヨウ化銀を気化させると魔法のようによく効いた」。ヴォネガットの研究日誌によれば、一九四六年一一月六日には、彼は人工核をつくる物質としてヨウ化鉛を割り出していた。テストを何度も繰り返し、一一月一四日にについにヨウ素蒸気と金属銀を使って結果を出した。「やった！」一一月一八日、シェーファーの屋外実験からわずか四日後、ヴォネガットは作用したのがヨウ化銀であることを突き止めていた。その六角形の構造からヨウ化銀は氷の凝結核と似た振る舞いをし、過冷状態の雲の中で「爆発的な速度で氷が成長する」のを促すのだ[55]。

まもなく、ヴォネガットは地上に設置したヨウ化銀製造装置で種まき実験を開始したが、どちらの方向に煙が向かっているのか、どんな効果を起こすのかがわかりにくかった。一九四七年一二月に飛行機を使った実験も行なったが成果は出なかった。だが、GEの気象専門家であるレイ・ファルコナーとともにヨウ化銀製造装置を用いてワシントン山山頂で行なった実験は、最も納得のいく成果が上がったと「感じられた」。「上々の結果を得たと確信した……ヨウ化銀製造装置から煙を山頂の上空に吐き出させ、結構な量の雪を降らせた[56]」。彼はまだ、粒子を追跡してその凝結を計測する安定した手法を開発していなかった。ところがGE報道部は、すぐに自分たちの手柄だと主張した。

製造装置を地上に設置してヨウ化銀やほかの物質の核を広大な空中に放出することができるなら、冬季にアメリカ北部上空の一般的な雲の形態を変えることが可能かもしれない……。そうすれば、着氷性暴風雨、氷晶雨による嵐、雲の氷結条件などをすべて打ち消せるだろう。太陽光によって吸収される熱も変化する。地域によっては、冬季の平均気温を変えることもできるはずだ[57]。

一方、ヴォネガットはそれほど楽観的ではなく、ヨウ化銀自体に問題があると指摘した。環境中にいつまでも残るため、適温の雲に放出すると、長いこと活性化したままの状態になる。しかし、ドライアイスはすぐに作用して昇華する。彼はのちにインタビューでこう回想している。「商業的な雲の種まきに使うにはヨウ化銀はよくないと思った。彼らは火遊びよろしくヨウ化銀をあちこちの空に撒き散らしている。影響が甚大であることを否定して、公共的な責任感を示していないのは恥ずかしいことだ。有害な物質を生成して、風下に向かって広範囲に悪臭を放っているというのに[58]」

それでもラングミュアは、化学物質を使った種まきのほうが自然の氷核よりも優れていると、ひたすら売り込んだ。化学物質のほうが高温で作用し、溶けも蒸発もせず、広範囲の空に散布できて、雪が降るまで作用しつづけるというのがその理由だ。彼の発言は、GE報道部が出した裏づけのない声明の二番煎じだった。ヨウ化銀のおかげでひどい航空機着氷が防げ、雹（ひょう）を抑制できるというのだ。ラングミュアの試算ではわずか二〇〇ポンド（約九一キロ）のヨウ化銀があれば、アメリカ全体の空に雲の種まきができるはずで、大規模な天気の改変、さらには気候の改変さえ可能になるかもしれないのである。[59]

ニューメキシコ州での種まき

一九四九年七月、巻雲プロジェクトはニューメキシコ州ソコロ島で活動を進めていた。ヴォネガットが地上で実験用バーナーを稼動させ、陸軍航空隊がラングミュアとシェーファーを立会人に、ドライアイスで雲の種まきをした。ある日、ヴォネガットが実験していた積雲のひとつが「派手にヒューヒューと音を立てていた。すぐに稲妻に気づいた。大いに胸が躍った。私は『ひょっとして自分のせいだろうか』と思った」。[60] 夕方、同僚が成果なしで戻ってきたとき、ヴォネガットは、もしかしたら地上のヨウ化銀製造装置が雲を全部氷にしてしまったので、ドライアイスの種まきに飛んだ飛行機が何の成果も得られなかったのではないか、と思いきって言ってみた。

その日、風下で広く雨が降ったと知り、ラングミュアは、一九四九年一二月から一九五一年七月までの八二週にわたり、週に一度、種まきを行なうよう指示した。その後、データを回収してほかの可能性を探りもしないうちに、彼はヴォネガットが開発したニューメキシコ州の地上設置型のヨウ化銀製造装置たった一台で、気候が全国規模で七日周期になりつつあるという荒唐無稽な主張をした。ラングミュアはこの言い分の裏づけとして、中西部と東部はこの時期の平均よりも湿度が高く、南西部ではこの時期の平均よりも湿度が低いことを挙げた。これは自然な状態でも定期的にそうなるのであり、彼が決まり悪そうに認めたところによれば、製造装置が稼動していない週は「ほかの週よりも降雨量が四〇パーセント多かった」のである。[61] それにもめげず、ラングミュアは、中西部とオハイオ渓谷でひどい洪水が発生し、広範囲で物損事故と死亡事故が発生したのは、これらの実験の結果だと言った。どうやら彼は、みずから考案した型破りな統計的手法を使って効果を「証明」したようだ。

天気の分析・予想分野の先達であるスヴェレ・ペターセンは、洞察に富んだ自伝で、一九五〇年代のラングミュアとの出会いを回想している。ペターセンは、ベルゲン学派〔ノルウェイのベルゲンで活動した学派〕で気象学の研鑽を積み、MITの気象学部の学部長を務め、第二次世界大戦時はノルウェイ軍に在籍し、イギリス空軍による爆撃、イタリアのアンツィオ上陸作戦、そしてあのノルマンディー上陸作戦のために予報を出していた。第二次世界大戦後、ペターセンはノルウェイ天気予報局局長、アメリカ空軍気象局の科学部門責任者、シカゴ大学の気象学部（のちに地球物理学）の教授と学部長を歴任した。彼は当時をこう振り返っている。

一九四七年頃、ノーベル化学賞受賞者のアーヴィング・ラングミュアと、GEで研究している彼のチームは、ヨウ化銀は小型の氷晶と構造が似ていることを発見した。自然の雲には、かなり低温でも氷晶があまり存在していないが、ヨウ化銀は簡単に製造できるので、ヨウ化銀を気温の低い雲に撒き、雲が天然の氷晶があると「騙されて思い込む」ことに賭けることにした。雲がそう思い込んでくれれば（無理だと思う者はほとんどいなかったが）、気象の改変（あるいは制御）は大した問題ではなくなる。

ラングミュアは不運にも、自分の専門からかけ離れた分野にでしゃばりすぎた科学者に、自然があれこれ仕掛ける落とし穴にはまってしまった。彼は確かに結晶点と結晶表面に関する化学の第一人者であり、哲学者であり、一般科学についても博識な人物だが、科学としての気象学の複雑さをわかっていなかった。大気では、実にさまざまな空間規模と存続期間のプロセスが共存し、相互作用している。衝撃とエネルギーは、連続する現象全体を行ったり来たりしている。分子過程から、果ては大気循環、大気全体の変化に至るさまざまな現象を行き来しているのだ。どの化学者だろうと、どの物理学者だろうと、どの数学者だろうと、気象学のこの摩訶不思議な性質を肌身で学んで理解しなければ、人間が自然のプロセスの細かな部分に干渉した際に大気がどのように反応するか、まともな判断を下すことはできない。さらに、大気が外部干渉に反応したかどうかを見極めるには、大気がそのまま放っておかれたらどうなるかを予測する必要がある。

繰り返しになるが、ラングミュアは不運だった。とりたてて深い考えなしに、彼はヨウ化銀製造装置をニューメキシコ州のどこかに設置して、毎週決まった日に「稼動させる」よう地元の人間と取り決めた。容易に入手できる気象通報を利用して、ラングミュアは七日周期で降雨量が変わり出したことに気づいた。驚くべきことに、この反応は局地的なものではなく全国規模で、ひょっとしたら半球規模だったかもしれない。ラングミュアおよび一緒に仕事をしていた多くの人びとは、ニューメキシコ州の装置一台で製造されるヨウ化銀を毎週噴射した結果、これまで知られていなかった大気の自然なリズムを刺激して、その結果降雨プロセスが人間の意志に屈したと結論を下した……。ラングミュアも、そしてほかの多くの人びとも、人間の要求に合わせて気象のプロセスを増幅させたり抑制したりできることを、ほとんど疑っていなかったに違いない。(62)

ラングミュアはペターセンの批判も、米国気象局の統計専門家グレン・ブライアーの、大気中の「自然」現象はよく七日周期で現れるという分析も受け入れることができなかった。(63)

ニューメキシコ州の一件のあと、スーツは、屋外実験と裏づけのない主張は巻雲プロジェクトを危機にさらし、研究部門が訴訟を起こされかねないと、ラングミュアに再度注意した。スーツは、ニューメキシコ州での結果の解釈について、シェーファーとヴォネガットにはラングミュアのような「自信はほとんどない」こと、地上に設置した装置による雲の種まきが原因で、GEが再び法的な問題に巻き込まれるであろうことを指摘した。「もし［雲の種まき］プログラムのせいでわが社が訴訟を起こされるという重大なリスクにさらされるようであれば、この研究をつづけることはほぼ不可能だ」。シェーファーとヴォネガットにも写しを送ったラングミュア宛ての長い手紙で、スーツは、「最近になって法律が変わったということはなく、現時点でGEの社員が訴訟リスクについて、前述の協定がまとまったときとくらべて認識を甘くしてよいわけではない」と警告した。そして、GEの社員の立場はあくまでも政府のアドバイザーだと、あらためて注意を促した。「GEの社員は、直接的にも間接的にも大気の現象に有害な影響を及ぼすおそれのある種まき実験を行なってはならない。妥当と判断された実験室の実験と、その結果を実際の気象条件で確認するために行なうごく小規模な気象実験は行なって差し支えない」。スーツは大規模に気象を改変したと報告した彼らの論文の発表も認めるわけにはいかなかった。専門分野の講演も禁じた。GEは人類に資するために実験を行なっているのであり、実験から一銭たりとも利益を得てはならないというのだ。「わが社がこの分野で行なう研究に起因する損害賠償訴訟という法外なリスクを負うことまで、わが社の責務だとは思わない」[64]

一九五〇年一月二日、ラングミュアは四〇年間在籍したGEを辞めた。GEはプレスリリースで、ラングミュアを「世界級の知名度を誇り、当代きっての科学者」であり、「ほぼ空気がない領域で知的な旅をつづけているので、唯一精神だけが穏やかに呼吸している」者と形容した。彼は、ガス入り白熱電球、高真空の電力増幅管、原子水素溶接、高効率煙幕発生装置、雲を使った人工降雪・降雨法などを発明し、一九三二年にはノーベル化学賞を受賞した。GEは、ラングミュアが巻雲プロジェクトを中心に、コンサルタントとして仕事をつづけるとも発表した[65]。

病的な情熱

退職後だというのに、ラングミュアの常軌を逸した主張はますますエスカレートしていった。一九五〇年一〇月にスケネクタディで行なわれた米国科学アカデミーの年次総会で、彼は基調講演を行なった。そこで、アカデミー会長D・W・ブロンクから、ジョン・J・カーティー科学振興賞を受け取った際、一九四九年七月二一日にニューメキシコ州で行なったヨウ化銀による雲の種まきによって、三万三〇〇〇平方マイル（約八万五〇〇〇平方キロ）もの範囲で〇・一インチ

（二・五ミリ）の降雨量を記録したのであり、さらに数日後、そこから七〇〇マイルから九〇〇マイル風下のカンザス州で異常な豪雨と洪水が発生した可能性があると、みずからの主張を繰り返した。スーツも観客の中にいたはずなのだが、さぞはらわたが煮えくり返っていたことだろう。[66]

著名な気象学者、チャールズ・ホスラーが、一九五一年にMITのシンポジウムでラングミュアと出会ったときのことを回想している。当時七二歳だったラングミュアは、雲の種まきによってハリケーンがフロリダ州沿岸沖へと進路をそらし、西へ向きを変えてジョージア州サヴァナを襲ったようだ、と懲りもせずに説明していた。当時、気象学で博士号を取得したばかりだった二七歳のホスラーは、こう指摘した。天気予報士たちは、ハリケーンの進路が変わったのは台風より大きな大気循環である指向流が原因だとしており、雲の種まきによって発生した少量の氷は、嵐で自然に生成された氷に圧倒されたはずだ、と。するとラングミュアは、簡単に言えばホスラーにこう返した。ホスラーは「大馬鹿なので、私の説明を受けるに値しないし、そう悟るべきだ[67]」。シンポジウムの休憩時間に、MIT気象学部長のヘンリー・ホートンがホスラーを脇へ呼んで、ラングミュアがあんな態度を取ったのも、雲の種まきは自分にとって最大の科学的発見だと固く信じているせいであり、反論に耳を貸す暇もつもりもないのだと説明した。これまた病的科学の格好の例だ。

ラングミュアはこうした主張を以前から繰り返していた。一九四七年一一月、ハリケーン・キングの一件からわずか一カ月後、米国科学アカデミーの会議でも、巻雲プロジェクトがいかにハリケーン・キングの進路を変えたかについて語っている。スケネクタディから全国放送された

『トゥデイ・ショー』〔アメリカのNBCが放映するテレビのモーニングショー〕では、同地出身の番組ホスト、デイヴ・ギャロウェイ相手に同様の主張を繰り返した。[68] 生涯を通じて、ラングミュアは気象学者が実証できない気象制御の自説を曲げなかった。ラングミュアと米国気象局のあいだで論争の嵐が何年にもわたって吹き荒れた。とはいえ、気象局もこの技術には強い関心を寄せていた（第八章）。気象局の雲物理学の実験では、夏の積雲からも冬の層雲からも大した降雨量を得られなかったので、気象局の面々は、巻雲プロジェクトの発見はほとんど裏づけがなく、ハリケーン・キングの進路を変えたというのは「壮大な気象学的でっちあげ」だと結論した。[69] 彼らは雨が大量に降ったことを示す証拠を見つけられず、雲の種まきの経済的な重要性については辛目の評価を下した。[70]

ラングミュアは大規模な気象の制御、さらには気候の制御の潜在的なメリットについて依然として熱く語っていたものの、一九五五年に作戦を変え、実験が失敗したときのリスクについて警告を発し、雲の種まき実験は広い空間がある南太平洋に移すべきだと提案した。ニューメキシコ州アルバカーキで行なわれた講演で彼は、一九四九年に南西部を襲った広範囲にわたる壊滅的な旱魃は、別の場所で雨を降らそうとしたことが引き金になった可能性があるし、四一人が死亡した一九五一年のカンザス州の洪水は、軍の雲の種まき実験によって引き起こされたという個人的な意見を披露した。「われわれには研究が、もっともっと研究が必要だ」とラングミュアは述べ、「人口が少ない」（したがって訴訟を起こされる確率も低い）南太平洋に実験を移すのが最善だと語った。[71]

議会が任命した気象制御諮問委員会への一九五五年の報告書で、ラングミュアはこう述べている。実験者が求めているのは、大陸間の距離をも埋めるような「大きな効果」であり、雲の種まきと地球上の大気循環パターン――たとえばハリケーン、とりわけ南太平洋の台風――の相互作用である、と。「北アメリカ大陸沿岸付近のハリケーンで実験しない理由は歴然としているが、嵐がどのように抑制できるかを学ぶのは非常に重要であると思われる。そのためには、人間の居住地域から遠く離れた場所で台風を使った実験をする必要がある[72]」

ラングミュアは太平洋における三種類の実験を勧めた。(1)十分発達した嵐への干渉。巻雲プロジェクトがハリケーン・キングで行なったものと同じだが、その目的は、周囲に住んでいる人がいないことが条件になる。(2)地域全体におよぶ大規模実験。その目的は、ヨウ化銀による定期的な種まきが未発達の台風を誘発し、場合によっては強度の低い嵐の発生回数を増やせるかどうかを確かめることだ。(3)誕生したばかりの嵐への干渉。必ずしもそれを遮ったり発達を妨げたりするのではなく、「進路を制御」する(強調は筆者)[73]。ラングミュアはビキニ環礁に行って、台風の進路を変え、循環する太平洋海盆全体を揺り動かしたいと思っていた(現在では、エルニーニョがそうした現象を起こすことが知られている)。そうすることによって、原子力を用いた比喩を、「積雲の連鎖反応」(原爆の爆発と同程度のエネルギーがある)から、水爆実験で放出されるのと同等以上のエネルギーを持つ台風の制御へと広げようとしたのである[74]。

商業的な雲の種まき

研究者たちが実証可能な成果を得ようと苦闘していた一方で、批判など意に介さない意志強固で熱意あふれる民間の気象企業家の一群は、もっぱら西部と中西部でビジネスを展開していた。彼らはこの新しい技術を盗用し、アメリカの陸地全体の一〇パーセント近くを雲の種まきの商業圏とすることにまんまと成功していた。彼らのビジネスに対して農家や各都市の水道局が支払う費用は、年間三〇〇万ドルから五〇〇万ドルにものぼった。こうした事業が広まると公の論争が次々と起こり、気象制御ビジネスを展開する企業家とその顧客は、気象局の役人と対立することになった。第三者が、雲の種まきによって発生したとされる損害賠償訴訟を起こすことも少なくなかった。たとえば一九五一年にニューヨーク市は、キャッツキル地区の住民が起こした、総額二〇〇万ドル以上の補償を求める訴訟一六九件を抱えるはめになった。民間のレインメイカーであるウォレス・E・ハウエル博士の活動が原因で、洪水やその他の被害が生じたというのだ。ニューヨーク市は、市の貯水池を満たすためにハウエルを雇い、少なくとも最初のうちは成功を収めたと発表していた。ところが訴訟を起こされると、市の担当者は手のひらを返し、種まきは効果がなかったと示すための調査を依頼した。原告は損害賠償を認められなかったが、ニューヨーク市に対する終局的差止め命令を勝ち取った。これにより、ニューヨーク市はそれ以上の雲の種まきはできなくなった。訴訟は最高裁寸前までいったところで終わった。前に述べたとおり、この事件のおかげで、ジョン・R・スティンゴ大佐がこうした訴訟の無作法さについて論評することになる。(75)

一九五二年六月一四日の『シアトル・タイムズ』紙は「ワシントン州の農民、降雨賛成派と反対派が対立」と報じた。「ヤキマ渓谷とウェナチ渓谷へと移動する雲の一群が連日ひそかに爆撃されている。雨を降らせたい小麦農家と雨を降らせたくない果物農家がそれぞれ資金を出して、正反対の実験を行なっているのだ。一方の攻撃は雲に穴を開けて雨を降らせようとするものだが、もう一方は雲を散らして雨を降らせまいとするものなのである」。この「湿らせ」作戦と「乾かし」作戦はどちらも地上型ヨウ化銀発生装置を使っていた。一方を設置したのはコロラド州デンヴァーのウォーター・リソーシズ・コーポレーションで、小麦農家のために雨を降らそうと試みていた。もう一方の機械はワシントン州オリンピアの気象学者、ジャック・M・ハバードによって設置され、雲に「追い撒き」しつづけて果物農家のために雨を撃退しようとしていた――国内版の雲の戦いである（図5・4）。

図5・4 気象制御の商業用途を強調した風刺画。レンセラー工科大学で開催された航空科学学会の会合で行なわれたシェーファーの講演で配られた（シェーファー文書）。

大災害

雲の種まきが、直接雨を降らせたり増やしたりしたという証拠はいっさいないが、気象絡みの大災害にかかわったことはある。一九五二年八月一五日、イギリスはデヴォンシャーのリンマスという小さな海浜リゾート地に、突如として恐ろしい悲劇が降りかかった。六インチ（約一五〇ミリ）から九インチもの豪雨が地域一帯を襲い、鉄砲水が町のメインストリートにものすごい勢いで流れ込んで、死者三五人、負傷者多数という大惨事になったのだ。当時のニュース映画は「イギリス史上最大の猛威をふるった嵐」と報じていたが、果たしてこれは自然の嵐だったのだろうか？大災害から数日のうちに、政府が支援している実験が近くで行なわれていたという噂が流れた。イギリス気象庁もイギリス国防省もこれを真っ向から否定した。数十年後、保管されている気象制御関係の書類と研究の閲覧要請がなされたものの、わかったのはただ一つ、その年の記録がないということだけだった。この悲劇から五〇周年を控え、ＢＢＣはイギリス空軍の飛行記録を入手し、実験に参加していた人物の一人にインタビューした。インタビューに応じたのはグライダー操縦士だったアラン・イェーツだ（その後亡くなった）。彼は当時進められていた積雲作戦なる秘密の雲の種まき実験、別名「まじない師作戦」について語った。

イェーツの回想によると「われわれは雲を調べるため、一九五二年の八月半ばに、ベッドフォードシャーのクランフィールドに集合しました。当日の天気は上々でしたが、綿の球のような巻雲があちこちに浮かんでいたので、これらの雲から雨を降らせることになりました」。仲間と一緒に「塩」を雲に撒いたのちに、彼は五〇マイル（約八〇キロ）先で激しい雨が降っていると教えられた。「私は雲のあいだを旋回し、几帳面に温度、高度、時刻などの記録を付けつづけました。やがてはるか下のほうに、ずぶ濡れになっている田園地方が見えました。気象学に祝杯を挙げました。［われわれは］間違いなく雨を降らせたのです」。しかし、洪水の話を聞くと「重苦しい沈黙が一同を包んだ」そうだ。事件から五〇年以上経ち、雲の種まきが洪水の真の原因なのか、それとも単なる不運なめぐり合わせのなせる業だったのか、定かではない。はっきり言えるのは、イギリス政府は責任をかぶりたくないために、プロジェクトを廃止して、実験が行なわれたのを否定したということだ(76)。

因果関係が立証できないほかの例といえば、雲の種まきが一九四七年のハリケーン・キングの進路を変えたのであり、一九四九年と五一年の中西部の洪水の原因だったかもしれない、というラングミュアの主張が挙げられる。また、サウスダコタ州ラピッド・シティで一九七二年に発生した有名な大洪水もそうだ。当時、ここで大規模な気象改変の実験が行なわれていた。この実験は州からも州民からも広く支持されていた。ところが、はるかに悪辣な事件が一九八六年にソ連で起こったのだ。

長年、ソ連は雲がモスクワに到達する前に種まきを行なっていた。大がかりな軍のパレードの際に雨が降るのを防ぐのが目的だ。これは無害にもばかばかしくも思えた。二〇〇八年の夏季オリンピックで中国政府が約束した雹への砲撃や気象制御のようなものだ。近年明らかになった証拠によれば、一九八六年にウクライナのチェルノブイリ原子力発電所で炉心が融解して爆発事故が発生し、火災が起きて膨大な量の放射性物質が放出されたのちに、ソ連当局は空気を浄化するために雲の種まき技術を用いた。これは史上最も悲惨な原子力発電所の事故だった。このときも、BBCが真っ先に雲の種まきとの関連を暴いた(77)。

事故後、チェルノブイリ上空では高い放射性のある雨雲が発達していた。卓越風はロシアとその主要都市であるモスクワやサンクトペテルブルクに向かって吹いていたが、雨がそこまで到達することはなかった。だが、チェルノブイリとモスクワのあいだに位置するベラルーシ地方を激しい豪雨が襲った。一九九二年、イギリスの生態学者でチェルノブイリ発電所の原子炉の風下地域の放射性物質のパターンを研究していたアラン・フラワーズ博士は、発電所から六〇マイル(約九七キロ)ほど北のベラルーシのゴメリ一帯に、極端に高濃度の放射性降下物が堆積していることを突き止めた。多くの子供が体内被曝の症状を示しているが、原子炉から一〇〇マイル以上も離れている場所で、どうしてそんなことがありえたのだろうか。可能性の一つがソ連による雲の種まきだった。

目撃者はフラワーズに、事故後にひどく激しい雨が降り、飛行機が色のついた煙を吐き出しながら飛んでいたと証言した。飛行機が去っていくと黒い雨が降り出した。ベラルーシの科学者で政治家のジアノン・パズニアクは、ソ連当局がモスクワを救うために、事前にその地域の住民に知らせることなく、意図的に放射性物質を降らせたと確信している。この非難声明を発表したのちに、彼は生命の危険を感じて亡命した。モスクワの関係者はこの言い分を否定したが、二〇〇六年、事故発生後二〇周年の式典で、元ロシア軍飛行士でチェルノブイリ原発事故の大気浄化時の雲の種まき作戦で褒賞されたアレクセイ・グルーシン少佐が、パズニアクの証言を裏づけた。

一九八六年の作戦に参加したことを誇りに思っています。同志も同様に誇りに思っています。私のチームが雲に強い影響を与えたのは、チェルノブイリ近郊でのことです。それも三〇キロ圏だけでなく、五〇キロ圏、七〇キロ圏、さらに一〇〇キロ圏にまで及んでいました。飛行機には、種まき剤のヨウ化銀を詰めた砲弾が搭載されていました。どのあたりで種まきをするかについては、［ソ連政府からの］指示に従いました。風は西から東に吹いており、放射性物質を含んだ雲が人口密度の高いモスクワ、ヴォロネジ、ヤスロラヴリといった町に到達するおそれがありました。もしこれらの都市に雨が降れば、数百万人の命が奪われる大惨事となります。(78)

作戦のあいだ、グルーシンと乗組員と飛行機は、ずっと高濃度の放射線にさらされていた。飛行場に着陸すると、彼は格納庫から遠く離れた場所に飛行機を停めるように命じられ、飛行機は被爆防止作業着を着てセンサーを携えた技術者によって迎えられた。彼らは風上から接近してきたが、すぐに背を向けて高濃度の放射性物質に汚染された飛行機から逃げ去った。グルーシンたちは爆発事故から二日後にはすでに種まきの任務を行なっており、何カ月も作業をつづけた。

政策立案者は、放射性物質を含んだ雲から何百万人もの命を救うために、意のままにできる方法を用いることで功利主義的倫理を適用したが、同時に排他的な秘密主義、特定の民族に対する偏見、犯罪とも言える恐ろしい判断ミスによって、住民にあらかじめ外に出ないよう注意もせず、ヨウ化カリウムの錠剤も配布せずに、自分たちの行動がもたらす悪影響を抑える努力を怠った。フラワーズによれば「こうした行動がなされなかったのは明らかだ」。ベラルーシで検出された高濃度の放射線が原因で、白血病、甲状腺癌、出生異常の割合が増加した。フラワーズに情報を提供したパズニアクは、この地域はすっかり破壊されてしまったと語り、ソ連政府を非難した。

雲の種まきが行なわれた地域には友達がたくさんいた。彼らは家を立ち退かねばならず、彼らの子供は病気になった。この地域では、子供の甲状腺癌の罹患率が五〇倍も増加した。雲の種まきがなかったなら、放射線もなかっただろうし、万が一放射線がそこまで到達したとしても、それほどひどい被害にはならなかっただろう。彼らは雲の種まきについて黙っていることにした。市民には決してわかるまいと思っていたのだ。すべてを秘密にすれば、誰一人責任を取らなくてすむ。(79)

これを病的な状況と言わずして、何と言うのだろうか。

*

気象システムに干渉する際には、どんな気象であれ重大な倫理的配慮が必要である。道徳上の落とし穴の一つは、ある場所で気象を改変しようとすると別の場所で大災害が起こる可能性があることだ。局地や地域規模という条件であれ（リンマスやチェルノブイリ）、大規模な事例であれ（ハリケーンや総観スケール〔数千キロの空間規模〕の気象への干渉）、これは当てはまる。地球の気候一般にも当てはまるかもしれない。天気や気候は本質的にきわめて無秩序なシステムであり、短期間の予測はある程度可能だが、たいていは非線形の相互作用から驚くべき事態が生じるものだ。わかっていないことがあまりにも多い。アーヴィング・ラングミュアが、一九五三年の病的科学に関する講演で聴衆に述べたように、新しい、あるいは閾値ぎりぎりの科学現象について検討しているときは、見ているものが重要かどうかわからない——本当にわからない——のである。こうした場合、未知のものを操作してやろうとするよりも、慎重すぎるくらい慎重になったほうがはるかによい。皮肉なことだが、ラングミュアの最後の取り組みである気象と気候の制御は、彼自身が設定した判断基準からすると、病的な妄想であり、科学的には行き詰まりつつあると判断せざるをえない。病的科学だけでもやっかいだが、病的エンジニアリングは実際に大災害を生み出してしまうことがある。気象と気候の制御の分野で頻繁に見られる、無謀な予測、誤った論理、ずさんな実験計画、熱烈な確信、権威に訴える論証などの奇妙な取り合わせを分析するときは、このことを念頭に置いておきたい。

第六章　気象戦士

気象制御をめぐる争いが「地上最後の戦争」の原因になりそうだ。
——クリストファー・ストーン「道徳的思考における環境」に引用された
エドワード・テラーの言葉

二〇〇八年に行なわれたインタビューのなかで、アメリカ空軍気象局資源計画部長、ドン・バーコフ大佐は、気象制御の技術について知識も関心もないし、関与もしていないと述べた。「私は個人的に、気象の改変に賛成しないし、軍が賛成しているとも思いません……軍は、戦場で敵より優位に立てるよう環境を制御するためのどんな種類の実験も行なっていないと、私は理解しています……そういうことはしていません……私の知るかぎりは」[1]。彼の言葉を額面どおりに受け取ってもいいし、こう考えてもいい。どんな階級、どれほどの高位にあっても、情報通に見えても、進行中の最高機密プロジェクトについてまったく知らない人間もいるかもしれないと。

結局、われわれは何を知っているだろう？　有史以来、気象が戦争や戦闘で勝敗の鍵を握る要因となってきたことは知っている。軍が気象科学や気象観測の発展の主要な後援者として、科学的実地調査の陣頭指揮をとり、全国に及ぶほど大規模な気象観測業務を行なってきたことも知っている。軍が重要な装備を気象研究に提供してきたことも知っている。そうした提供は場合によって、航空、電子、デジタル計算、宇宙に関する新たな研究開発プロジェクトを通じて、あるいは軍事・民間両用のハードウェアや余剰ハードウェアを通じてなされてきた。現代気象学が生まれたのは、多くの面で、二つの世界大戦と冷戦のおかげであることも知っている。また、ヴェトナム戦争中、ごく少数の人間しか知らなかったホーチミン・ルート上空の極秘の雲の種まきが、実はホワイトハウスから直接指示されていたことも知っている。そうした力学はいまなお健在だ。最高機密情報に通じている地球科学者は、国の安全保障機関のエリートたちと交流し、価値観と利害を共有している。両者は最高機密プログラムの否認権を守る必要について合意している。歴史的に、気象と気候の制御は敵に知られることなく――そして、下っ端の戦闘員や一般市民にも知られずに――使える武器とされてきたことも、われわれはよく知っている。

気象学の軍事利用の発端は、冷戦とヴェトナム戦争時代の歴史の奥にまでさかのぼる。いかなる環境条件のもとでも力を発揮し、勝利できるという従来の目標に加え、気象戦士たちは気象制御をも武器にしようと試みてきた。冷戦時代の初期には、とくに雲の種まきの実験や、〈ストームフューリー計画〉のようなハリケーン改変や、ヴェトナムでの人工降雨の取り組みで活躍した。一九七八年に発効した国連の「環境改変技術の軍事利用禁止条約（ＥＮＭＯＤ）」がこの時代の終わりを示し、一つの転換点となったが、この条約には遠からず見直しが必要になるかもしれない。見直しの目的は、気候制御や地球工学が軍事や抗争に利用される可能性を回避し、あるいは少なくとも軽減させることだ。近年、まだ実証されていないものの、「気候変動は国境を不安定にし、地政学的要素を動揺させ、たいがい悪い方向へ向かわせる力を持つ」という説が唱えられている。(2)もしこの説が正しいならば、世界中の政府が自国の軍事戦略立案者に、最悪のシナリオと技術面での対抗策をひそかに研究させることになるだろう。

戦争と戦闘における気象

気象は、人間にかかわる事象のうち最も激しく変動する要素だとしばしば言われてきた。気象に対するそうした見方は、軍事においても当てはまる。「泥将軍」と「冬将軍」、それに「嵐大将」は、戦闘の勝敗につねに大きな影響を及ぼしてきた。歴史家によれば、西暦九年にローマのウァルス将軍と彼の率いる三軍団がドイツで惨敗した原因は、裏切り、戦略のまずさ、起伏の多い地形、悪天候が重なったせいだとされる。日本の救世主として語り継がれるカミカゼがモンゴル皇帝フビライ・ハン率いる侵攻軍を一度ならず二度までも破ったのは、一二七四年と八一年のことだった。イギリス史によれば、一五八八年のスペインの無敵艦隊に対する勝利には、風と嵐がきわめて有利に働いたという。

軍事史は気象にまつわる伝承の宝庫だ。アメリカ独立軍が一七七六年八月、ロングアイランドからの撤退に成功したのは、夜霧と好都合な潮流のおかげだと言われている。その五カ月後、ジョージ・ワシントン将軍は吹雪を追い風に船でデラウェア川を渡り、ニュージャージーのドイツ人傭兵隊に不意打ちをかけた。一七七七年八月、ニューヨーク州北部におけるニコラス・ハーキマー将軍の義勇兵の奇襲は、激しい雷雨に阻まれた。ナポレオンのロシア進攻は、それ以前と以後の将軍たちの進撃と同様、冬の天候によって挫かれ、ワーテルローでの彼の作戦は大雨に妨げられた。第一次世界大戦中、ぬかるみの季節の西部戦線は「異状なし」の状態がつづいた。第二次世界大戦中、イギリス軍がフランスのダンケルクから奇跡的に撤退できたのは深い霧に包まれたおかげだった。日本軍の航空母艦隊は、太平洋の暴風雨を回避して真珠湾に出撃した。ミッドウェー海戦の勝利は、アメリカ軍の急降下爆撃機が雲の陰に隠れてひそかに進入できたおかげである。(3) Dデー(作戦開始の日)のノルマンディー上陸作戦は、例年になく荒天がつづいた一九四四年六月に、史上最大の重要性を帯びた気象予測に基づいて実行された。(4) もちろん、ほかにも枚挙にいとまのないほどの事例があり、勝者はしばしば、戦果を神の摂理の業とみなした。

科学と軍事

科学と工学と軍事は古くから、たがいに支え合う関係にあった。工学にまつわる伝説によれば、近代科学の誕生よりはるか前、アルキメデスが設計し製作した機械類が、包囲されたシラクーザをローマ軍から守ったという。レオナルド・ダ・ヴィンチが描いたルネサンス期の兵器の図面も伝説的なものだ。一六三八年には、ガリレオにとっての二つの新しい科学は、天文学と、軍事工学に応用された材料力学だった。(5)

その後何世紀ものあいだ、科学者たちはしばしば陸軍と海軍の探検隊に「便乗」した。軍の守備範囲と組織と規律を利用し、軍事行動中に戦地でデータを集めた。軍の教育機関がアイデンティティ形成の柱としたのは、科学的・工学的な指針、リーダーシップ、訓練だった。科学者は、実力であれ見かけ倒しであれ、自然を支配する力と結びつけられて大きな権威を持つようになり、それに気づいた軍事計画の立案者たちが彼らの主要なパトロンとなった。軍部と直接つながる政治的パイプを通じて、科学者は国の資金、是認、政治力を得た。フランス学士院は長年、国家の利益となる科学研究を支援してきた。一七二四年に創設されたロシア学士院は皇帝（ツァー）の利益に貢献し、一九一七年以降は共産党の技術的ニーズに応えた。一八六三年にエイブラハム・リンカーンにより創設された米国科学アカデミーの目的は、政府のどの部局の要請であろうと、必要に応じて随時「科学や技術のあらゆる問題について調査、検証、実験、報告をする」ことだった。二〇世紀には、実務志向の米国学術研究会議が、第一次世界大戦にアメリカが参戦していたわずかな期間、科学研究を仕切っていた。第二次世界大戦中は、国家防衛研究委員会、科学研究開発局、マンハッタン計画〔第二次大戦中に秘密裏に進められた原子爆弾製造計画〕によって、新たな兵器体系の科学的な研究、開発、試験、評価の促進と支援の絶対的重要性が示された。冷戦時代、科学はあらゆる近代軍にとって、重要かつ恒常的な構成要素となった(6)。

科学と軍事のつながりは、展望、人事、価値観、予算、規模のすべてにおいて、年を経るごとに否応なく強まってきた。だが、近代国家においては、そうした「力の追求」の代償は途方もなく大きくなった。アーヴィング・ラングミュアの気象制御への病的な執着や、「ビッグ・サイエンス」と呼ばれるようになったほかの多くの例を見ればわかるように、軍はときに、自然と技術の知識のたゆみない進歩をねじまげる力として働きかねない。とくに、国の安全保障という大義名分のもとに、新たな発見を秘密にし、どれほど新奇であろうと推論の域を出ないものであろうと、あらゆる新技術を武器化しようとする場合がそうだ。ジェイムズ・ヴァン・アレンの磁気圏の発見もその一例である(第七章参照)(7)。

科学者と軍事の関係において、科学者が求めるのは国家の支援と、政治権力との接触であり、国家(ことに軍部)が求めるのは、科学者が約束する(ときには実際に行使する)自然制圧力だと言って差し支えない。もちろん、こうした分裂は、国家において軍事と科学と産業が協働することによって克服される。その場合国家を構成する多様な要素は決して切り離せない。地球科学者が地球についての知識を深めようとするとき、テクノロジーや軍事にかかわる人びとは、資源をすぐに利用できる分野に調査を集中させる傾向がある。そうすることで、彼らは商業的、国家的、軍事的支援に乗じるにとどまらず、自然界の商品化、国有化、軍事化に加担しているのが実情だ(8)。

気象学と軍事

一八一二年戦争(米英戦争)のあいだ、アメリカ軍医総監のジェイムズ・ティルトンは、当時優勢だった、疾病を気象と気候に結びつける病原環境説に想を得て、指揮下の医療従事者全員にある任務命令を発した。公務の一環として四半期ごとに報告書を作成するとともに、「気象日誌をつけよ」というのだ(9)。その後六〇年間、陸軍衛生部は兵員の健康維持のために、大気、海、地上のさまざまな場所について観察、記録、分析し、気象学を支えつづけた。一八三〇年代にはアメリカ海軍も、海軍工廠(こうしょう)と艦上での気象データ収集プログラムを開始した。前述したとおり、陸軍、海軍はともに、一八四〇年代から五〇年代にかけてジェイムズ・エスピーの嵐の研究を支援しながらも、彼の気象制御への固執ぶりを軽んじていた。それからまもなく、シャルル・ルマウ、エドワード・パワーズ将軍、ダニエル・ラッグルズ将軍は、連続砲撃によって荒天と降雨の増大が引き起こされるという考えを発展させていった。

一八七〇年から九一年のあいだ、アメリカ陸軍信号部が全国的な気象観測を統括し、商業と農業のために気象情報と予報を毎日提供した。気象観測部は軍用および商用の電信網によってワシントンとつながっていたため、国家監視部隊の役割を果たし、国内秩序へのさまざまな脅威を政府に報告した。たとえば鉄道労働者のストライキ、辺境地帯の原住民の蜂起、イナゴの大発生、輸送や商業や農業に影響する自然災害などである。[10] 第一次世界大戦中、気象学は戦争において新たな役割を担った。上昇気流、曲射、打ち上げについての知識が、飛行機、砲弾、毒ガスにとっては不可欠だった。こうした兵器のいずれもが気流に乗るからだ。気象学者は、毒ガス攻撃の仕掛け方と、毒ガス攻撃を受けても生き延びる方法について助言するうちに、戦場の気候学の基礎を固めていった。新たに誕生した高層大気学という大気圏上部の状態についての学問領域では、気球、飛行船、航空機からのデータ収集が、偵察飛行、飛行場の立地計画、長距離砲撃に必要な弾道風の算出を支えた。気流を利用して敵方の領土に気球を飛ばし、プロパガンダ用のビラを撒くという案もあった。前述したとおり、航空機の普及とともに、パイロットの利便のために気象を、ことに霧を改変したいという要望が生まれ、実現に向けて軍が支援するようになった。[11]

第二次世界大戦中、アメリカの空軍と海軍は、爆撃、海軍機動部隊、世界各地の特別任務と通常任務の要員として、およそ八〇〇〇人の気象担当将校を訓練した。一九三七年には存在しなかった機関である陸軍航空気象部（AWS）の人員は一九四五年には一万九〇〇〇人を数えた。戦時編成が解かれたあとでさえ、AWSには冷戦とヴェトナム戦争の期間中、平均して一万一〇〇〇人の兵士が所属していた。一九五四年の米国科学財団（NSF）の調査によれば、アメリカの職業的気象学者五二七三人のうち、四三パーセントが現役で軍務に就き、二五パーセントが空軍の予備役を、一二パーセントが海軍の予備役を務めていた。つまり、第二次世界大戦のほぼ一〇年後に、アメリカの気象学専門家の八〇パーセントが依然として軍とつながりを保っていたのだ。大戦後の気象学は、レーダー、電子計算機、人工衛星など、軍が提供あるいは開発した新たな機器の恩恵も受けた[12]。

戦争における気象の重要性と、軍における気象科学の重要性は、気象と気候の制御に軍が関心を寄せてきた歴史によく表れている。長きにわたるかかわり合いは、第二次世界大戦後、さらに深く、強くなっていった。

冷戦中の雲の種まき

一九四七年初め、ゼネラル・エレクトリック社（GE）で新たに開発された雲の種まきの技術が、軍の気象制御研究計画を粉々に打ち砕くことになった。気象兵器によって、大気の荒々しい力を敵にぶつけたり、全天候型空軍のために風を意のままに操ったり、さらに規模を広げて国の農業経済を壊滅させ（あるいは改善し）たり、戦略上の目的のために地球全体の気候を改変したりすることは可能だろうか？　当時、ラングミュアが強い関心を抱いていたのは、雲に「連鎖反応」を起こさせるアイディアだった。ドライアイスやヨウ化銀、はては水といった「核形成」剤をごく少量用いると、原子爆弾に匹敵するエネルギーを放出する反応が得られる。この技術が兵器化され、制御できるようになれば、放射性降下物を落とすこともなく隠密裡に使用できる。そのうえ、この兵器は一方向だけに作用する。風上（たとえばソ連の西方）で種まきされた雲は卓越風に乗って標的に達する。これは冷戦の戦士たちにとって魅力的なアイディアだった。気象改変を武器として使用しても、それを否定するのはたやすいし、どれほど被害が出ようと自然のせいにできるからだ。この技術の軍事的・経済的可能性と、それを操る者に約束される力を認識した気象学者たちは、軍に「重点的な研究と開発の取り組み」を開始するよう助言した[13]。

エドワード・テラーは筋金入りの冷戦戦士で、水爆の父であり、「ストレンジラヴ博士〔映画『博士の異常な愛情』に登場するマッドサイエンティスト〕本人」ではないかとも言われていた。テラーは回想記に、一九四七年の夏、ラングミュアがニューメキシコ州ロスアラモスに彼を訪ねたときのことを記している。ラングミュアは「もっぱら雲の種まきの話をしたがった。種まきをして嵐を起こし、どれだけの損害を引き起こしたかをしきりと語るので、雲の種まきを原子爆弾と競合する技術と考えているのではないかと、私には思えてきた」[14]。時間の長さでは何桁も違うが、一つの雷雨が放つエネルギーの総量は二〇キロトンの原爆の放出するエネルギーに等しい。そればかりか、十分に発達した中程度の勢力と大きさのハリケーンが一日に放出するエネルギーの量は、二〇メガトンの水素爆弾四〇〇個分のエネルギーに相当する。そうした度肝を抜くような数字のせいで、嵐を制御する試みに伴う技術的な不確実性にもかかわらず、気象改変と核兵器を対比させるラングミュアの説は軍関係者のあいだでもてはやされた。ラングミュアとGEの彼のチームはマンハッタン計画への参加に必要な秘密情報の利用許可を得ていたものの、参加はしなかった。たとえて言うと、種まきされた雷雨はラングミュアにとっての原爆となり、核兵器の研究をしていた同業者と同じく、彼もニューメキシコ州の砂漠で自分の技術を試す実験をし、B29爆撃機で雲を爆撃した。B29は、広島、長崎への原爆を投下したエノラ・ゲイ、ボックスカーと同型の爆撃機である。そうした類似性により、種まきしたハリケーンはラングミュアにとっての「スーパー爆弾」すなわち水爆となり、その技術を南太平洋に持ち込んでビキニ環礁付近で海盆規模の実験を行なうことを彼は熱望した。[15]

ラングミュアはこの類似性についてマスコミに公言してはばからなかった。軍事的観点から雲の種まきの可能性を指摘し、広範囲で旱魃（かんばつ）を引き起こして敵側の食糧供給と水力発電所に大損害を与えることも、集中豪雨の引き金を引いて洪水を起こし、部隊を足止めし、飛行場を使用不能にすることもできると言った。一九五〇年には、気象制御が「原爆に勝るとも劣らない強力な兵器になりうる」と述べた。[16] アルベルト・アインシュタインがフランクリン・ローズヴェルト大統領に宛てた一九三九年の有名な書簡のなかで、核分裂兵器の可能性を説いたことを引き合いに出し、ラングミュアは、政府は気象制御という事象も原子エネルギーと同様に掌握しておくべきだと述べた。GEの研究担当取締役だったC・ガイ・スーツは一九五一年三月、上院での証言で核兵器との類似性を強調し、「原子エネルギーの放出と気象エネルギーの放出との多くの類似点」を指摘した。[17] たとえば、膨大なエネルギーの関与、両者に共通する連鎖反応のメカニズム、越境問題、国際的合意の必要性、国家防衛と経済における共通の意義などだ。スーツはまた、主要な相違点も明らかにした。たとえば、気象改変研究がまだ初期段階にあること、小規模な実験の必要性、最高機密とする手続きがとられていないことなどである。とはいえ、彼は結局、ラングミュアの科学的判断に「賭け」、原子力委員会をモデルとする中枢機関が必要だと訴えた。

気象制御には戦術的な側面もあった。一九四七年四月二八日、ワシントンDCで、ラングミュアとヴィンセント・シェーファーは軍幹部に雲の種まきを実演して見せた。このショーに招かれたのは、海軍作戦部長のチェスター・W・ニミッツ大将、陸軍航空隊最高司令官のカール・A・スパーツ将軍、アメリカ陸軍参謀総長のドワイト・D・アイゼンハワー将軍だった。総勢一六人の将軍、七人の大佐、二人のGE副社長が観覧した。そのなかには、陸軍省参謀副長、陸軍工兵司令部技師長、陸軍信号部長、陸軍省情報部長、陸軍航空隊研究開発部長が含まれていた。国防総省の共同研究開発理事会が結果をすべて検証する任務を負った[18]。

同年一〇月、GEは「圧縮二酸化炭素またはヨウ化銀の弾丸」の開発計画を検討していた。「航空機の機首から発射すれば、弾丸径が〇・五インチ（約一二・七ミリ）の曳光弾は三〇秒で二マイル（約三・二キロ）先まで届き、進路にある過冷却の水蒸気を氷晶に変える。したがって、航空機が進むとともに着氷条件が解消されていく」。いわば、雲の中に弾丸で道を拓くようなものだ[19]。銃器メーカーのレミントンアームズが最初の請負業者であったが、ほどなく、陸軍武器科がその任を受け継いだ[20]。シェーファーは、軍による雲への人工降雨剤の集中砲撃計画の想像図を描いた。そこに描かれた雲との戦いの装備をロバート・ディレンフォース将軍が見たら、さぞうらやましがったに違いない（図6・1）。

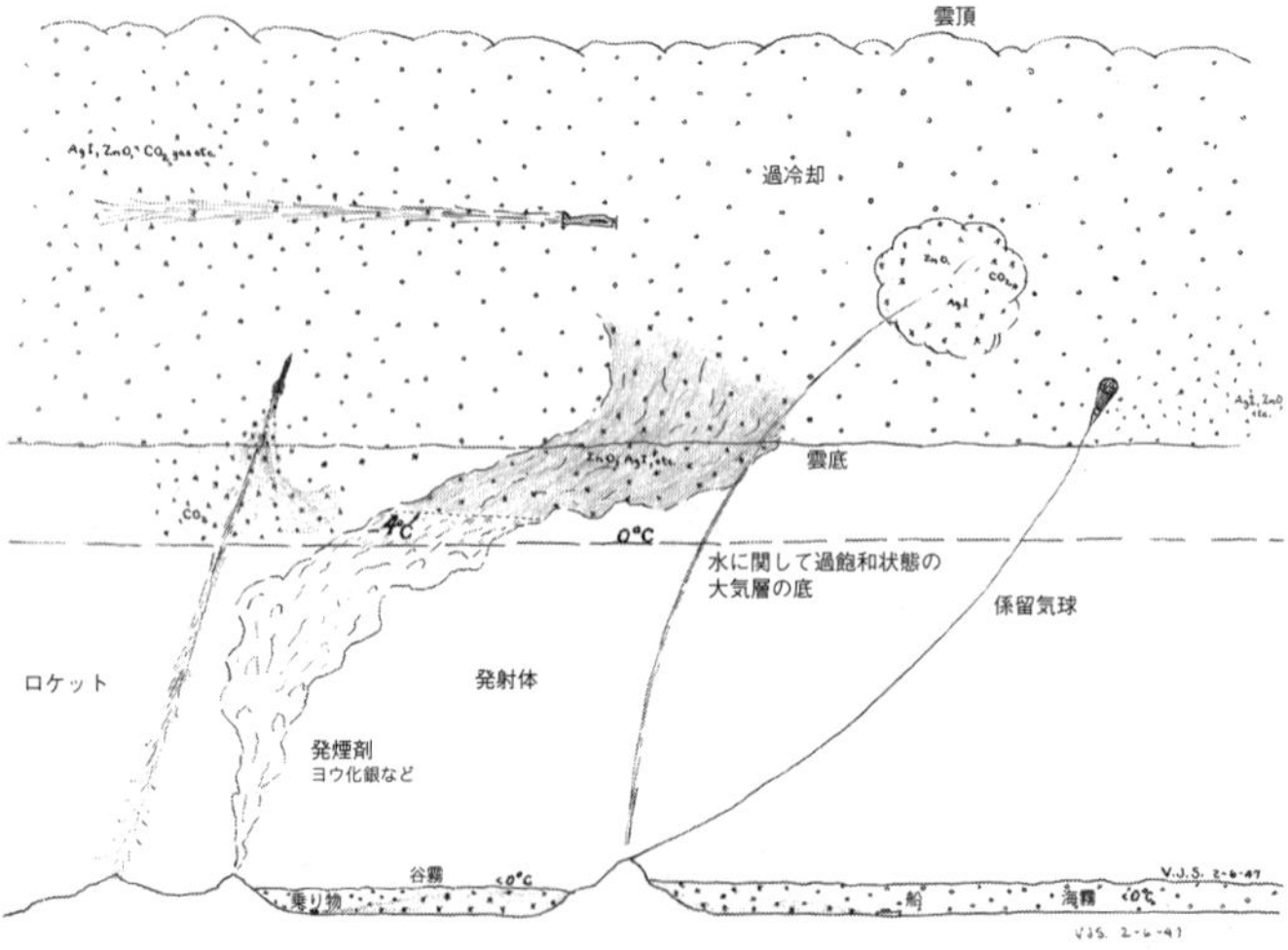

図6・1　「過冷却の雲と地上の霧に氷晶の核を種まきする方法の予想図」。1947年2月6日、シェーファーが軍の要請を受けて描いた雲の砲撃の図。描かれているのは、飛行機、ロケット、発煙剤、発射体、係留気球を用いて種まき剤であるヨウ化銀（AgI）、酸化亜鉛（ZnO）、二酸化炭素（CO_2）、ガスを発射する技術である。

商業目的で雲の種まきをしたアーヴィング・P・クリックもまた、気象戦士だった。気象改変は可能だと信じて疑わなかった彼は、上院小委員会でこう証言した。「気象の制御法を最初に手中に収めた国家が、世界の頂点に立つでしょう」。彼は気象改変の大胆な戦略的応用を構想していた。たとえば、人工降雨の促進、核兵器の攻撃目標に降り注ぐ放射性降下物の増量、自国の都市が攻撃を受けた際、爆弾による煙を拡散させる方法などだ。彼の頭のなかでは、旱魃と洪水の両方を引き起こして気象を戦争の道具にすることは、十分に実現可能な領域にあった(21)。

　新しい技術に秘められた恐るべき可能性を理由として、クリントン・P・アンダーソン上院議員（民主党、ニューメキシコ州）は人工降雨および関連する気象操作の連邦による規制を提案し、一九五一年、気象制御を軍事作戦に利用する可能性を検討するための議案を提出した。国防総省はこの案を省の自立性を脅かすものとみなし、いかなる新たな法律や機関にも断固として反対した。そして、米国気象学会と米国気象局から強力な支援を取りつけた。気象学者のホレス・バイヤーズは、気象改変と原子力兵器が類似しているという事実が、その時代にいかに不都合だったかを指摘している。なぜなら、気象局は「当時、困難な課題に取り組んでいる最中だった。核爆発が気象を大きく変えてはいないし、変えるおそれもないことを国民に保証しなければいけなかった」からだ[22]。そうした問題に関する公共政策の指針を定める機関として、「気象局は苦しい立場に追い込まれた。科学界における名声のおかげで科学者からも一般国民からも強い支持を受けるラングミュアを、どうにかして抑えなければならなかったのだ」

軍の研究

雲の種まきの技術は軍事的にきわめて有望であるように見えた。そこで、マサチューセッツ工科大学（MIT）で学んだ技術者で政権ともつながりがあったヴァネヴァー・ブッシュは、ラングミュアとテラーの強い勧めもあって、この問題について国防長官のジョージ・C・マーシャルと統合参謀本部議長のオマー・ブラッドリー将軍に相談した。時は一九五一年。ブラッドリーはただちに「緩衝委員会」を招集した。メンバーは海軍大将と陸軍大将が一人ずつと、気象局長フランシス・W・ライケルダーファーだった。その委員会によって設置されたのが、「雲の人工核形成専門委員会（ACN）」という科学専門委員会である。委員長となった気象学者のスヴェレ・ペターセンは、アメリカ空軍の科学気象部門のトップだった。回顧録のなかで、ペターセンはACNについて、「秘密兵器との関連を想起させない」当たり障りのない名称と述べている。[23] さらなるカムフラージュ（ペターセンの表現）のため、米国科学財団の理事長、アラン・T・ウォーターマン博士が委員に任命された。

ブラッドリー将軍の指揮のもと、この技術から秘密兵器が生まれるかもしれないとの期待を抱いて、ペターセン率いるACNは当該分野の現状を手短に調べた。そして、技術開発と統計的に管理した実験プログラムによって「主要な不明点を解明する」よう提言した。[24] アメリカ空軍はシカゴ大学と協力して、中西部の冷たい雲にドライアイスを投下したり、カリブ海上空で液体水でできた暖かい雲を爆撃したりして雷雨の改変を試み、ラングミュアの連鎖反応説を実証しようとした。目的は何だったのだろうか。海軍は中緯度地方の暴風雨域に種まきをし、広範囲に及ぶ気象システムも制御できるとするラングミュアの主張を検証しようとした。これも、目的は何だったのだろうか。陸軍はドライアイスの種まきによって冷たい層雲に穴をくり抜こうとした。それらの実験は、戦略的に微妙な位置にある西ドイツ、グリーンランド、北極海のエルズミア島で行なわれた。ところが、空軍の研究によって、北極地方の空軍基地における氷霧（ひょうむ）の原因は軍みずからの自動車と航空機による大気汚染だと断定された。陸軍はコンサルタント企業のアーサー・D・リトル社と契約し、電気と化学物質を利用して暖かい層雲と霧を改変しようと試みたものの、成功には至らなかった。ACNが後援したその他の実験として、核爆発が気象に及ぼす影響の記録、ジェット機の航跡雲を抑制する試み、シェーファーの構想に従った戦術的種まき用の小型ロケットの開発などが行なわれた[25]。

空軍、海軍、陸軍によるそうした一連の実験は、ハリケーンの改変を目指すシラス計画と同様、何から何まで軍事を目的としていた。ただ、科学的助言はより充実していたし、統計的管理もはるかに優れていた(ペターセンは、「気象学の子羊たち」はもはや「統計学の狼」の群れに投げ与えられることはないと明言した)。実験は一九五四年に終了したが、機密保持の必要上、最終報告が発表されたのは五七年になってからで、米国気象学会が刊行した小論文として、ごく限られた部数が発行されただけだった。報告されたのは、実験からは結論も有意義な結果も得られていないこと、雲物理学の基礎的研究をもっと行なわないと気象改変の試みは正当化できないということだった[26]。しかし、軍は発見をすべて明るみに出したのだろうか? そんなはずがあるだろうか?

一般の認識

官、民、軍による雲の種まき論争が続いたため、議会は一九五三年、気象制御諮問委員会(ACWC)設立法案を通過させた。大統領の任命を受けて、退役した海軍大佐、ハワード・T・オーヴィルが委員長に就任した。委員会は独自の実験は行なわなかったものの、査察をし、証言を集めた[27]。一九五四年の『コリアーズ』誌のカバー記事で、オーヴィルは正面きって軍事的テーマを人びとに提示し、気象を戦争兵器として使用する複数のシナリオを描いた(図6・2)。あるシナリオでは、飛行機が種まき用の結晶を入れた風船を何百個もジェット気流のなかに落とし、空軍基地に戻る。風下で風船に取りつけた信管が爆発し、雲に落ちた種まき剤が、雷と暴風雨を引き起こして敵の軍事行動を撹乱する。共産圏からの戦車の縦隊に対峙するNATO諸国にとって、優勢な偏西風のおかげで、この技術が一方向性の武器として有効に使えるかもしれないことが図示されていた。

　オーヴィルの予測によれば、気象全体を支配するには、徹底した研究を四〇年は続けなければいけないが、その研究の副産物と電子計算機の発達が相まって、正確無比な天気予報システムが一〇年以内に提供される可能性があった。「一〇年後には、毎日の天気予報がこんなふうになることも十分にありうると、私は考えている。『地表で凍るような冷たい雨が午前一〇時四六分に降り出し、午後二時三二分にやむでしょう』とか、『大雪で二〇センチ近い積雪となるでしょう。雪は今日の午前一時四三分に降りはじめ、日中いっぱい降りつづいて午後七時三七分にやむでしょう』といった具合だ[28]」。たとえ気象の制御には至らなくとも、

図6・2　気象制御用レバーを引くテクノクラート。オーヴィルによる「オーダーメイドの気象？」と題した記事は、気象戦争に焦点を当てている（『コリアーズ』1954年5月28日号）。

これほど正確な予報ができれば、軍事作戦に多大な影響が及ぶだろう。オーヴィルはクリックと同様に、それ以前の決定論者たちと同じことを確信していた。「気象を戦争兵器として利用し、作戦の状況に応じて暴風雨をつくりだしたり消散させたりできる可能性はある」と考えていた。より陰湿な技術は、雲に種まきをして、雲が敵方の農業地帯に達する前に水分を奪い、敵の食糧供給に打撃を与えるというものだ。オーヴィルはこう記している。「敵陣に大雨を降らせて水浸しにし、軍事行動を阻止したり、作物に必要な降雨を抑えて食糧供給に打撃を与えたりできるかもしれない……だが、これまで述べてきたような恩恵のすべてを期待するには、まず気象に関する未知の事柄を何百と解決しなければならず、それには何十億ドルという費用がかかるだろう」（傍点は筆者による）。推測にすぎないうえ、あまりにも楽観的であるものの、公的な立場にある人間のそうした述懐によって、ソ連との気象競争と、あらゆる分野における気象研究の急速な拡大に拍車がかかった。そうした傾向がとりわけ著しかったのが、気象改変の分野だ。

一九五七年一二月、ソ連が人類初の地球周回軌道衛星を打ち上げたことによる心理的打撃からアメリカ人がいまだ立ち直らないなか、『ワシントンポスト・アンド・タイムズヘラルド』紙は、「共産主義国家との新たな競争」が気象戦争の形で始まっていると報じた。[29]『ニューズウィーク』誌はこの問題を翌週の号で取り上げた。ＡＣＷＣの最終報告書の刊行を目前にしていたオーヴィル委員長の言葉が、またもや引用された。ソ連に先んじておくことが必要なのはかつてないほど明らかであるとオーヴィルは指摘し、こう述べた。「非友好国がわれわれより先に大規模な気象パターンを改変できるようになれば、その結果は核戦争よりも悲惨にさえなりうる」[30]。この記事にはテラーの言葉も引用されている。水爆の専門家ではあったが気象制御は専門外だったテラーは、上院軍備小委員会にこう語った。「想像してみて下さい……［ソ連が］自国の降雨を改変し……わが国の降雨に悪影響を及ぼすことが可能な世界を。ソ連の連中はこう言うでしょう。『われわれの知ったことではない。貴国に害が及ぶとすれば遺憾だ。われわれはただ、わが国の国民の生存のためになすべきことをしようと努めているにすぎない』」。MITのヘンリー・ホートンも同様の懸念を表明した。「ソ連が気象制御の実用可能な方法を先に発見したらどんな事態になるかと考えると、ぞっとします……ロシアの気候を改善する平和的な試みと見せかけて、わが国の気候が悪い方向に改変されたら、われわれの経済と抵抗力は著しく衰えるでしょう」。ある推定によれば、当時、ソ連はおよそ七万人の水文気象学者を雇っていた。アメリカの三倍以上の数だ。ハリー・ウェクスラーによれば、ソ連側は資金を無制限に調達できるらしかった。ソ連の学界の中心人物の一人、K・N・フェドロフは、ソヴィエト連邦が国際的な「気象支配闘争」に参戦しているかどうかをいぶかっていたが、被害妄想に取りつかれた冷戦戦士たちはおそらく、それが自由世界を気象面で支配することをも意味すると考えたのだろう。[31] 著名な飛行士で技術者でもあった海軍少将、ルイス・デ・フローレスは、「最初の原爆を生んだマンハッタン計画に匹敵する規模の気象制御計画をただちに開始」するようアメリカ政府に促した。そして、いまではわかりきった、好戦的なひねりを加えた。「気象が制御できれば、敵の作戦と経済を混乱させることができる……冷戦下において［そのような制御は］強力かつ繊細な武器として、農業生産に損害を与え、商業を妨げ、産業を停滞させる」[32]

ストームフューリー計画

一九五四年、キャロル、エドナ、ヘイゼルという三つのハリケーンが上陸して被害をもたらし、議員たちは「米国ハリケーン研究計画（ＮＨＲＰ）」への資金投入の必要性を痛感した。この計画は気象局の指揮のもと、空軍基地が貸与する設備を利用して進められるはずだった。公式の記録によれば、ＮＨＲＰは暴風雨の観測とモデルづくりのために設立されたことになっている。ところが、一九五八年、研究グループは報告も公表もされていない実験を行ない、ヨウ化銀を使用してハリケーン・デイジーがフロリダ沿岸からそれるよう進路を変えようとした――一九四七年にシラス計画がハリケーン・キングに種まきをした直後に広報活動で演じた大失態をものともせずに。そして、一九六一年にも、ハリケーン・エスターが種まきのあとで明らかな勢力の弱まりを見せたと報告された。これに力を得て、気象学者たちはより積極的なハリケーン改変計画であるストームフューリー計画を生み出した。この計画は、当初は気象局と海軍の共同事業として、のちには空軍が関与して、一九六二年から八三年まで実施された。[33]

ロバート・Ｈ・（通称ボブ）・シンプソンとジョアン・（旧姓マルカス）・シンプソンがこのプロジェクトの初期の責任者だった。プロジェクトに参加したのは科学者チームと、軍の装備を利用して発達したハリケーンの内部に飛行機で進入し、種まきをする技術者たちだった。ボブ・シンプソンへのインタビューによれば、ストームフューリー計画の構想が生まれたきっかけは、一九六〇年に気象学者のハーブ・リールがハリケーン・ダナで行なった高高度の目視偵察飛行だったという。この飛行で、凝縮されて過冷却状態にあると思われる流出領域が暴風雨の上にあるとわかったのだ。リールはこの特徴的な現象を「煙突雲」と呼んだ。シンプソンは、そこに種まきをしてハリケーンの目を拡大させ、嵐を弱めることができるか試してみる価値があると考えた。一九六七年、ストームフューリー計画の責任者の一人が、ハリケーン狩りを大型動物の狩りになぞらえた。「気象改変に関心をもつ科学者たちにとって、ハリケーンは大気圏内で最大かつ最も手強い獲物だ。そのうえ、それらを『狩り』、手なずけなければならない差し迫った理由がある」[34]

当初は米国科学財団がストームフューリー計画に資金の一部を提供していた。だが、大気と海洋の環境を改変し、あわよくば制御することに最も関心を抱いていたのはアメリカ海軍だった。海軍の気象制御構想には、敵の監視から身を隠すカーテンとして霧や低い雲を利用したり、荒れる海を静めたり、激しい暴風雨の進む方向を変えて、みずからの軍事行動を進め、かつ敵の計画と作戦を妨害することなどが含まれていた。目標のリストには、ハリケーンや台風の勢力と方向を変える能力、雨や雪あるいは旱魃を意のままにつくりだす能力、「特定の地域の気候を改変する能力」があった。すべて軍事作戦のためである。海軍の見るところ、気象改変と制御の分野における軍の課題は「部隊や標的地帯の周囲の環境を可能なかぎり変えて、海軍の作戦の成功を後押しする」ことだった[35]。ヴァージニア州ノーフォークの海軍気象研究所が、多様な大気現象全般のより深い理解と制御を目指す気象制御実験の中心的機関に指定された。海軍研究所が設備と機器の開発を担当し、カリフォルニア州チャイナレイクの海軍兵器試験場が、大気科学者ピエール・セントエイマンドの指揮のもと、ヨウ化銀で雲に種まきをするための点火装置をもっぱら担当した。海軍は雲物理学と大気の基礎研究に必要な幅広い機器類を保有し、飛行機と乗組員も提供できたことから、実地調査への支援を求める科学者のパートナーとなったのは当然の成り行きだった。

ストームフューリー計画に携わる科学者たちは、ハリケーンの種まきの前提には欠点があると気づきはじめるにつれ、不満を募らせていった。そもそもハリケーンには、効果的なヨウ化銀の種まきに必要な過冷却の水はほとんど含まれていなかった。そのうえ、種まきの効果は測定不能なほど微々たるものだった。自分たちの研究を海軍が兵器に利用しようとしていると知るや、科学者たちの士気は急激に低下した。ことにセントエイマンドは、ハリケーンの勢力を強めて方向を決める方法を知りたがった。作戦で優位に立つためだったのは確かだが、おそらく兵器化も目指していたのだろう。ボブ・シンプソンは、詳細は語っていないものの、セントエイマンドの科学的価値観が自分とは異なっており、彼が「研究を台無しにすることに成功した」と回想している[36]。二〇〇七年、NASAをすでに退職していたジョアン・シンプソンは、カメラを前にしたインタビューでこう述べている。「ひどいと思いました。私は生涯を通じて、ささやかながら地球と人類のためになる仕事をしてきたつもりなのに、私がしてきたことを軍事目的に利用するなんて。当然ながら、その目的については大きな懸念と不満を抱いています[37]」

一九六二年一〇月、ストームフューリー計画が始まったまさにそのとき、キューバのミサイル危機が世界を核戦争の瀬戸際にまで追いつめた。一年後、フィデル・カストロはアメリカを、ハリケーン・フローラの進路を変更して戦略的気象戦争を仕掛けたと非難した。フローラには種まきは行なわれていなかったのだが、その動きは確かに疑いを招きかねなかった。グアンタナモ湾をカテゴリー4の暴風雨として直撃し、二七〇度進路を変えて、キューバ上空にまる四日間居座り、幾度もの集中豪雨で大洪水を引き起こして、何千人という死者を出し、作物に甚大な被害を及ぼしたからだ。キューバだけではなかった。メキシコも、アメリカによる「雲の種まきの結果」、長期間の旱魃が引き起こされたと非難した。ボブ・シンプソンによれば、そうした異議への対応として、「種まきが許可される地域と条件の規制、ハリケーンへの種まきの有効性を統計的に示すことがとても期待できないほどの規制」が行なわれた。[38] そうこうするうちに、本物の戦争に作戦として雲の種まきを用いる計画が進められていた。場所はヴェトナムのジャングル上空である。

インドシナでの雲の種まき

一九六六年から七二年のあいだに、気象戦争は大がかりで異常なものになっていった。南北ヴェトナム、ラオス、カンボジアを覆うジャングルで、アメリカ軍が秘密裏に人工降雨を試みたのだ。目的は、北ヴェトナムが人員や軍需品の南ヴェトナムへの輸送に利用していたホーチミン・ルートの一部で「通行許容度」を減らすことだった。一九七一年三月、全国配信のコラムの筆者、ジャック・アンダーソンが『ワシントン・ポスト』紙に、東南アジアでアメリカ空軍が雨を降らせたと報じる暴露記事を寄せた。この話は、数カ月後に刊行された『ペンタゴン・ペーパーズ』によって信憑性が裏づけられ、一九七二年には、シーモア・ハーシュの手になる記事が『ニューヨーク・タイムズ』紙の一面を大々的に飾った[39]。そうした報道によって、アメリカ政府が一九六六年にラオスでみずからの技術を試し、六七年にはヴェトナム上空とその周辺で雲の種まき作戦を最高機密計画として開始していたことが裏づけられた。この実地実験の暗号名はポパイ計画だったが、作戦計画全体の総称は空軍パイロットのあいだでは「モータープール作戦」として知られ、ニュース報道では「インターミディアリ・コンペイトリオット（仲介する同胞）」の名で言及されることもあった。

一九六六年一〇月、陸・海・空軍と文民による極秘の実験プログラムであるポパイ計画によってラオス南部の上空に種まきが行なわれた。目的は、降雨量を増やし雨季を長くして、ヴェトコンの潜入路の交通を妨害する構想の検証である。仮説上は、水分が過剰であれば、路面はぬかるみ、地滑りが起こり、水流によって川の横断が不能になり、土壌全体が通常の想定よりも長い期間、水分で飽和した状態に置かれる。雲の標的に六八回ほど種まきをしたあと、ポパイ計画への参加者は独自の分析技術を用いて結論を下した。計画の実施は雲の発達度と降雨量の両方を「著しく」増大させ、この技術の実用性は明白に確立されたという結論である[40]。降雨弾を設計し、このプロジェクトを指揮したセントエイマンドはこう断言している。「最初に種まきした雲は原爆のキノコ雲のように大きくなり、その雲から土砂降りの雨が降ったので、この一回の実験でもう十分だと誰もが確信した[41]」。ディレンフォース将軍もきっと同じ意見だっただろう。

モータープール作戦は一九六七年三月二〇日に始まり、七二年七月五日まで、空軍のパイロットによって毎年、モンスーンの雨季に実行された。リンドン・B・ジョンソン大統領、ロバート・S・マクナマラ国防長官、アメリカ国務省の全面的かつ熱烈な支援の賜物（たまもの）である。ウィリアム・ウェストモーランド将軍はその詳細に通じた数少ない人物の一人だ。タイ、ラオス、南ヴェトナムの各政府はこの作戦について知らされていなかったし、それらの国々のアメリカ大使も同様だった。一九六九年以降は、リチャード・ニクソン大統領の政権がこの作戦計画を、機密性もろとも引き継いだ(42)。

タイのウドン空軍基地を拠点とした第五四天候偵察中隊は、三機のWC－130と一機あるいは二機のRF－4を二六〇〇回あまりの種まきに出撃させ、約五年間に五万発近い降雨弾を消費した。その費用は年間およそ三六〇万ドルだった(43)。空軍パイロットのハワード・キドウェルは、好奇心から暗号名モータープールの極秘任務に志願し、高度な機密に触れることを許されるや、ホーチミン・ルート上に雨を降らせる実験にかかわることになった。実験について、彼はこう語っている。

雨季のあいだ、各乗組員は通常の任務に加えて、平均すると一日に一度、飛行しました。一機の「偵察」機（WC－130）がわれわれを呼び戻し、「緊急発進」の指令を出します――指示された航行高度は、通常、一万九〇〇〇［フィート］（約五八〇〇メートル）。個々の雷雨の横から、ロール雲（あなたのような気象専門家がどう呼ぶか知りませんが）に潜り込むのです。バケツをひっくり返したように雨が降り出すと、ひとつぶちまけて［ヨウ化銀の降雨弾を一列発射して］、五つ数え、もうひとつぶちまけると、いきなり青空になる。三六〇度旋回すると、不思議なことに、たいていまた雷雨になっていて、同じことを繰り返しました。[44]

モータープール作戦によってホーチミン・ルート沿いの年間降雨量が一インチ（二五・四ミリ）から七インチ増えたとする見解もあるが、それを裏づける科学的データはない。ウェストモーランド将軍は、このプロジェクトにより雨量に「評価できるほどの増加」はなかったと考えた。たとえヴェトナム戦争中、雲の種まきにより戦術的勝利を収めたことが一、二度あったにしても（実際にはなかった）、作戦は分厚い秘密のヴェールに包まれていたし、その後も軍部が否定を繰り返し、議会ではぐらかしを続けた結果、軍による気象改変は戦術的大失敗に終わった。[45]

この時期のそうした隠蔽の典型が、陸軍航空気象部（ＡＷＳ）による一九七一年の気象改変に関する調査年報だ。この年報には、複数回の冷たい霧と暖かい霧の消散実験および一回の降雨量増加実験についての簡単な記述と、実験装置の説明図が複数枚、記載されているだけである。もちろん、（依然として）最高機密だったモータープール作戦については言及されていない。[46]疑惑が明るみに出てからでさえ、一九六五年から七三年までのＡＷＳの気象改変に関する公式記録は、ヴェトナムでの軍事目的の雲の種まきについては触れていない。ただ、どっちつかずの漠然とした言い回しでこう認めているだけだ。「現在のＡＷＳの気象改変の運用能力には、空中および地上の冷たい霧の消散と、降雨量の増大が含まれる」（傍点は筆者による）。[47]「降雨量の増大」と見出しをつけたこの報告は、ＡＷＳの取り組みは「皆無に等しい」としながらも、一九六九年に農業のための旱魃解消を目的として、フィリピン諸島全体に雲の種まきをしたことは認めている。

「その他の活動」と題した短い節に、ストームフューリー計画によるハリケーンへの種まきと、AWS以外によるいくつかの気象改変プロジェクトへの「参加」について言及があり、オブザーバーとして、あるいは実践者として、この分野の先端に立ち、空軍および陸軍の作戦に応用可能な新技術の発見を目指したと述べられている。行間を読みとるべきだろう。

一九七三年、米国科学アカデミーは『気象と気候の改変――問題と進歩（傍点は筆者による）』と題した報告書を刊行した。委員会の代表、トーマス・マローンは冷戦時代の気象学者で高度な機密にも通じる立場にあった。報告書の序文は大胆なものだった。「この研究の最中に、委員会は極秘の気象改変実験計画の存在について検証も……確認もしようとしなかった」[48]。ところが、当時、この分野の最大の問題はその直前に発覚したヴェトナムにおける雲の種まきの軍事利用だったのだ。はぐらかしの最たる例は、リチャード・ニクソン大統領の国防長官、メルヴィン・レアードによる一九七二年の上院外交委員会での発言だ。北ヴェトナム上空で雲の種まきは行なわれていないとしながら、ラオス、カンボジア、南ヴェトナムでモータープール作戦が依然として実行されていたことには、まったく言及しなかったのだ[49]。

ポパイ計画とモータープール作戦は、気象改変が戦争兵器として使用された最初の例でも、アジアで使用された最初の例でもなかった。一九五〇年には朝鮮半島で、冷たい霧の消散に雲の種まきが使用されたと見られる。一九五四年、フランス最高司令部は、ディエン・ビエン・フーで包囲されたフランス軍に関してこう発表した。「フランス軍は、雲の状態が許せばただちに暴風雨を人為的に起こし、共産主義中国からヴェトミンへの連絡路の破壊を試みるだろう」[50]。それを裏づけるように、同じ戦闘についてのヴェトナム側の報告は、フランス軍がカゴ一五〇個分の活性炭と砂利一五〇袋をパリから「われわれの行動と物資の供給を妨げる人工降雨のために」出荷したとしている。[51] それだけではない。アメリカ中央情報局（ＣＩＡ）は早くも一九六三年に、南ヴェトナムで僧侶のデモ隊を追い払うために雲の種まきをしていた。僧侶たちは催涙ガスにはびくともしなかったが、雨が降り出すと散り散りになることに気づいたためである。雲の種まきの技術は、インド、パキスタン、フィリピン、沖縄などの旱魃を緩和する目的で試験的に使用されたものの、効果は認められなかった。そうした試みはすべて、軍の支援のもと、アメリカ政府が直接関与して行なわれた。一九六七年、セントエイマンドはグロメット計画に参加した。この極秘の取り組みの目的は、インドで気象改変技術を利用し、ビハール州の旱魃と飢饉を軽減させて、戦略的に重要なこの地域におけるアメリカの政策目標を達成することだった。[52]

モータープール作戦は結局、ニクソン政権の末期に公表され、気象戦争のウォーターゲイト事件と呼ばれた。環境兵器は核兵器よりも「人道的」だという声もあった。輸送を困難にするために雨を降らせるのは、ナパーム弾を落とすよりもましだとする声もあった。第五四天候偵察中隊は、当時の流行語で言えば「戦争ではなく泥沼をつくる」よう指示された。セントエイマンドは作戦に善意の解釈を加えようと、「われわれが望んでいたのは、ホーチミン・ルートのぬかるみをひどくして通行困難にし、人びとを戦いから遠ざけることだった」と言い張った。[53] だが、米国科学アカデミー会長のフィリップ・ハンドラーは、科学界の主流だった見解を代弁して、クレイボーン・ペル上院議員（民主党、ロードアイランド州）にこう書き送っている。「人間の幸福のため、公衆衛生の保護と農業生産性の強化のため、激しい暴風雨による自然災害を減らすために発達した科学の知識と技術の力が歪曲されたあげく、戦争兵器になるとは、醜悪なまでに不道徳な事態です[54]」。著名な地球物理学者、ゴードン・J・F・マクドナルドによれば、ヴェトナムでの経験で学んだ最大の教訓は、ジャングル内の物資の輸送を滞らせる手段として人工降雨は効果がないということではなく、「民主主義社会で、一般の人びとに知られずに新技術を利用して秘密工作が実行できるということ」だった[55]。雲の種まきは、北ヴェトナム全土でオレンジ剤やローム・プラウ（大型軍用ブルドーザー）を使ったり、ジャングルを焼き払ったり、灌漑用水路を爆撃したりしたのと同様に、アメリカ軍がヴェトナムでの環境戦争で使用した数多い卑劣な技術の一つにすぎないという見方が優勢だった。

ENMOD——環境改変兵器禁止条約

一九七二年、ペル上院議員は公聴会後に提出した決議書で、環境や地球物理の改変の軍事利用禁止協定のために協議するよう、アメリカ政府に求めた。上院で証言した米国気象学会会長、リチャード・J・リードは、化学・生物兵器、大気圏内核実験がすでに禁止されていることに言及した。そして、敵対的目的のための気象改変の中止をあらゆる国家に要請する決議書を国連総会に提出するよう、政府に促した。一九七二年に発表された同学会の公式方針を引用し、この分野の知識が原始的状態にあること、軍事行動中は実験の管理が困難なことを指摘した。ほかにも著名な大気科学者たちが証言し、科学分野における平和的で開かれた国際協力の保護の必要性を訴えた。[56] ニクソン政権の反対をよそに、上院は一九七三年、八二票対一〇票でこの決議を採択した。下院でも、ドナルド・M・フレイザー議員（民主党、ミネソタ州）が同様の尽力をした。

一九七四年五月、ペル上院議員はそれまで最高機密だったヴェトナムの雲の種まきに関する国防総省の報告を公文書とした。二カ月足らずのち、モスクワ・サミットでニクソン大統領とソ連のレオニード・ブレジネフ書記長が「環境戦争の危険をめぐる将来の討議に関する共同声明」に署名した。また、「広範で長期に及ぶ重大な」影響を与える環境改変技術の軍事利用によって人類に危険が及ぶのを防ぎたいという両者の意向も表明された。声明の文言はアメリカの国家安全保障会議の眼鏡にかなったし、軍部にとって何の制約も意味しなかった。なぜなら、気候工学のように、推測の域を出ない、きわめて非実用的な気候改変や大規模な環境改変の技術だけが対象であるように読めたからだ。人工降雨や霧の消散のように多少は実用性があるものの、効果の及ぶ時間と場所が限られる気象改変技術は議論から除外されるかのように解釈できたのだ。[57]

一カ月もしないうちに、ソ連はヴェトナムでの雲の種まきに関してアメリカが弱い立場にあると見てとり、ウォーターゲイト事件の危機に乗じて、一方的に気象改変の軍事利用問題に国連の注意を向けさせ、外交上の主導権を握った。ソ連が提案した条約は対象を二国間にかぎらず、「広範で長期に及ぶ重大な」影響にもかぎっていなかった。ソ連側の代表を務めたアンドレイ・グロムイコの言い分はこうだった。「軍事目的で環境に影響を与える行為を禁じる国際協定の策定と締結がただちに必要である」。[58] 一九七四年九月にソ連側が公表した協定の草案は、「気象や気候などの環境に影響する、気象学的・地球物理学的手段をはじめとするあらゆる科学的・技術的手段を、世界の治安や人間の幸福と健康の維持と相容れない軍事などの目的」に使用することを締約国に禁じ、「さらに、いかなる状況にあっても、環境や気候に影響を及ぼすそうした手段を用いたり、用いる準備をしたりしない」ことを目標とするものだった。[59]

国連総会はソ連による協定の草案に注目すると、この件はさらなる考慮に値すると判断し、アメリカが棄権するなか、この問題を軍縮委員会に委ねることを票決した。ジェラルド・R・フォード大統領（ニクソンはすでに辞任していた）の政権は恥の上塗りを避けようと、「広範で長期に及ぶ重大な」という修飾語を協定の文言に戻すべきだとして譲らなかった。結局、策定された「環境改変技術の軍事的使用あるいはその他の敵対的使用の禁止に関する条約」は内容が薄められた協定となり、適用対象は、数百平方マイルの範囲に、数カ月（またはおよそ一季節）のあいだ続き、人間の生活、自然的・経済的資源やその他の資産に深刻な、あるいは著しい破壊や害を及ぼすような環境への影響に限定された。そうした表現は暗に、戦争における雲の種まきやハリケーンの進路変更などの小規模な技術の使用を認めるものだ。一方、この協定は「環境改変技術の平和的な目的への使用」を禁じてはいない。[60] 有効期限は設けず、締約国が協定の有効性を評価するための定期的な会合と、違反が疑われる事例に対応するための緊急の会合に関する条項が含まれている。

環境改変兵器禁止条約（ＥＮＭＯＤ）の調印は一九七七年五月一八日にジュネーヴで始まった。当初、アメリカとソ連を含む三四カ国が調印したが、発効したのは一九七八年一〇月五日になってからだった。皮肉なことに、ちょうどこのとき、アメリカ軍がほんの六年前にポパイ計画の実験をして気象改変技術の軍事利用の舞台となったラオス人民民主共和国が、二〇番目の批准国となった。一年あまりの遅れをとったあと、一九八〇年一月一七日にアメリカの批准書が国連事務局に寄託され、条約はアメリカで発効した。[61]

ENMODの文言が協議されている最中、環境保護論者たちは協議のプロセスに失望し、アメリカにこの条約を批准しないよう求めた。彼らの見るところ、この文書は欠陥だらけだった。文言が曖昧で、強制力に欠け、違反の認定基準が高すぎ、対象となるのは意図的になされた敵対的な環境改変のみだった。そのうえ、条約はこの分野の研究開発を禁止していないし、適用されるのは批准あるいは加盟した国だけだ。ジュネーヴ国際平和研究所の副所長、ジョゼフ・ゴールドブラットは以下のようにコメントした。「一部の国は明らかに、環境を利用した戦術の利用可能性を諦める誓いを立てようとはせず、将来の選択肢を残す道を探っていた」[62]。アメリカ軍はまさにそれを求めていた。航空気象部の見解は、条約の文言はあまりに曖昧なため軍の気象改変計画にまったく影響を及ぼさないというもので、空輸軍団はこの分野の機能を維持するよう指示された。軍にとって決定的要因はENMODではなく、気象改変技術が兵器としては「実用性に欠け」、「軍事的見返りがない」という事実だった。あらゆる気象改変計画への連邦政府からの資金提供が、そのころには激減していた。一九七八年に国防総省は、作戦計画は霧と雲の消散のみを対象とするが、軍事研究資金は雲物理学、コンピューター・モデリング、新たな観測システムに引き続き提供されると明言した。海洋大気局（NOAA）の上席研究員で、ストームフューリー計画にも参加したダン・ゴールデンは二〇〇八年に、インタビューで以下のように述べている。

ENMODを批准して以来ずっと、「アメリカ国防総省は、少なくとも私の知るかぎり、気象改変活動に携わっていない。気象改変活動を支援しているかどうかたずねられれば、彼らは強く否定する。ところが、近年、国防総省の後援により、さまざまな種類の気象改変についてのワークショップが開かれてきた」[63]

ENMOD批准後、一九八四年と九二年の二度、再検討会議が開かれた。一九八四年の再検討会議では、効力の及ぶ範囲を広げて違反の認定基準を下げようという動きがあったものの、実現には至らなかった。一九九二年の会議は第一次湾岸戦争の影響を受けた。この戦争では、油田への放火といった環境に対する攻撃的行為も行なわれた。この会議では協定内容の範囲が広げられ、除草剤や、軍事目的での火の使用のようなさまざまな「ローテク」介入も対象とされた。とはいえ、本書を執筆している時点では、ENMODはまだ一度も、違反した国の告発に正式に使われてはいない。[64]

気候工学との関連では、ENMODは「自然の過程――生物相、岩石圏、水圏、大気圏、宇宙空間を含む地球の動態や構成や構造――を故意に操作することによって」変化を起こすような環境改変技術を禁止している。[65] この規制は、気候工学あるいは海洋工学の規模にかかわる。こんにちの気候エンジニアたちは、みずからの仕事の利他的側面を強調する。世界を地球温暖化から救い、同時に地球温暖化に「戦争」を布告してもいるというのだ。とはいえ、彼らも自分たちが開発する技術の持つ軍事的意味はよくわかっている。この場合、国際社会に外交上の十分な影響力を与える方法として、最も期待できるのはENMODの改定かもしれない。その影響力によって、地球工学のせいで受け入れがたい付帯的損害が生じるのを防ぎ、ならず者国家やテロ集団がそうした技術を使用するのさえ阻止できるかもしれない。

現在のＥＮＭＯＤの発動に必要な条件は故意の軍事的あるいは敵対的意図だが、あらゆる気候工学の計画には、地球の動態や構成や構造の意図的な操作がかかわっている。そして、そうした計画はすべて、国や地域、場合によっては地球全体に及ぶ規模の「広範で長期に及ぶ重大な」害をもたらす可能性を秘めている。ＥＮＭＯＤは、大規模な気候工学計画の実地実験や実施の前に、あるいは、人間や環境に被害が及ぶおそれや事実が生ずる前に、関係国間が協議するよう定めている。少なくともそうした条項に沿ったＥＮＭＯＤの再検討が必要だろう。現在の地球温暖化との戦いは、軍事的な比喩が比喩にとどまらなくなった長い歴史的過程の帰結と見るべきだ。それらの比喩は比喩どころか厳しい現実であり、科学的研究の道筋にも軍事政策にも、そして、何よりも自然に対するわれわれの姿勢にも、影響を及ぼしている。

＊

気象学の歴史と軍事史は多くの点で重なり合い、たがいに影響を与えてきた。気象戦士たちは長年、自然現象を利用しようとしてきたし、二〇世紀には自然現象を軍事的に利用するために操作しようとした。科学と軍事の交流は、遅くとも近代の初期には結ばれていたファウスト的契約を履行する道を、着々と歩んでいるように見える。前世紀および今世紀の兵器体系は、ますます科学に基盤を置くようになってきた。また、（ことに民間人にとって）ますます致死性が高まり、毒性も異常さも増してきた。物理学と化学と生物学は、原子、分子、ウイルス、細菌を武器化し、地球科学は、空、海底、宇宙空間における地球環境を軍事利用してきた。冷戦時代には、雲、嵐、そして気候でさえ、その他の自然現象と同様に、制御し武器化できると考えられていた。ナノ規模の戦争と地球規模の戦争の出会いである。宇宙開発競争と同じように気象戦争の競争が進み、おそらくは相手方のほうが先んじているとまで考えられていた。戦争ではすべてが正当化された。機密のプログラムはその最たるものだった。

本章で取り上げた事例は、軍が単に科学を支援し保護したという域を越えている。気象学者と軍幹部の価値観と大局観の相互浸透をはっきりと物語っているのだ。シラス計画、ストームフューリー計画および似たような計画はすべて、冷戦中はきわめてありふれたものだった。ヴェトナムでの軍による雲の種まきが報道ですっぱ抜かれると、ただちに賛否両論の嵐が巻き起こった。当時、人びとは、邪悪なものが詰まったパンドラの箱が開けられてしまったと心配し、行き着く先はどうなるのか、かいもく見当がつかなかった。結局、アメリカは世界に恥をさらし、実効力に富むとは言えないＥＮＭＯＤを批准するに至った。だが、ＥＮＭＯＤが技術の乱用から生まれたにしても、より大規模な乱用を防ぐためにこの条約を改定し、再活性化することは可能だろうか？

ＥＮＭＯＤの批准から数十年間、気象学界は、科学の国際化やデータと情報の自由な交換という美辞麗句を声高に唱えてはいたものの、実際には資金の多くがあいかわらず冷戦中の軍から流れ込んでいた。一九八〇年代の国際研究協力を代表する「地球大気開発計画」は、世界規模で展開するアメリカ軍の二重のニーズに対応していた。[66] 共産主義の崩壊後、有能な兵器科学者ぞろいのアメリカの国立研究機関がにわかに「環境に優しく」なり、エドワード・テラーが進めていた大気科学者の養成プログラムに力を入れだした。そうした科学者の多くは、得意の基礎物理学と、軍の資金と設備の利用権を武器として、「空の修理」に一心不乱に取り組んだ。[67] 二〇〇一年以降は、極秘の気象研究に軍と国土安全保障省の潤沢な資金が注がれた。研究の対象は、たとえば、都市部、ことにワシントンDCで空気より重い気体のプルーム（煙流）の拡散を検知し予測する方法や、政府関連の建物、空港、駅、港とその周辺において有毒物質、爆発物、放射性物質などの発生源を特定する高性能の化学品探知機の開発などだ。

気象制御という分野の評判がまさに地に墜ちたため、軍はなかば公にこんな方針を掲げるようになっている。「身のまわりで起こる世界の変化を制御できないからこそ、その変化への対応をみずから制御できなければならない」[68]。そうした発想から発言する人びとは、訓練、規律、警戒を強調する。オペレーショナル・リスク・マネジメントを日常的および例外的な気象観測業務に応用することによって、天気予報の正確さと有用性、それに全般的な機能を向上させるのが自分たちの仕事だと、空軍は言うだろう。それ自体は正しいが、おそらく軍が単に知らないか、あるいは言えないことがもっとたくさんあるはずだ――十中八九は後者のほうだろう。

一方には、どの地平線にも水平線にも毒性の雲を見る陰謀論者たちがいる。彼らの不安をあおる言説の一例が、一九九七年にウィリアム・S・コーエン国防長官が発した警告だ。「エコ型のテロリズムでは、［敵が］気候を改変したり、電磁波を使う遠隔操作によって地震を起こしたり火山を噴火させたりできる……これは現実だ。だからこそ、われわれはもっと努力しなければならないし、そうすることがきわめて大切なのだ[69]」。コーエンは、少なくとも表現面では発言が飛躍しがちなことで知られている。これは、テロリストの手に落ちるおそれのあるあらゆる種類の革新的兵器について質問され、その場で答えた際の発言であり、深読みは禁物だ。それにもかかわらず、陰謀論者たちは、みずからの疑念を裏づけるものとしてコーエンの言葉に注目する。軍が地球工学プロジェクトを内密に支援し、指向性エネルギー光線、ケムトレイル〔化学剤や生物剤をジェット機から散布してできる飛行機雲〕、あるいはその他の技術を研究しているのではないかという疑念だ。実は、そうした憶測よりも歴史的記録のほうがよほど多くを明らかにしている——そして、われわれをぞっとさせる。

第七章

気候制御をめぐる恐怖、空想、可能性

核戦争が起こるのではないかという、現在感じられている恐ろしい可能性は、さらに恐ろしい別の可能性に取って代わられるかもしれない。世界的な気候制御が可能になれば、おそらく、現在、人間が手がけていることのすべてが原始的に見えるだろう。われわれはみずからを欺くべきでない。そうした可能性は、ひとたび実現すれば、利用されるのだから。

——ジョン・フォン・ノイマン「人類はテクノロジーより長く生き残れるか」

二〇世紀半ばからの四半世紀に、地球規模の気候制御をめぐる恐怖、空想、可能性が科学者と大衆紙によって広く論じられた。一部の化学者、物理学者、数学者、そしてむろん気象学者も、自然のプロセスに「介入」しようとしたが、その手段はもはやドライアイスやヨウ化銀ではなかった。新しい画期的な気象改変の可能性が、デジタル計算、人工衛星による遠隔探査、原子力、大気圏内核実験といった技術によって開かれたのだ。そうした展開のそこかしこに、エンジニアが夢見た壮大な計画が顔を出す。実現すれば、北極海からは氷がなくなり、地中海はきちんと管理され、アフリカは電力が行き届いて十分に灌漑(かんがい)されるというのだ。学識者も、気候に手を加えることや、気候を武器化するために核兵器をトリガーとして使う可能性などを夢想した。だが、地球規模の気候制御は、SF作品に初めて登場して以来、発明と革新の英雄譚とはかけ離れた暗い側面を持っており、世界的な事故や敵対行為の可能性をにおわせてきた。ジョン・フォン・ノイマン（一九〇三―五七）とハリー・ウェクスラー（一九一一―六二）は、かたや著名な、かたや知る人ぞ知る科学者だが、研究仲間として親しかった。この二人が発した警告は、そうした問題を検証する枠組みを与えてくれる。フォン・ノイマンはニュージャージー州のプリンストン高等研究所（IAS）の卓越した数学者で、デジタル計算技術を数値的天候予測と気候モデリングの問題に応用した先駆者だった。そうした技術が切り開く恐るべき新世界について彼が思いをめぐらすようになったのは、気候制御の暗部ゆえである。ウェクスラーは米国気象局の科学業務部長だった。気候モデリングの事業計画の推進に尽力したほか、多くの新技術、ことに気象衛星の開発を促進した。気象工学技術を初めて本格的に分析し、気候制御の可能性についていち早く警告を発した人物でもある。成層圏のオゾン層の意図的な破壊がまさに現実になりそうだったため、ウェクスラーは、意図的か否かにかかわらず気候に手を加えることの危険性をはっきりと、技術面でもきわめて詳細に説いた。そうした技術的、科学的、社会的問題の相互作用は、現代の大気科学の起源に関する言い古された物語を超えて別の次元へ移った。すなわち、奇想天外な思いつきの市場である「幻想の殿堂」、あるいは想像力のおもむくままに際限なく広がっていく「超現実的な領域（トワイライト・ゾーン）」である。

恐怖

人間は気候の変化を懸念し、理解しようとし、なかには変化を阻止しようとする人もいる。「懸念」を意味する英語「apprehension」はいくつかの異なる意味を表している。すなわち、(1)恐怖、(2)認識、(3)介入だ。拙著『気候変動の歴史観』(一九九八)で私は、人びとがいかにしてみずからを取りまく現象を認識するに至り、理解しようとしてきたかを検証した。そうした現象は地球全体を覆い、自然と人間の行為の双方からなり、さまざまな時間的長さと空間的広さで絶え間なく変化してきた。気候科学者は気候の変動について、何をどのように知るのか? どのような根拠、どのような歴史的経緯によって、その知識に到達したのか? 特権的立場をどう築いたのか? 私は以下のような観点が歴史的にいかにして現れたかについても考察した。すなわち、権威へのアピール、データ収集、基礎物理理論、決定的実験、モデル(コンピューター・モデルなど)、新技術(宇宙に拠点を置く観測など)から、合意の形成と協調的行動の開始に至るまでだ。

また、気候に関連する恐怖も検証した。たとえば、旱魃(かんばつ)、凶作、火山爆発に起因する気象、死の氷河の再来という黙示録じみた想像、地球温暖化といったものだ。文化地理学者のイーフー・トゥアンはかつて、「懸念するとは、懸念する危険を冒すことだ」[1]と述べた。いつの時代にも人びとは、荒天のときには邪悪な力が働いていると恐れた。雨が降らなかったり降りすぎたりすると、自然はもとより、むしろ社会秩序にただならぬ異変が起きているのではないかと恐れた。みずからを気候の変化を引き起こすものと見る人も多かった。物語のなかで気象と気候の制御が扱われるときでさえ、劇的緊張が生じるのはたいがい、根本的な恐怖からだ。生半可な理解に恐怖が拍車をかけると、効果のない、あるいは危険でさえある介入を招きかねない。気候改変の分野で主流となっている二つのアプローチは、大がかりな技術的改善と社会工学らしい。

一九五五年、「人類はテクノロジーより長く生き残れるか」と題した著名な論文で、フォン・ノイマンは気候制御を完全に「常軌を逸した」産業と呼んだ。化学物質を使用した気象制御と、地表面アルベドの修正などの方法で太陽放射を操作する気候制御が、近い将来きっと可能になると彼は考えていた。そして、そうした介入が想像もつかない規模の「空想じみた効果」を上げるかもしれないと主張した。特定の地域の気候を改変したり、新たな氷河期をわざと引き起こしたりするのは合理的とはかぎらないとも指摘している。地球の熱収支や大気の大循環に手を加えると、「核戦争やこれまで起きたあらゆる戦争の脅威よりも徹底的なやり方で、個々の国の事情をあらゆる他国の事情と混ぜ合わせることになる」。彼に言わせれば、気候制御は、ほかの「本来は有用な」現代のテクノロジーと同じく、例がないほどの破壊や、想像もされなかった形態の戦争の道具となりうる。気候操作は地球全体を変え、現在の政治秩序を打ち砕きかねない。フォン・ノイマンは気象や気候の制御の二面性を明らかにした。最も大事な問題は、「人間に何ができるのか」ではなく「人間は何をすべきか」だった。これは「テクノロジーの成熟に伴う危機」、すなわち急速な進歩のせいでさらに切迫した危機だった。

特定の技術の禁止は、フォン・ノイマンの出した答えではなかった。彼はこう考えた。国家政策としての戦争は排除できるかもしれないが、結局のところ生き延びることは一つの「可能性」でしかないと。なぜなら、こんにちと同様、当時も将来の紛争の火種はあったし、破壊の手段は強力になるとともに地球全体を射程としつつあったからだ。

ベーコン的な観点からすれば、気候は束縛のない自然の営みに基づくものだが、いまや人間のうかつな活動によって改造されているとみなされるのだろうか？　それとも、気候を操作し、束縛し、好みに合わせて変えることが求められるのだろうか？　確かに、室内の空調がこれだけ普及し、大規模になるとは、一世紀足らず前には想像もできなかった。だが、空そのものに手を加えるのはどうだろうか。そんなことをしようとすれば、自然界のつながりを強引に引き裂いて、意図せぬ副作用や計算ずくの破壊を引き起こす危険を冒すことになる。結局、フォン・ノイマンは急激な「進歩」をテクノロジーの成熟に伴う危機の最大要因の一つだとした。最終的な解決策を求めながらも見つけられないまま、彼はこう述べている。生き延びる見込みを最大限に増す鍵は、忍耐、柔軟性、知性、謙虚さ、熱意、監視、犠牲、そして、十分な幸運であると。(2)

空想

地球規模の気候制御の歴史は、機械による正確無比な予報の探求を起源とし、正確無比なデータ収集という夢に支えられてきた。天気を計算することは、気象学者たちの長年の目標だった。二〇世紀初頭には、フェリックス・エクスナーとヴィルヘルム・ビヤークネスが大気力学の基本方程式を定めた。一九二二年、ルイス・フライ・リチャードソンが実際に、少ないデータをもとに、コンピューターを使わずにそれらの方程式を解こうとした。日々の天気の変化よりも速く大気の運動方程式を解くという彼らの夢は、一九五〇年代の数値天気予報の誕生によって実現された。この物語は繰り返し語られ、それまで誰もなしえなかったことを追求した英雄たちの物語とされるのが常だ。近代気象学の「創世記」、気象局の束縛からの「脱出（エクソダス）」、そしてデジタル・コンピューター・モデリングという「約束の地」への到達を語る、歴史家と気象学者の長い系譜に最も新しく名を連ねたのが、クリスティーン・ハーパーだ。(3) これは込み入った（かつ、少なくとも大筋はよく知られている）物語であるにもかかわらず、いまだに語られていない話もある。それは、デジタル方式による気候のモデリング、予測、制御の陰の物語である。

第二次世界大戦の終結から間もない一九四五年一〇月、ニュージャージー州プリンストンのラジオ・コーポレーション・オヴ・アメリカ（RCA）研究所の研究部副部長だったウラジーミル・K・ツヴォルキンが、「気象に関する提案の概要」（図7・1）を書いた。この謄写（とうしゃ）版刷りの印刷物は、その影響力の大きさにもかかわらず、いまではすっかり忘れられている。彼はまず、正確な予報のできる気象学の重要性を説いた。そうした気象学が新時代に入りつつあると考えていたのだ。新たな情報伝達システムのおかげで、遠隔地に散らばる観測結果が体系的に編集できるようになりはじめていた。彼が期待したのは、大気運動方程式が解けるような、あるいは、せめて統計的規則性と過去の類似した気象条件を検索できるような新しい計算機器の開発だった。そうしたもろもろの情報を即座に処理して表示する「自動プロッター（作図装置）」を夢見ていた。ツヴォルキンは「正確で科学的な気象の知識」があれば、効果的な気象制御ができるはずだと示唆した。正確無比な機械が開発され、大気の状態が当面どう変わるかを予測し、転換点となる時間と場所や、暴風雨の急速な発達の影響を受けやすい場所を特定できれば、効果的な介入が可能になるだろう。準軍事的な緊急部隊を派遣し、状況に応じて気象に介入するのだ。荒れた海面に、文字どおり油を注いだり、物理的な障壁や巨大な火炎放射装置や原子爆弾さえ利用して、嵐を発達しないうちに止めたり、人の住む地域からそらせるなどして、気象を制御する。ツヴォルキンが提案したのは、ハリケーンの発生源と進路を研究し、予報と予防、そして進路変更まで目指すことだった。砂漠、氷河、山岳地帯といった気候の影響を受けやすい地域の大規模な地理的改造プロジェクトが実現すれば、長期にわたる気候の変化を人為的につくりだせるだろう。実際、コンピューター・モデルを使った数値実験が、現場実験や、気象や気候への介入の指針となるはずだ。ツヴォルキンはこう述べている。

図7・1　ツヴォルキンの「気象に関する提案の概要」の表紙、1945年10月（ウェクスラー文書）。

> 最終目標は、気象現象を地球規模の現象として研究し、壊滅的な天災による被害を最小限にとどめる方向に世界の気象を向かわせるとともに、可能なかぎり気候条件を改善し、できるだけ世界に利益をもたらすような手段を持つ国際的組織をつくることである。そうした国際的組織は、共通の問題への世界の関心を統合し、科学のエネルギーを平和的目的に向けることにより、世界平和に資

するだろう。その結果、長い目で見れば世界経済に有益な効果があり、それが平和の大義に資すると考えられる[4]。

ツヴォルキンの提案が公式に強い支持を得たのは、フォン・ノイマンがこの提案に添付した一九四五年一〇月二四日付の書簡のおかげだ。書簡はこんな書き出しで始まる。「あなたに全面的に賛成します。……この提案は、気象に影響を与える科学的アプローチの基盤となるでしょう」。コンピューターが算出した予測を利用すれば、「まったく過不足なくちょうどよい量のエネルギーの放出」か「土壌、海、大気の吸収と反射の特性の改変」によって気象や気候のシステムを「制御するか、少なくとも方向づけることができる」とフォン・ノイマンは想定した。それは、フォン・ノイマンの包括的な課題と哲学である「あらゆる安定的過程を予測すべし。あらゆる不安定な過程を制御すべし」にぴったりのプロジェクトだった[5]。ツヴォルキンの提案には、海洋学者で当時はアメリカ陸軍少佐だったアセルスタン・スピルハウスの長い推薦の言葉も添えられていた。スピルハウスは一九四五年一一月六日付の書簡をこう締めくくっている。「気象制御には、気象学が最大の努力を傾けるに値する新たな目標があります[6]」

大衆化

当時、状況が複雑になったのは、核兵器の気候制御への使用が示唆され、雲の種まきに関する新発見が発表されたからだ。一九四五年、ユネスコの事務総長で、イギリスの高名な科学者であり人道主義者だったジュリアン・ハクスリーは、マディソン・スクエア・ガーデンでの軍備管理会議の席で二万人の聴衆を前に、核兵器を「地球の環境整備」のために「原子ダイナマイト」として使ったり、極地の氷冠を解かして気候を変えるために使ったりする可能性について語った。エディー・リッケンバッカー大尉が、「南極の冷蔵庫を壊して、すでに発見されている鉱床を利用できるようにする」ための原子爆弾の使用を支持したことが記録に残っている。[7] 一九四六年一〇月一日付の『ニューヨーク・タイムズ』紙の一面には、「サーノフ、気象制御を予言」という見出しが掲げられた。その前夜、RCAの社長だったデイヴィッド・サーノフ准将は、ウォルドルフ・アストリアホテルで主催した謝恩晩餐会の席上、戦後の時代にふさわしい平和的プロジェクトについて予測した。候補に挙げられたのは、「海流の転用による砂漠の緑化」という、戦時には逆用して肥沃な土地を砂漠に変えられる技術や、「ラジオボタンを押せば、雨にも晴れにもなる」技術などだった。[8] そうしたことをやってのけるためには、「世界気象局」とも呼ぶべき組織による地球規模の予報と制御が必要だとサーノフは断言した(一九三八年に提案された「天気配分局」のようなものだ)。『ニューヨーカー』誌のある解説者は、そうした制御にまつわる問題の数々を見抜き、この公共サービス機関の「いったい誰が、ある一日の天気を晴れにするか、雨にするか、曇りにするか……あるいは刺激たっぷりの吹雪で充実させてやろうなどと決めるのだろう?」といぶかった。それを決める「いかれた役人」は、レインコートとゴム長靴の製造業者や、水着と日焼けローションの業界や、リゾート経営者や、農家といった特別利益集団に取りつかれているかもしれない。ところで、嵐の進路を変更するとしたら、「どこへ向かわせるのだろう?

海へ追いやって、ワシントンにまったく影響のない船を襲わせるのだろうか？」[9] 思い出してほしいのは、こうしたあらゆる事態のわずか一カ月後には、ゼネラル・エレクトリック社（ＧＥ）がヴィンセント・シェーファーによる雲の種まきの快挙を発表し、アーヴィング・ラングミュアが気象制御に関して現実離れした発言をしはじめたことだ。とはいえ、そうした構想はいまだに存在する。二〇〇九年に、まさにそのような組織や機関を設立しようという現実離れした提案がなされた。目的は、北極圏や、一部の海洋地帯や暴風雨に対し、地域規模で地球工学を実践し、特定の気候変動の影響を和らげることだそうだ。[10]

雲の種まきの時代には、フォン・ノイマンとツヴォルキン、とりわけ後者が、気象制御への世間の憶測をかきたてつづけた。一九四七年一月、二人はともに、ニューヨークで開かれた米国気象学会（ＡＭＳ）と航空科学学会の合同会議で講演を行なった。議長はＡＭＳの次期会長、ヘンリー・ホートンだった。フォン・ノイマンの「気象学における将来の高速計算の利用」と題された講演に続き、ツヴォルキンが、より賛否両論のある「気象制御の可能性をめぐる議論」について講演した。『ニューヨーク・タイムズ』紙はこう報じている。「ツヴォルキン博士によれば、ハリケーンが消散され、雨がつくられるかもしれない。なぜなら、第一に、いまや完成に近づきつつある電子計算機は気象の問題のあらゆる構成要素をすばやく合成できるし、第二に、燃え広がる油のエネルギーのごく少量を利用して大気の重要部分を温めたり、黒焦げの領域を利用して冷やしたりできるからだ」。[11] ツヴォルキンは「トリガー」となるメカニズムに焦点を絞った。少量のエネルギーを加えることできわめて大きな結果を引き起こす例として、人工の霧や雲の種まきまで引き合いに出し、足りない要素は技術ではなく「気象情報を数学的に最大限に利用する」方法だと述べた。翌日の続報は、こう締めくくられていた。「ツヴォルキン博士が正しいとすれば、将来、気象をつくるのは計算機の発明者ということになる[12]」

おおかたの科学者は、こうした予測をするのは時期尚早だと考えた。ウェクスラーと同僚の一人がツヴォルキンの自宅で食事をした際、気象制御について彼と議論した。ハリケーンの方向を変えるために海面の油に火をつける技術などについて論じたが、ウェクスラーはツヴォルキンの考えについて「熱帯気象学者のほとんどが賛成していない」と指摘した[13]。スクリップス海洋研究所の著名な海洋学者であるハラルド・U・スヴェルドルップは、ツヴォルキンの「気象の振る舞いを支配する根本的かつ全般的な物理の原理はおおむねよく理解されている」という主張を認めなかった。気象制御について、スヴェルドルップはこう記している。「『トリガー作用』の結果を予測するための初期条件を十分に知ることが期待できるケースは、まれだと思われる[14]」。ところが、トリガーについて軍はよく理解していた。一九四七年、戦略空軍司令部の司令官、ジョージ・C・ケニー将軍は、マサチューセッツ工科大学（MIT）の年に一度の同窓生晩餐会で資金調達のために講演をし、将来の兵器体系についてこんな発言をした。「昔から雨が降っていた場所に雨が降らないようにできるとすれば、気団の進路を正確に把握する方法と、降雨の時間と場所の制御法を最初にものにした国家が地球を支配する」と考えられる[15]。彼はMITにこの問題を検討するよう要請し、数百万ドル規模の研究計画を提案した。

その春、『ポピュラー・サイエンス・マンスリー』誌の副編集長、マーティン・マンはみずから書いた「雹(ひょう)との戦い」という記事の草稿をフォン・ノイマンに送り、添削を依頼した。記事は雹との戦いの布告で始まり、軍がまもなく、トリガーを発見するためにシェーファーの雲の種まき技術を使用することを明らかにしていた。「十分なトリガーを加えれば、望みどおりの気象がつくれる！」(16) そして、マンは数値上の「モデル実験」を開発するＩＡＳの研究を紹介し、この研究により新たなトリガーが解明されるはずだと述べた。

気象方程式が完成すれば、[フォン・ノイマンとツヴォルキンは]気象制御のためにその方程式を使うつもりだ……想像上の気象条件に合致する数値がコンピューターに入力される。すると、コンピューターは想像上の初期条件からはじき出される最終的な気象を予測する。たとえば、カリブ海上空の気温の上昇がマイアミの天気にどう影響したかを、コンピューターは示してくれる。

マンはこの記事のためにツヴォルキンにインタビューもした。そして、気象システムから膨大なエネルギーが発生するのだから、力ずくの手法でハリケーンをそらすのは、たとえ核爆弾を使ったとしても無理だという彼の意見を引用している。ツヴォルキンはもっと小規模な「トリガー機構」を好んだ。たとえば、暴風雨の進路にある島の表面に手を加えて色を濃くするか、あるいは反射を強めて、暴風雨のすでに不安定な力のバランスを撹乱するといった方法である。島全体を薄い炭素(カーボンブラック)の微粒子の層で覆うと、熱が吸収される。一方、白い煙の幕を発生させれば、反射が強くなる。「そうした反射‐吸収の区域は寸分違わず正確な位置に設定され、正確なタイミングで使用されなければならない」。つまり、デジタル・コンピューターの決定力のなせる業である。気の毒なカリブ海の島の住民たちには同情を禁じえない。彼らの熱帯の楽園は侵略され、おそらくはハリケーンの季節が来るたびに、マイアミを救おうとする準軍事的な部隊によって痛めつけられる。煤(すす)を全部、どうやってきれいに掃除しろというのだろう？　マンは、雹の抑制という手近な目標と、気象制御という遠い目標を対比させて記事を締めくくっている。また、エジソンと同様に「高校すら出ていない」市井の人、ヴィンセント・シェーファーと、軍産共同の巨大プロジェクトに携わるプリンストンの知識人たちをも比較対照している。

ハリケーンの制御

五〇年あまりのち、大気環境研究所の主任研究科学者、ロス・ホフマンは、大学院時代の指導者であるエドワード・ローレンツの提唱したカオス理論がハリケーンなどの気象システムの制御に使えるかもしれないと説き、そのシンボルとして小さな蝶をプレゼンテーションで使った。大気はカオス的で、小さな変化にもきわめて敏感に反応するため、一連の「ちょうどよい」摂動〔力学系において主要な力による運動が副次的な力によって乱されること〕を用いれば、気象を制御できるのではないかというのだ。摂動を信じたウィリアム・サダーズ・フランクリンの長年にわたる願望と、気象制御を擁護したアーヴィング・ラングミュアの常軌を逸した大言壮語に共鳴し、ホフマンは、旱魃も、竜巻も、ラッシュアワーの吹雪も、死者を出すハリケーンもない世界を想像するよう呼びかけた。

ホフマンが提案したのは、多くの工業的プロセスに共通するフィードバック・システムと同様の特徴を持つ大気制御システムだった。彼の統合システムの構成要素には、数値気象予報（NWP）、データ同化システム、人工衛星による遠隔探査が含まれていた。いずれもこんにちの一般的な気象学的業務に使われているものだ。ホフマンのシステムが特異なのは、彼が「摂動」と呼ぶ四番目の構成要素を自然の気象システムに加えて進路をそらせようとしたことだ。これらは自然の気象システムへの計画的な介入であり、遠隔探査によって監視され、NWPを通じて絶え間なくモデル化が繰り返される。地球規模の介入の例も提示された。たとえば、飛行機の高度と飛行経路を変更して飛行機雲をできやすくし、太陽放射と赤外線放射に摂動を与える。地球低軌道に反射物を打ち上げ、地球の夜側に明るい点をつくり、昼側に影をつくる。風力タービンを高速ファンとして利用し、大気の運動量を変えられる強さで回して暴風雨の進路をずらす。そして圧巻は、宇宙太陽光発電設備で「人工衛星からマイクロ波エネルギーを地上へ送る」ことによって、調整可能な大気熱源を手にしようという案だ。ハリケーンやその他の邪魔なものをねらい撃ちする光線兵器が、軌道上を回っているようなものである。

ホフマンの目標はハリケーンを消失させることではなく、人口密集地への直撃を防ぐため、たんに「進路をコントロール」することだった。みずからの考えを説明するために、ホフマンはハリケーン・イニキのコンピューター上のモデルの一象限で、海面温度を摂氏五度上げた。すると、モデルは暴風雨をハワイ諸島から遠ざけるよう「誘導」するという反応をした。ホフマンは、法的・倫理的疑問への気づかいを示す問いかけで締めくくった。「できるとすれば、やりたいですか？[17]」ホフマンの誘導によって嵐が通過した土地の気の毒な住民が起こす訴訟を、想像してみてほしい。それに、カオス的摂動の結果を表すのに「誘導」という言葉は強すぎるのではないだろうか？　ホフマンの研究はＮＡＳＡの先端構想研究所（ＮＩＡＣ）の後援を受けていた。ＮＩＡＣは、宇宙エレベーター、ロボットによる小惑星パトロール、反物質推進、地球外の惑星への移住のための遺伝子組み換え生物といった、奇想天外な未来志向のアイディアに資金を提供してきた機関である。[18]ホフマンは自分にひらめきを与えたものとして、ＳＦ作家のアーサー・Ｃ・クラークが構想した「世界気象局」を引用している。

生き残った超大国に、軌道上の要塞を放棄して「世界気象局」に明け渡すよう説得するのは容易ではなかった。大げさな比喩が許されるとすれば、それは「剣を打ち直して鋤（すき）とする」最後にして最も劇的な例であった。いまや、かつて人類を脅かしたレーザー光線は大気の厳選された部分か、地球の辺境の熱吸収ターゲットに照射されていた。そうした光線が含むエネルギーは、ごく小さな嵐と比較してもささいなものだ。だが、雪崩（なだれ）の引き金となる落石にも、連鎖反応を開始する一個の中性子にも、同じことが言える。[19]

だが、ホフマンは将来の誤用や軍事利用の可能性をほのめかしてもいた。「剣を打ち直して鋤とし、槍を打ち直して鎌とする」（「イザヤ書」２・４［新共同訳］）というような予言じみたお告げに対しては、「お前たちの鋤を剣に、鎌を槍に打ち直せ」（「ヨエル書」４・10［新共同訳］）といった逆の意味のお告げが必ずあるものだ。

ハリケーンの権威、ケリー・エマニュエルはホフマンのハリケーン制御の研究をおおむね擁護してきた。「将来、気象改変が行なわれるのはほぼ避けられないだろう……最近の調査により、適切な場所にほんのわずかなエネルギーを加えれば気象改変は可能であることが示されており、動かぬ確証がいずれ得られるだろう。そうなれば、正しい理由で、よい目的のために行なわれるよう願うしかない[20]」。別の機会に、エマニュエルはこう述べている。「暴風雨を制御したり、勢力を弱めたり、海の方向へそらしたりすることで、危険なハリケーンの被害を受けるおそれをなくしたり、減らしたりできるかもしれない。そうした技術の実用化までにさほど長い年数がかかるとは思えない[21]」。パエトンの手綱をとるような危うい考えを主張したのはエマニュエルその人だったことを思い出そう。二〇〇九年六月、マイクロソフトのビル・ゲイツは、海を操作してハリケーンに立ち向かうつもりだと述べた。「長い管を使って、温かい水を海面から深海へと移す」というのだ[22]。この案に対し、「母なる自然に手を加える」ことに難色を示す意見も出された。別の意見には、こんな要望が含まれていた――願わくば、この技術がウィンドウズOSよりもうまく機能しますように!

ソヴィエト連邦の夢想

ウラジーミル・レーニンが、ソヴィエト連邦の姿勢を「自然の支配」へと方向づけた。レーニンの哲学によれば、自然の絶対的かつ永久不変の摂理に根ざして個別に起こる事象と過程に関する「客観的に正確な反省」を通じて、新たな時代が幕を開けようとしていた。自然の支配は、実践のなかで誰の目にも明らかになるというのだ。[23] 二〇年後の一九四八年、ソ連の指導者ヨシフ・スターリンは「自然改変のための大計画」を発表した。自然の力を利用し、気象や気候を制御してソ連経済を拡大することを目指したが、結局は無益に終わった計画である。[24] 冷戦時代を通じ、ソ連では少なくとも一九の研究機関から、気象・気候改変についておびただしい数の著作や記事や報告書が発表された。[25] 一般読者向けの著作のなかに、地球工学の夢想で目を引くものが数点ある。『ソヴィエトの電力』（一九五六）で、アルカージイ・ボリソヴィッチ・マルキンはソヴィエト連邦の電化の進捗を概説し、二〇〇〇年には電力の出力は現在の一〇〇倍になるだろうと予測している。マルキンはとりわけ、将来の原子力の役割を強調し、地球工学的目的のための核爆発の利用も視野に入れている。

地下の深部におけるきわめて大規模な核爆発は、火山活動を引き起こす。新しい島々と巨大なダムが形成され、新しい山脈が現れるだろう。核爆発によって大がかりな掘削作用が生じ、山並みに沿って峡谷が刻まれ、たちまちのうちに、水路、貯水池、海ができる。われわれはまた、科学によって放射性物質の放射から身を守る方法が発見されると確信している。[26]

こうした考えはソヴィエトの「国家経済のための核爆発」計画から生まれた。この計画では、エドワード・テラーのプラウシェア計画と同様に、核爆発を土木建築の平和的目的に利用する技術が提唱された。マルキンは、ソヴィエトの電力技術者たちが「人間の才能に宿る無限の力」を引き出せば、間違いなく「偉大な成果」を達成できると結論を下している。

『人間と気候』（一九六〇）のなかで、ソ連の作家であるニコライ・ペトロヴィチ・ルーシンとイリヤ・アブラモフナ・フリートは、多くの気候改造計画について概説している。表紙に描かれた地球は、塵（ちり）の粒子でできた土星の環のようなもので囲まれ、ジュール・ヴェルヌふうの空想小説を思わせる。その環は北極圏を照らし、太陽エネルギーの吸収を増やし、最終的には極地の氷冠を解かすとされている。複数の章が、きわめて大規模な土木プロジェクトの記述に割かれている。たとえば、コンゴ川にダムを建設してアフリカを電化し、サハラ砂漠を灌漑したり、カナダのニューファンドランド島沖に土手道（コーズウェイ）をつくってメキシコ湾流の流れを変えたり、フロリダとキューバのあいだにタービンを設置してメキシコ湾流を利用したりといったものだ。もちろん、ソヴィエトの科学者ピョートル・ミハイロヴィチ・ボリソフによる、ベーリング海峡をせき止めて大西洋の海流を太平洋に向かわせ、北極海の海氷を解かすという提案も取り上げられている。著者の最終目標は、「人類は本当に地球の支配者になれるし、未来は人類の手のうちにある」ことを読者に確信させることだった。(27)

同書よりも政治志向がかなり強い著作『気候制御の方法』（一九六四）で、ルーシンとフリートは「人類による自然の征服は緒に就いたばかりである」と認め、出現したばかりの自然制御の能力は新生ソヴィエト人の誕生に由来するとしている。「革命以前の専制政治下では、ロシアの領土の九割はまったく調査されないままだった。ソヴィエト人は、偉大なる自然の富の主（あるじ）となり、自然を利用する方法のみならず自然を意のままに服従させる方法をも体得した。いまや、新しい海が開かれたとか、砂漠に花が咲き乱れたと聞いても驚かない(28)」

ルーシンとフリートは、それ以前に発表した著作で論じた巨大工学プロジェクトに言及し、自然の法則についてのより深い科学的洞察が、さらに「壮大な」計画に結実すると主張している。たとえば、きわめて大規模なエネルギー貯蔵設備を開発したり、川の流れを制御したり、永久凍土を活用したりという具合で、これらは二人が見込む技術発展のごく一部にすぎない。科学とは、単に自然を観察し理解することではない。自然を利用し、制御することでもある。二人は自然の制御についてのソ連共産党の計画を引用している。「社会主義的経済体制という条件下での科学と技術の進歩により、自然の富と力を人民の利益のためにきわめて有効に利用し、新たな形態のエネルギーを入手し、新素材をつくり、気候条件を改変する方法を開発し、宇宙を支配することが可能になりつつある」

I・アダバシェフは著書『グローバル・エンジニアリング』(一九六六)で、それらのプロジェクトの多くについて、共産主義への強い信奉をうかがわせるユートピア的希望を込めて論評した。アフリカにおける「第二ナイル」計画について、彼はこう記している。「新しい大きな人工の内海がサハラ砂漠の景観を一変させ……北アフリカに新たな気候をつくりだす……何百万、何千万エーカーもの肥沃な土地ができ、年に二度、いや三度の収穫さえ可能になって人類に恩恵をもたらすだろう(29)」。そうなれば、アフリカ経済を牛耳ろうともくろむ欧米の既得権者に対抗する「アフリカの人民の民族解放への戦い」にも有利なはずだ。要するに、アダバシェフはさほど遠くない将来、地球規模の新たな水文学(すいもんがく)〔地球上の水循環を対象とする地球科学の一分野〕の時代がやってくると予測したのだ。巨大なダムや水路、海全体を操作できる揚水場、その他のさまざまな気象の過程を誘発する「トリガー」となる設備の時代が到来するというのである。彼によれば、それらは「地球にとってより良い暖房システムであり、五大陸のすべてにとってより有用である」。だが、世界人口とエネルギー需要は増加しているのだから、先見性あるエンジニアは地球の表面にとどまる必要はないのではないか？　アダバシェフは、「ダイソン球」に関する想像力たくましい記述で本書を締めくくっている。この球体は半径が一天文単位、地球のおよそ一兆倍大きい人類の新天地で、外惑星の残骸から合成され、最低でも向こう三億年のあいだ、太陽エネルギーをすべて獲得するのだ！　いわば、太陽エネルギーで維持できるニュータウンである。だが、アダバシェフは、そうしたプロジェクトの実現は資本主義の存続のせいで遅れているとし、資本主義を「より幸せな境遇へ進もうとする人間の足かせ」になぞらえている。

北極を暖める

北極圏の氷冠を解かすという発想は、少なくとも一八七〇年代にはすでにあった。ハーヴァード大学の地質学者、ナサニエル・シェラーが、暖流である黒潮をベーリング海峡にもっと流れ込ませることを提案したのだ。

アラスカにある北極の門が開かれさえすれば、周極地域の氷冠全体がただちに融解するはずだ。いまは北極の寒さのせいで狭い範囲に押し込められている北半球の大陸のあらゆる植物が、北極に向かって行進を始めるだろう……北緯四〇度以北の土地の生命維持力は、日本海流（黒潮）を北極から隔てている障壁を壊せば、倍増すると言っても過言ではない[30]。

一九一二年、技師で、発明家で、実業家でもあったキャロル・リヴィングストン・ライカーが、大西洋の海流に手を加えて北極圏の気候を変える計画を提案した。この計画は、寒流であるラブラドル海流がメキシコ湾流とぶつかるのを阻むことにより達成されるという。彼はそのために、カナダのレイス岬からニューファンドランド島沖まで東へ延びる全長二〇〇マイル（約三二〇キロ）の土手道の建設を提案した。理論上は、長いケーブルまたは「障害物」を海中に吊るすと、南へ向かうラブラドル海流の流れが遅くなり、堆積物が積もっていくため、土手道が形成される。メキシコ湾流の流れをさらに東にそらせた場合に期待される（トマス・ジェファソンの思いつきに似た）利点には、霧の発生の減少と、北方地域の気候の全般的温暖化があった。ライカーがそうした提案をしたのは、そのころ達成された複数の巨大プロジェクトに触発されたからだ。たとえば、資本家のヘンリー・フラグラーがフロリダ州キーウェストと本土のあいだに敷設した鉄道橋や、当時掘削中だったパナマ運河などである。また、タイタニック号の悲劇的な沈没も、彼が提案を急いだ一因で、土手道が航路から氷山をなくすのに一役買うのではないかと考えたのだ。議会でライカーの後ろ盾となったのが、ウィリアム・マズグレイヴ・コールダー下院議員（共和党、ニューヨーク州）で、ラブラドル海流とメキシコ湾流に関する委員会の設立を提案した。ジョシーファス・ダニエルズ海軍長官はこの提案にまったく賛意を抱かなかったものの、グランドバンクス〔大西洋北西部の大陸棚〕の海流の総合的調査は有益だと考えた。[31]

氷のない北極海は、当時の気候工学プロジェクトのなかでも最も規模が大きく、最も広く論じられていたものの一つだった。ジュール・ヴェルヌの小説『地軸変更計画』（一八八九）は、このような思いつきから想を得て書かれたのかもしれない。皮肉なことに、氷のない北極海は、自然と人為改変が組み合わさった作用により、遅かれ早かれわれわれの前に現実に現れるだろう。

一九五七年、ソヴィエトのアカデミー会員だったボリソフは、ロシア人が何百年も前から北部の寒さを克服したがっていたことを代弁するかのように、北極海の氷を解かすためにベーリング海峡にダムを建設することを提案した。[32] 数多くの論文と、著書『人間は気候を変えられるか』（一九七三）でボリソフが構想を詳細に述べたダムは、全長五〇マイル（約八〇キロ）、高さ二〇〇フィート（約六〇メートル）弱で、船舶のための閘門（こうもん）〔水位の異なる河川間で船を上下させるための装置〕と揚水場を備えていた。彼の案では、ダムは水深八二〇フィートの海域に組み立て式で建設される。素材は耐凍性の鉄筋コンクリートで、海に浮かべて建設現場まで運び、杭を打って海底に固定する。さらに、ダムの上部は、浮氷塊が載れば南側で崩れるような形状に設計する。設計の代替案には、大陸間を結ぶハイウェイと鉄道が含まれていた。ボリソフによれば、「人類に必要なのは『冷たい戦争』ではなく、冷たさとの戦争だ[33]」

北極海の氷を液体にするために、ボリソフは北極海の冷たい海水をポンプで汲み上げ、ダムを通してベーリング海と北太平洋に流したいと考えていた。この入れ替えにより、水温の高い海水が北大西洋から流れ込み、数年もすれば海面の淡水がなくなって、北極海盆では氷ができなくなり、より温暖な気候条件がつくられる。

こんにち、自然環境を改造する人類の力は拡大の一途をたどり、われわれが推進する計画には技術的困難はまったく見あたらない。水温の高い大西洋の海水を太平洋に汲み出せば、北極海は現状のように大西洋の海水にとって出口のない海盆ではなくなり、北極の表面水はベーリング海峡を経て太平洋に送り込まれる。(34)

彼の目標は厚さ二〇〇フィートの冷たい表面水の層を取り除き、水温が高く塩分が多いため凍らない水と入れ替えることだった。広く読まれていたマルキンの著書『ソヴィエトの電力』に感化されたボリソフは、ポンプを動かすのに必要な大量の電力が、おそらく水力発電か原子炉によって遠からず調達できるようになるという前提に立っていた。

ダムはもちろん建設されなかったが、もし建設に乗り出していたら、世界の国々はソ連と対立しただろうか？　計画が実現していたら最終的に気候にどんな影響が及んだかは、いまだにほとんど見当がつかない。大西洋の流れの自然な変化に比べて取るに足りないと見ることも十分できるが、当時のコンピューターのモデルはどれもさほど精密でなかったため、確固とした結論は示されなかった。

その他の海洋工学的構想には、フロリダ海峡に巨大タービンを設置して発電する案や、メキシコ湾流の北方の支流にアルコールの薄い膜を浮かべて水面からの水分蒸発を減らし、海水温を数度上昇させる案もあった。タラが酔っ払っても構わなかったらしい。日本のエンジニアは、タタール（間宮）海峡にダムか一方向バルブを設置して暖流の黒潮を引き入れれば、凍てつくオホーツク海が有効利用できるのではないかと空想した。一九七〇年には、コンピューターのモデルにしか適さないと思われた実験（この手の実験は、全部そうではないだろうか？）で、日本の地球科学理論の専門家、樋口敬二がこんな問いを投げかけた。南米大陸南端と南極大陸のあいだのドレイク海峡を氷のダムでふさぐと、地球全体の大気と海洋の循環はどうなり、その結果、世界の気候はどう変わるだろうか？　可能性の一つは、新たな氷河期の開始だった。[35]

ロシアの科学者たちは、そうした巨大プロジェクトは気候に混乱をきたすおそれがあると警告した。ボリソフも、彼のベーリング海峡ダム計画が気候と環境に及ぼす大規模な影響の全容は予測できないし、一国の国境線内にとどまるとはかぎらないと認めた。そうした影響は、ソヴィエト連邦、カナダ、デンマーク、アメリカ合衆国の国益に直接かかわってくるだろうし、その他の地域の多くの国々も、プロジェクトに起因する気候の変動により、間接的影響を受けかねない。そのようなダムが建設されれば、中緯度地帯の冬は、北極気団と寒帯気団の温度上昇によって、もっと温暖になるはずだ。サハラ砂漠のような地域は灌漑が進み、ステップかサヴァンナに変わるかもしれないと、ボリソフは考えた。氷のない北極海のもたらす直接的恩恵には、東アジアとヨーロッパをより直線に近い形で結ぶ新航路も含まれていた。ボリソフのあまりに楽観的な計算によれば、たとえグリーンランドの氷冠が解け出しても、海面はさほど大きく上昇しないはずだった。とはいえ、よその国でのそうした気候変動に、ソ連はほとんど無頓着だった。

ラリーサ・R・ラキポワは、北極が大幅に温暖化すれば、アフリカの冬の気温は摂氏五度ほど下がり、「人間と動植物にとっての生活環境の完全な崩壊につながる」と指摘した。[36] オレグ・A・ドロスドフは、北極の温暖化は、海洋と大陸のあいだの水分交換の全面的な分断につながり、その結果、極東は過剰な降雨に、ヨーロッパは極端な乾燥状態に見舞われると警告した。その結果、土壌や、植生や、水環境や、その他の自然条件が激変し、環境にも、経済にも、社会にもマイナスの影響が広がったはずだ。『イングランドからの避難』で架空の話として描かれているように、アメリカがプロジェクトの一つを実施して、メキシコ湾流をアメリカに向かって流れるようにしたらどうなるだろう。ルーシンとフリートは「ヨーロッパでは気温が著しく下がり、氷河が急速に前進を始めるだろう」と予測した。T・F・ギャスケルは著書『メキシコ湾流』(一九七三)で、こう指摘している。「だからこそ、メキシコ湾流のような自然現象が政治的意味を持つ」。[37] さまざまな自然現象についても同様であることに、地球工学の専門家たちは気づくべきだ。

海の氷だけでなく、ソ連は「シベリア人の怨嗟の的」である、場所によっては厚さ一六〇〇フィート(約四八〇メートル)に及ぶ永久凍土とも戦っていた。永久凍土をなくす案のなかには、雪原に煤を撒き、太陽光の吸収を増やすというものもあった。灰やピートなど、安価な物質でも事足りるかもしれない。「永久凍土がどんなものかは、誰だって知っている」と読者は思っただろうが、ルーシンとフリートはその厄介な点を事細かに説明している。「新築の住宅が前触れもなく移動を始めたり、ペチカ(ロシア式暖炉)が突然地面に沈下しはじめたり、深く打ち込んだ杭が地中から飛び出たり」するし、凍土が解けて再凍結すると、神秘的な「酔っぱらいの森」の木々が、ウォトカをしこたま飲んだシベリア人よろしく、身をよじって傾く。[38] 二一世紀になり、永久凍土は地元民の怨嗟の的という認識は改められ、保存すべきものとされるようになった。一つには、トナカイやカリブーの移動パターンを保護するためだ。また、凍土にはメタンが多く含まれることから、地球規模の環境問題とみなされるようになったためでもある。一九六二年に、ルーシンとフリートはこう述べている。「解明されたことは多いものの、これまでのところ、永久凍土を一掃するのは不可能である」

アフリカに水を取り戻し、電気を供給する

一八六九年、フランスの外交官であるフェルディナン・ドゥ・レセップスの指揮のもとにスエズ運河が竣工すると、アフリカに水を取り戻すための大規模な土木事業の案が続々と出された。その一つは、いっぷう変わった冒険家で事業家でもあったイギリス人、ドナルド・マッケンジーの案で、アルジェリアのサハラ砂漠を地中海の水で灌漑し、輸送を容易にして商業を振興し、キリスト教を広めようというものだった。『デイリー・テレグラフ』紙はこう報じている。

年に一度、商品を運ぶ一列のラクダが横断するだけの道なき荒野はもはやなく、人間が征服したサハラを商船団が航行する。このニュースはドゥ・レセップス氏の耳にも届かないはずはなく、氏はやっかみつつも賛嘆を禁じえないだろう。西アフリカのニジェール川上流から

イギリスのリヴァプールまで、わずか一四日しかかからないし、イギリス製品をはじめとする商品の広大な新市場が開かれ、アフリカの再生は、あたかも何世紀かが一気に過ぎ去ったように進められるだろう。[39]

同業者がマッケンジーに宛てた手紙には、この計画が「すべてのキリスト教徒の胸に訴えかけ、キリスト教のネットワークをアフリカに広めるだろう」と書かれていた。対抗意識を燃やしたフランス人は、地理学者のフランソワ・エリ・ルデールを委員長とする委員会を設置し、委員会はフランス科学アカデミーにこの案を検討するよう促した。[40] この議論から、内海をつくれば降雨が促進されてサハラ砂漠の農業生産が可能になる一方、ヨーロッパの気候には悪い作用が及ぶおそれのあることが明らかになった。

ジュール・ヴェルヌの小説『海の侵略』(一九〇五)は、アフリカに戻ったフランス人技師たちがルデールの計画を実現するという設定で書かれた。この作品は、環境、文化、政治について多くの問題を提起しており、マクロ工学プロジェクトがきっかけで戦争が勃発する可能性にも触れていた。[41] ヴェルヌの思いつきは、一九一一年にエチュゴワイヤンというフランス人科学者により、そっくりそのまま再現された。彼もまた、アフリカ北岸に五〇マイル(約八〇キロ)の運河を掘ってサハラ砂漠のかなりの部分を内海に変えることを提案した。そして、工事の容易さと大きな利点の数々を力説した。土壌と耕作地が肥沃になり、現地の気候がより涼しくなり、「サハラ海」に沿ってフランスのすばらしい新たな植民地ができるというのだ。反対論者たちは、地中海の水量の半分近い大量の海水を再分配すれば、地球の地軸が傾きかねず、その結果、地域の降水パターンに悪影響を与えるかもしれないし、北欧に氷河期を引き起こすことさえありうると警告した[42]。

一九三〇年代には、ドイツ人建築家、ヘルマン・ゼルゲルの「アトラントローパ計画」により、地中海の水位を下げて三〇〇万エーカー（一万二〇〇〇平方キロ、フランスの国土に匹敵する広さ）もの新たな土地を開拓し、ヨーロッパ人を入植させるというアイディアが提唱された。ゼルゲルによれば、ジブラルタル海峡とダーダネルス海峡に巨大ダムを建設して、地中海の水のかなりの部分を排水し、大量の電力を発電すれば、「ヨーロッパの領土は拡大され、ユートピアのような未来が約束される。豊富でクリーンで安価なエネルギーを得て、世界に通用する経済力と政治力が復活する」。ゼルゲルはこのアイディアを最初はナチスに、その後の冷戦時代には西側諸国の政府に、アフリカにおけるソ連の拡張政策を阻む壁として売り込んだ。

だが、地中海の水位を下げることは、ゼルゲルの構想のごく一部にすぎなかった。彼は、複数のダムと人工湖からなるきわめて大規模な設備を建設して、アフリカのかなりの部分を灌漑しようとも考えていた。コンゴ川は流域面積でアフリカ一、流量で世界第二位の河川である。その河口に近いコンゴのブラザヴィルにダムを建設すれば、巨大な湖が新たにできる。ゼルゲルが「コンゴ海」と名づけたその湖は、基本的にコンゴの国土全体を覆うことになる。そうなれば、原住民、野生生物、生態系の水没を含む連鎖反応が起こる。彼の計算では、ウバンギ川の流れが逆になり、北西に流れてチャリ川に合流し、最終的にはチャド湖を大幅に拡張した「チャド海」に注ぐ。これら二つの新たな海がアフリカ大陸全体のおよそ一〇パーセントを占め、「第二ナイル」とも名づけられるべき北部の水路がサハラ砂漠を縦断して北に流れ、エジプトと同様に灌漑された帯状の入植地がアルジェリアにできる。ゼルゲルの計画には、スタンリー滝の巨大な水力発電所も含まれており、十分な余剰電力によって大陸のかなりの部分で電灯がともり、工業化が進むことが見込まれていた[43]（図７・２）。

図7・2　ゼルゲルのアフリカ・地中海改造案（ルーシン＆フリート『人間と気候』、1960）

アメリカとソ連の水文学技術者たちも、そうした壮大なプロジェクトを夢見ていた。一九五〇年代と六〇年代には、「北米灌漑電力機構」が、アラスカとカナダから年に一億エーカー・フィート〔エーカー・フィートは、一エーカーの面積に一フィートの深さまで満たす水の体積を表す単位〕の水を水路で送り込み、アメリカ南西部とメキシコで使えるようにする計画を提案した。ソ連の技術者たちは、オビ川、エニセイ川、アンガラ川にダムを建設してウラル山脈の東に広大な「シベリア海」を新たにつくり、農業水利と気候調整に役立てようとした。最近では、一九九七年に、ミネソタ大学を退職した地球科学者、ロバート・ジョンソンがアメリカ地球物理学連合会報『ＥＯＳ』の表紙を借りて警告を発した。人間の活動によって、ナイルを主とする複数の川の流出方向が変わったため、地中海で淡水が枯渇しつつあるという警告である。ジョンソンは、ジブラルタル海峡にダムを建設することにより塩水が大西洋に流出するのを阻止するよう求めた。逆説的だが、それによって地中海の塩分を現在よりもさらに高くしようというのだ。すべては高邁な目的のためで、彼のコンピューター・モデルによれば、巨大ダムの建設によって北欧が小氷河期に入るのが阻止される一方、気候変動という至高の目標は維持され、西南極氷床が崩れて世界中で海面が二〇フィート（約六メートル）上昇するのは阻止できる。どうやら、現代のあらゆる地球工学計画をもってすれば、少なくともこうしたことが実現可能らしい[44]。

宇宙鏡と塵

一九四五年七月、ドイツの液体ロケット開発に関するアメリカ陸軍航空隊の機密文書に、「将来の可能性」を予測する記述があった。そこには大陸間弾道ミサイル、地球周回軌道衛星、宇宙ステーションのプラットフォーム、惑星間旅行が含まれていた。重要なのは、この文書の「気象制御」と題された部分が、ドイツのロケット工学者のヘルマン・オーベルトによる一九二三年の提案を引用していることだ。直径一マイル（約一・六キロ）ほどの大型の鏡を軌道に打ち上げ、太陽エネルギーを「意のままに」地球の表面へ集めるのに利用し、気象をも操作しようという案である[45]。『タイム』誌が一九五四年にオーベルトの案をさらに世に広めた。宇宙鏡は「光沢のある金属箔でできていて、ワイヤーで補強され」、宇宙ステーションを中心としてその周囲をゆっくりと回っていると解説されていた。[46] 宇宙鏡は地球の夜半球を照らすように設置される。寒冷地の国々は宇宙鏡が反射した太陽光を浴びて、生産的で住みやすくなる。降雨が多すぎる地域は、宇宙鏡で暖め、乾燥させる。逆に乾燥した地域では、降雨を生じさせるために、手近な湖に太陽光線を集中させ、水を蒸発させ、雲を形成させる。すると、「宇宙鏡の適切な操作により」生じた熱気流と気圧傾度によって、雨雲を乾燥した地域へと向かわせることができる。

陸軍の報告書の予測によれば、そうした宇宙鏡は「世界国家連合」の武器になる。攻撃的な、あるいは不穏な動きをするようになった国家に対し、「領土に強烈な熱を集中的に浴びせること によって、もっと友好的になり道理をわきまえる」よう仕向けられるというのだ。[47] だが、報告書は、そうした光線兵器のその他の敵対的用途には触れていない。それに比べて、『タイム』誌はかなり率直にこう述べている。「地上で戦争が始まれば、宇宙鏡を凹ませて光線を集中させ、『攻撃者』を……都合よく灰にしてしまえる」。[48]『タイム』誌は、第二次世界大戦中にナチスが宇宙鏡の軍事目的での使用を真剣に検討していたとも報じた。

放射により気象に影響を与える方法はほかにも考えられてきた。一九一三年から、米国気象局のウィリアム・ジャクソン・ハンフリーズは、火山灰で気象を制御できないだろうかと模索していた。[49] 二〇年後、天文学者のハーロウ・シャプリーと共同研究者たちは、宇宙は星間塵に満ちており、それらが遠い星々をかすませ、天文学者たちの計算に影響を与えているのだと気づいた。イギリスの天文学者のフレッド・ホイルとR・A・リトルトンは、宇宙塵が太陽定数に影響し、その結果、気候変動が起きるのではないかと推論した。[50]

宇宙時代の初期に、レニングラードの数学者ミハイル・アレクサンドロヴィチ・ゴロツキーは、南極と北極の両方の上空を通る人工の塵の環（ダストリング）をつくることを提案した。(51) ボルトの平らな座金（ざがね）のような形の環で、低いほうの境界が高度七五〇マイル（約一二〇〇キロ）、高いほうが高度六〇〇〇マイルに位置し、土星の環に似ている。材料である単体のカリウム粒子はきわめて反射率が高く、軽量で、比較的安価だ。ゴロツキーは、夏には太陽にこの環の正面を向け、冬には端を向けるつもりだったが、彼の大ざっぱな計算からは、粒子の結合性も、環の寿命も、方向転換の方法も詳細が明らかにされていない。それでも、彼の頭のなかでは、この環によって北緯五五度から九〇度のあいだの短波放射が、赤道での値より最大で五〇パーセント増加するはずだった！　永久凍土は消滅し、極地の氷は解け、シベリアの都市は栄え、地球全体がかなり暖かくなる（図7・3）。

ソ連の別のエンジニア、ヴァレンチン・チェレンコフは、軌道を回るそれよりかなり小さな雲を提案した。雲はわずか一トンの不透明粒子からなり、太陽光線を地上へ向ける。彼の見積もりによれば、この雲は一兆三〇〇〇億キロワットの電力を産出する。これは、従来型の大型発電設備五〇万基分に相当する。それだけの量のエネルギーがあれば、北極を暖め、五〇〇ルクス以上の照明で空を照らし、長い極夜（きょくや）〔極圏において冬至をはさんで太陽が地平線上に出てこない期間〕をほぼなくすことができる。また、季節による差異も、極地と赤道地帯の気候の差異もなくなる。当時、これとは逆に、地球を冷やす構想もあった。北緯三〇度から南緯三〇度のあいだの赤道地帯上空に日除けを設置する案である。現在、太陽放射への数々の対処法が提案されているが（第八章）、四五年前にこうした案が出されていたのだ。

爆弾を投下せよ

地球の大気および地球に近い宇宙空間の環境に干渉した科学者や冷戦戦士たちは、「あらゆるものをコントロールできる」し、放射線や核降下物でさえ例外ではないと思い込んでいた[52]。上院多数党院内総務で軍備小委員会の委員長だったリンドン・B・ジョンソンをはじめ、国家の上層部にも彼らの支持者がいた。一九五七年一〇月のスプートニク1号の打ち上げは、国際地球観測年だった同年の科学事業から世界の注目を奪い、「ミサイル・ギャップ（ミサイル技術の格差）」と、国家の安全に対する宇宙からの脅威にアメリカ人の懸念が高まった。一一月のスプートニク2号の打ち上げが、そうした不安に拍車をかけた。ジョンソンは一九五八年初頭に、ロシアのスプートニクは「おもちゃ」ではないと警告し、アメリカ合衆国の将来そのものが、宇宙の覇権を最初に握って軍事目的で制御することにかかっていると断じた。

図7・3　ゴロツキーの案。反射性粒子でできた土星のような環を地球の軌道に放ち、極地方を暖める（ルーシン＆フリート『人間と気候』、1960）。

科学者たちの証言はこうだ。宇宙の制御は、世界の制御を意味する。それは、兵器や占領軍がかつてなしえた、またこれからなしうるいかなる制御より、はるかに確実で完全な制御である。宇宙から、無限を支配する者が地球の気象を制御し、旱魃や洪水を起こし、潮流を変え、海水位を上昇させ、メキシコ湾流の方向を変え、温帯性気候を寒帯性気候に変える力を持つことになるだろう……もしも、地球を全面的に制御する力が行使できるような絶対的地位が宇宙にあるならば、われわれの国家的目標、自由世界のあらゆる人の目標は、その地位を勝ち取り、維持することである。(53)

同じ月の後半、アメリカは同国初の人工衛星、エクスプローラー1号を、陸軍のレッドストーン・ミサイルを改良したジュノー1ロケットによって打ち上げた。

一九五八年八月、ハードタック作戦として知られる一連の大規模な爆撃実験の実施中に、軍はチークとオレンジと名づけた二発の高高度射撃によって、弾道弾迎撃ミサイルと通信遮断の能力を実験した。どちらの実験でも、陸軍のレッドストーン・ロケットによって三・八メガトンの水素爆弾の弾頭が発射された。チークは中間圏四八マイル（約七七キロ）で、オレンジは成層圏二七マイルで爆発した。いずれの爆発も夜空を真昼のように明るく照らした。チークはミサイル誘導システムの不調によって予定された位置より四八マイル先の北太平洋のジョンソン島の真上で爆発したため、興奮はなおさら高まった。どうやら、実験者たちは身の危険も感じなかったし、大気圏の脆い層や保護層を破壊することに良心の呵責も感じなかったらしい。

アーガス作戦は、一九五八年の八月と九月に実施された。ヴァン・アレン放射線帯が人工衛星のエクスプローラー1号と3号によって発見されてからわずか六カ月後である。この作戦により、アメリカ軍および原子力委員会は、発見されたばかりのこの放射線帯の破壊あるいは遮断を試みるべきだと決断した。天文学者のジェイムズ・ヴァン・アレンの全面的な協力を得て、試みは実行された。(54) 特別装備の海軍護衛艦が打ち上げた一・七キロトンの原子爆弾三発を、南大西洋上空の高度一二五マイル(約二〇〇キロ)から三三五マイルで起爆させ、外気圏に電子の「種まき」をした。参加者たちはこれを「史上最大の科学実験」と豪語し、ローレンス・バークリー研究所のニコラス・C・クリストフィロスが提唱した地球物理理論の実験と称した。(55) 実験の規模はまさに超弩級で、九隻の船と四五〇〇人がかかわり、上空の人工衛星エクスプローラー4号が「核観測」を行ない、五段式高高度観測ロケットの「ジェイソン」を連続して打ち上げ、飛行機を飛ばし、複数の地上基地を使用した。だが、科学的根拠には乏しかったようだ。実験結果を含む文書は、その後二五年間、機密扱いのままだった。おそらく、軍事的目的は、核爆発が通信チャンネルを途絶させる可能性と方法を調べることだったと思われる。大気圏内での実験を禁止する条約が協議されていたため、軍は、この実験は大気圏内ではなく、「大気圏よりも上で」行なわれたとすぐさま弁明した。

地球周辺の宇宙空間での核実験は引き続き実施された。そのなかには一九六二年七月、ジョンソン島上空での、さらに大型の「スターフィッシュ」の爆発もあった。この爆発によってヴァン・アレン放射線帯は分断され、人工の磁気帯と、ニュージーランド、ジャマイカ、ブラジルといった遠隔地からも見える「熱帯オーロラ」が発生した。同年のソ連による三発の高高度爆発も同様の結果を生んだ。『ニューヨーカー』誌に掲載された一コマ漫画には、ハイテク研究所を舞台に、真面目そうなテクノクラートが同僚にこうたずねる場面が描かれた。「ヴァン・アレン放射線帯の内側を破壊すると大変なことになるっていうけど、やってもみずにどうしてわかるんだ？」[56] この年は地球に近い宇宙での「花火」が並外れて多く、イギリス、デンマーク、オーストラリアは、天文学会の主導により正式に抗議した。そうした実験の際、太平洋のホテルのなかには、屋根の上で「虹色」爆弾パーティーを催し、宿泊客が光のショーを観賞できるようにしたところもあったらしい。

一九六一年、米国気象局のハリー・ウェクスラーの机にいささか奇妙なものが置かれた。簡潔に「気象改変」と題されたその技術報告書の執筆者は、アルゴンヌ国立研究所のM・B・ローデインとD・C・ヘスだった。二人は、雨雲や雨を降らせるかもしれない湿潤気団に直接熱を当てると、雲や空気塊の浮力が増し、特定の地理的地域における自然の降雨量が変えられるかもしれないという理にかなった意見を述べていた。これは一〇〇年以上前にジェイムズ・エスピーが唱えた対流説である。ただし、現代的なひねりが加えられていた。「安全基準に合致する場所ならどこであれ」巨大な原子炉を宙に浮かべて、必要な大量の熱を供給するというのだ[57]（図7・4）。そのような原子力航空機がつくられることはなかった。

宇宙の種まきすべてに核がかかわっていたわけではない。一九六〇年、国防総省とMITのリ

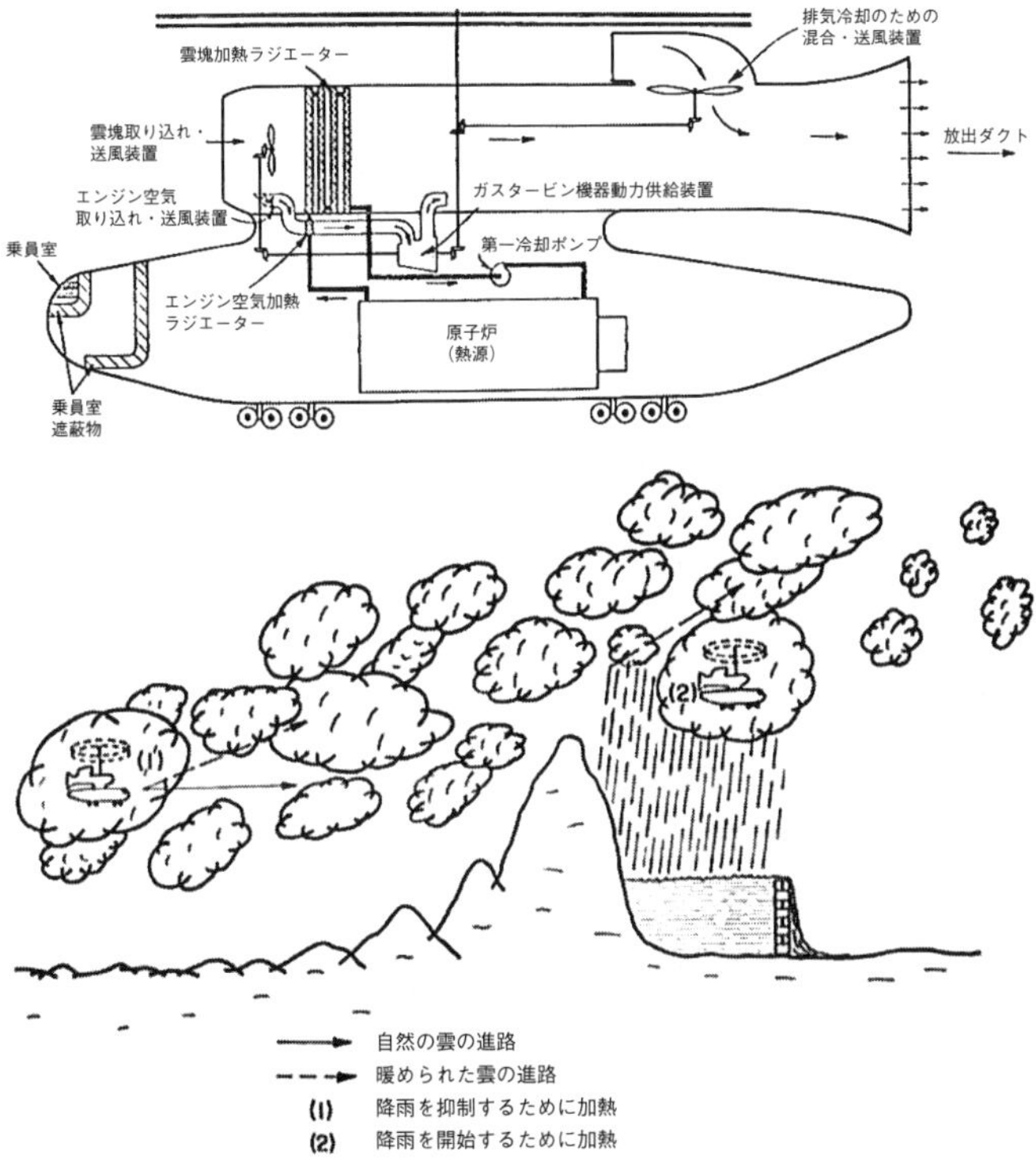

図7・4 「気象改変」――（上）核熱源を搭載した空中静止型航空機の設計図案（鉛で遮蔽された乗員室と空気の取り入れおよび混合のための風車型小型送風装置に注意）、（下）原子力を利用した気象改変ヘリコプターの活動。(1) 山の片側で雨を抑制、(2) 反対側で貯水池を満たす（ウェクスラー文書）。

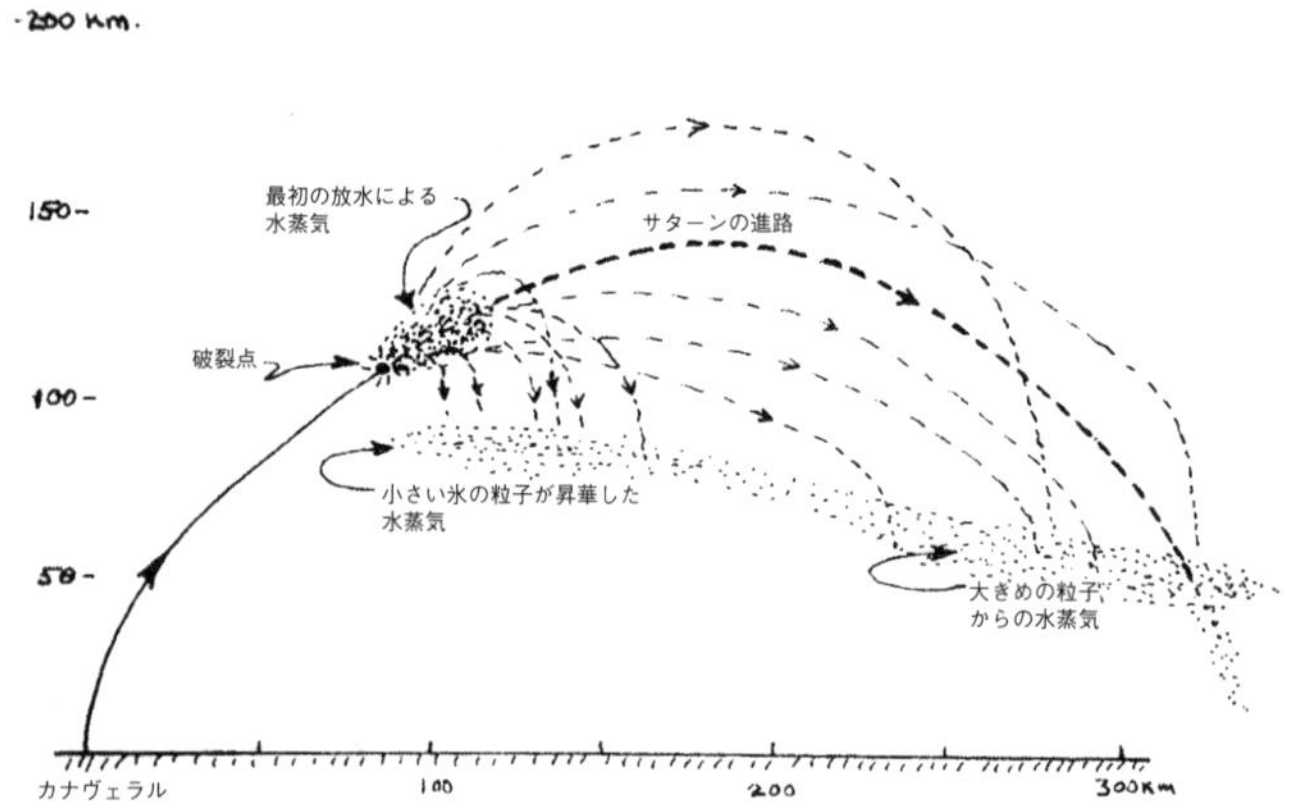

図7・5　1962年2月の「ハイウォーター実験」。ケロッグの「飛行中のサターン・ロケットがつくりだすさまざまな大きさの氷の粒子が、高層大気をどう移動し、低高度に落ちる途中で最終的に昇華するかを示すスケッチ」。NASAの特別委員会での討議に基づいて描かれた（ウェクスラー文書）。

ンカーン研究所は、五億本のごく短い銅線を上空一八〇〇マイル（約二・九キロ）の軌道の環に放ち、無線用アンテナとして利用すると発表した。地球の電離圏〔大気圏上層部の電子密度が比較的大きい領域〕は敵からの熱核爆発攻撃で傷つけられるおそれがあるし、海底ケーブルは敵対関係にある国によって切断されるかもしれないため、軍は世界規模の安全な通信チャンネルを確保したかったのだ。宇宙ゴミ（スペースデブリ）に関する国外からの抗議や、視界や電波の障害についての天文学者の懸念などおかまいなしだった。一九六一年の最初の発射は失敗したが、二年後、ウェストフォード計画（もともとはニードルズ計画と呼ばれていた）により軌道に乗せられた銅線片が、大陸全土で無線電信の中継に使用された。

　これはまさに地球工学である。この実験で、人工の電離圏が効率よくつくりだされた。しかも、磁気嵐〔ほぼ全地球にわたって同時に起こる地球磁場の不規則変化〕によってもフレア〔太陽大気中に短時間生じる明るい閃光〕によっても破壊されないから、天然の電離圏にくらべて「よりよい」ものだった。だが、ウェクスラーは、地球の熱収支、磁場、オゾン濃度といった環境に、雲霞(うんか)のごとき無数の針が与える影響が十分に考慮されていないことを懸念していた。天文学者たちも強く抗議した。針の層が、ことに電波天文学という新分野における観測の妨げになったからだ[58]。針の層は想定どおり広範に機能し、およそ三年後にはほとんどが分散して電波通信には役立たなくなったものの、二〇一〇年の時点では、銅の「針」の一部が軌道にまだ残っている。ときたま、そのなかの一つが地球の大気圏に再突入し、しばし閃光を放ちながら人工の流星として燃え尽きる。天文学者たちは遠からず、太陽放射を操作する計画に反対せざるをえないだろう。どんな方法にせよ太陽光を弱めようとすれば、星の光も必然的に弱まるからだ(第八章)。

一九六二年二月、ウェクスラーは実施が迫った「ハイウォーター実験」について協議するNASAの特別委員会から概要を知らされた。これは、一〇〇トン近い水を電離圏に放水する実験だった。運搬には実験用のサターン・ロケットを使用し、フロリダ州ケープ・カナヴェラルから高度六五マイル(約一〇五キロ)まで打ち上げ、破裂させるという計画である。ランド研究所の大気科学者、ウィリアム・W・ケロッグが委員長を務めたこの委員会は、大まかな計算に基づいて以下のような結論を出した。「サターンのタンクが破裂したあとに何が起こるか、明確な予測はできない[59]」。水は宇宙の真空空間のなかで即座に沸騰し、それから氷晶となって雲を形成するのではないかと考えられた。雲は幅およそ六マイル、長さは二〇マイル以下で、氷晶は徐々に雲から落下し、落下途中で消散していく(図7・5)。水の一部は解離して酸素原子と水素原子の形になる。夜光雲が発生して、成層圏のオゾンが破壊される可能性があるため、電離圏の電波特性が影響を受けるかもしれない。委員会のメンバーは「水素をもっと増やせば何らかの変化があるはずだ」と知っていたが、どんな変化かはわからなかった。にもかかわらず、委員たちはこの実験の規模を文字どおり「バケツのなかの一滴」とみなし、「人間の活動を妨げるような大きな大気の変動は起こらないだろう」と予測した。また、「実際、最初の数分が経過したあとでは、影響を少しでも検知することは難しい（残念！）という結果になるかもしれない」と、正確な予測をしていた。

ケロッグをはじめとする委員たちは、この実験に関係する要因すべてを理解しているという万全の自信があったわけではなく、「かなりの不確実性」を進んで認めていた。当時、大気科学者たちは「大気の条件が一種の準安定状態にあるとき、小さな変化が、大きな変化の『トリガー』になる場合がある」という考えになじんでいた。ケロッグはこう問うた。「そうした条件が高層大気にあるだろうか？」彼はそうした条件を特定できなかったし、委員会は「トリガー」作用に対する危機管理計画を一つも示さなかった。

ハリー・ウェクスラーと気候制御の可能性

「気象や気候の制御といったテーマが、いまや立派な話題となりつつあります[60]」。ハリー・ウェクスラーが一九六二年に「気候制御の可能性について」と題した講演で発した第一声である。ウェクスラーがこう述べた背景には、気候モデリングと衛星リモートセンシングにおいて新たに利用できるようになった技術力、地球の熱収支と成層圏オゾン層に関する新たな科学的知見、さらには新たな外交構想があった。なかでも、ジョン・F・ケネディ大統領が一九六一年に国連で行なった演説で「気象予測と将来の気象制御におけるすべての国家の協調的努力」を提案したのが大きかった。[61] ソ連の最高指導者ニキータ・フルシチョフも、一九六一年七月、ロシア人宇宙飛行士を地球の軌道に乗せた二つの壮挙に興奮しつつ、ソ連の最高会議で気象制御に言及した。ウェクスラーは、この問題が最近、国務省の大統領直属科学諮問委員会と、米国科学アカデミー大気科学委員会で重大な関心を呼んだと述べた。後者は気象制御に関する大規模な共同プロジェクトへの出資を増やす勧告などを提言し、それが国立大気研究センターの設立につながった。一方、国連は国務省を通じてウェクスラーから科学的情報の提供を受けると、宇宙空間の平和利用における国際協力についての決議を発表し、「気候に影響する基本的な物理的力と、大規模な気象改変の可能性についてよりよく知る」ことを勧告した。[62] それ以前は、大気の操作について発言するのはたいがい気象学者以外の、化学者、雲の種まき推進派、未来信奉者、陸・海・空軍の将軍や大将などだった。

ウェクスラーは、そのいずれでもなかった。彼は二〇世紀前半にずば抜けて大きな影響力を持っていた気象学者であり、その業績は、著作や勤務先の保存状態の良い書類からわかるかぎり、気象・気候科学のあらゆる面を網羅していた。ウェクスラーは一九一一年にマサチューセッツ州フォールリヴァーで生まれ、一九六二年八月、同州ウッズホールで仕事もこなしながら休暇を過ごしていた最中に、心臓発作により五一歳で急逝した。ロシアからの移民だったサミュエル・ウエクスラーとマミー・(旧姓ホーンスタイン)・ウェクスラー夫妻の三男として生まれたハリーは、幼いころから科学に興味を抱いていた。その興味を分かち合ったのが、幼なじみでのちに義理のきょうだいとなった高名な気象学者、ジェローム・ナミアスである。ウェクスラーはハーヴァード大学で数学を専攻し、一九三二年に優等で卒業した。MITに進んで一九三四年に修士号を取得、気象学界の大物だったカール＝グスタフ・ロスビーの指導のもと、一九三九年に博士号を取得した。ウェクスラーは米国気象局の生え抜きの研究者だった。最初はベルゲン学派の技術を運用して気団や前線を分析し、のちに研究部門の責任者となった。

ヨーロッパで戦争が始まると、ウェクスラーは、気象予報士の幹部候補を新たに育成するアメリカ軍の速成プログラムで指導にあたった。気象局を休職し、シカゴ大学で助教授として気象学を教えた。一九四一年、研修および研究担当の上席気象学者として気象局に戻り、防衛準備の支援にあたった。一九四二年にはアメリカ陸軍大尉に任命され、ミシガン州グランドラピッズのアメリカ陸軍航空隊士官候補生学校で気象学の上級講師を務めた。この職務に就いているあいだ、軍が気象学教育に取り組むために設立された大学気象学委員会に加わった(63)。

一九四六年一月に中佐で名誉除隊したあと、ウェクスラーは気象局に戻って特別科学業務部門の責任者となり、国防総省研究開発理事会にも加わった。そうした立場から、核降下物の追跡、航空機によるハリケーンの観測、観測用ロケット、気象レーダーといった新技術の開発を促進した。彼は数値気象予測と大循環モデリングに電子コンピューターを使用した先駆者であり、プリンストン高等研究所でフォン・ノイマンが進めていた気象学プロジェクトの気象局側の連絡担当者を務めた。その役割は、これまで認識されていたよりも中心的なものだった。一九五四年、ウェクスラーはアメリカ共同数値天気予報隊の設立に力を貸した。これは、気象局、空軍、海軍が連携し、「数値的手法を用いて、運用に適した予想天気図を作成する」ための組織である。一年後、大気の大循環の実際の特徴をシミュレートするノーマン・フィリップスの数値実験が成功したのを受けて、フォン・ノイマンとウェクスラーは気象局に大循環研究課（のちに研究所）を新設するよう求めた。そうした組織を前身として、ニュージャージー州プリンストンの地球物理流体力学研究所と、メリーランド州キャンプスプリングズの国立環境予測センターが生まれた。[64]

北半球と南半球のあいだの地球物理的相互作用についてより多くの情報が必要だというロスビーの求めに応じ、ウェクスラーは、国際地球観測年（一九五七―五八）にアメリカが派遣した南極探検隊の主任科学者というさらなる重責を引き受けた。それによって、南極と南半球の両方に関する新しく重要な情報を、地球の大気全体の循環と動態を表す図式に取り入れることができた。また、二酸化炭素濃度の上昇による影響の理論的研究成果を気象局の気候モデル研究に取り入れ、放射線、オゾン、さらには二酸化炭素の測定をハワイのマウナロア観測所で開始した。この観測所は、ウェクスラーの指導のもと、国際地球観測年の直前に設立されたものだ。[65]

ロケットと人工衛星による大気観測も、ウェクスラーの視野に入ってきた。彼はこの課題に関する複数の有力な委員会の委員長を務めた。アメリカ地球物理学連合の高層大気委員会、高層大気航空特別委員会の全米諮問委員会、国家研究会議の宇宙科学委員会などである。ウェクスラーは、タイロス（テレビジョン赤外線観測衛星）という気象衛星プログラムにかかわる気象学も担当し、エクスプローラー7号で行なわれた最初の地球熱収支実験の支援もした。一九六一年、ケネディ政権はウェクスラーを、気象衛星の共同利用をめぐるソ連との協議のアメリカ側代表に指名し、交渉にあたらせた。交渉は進展し、多国間の取り組みによる世界気象監視計画（WWW）が誕生、ウェクスラーとソ連のアカデミー会員、ヴィクトル・A・ブガエフが、ジュネーヴの世界気象機関が管轄する新計画を立案した。WWWは一九六三年に正式に設立されて、現在も存続し、観測システム、通信設備、データ処理・予報センターを結びつけることによって加盟国の取り組みを調整し、有効な観測業務に必要な気象および関連する環境の情報を、すべての国が利用できるようにしている。ウェクスラーは間違いなく専門領域に通暁していたし、新しい技術とテクノロジーのリーダーで、国際的に重要な人物だった。いわば、気象学界の重鎮だったのだ。[66]

一九五八年、ウェクスラーは『サイエンス』誌に発表した論文のなかで、地球の熱収支への介入の影響を検証した。彼はまず、放射エネルギーの二つの流れと、季節と地理に応じたそれらの分類について説明した。一方は下へ、もう一方は上へと向かうこの流れが「地球の気候と気象を支配している」[67]。下向きのエネルギーの流れは、地表と大気に吸収される太陽放射であり、反射による損失は差し引かれる。上向きの流れは、地表と大気から宇宙に放出される赤外線放射であり、後者はおもに大気中の水蒸気、雲、二酸化炭素、オゾンに由来する。ウェクスラーはこう述べている。「気候や気象の大規模な改変を目指していると、こうした基本的な放射曲線の形を人為的手段で変える方法をつい考えてしまい」、ことに地球の反射率を変えてみたくなると。炭素粒子で砂漠や極の氷冠を黒くした場合のアルベドの変化の可能性をざっと検証したあと、ウェクスラーが取り上げた構想は、おそらく元々はエドワード・テラーが考案したものだった。本当に「クリーンな」一〇個の水素爆弾を北極海で爆発させれば、高緯度地帯に厚い氷雲が発生し、その結果、おそらく海氷はなくなるだろうというのだ。『サイエンス』誌掲載の論文の残りの部分では、このとんでもない仕業が、極地の温暖化のみならず、赤道地帯と中緯度地帯の放射、熱、気象にどんな影響を及ぼすかが検証されている。「北極の大浮氷群の消滅は人類にとって福音とはかぎらない」ことを鋭く指摘し、ソ連のような国家がそうした実験をするだけの火力を持つ兵器をすでに保有しているとほのめかしながら、ウェクスラーは以下のような段落で論文を締めくくっている。その現実的観点はいつの時代にも通用するものだ。「今後、大規模な気象改変が真剣に提案されるのはおそらく避けられないだろう。その場合、大循環に関する知識とコンピューターによる数値気象学の資源をすべて注いで結果を予測し、病気よりも治療法のほうが悪かったという不幸な事態に陥らないようにすべきである」

一九六二年、地球の熱収支の研究に応用された最新のコンピューター・モデルと人工衛星による放射輝度測定を武器に、ウェクスラーは研究の範囲を広げ、自然的・人為的な気候の強制が意図せずになされた場合と意図的になされた場合の理論的問題を検証した。検証は、「気候制御の可能性について」と題した技術者を対象とする講演のなかで行なわれた。米国気象学会のボストン支部、コネチカット州ハートフォードのトラヴェラーズ研究所、カリフォルニア大学ロサンジェルス校（ＵＣＬＡ）気象学部が講演の会場となった。(68) ケネディとフルシチョフが気象改変を「立派な」話題にしたことを聴衆に思い出させたあと、ウェクスラーはツヴォルキンの気象制御案と、それに対するフォン・ノイマンの反応を幅広く取り上げた。

ウェクスラーは産業化によって悪化しつつある地球の汚染の問題を論じ、コンピューターによる計算と人工衛星をはじめとする近年の大気科学の発達を振り返った。そうした発達のおかげで、大規模な大気現象の操作と制御が可能になりつつあるのは明らかだという。彼が間接的制御の一例として挙げたのは、二酸化炭素の排出の増加だった。カレンダー効果によって、人類はすでに、それとは気づかずに地球の気候を改変しているというのだ。「われわれは膨大な量の二酸化炭素をはじめとするガスや粒子を低層大気に放出しており、それが気候と気象の現在のパターンを決定する放射や熱収支に重大な影響を与えているかもしれません」[69]

ウェクスラーは宇宙時代がまったく新しい種類の「大気汚染」問題を引き起こしていると警告した。彼がとりわけ憂慮したのは、ある種のロケット燃料が塩素と臭素を放出するかもしれないことだ。「塩素と臭素は大気中に自然発生するオゾン層を破壊して『穴』をあけ、有害な紫外線が低層大気に入る道筋をつくるおそれがあります」。増えつづける飛行機雲、不首尾に終わった宇宙実験、悪意ある国家による行為などによって引き起こされる高層大気の変化は、オゾン層や電離層のみならず、人間の生存を左右する大循環や気候まで破壊しかねない。ウェクスラーが痛感していたのは、そうした介入の物理的、化学的、気象学的影響を研究するために「大気の振る舞いの最先端の数学モデル」を早急に使用すべきだということだった。彼はまた、気象局が新たなコンピューターの入手を目指し、「実際の大気の振る舞いをシミュレートし、人類による大気の汚染に伴って増大する一方の人為的影響を検証する」新たなモデルの開発に取り組んでいることを説明した。『クリスチャン・サイエンス・モニター』紙と『ボストン・グローブ』紙はいずれも、彼の講演のこうした側面を大々的に記事にした(70)。

ウェクスラーは、地球規模で環境が操作されることに懸念を抱いていると聴衆に語った。そうした操作の結果、「短期あるいは長期にわたり、大循環のパターンにかなり大きな影響が及び、気候変動という段階にさえ近づく」かもしれないというのだ(71)。すべての可能性を網羅するつもりはないと前置きをしたうえで、彼はこう語った。「ただし……主に地球の放射平衡〔放射によるエネルギーの流出と流入が釣り合っている状態〕への比較的大規模な介入に絞って、いくつかの可能性を考えてみましょう。人間が故意に大気に及ぼすかもしれない影響と、おそらくはどんな結果につながるか知らないままに現在及ぼしている、あるいは近い将来及ぼしそうな影響について、純粋に仮説の範囲内でお話ししましょう。われわれは、そうと知ろうが知るまいが、いま、気象制御のただなかにいます」

ウェクスラーは明らかに、産業排出物、ロケットの排気ガス、不首尾に終わった宇宙実験などにより意図せずに与えられた気象への影響と、敵意の有無にかかわらず意図的になされた介入の両方に関心を寄せていた。一九五五年のフォン・ノイマンのテクノロジーに関する警告をなぞるように、ウェクスラーはこう続けた。「地球全体にまたがるアーガス計画の電子の種まきは、高度三〇〇マイル（約四八〇キロ）の地球の磁界で行なわれました。このような地球規模の実験が行なわれる時代、人間と機械が高度一〇〇マイルの軌道を一日に一七回も周回する時代、一〇〇メガトン爆弾の時代だというのに、［気候制御の問題の］将来の『解決』につながるような発想に、少しでも近づいているでしょうか？」 彼は「人間がますます多くのエネルギーと設備を使って風や嵐の力に対抗するうちに、知識よりも熱意が先に立ち、善よりも害をなすかもしれない」という「募る不安」を公に表明した。[72]

ウェクスラーは、地球の熱収支に少しでも手を加えれば、大気循環の型や、暴風雨の進路や、気象そのものが変わってしまうことをよく知っていたし、気象制御と気候制御は別々のものではないことも指摘した。大気圏の放射熱収支に関する専門的なスライドを二〇枚ほど見せてその操作方法を論じたあと、大気圏を暖めたり冷やしたり、その他の方法で再構築する技術をめぐる大胆な予測を大まかにまとめ、結論とした。

(a) 北極の海氷上で水素爆弾を一〇個、爆発させて、氷晶の粒子を雪煙のように極地の大気圏に吹き飛ばし、地球の気温を摂氏一・七度上昇させる。

(b) 赤道軌道に塵の粒子の環を打ち上げ、地球に日陰をつくって、地球の気温を摂氏一・二度下げる。

(c) 宇宙に氷か、水か、その他の物質を投入し、低層大気を暖め、成層圏を冷やす。

(d) 塩素や臭素のような非オゾン化の触媒となる物質を投入することにより、成層圏オゾン層をすべて破壊し、圏界面を上げ、成層圏を最大で摂氏八〇度冷やす。[73]

オゾン層に穴を開ける

ウェクスラーの講演の内容で最も驚かされる点の一つは、塩素と臭素の触媒作用がオゾン層をひどく傷つけるおそれがあると彼が気づいていたことだ。ウェクスラーは、ロケットの排気が増えて成層圏を汚染したり、地球付近の宇宙空間で「種まき」実験が失敗したりすれば、思いがけずオゾン層が傷つくかもしれないと懸念していた。「宇宙ロケットはますます強力になって数を増し、その排気がやがて、薄い高層大気にかつては存在しなかったか、ごくわずかな量しかなかった化学物質を大量に、着々と種まきしていくでしょう」[74]。彼はまた、冷戦と宇宙時代が、敵対しあう軍にオゾン層破壊の動機と手段の両方を与えるのではないかと危惧していた。そして、ロケット燃料の酸化剤が地球の高層大気に与えるかもしれない害についてアメリカ地球物理協会が一九六一年に行なった研究を引用した。彼はまた、アーガス作戦とスターフィッシュ作戦、ウェストフォード計画、ハイウォーター計画といった、近年行なわれた地球に近い宇宙環境への重大な介入に、未知の計り知れない危険が伴っていたことにも気づいていた。

意図的に加えられる害の問題に関して、ウェクスラーは著名な地球科学者、シドニー・チャップマンの言葉に目を向けた。チャップマンは一九三四年に、会長を務めていたイギリス王立気象学会での演説のなかで、「オゾン層に穴を開けられるか?」と問うた[75]。つまり、ある限られた地域の上空の空気に、オゾンがまったくないかほとんどない円筒状の部分ができるだろうか、ということだ。チャップマンが想像したのは、天文学者が大気のオゾン層に邪魔されずに紫外線の観測範囲を数百オングストローム〔一〇〇億分の一メートル〕広げられるような窓をつくることだった。短波放射にさらされた場合に人間の健康に及ぶかもしれない影響は、チャップマンにとって重要ではなかったようだ。彼が考えていた穴は、おそらくは遠隔地(彼はチリを提案した)に位置し、天文学者にとってだけ都合のよい時間帯に、一時間からせいぜい一日という短い時間のあいだ存続するようなものだった。そうした穴を開けるには「オゾン分解剤の散布」を飛行機か、気球か、ロケットによって行なうことが必要だろうとチャップマンは述べた。そして、二つの可能性を提案した。一対一対応でオゾン（O_3）を破壊する物質、たとえばO_3分子をO_2に減らす水素か、あるいは「それ自身は永続的変化をすることなく、多数のオゾン分子の連続的減少を促進する触媒となるような物質」である。物質を選ぶのは化学者に任せるしかないが、チャップマンは「オゾン層に［一時的に］穴を開ける［天文学者の便宜のために九〇パーセント減らす］という計画は、あながち達成不能ではないように思われる」と結論づけている。

一九六一年一一月、ウェクスラーは気象局の職員を集めてオゾンの減少について説明し、「オゾン分解剤」と題した次のようなメモを回覧させた。

シドニー・チャップマンは、オゾンによって酸化するような物質を投入してオゾン層に一時的に「穴」を開ける方法を提案した。水素を撒いてもいいが、水素が必要とする一対一という割合よりも少量ですむ気体か微粒子の触媒はないかと考えた。最も小さな重量で、最も効率よく働く適当な物質を、みなさんや同業者からご教示願いたい。(76)

ビル・マルキンの指摘によれば、ウェクスラーは、アメリカの国防研究部門が「ある地域の上空のオゾン濃度の人工的かつ一時的な修正（増加あるいは減少）をきわめて有効な武器とする可能性を、真剣に検討する」よう仕向けたかったのかもしれない[77]。気象学者の真鍋淑郎とF・メラーの放射モデルを利用して、ウェクスラーはオゾン層がなくなった場合に成層圏に起こると予測される摂氏八〇度という破滅的な温度低下を算出することができた[78]。

ウェクスラーは、オゾン層に「穴」を開ける方法へのさらなる助言を、カリフォルニア工科大学の化学者、オリヴァー・ウルフに求めた。ウルフは「純粋に化学的観点からは、塩素と臭素が『オゾン分解剤』になるかもしれない」と述べた[79]。ウルフとウェクスラーは一九六一年一二月から六二年四月までのあいだに多数の書簡を交わし、同年三月に対面した。ウルフとチャップマンは四月に相見（あいまみ）えた。そうした盛んな交流から導き出された結論は（オゾンの減少が歴史的事実とされている現在では驚くべきものだが）、塩素や臭素の原子が触媒回路において酸素原子とともに作用し、無数のオゾン分子を破壊するかもしれないというものだった。たとえば、ウルフは一九六二年一月前半にこう書いている。「塩素か臭素を感光剤とした［オゾンの］分解は、少量の物質を加えることで大量の分解を引き起こす作用にきわめて近いかもしれない[80]」。ウェクスラーはすぐに返事を書き、自分の頭のなかには「ウェストフォード計画の双極子（ダイポール）〔ごくわずかな距離だけ離れた大きさの等しい正負一対の電荷または磁極〕のような」実行システムさえでき上がっているが、「そうした提案を持ち出すつもりも、後押しするつもりもない」と付け加えている[81]。

ウェクスラーの見積もりでは、一〇〇キロトンの臭素「爆弾」一個で極地域のオゾンはすべて破壊されるが、赤道付近ではその四倍の量が必要だった。一九六二年一月にウェクスラーが走り書きしたメモには、こう記されている（図7・6）。

紫外線がO_3を分解　↓　Br（臭素）、Cl（塩素）といったハロゲン〔フッ素、塩素、臭素、ヨウ素、アスタチンの総称〕とともにOが存在。

$O \rightarrow O_2$　結果的にO_3の形成が妨げられる。

一〇万トンのBrによって、理論［上は］北緯六五度より北ではO_3はまったく形成されなくなる。

別のメモはこうだ（図7・7）。

Br_2　↓　2Brに太陽光があたるとO_3を分解　↓　O_2＋BrO

これらは本質的に、現代のオゾン減少の化学反応の基本である。

一九六一年一二月二〇日にウェクスラーが電話でウルフと話しながら走り書きしたメモは、オゾン減少のロゼッタ・ストーンだ。[82] チャップマンの一九三四年の演説、ウルフ、ロケット燃料の排出、塩素と臭素が触媒として引き起こすオゾン破壊反応、微粒子、メタンによる破壊、微量の臭素原子によりきわめて大きな害が引き起こされるという試算――それらすべてを、このメモが結びつける（図7・8）。

一九六二年夏、ウェクスラーはメリーランド大学宇宙技術研究所の招きに応じ、「地球の気候

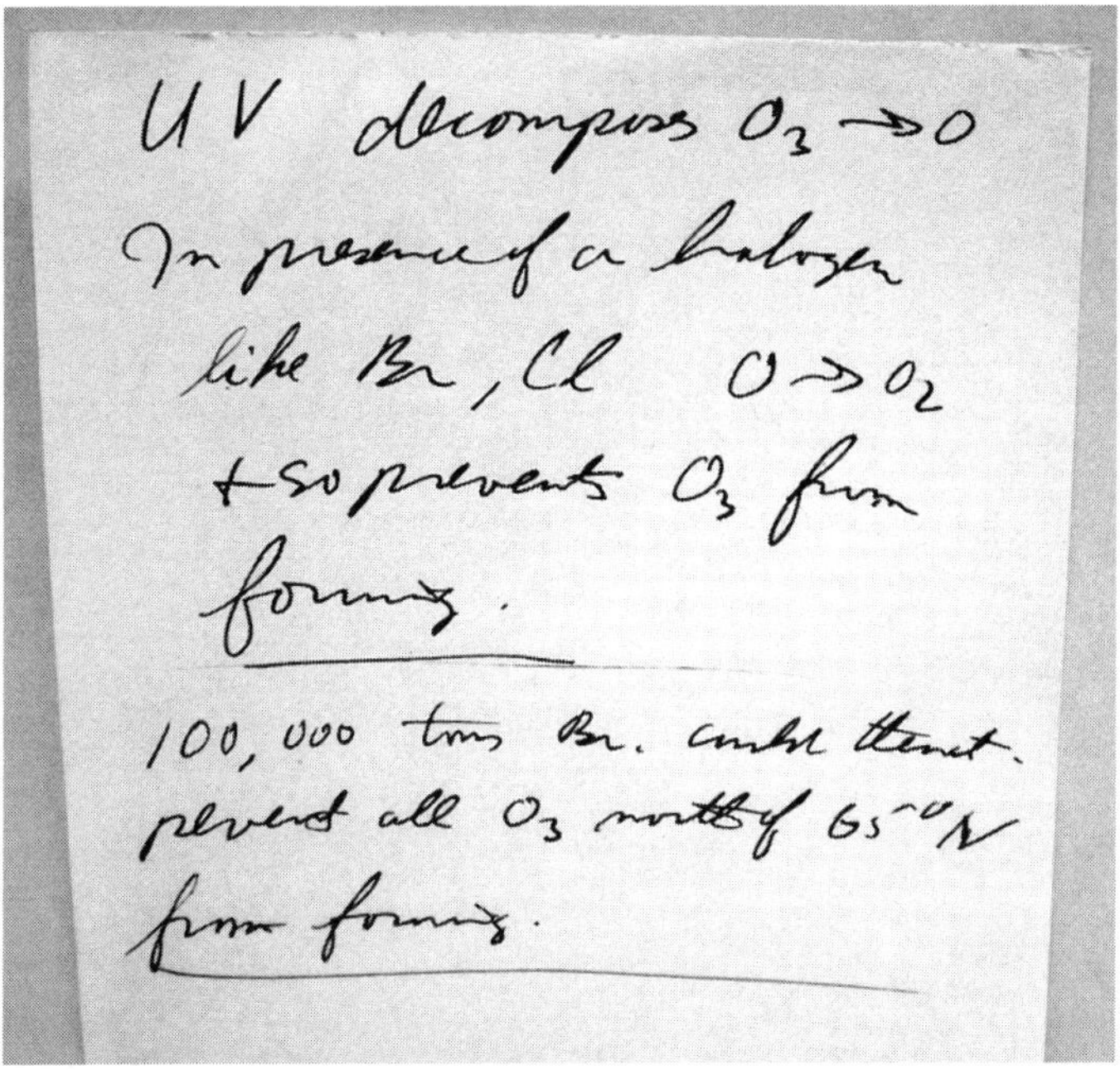

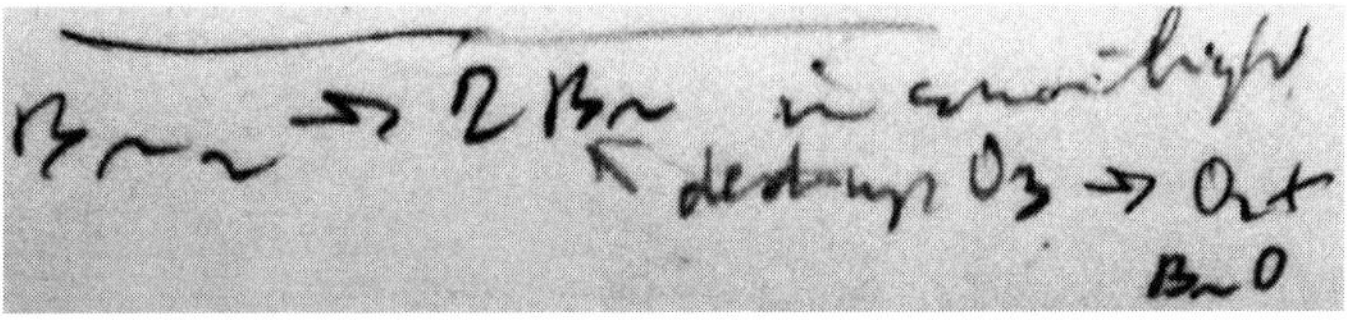

図7・6
（上）オゾン減少に関するウェクスラーの手書きのメモ、1962年1月（ウェクスラー文書）。
図7・7
（下）臭素反応に関するウェクスラーの手書きのメモ、1962年1月（ウェクスラー文書）。

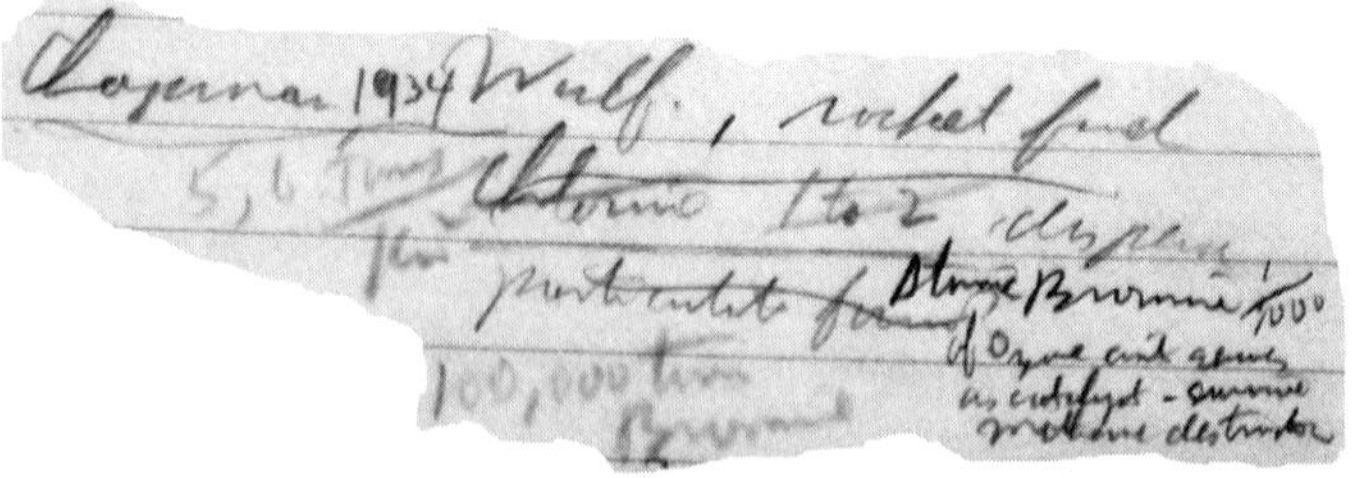

図7・8　ウェクスラーの「ロゼッタ・ストーン」メモ。チャップマン、ウルフ、ロケット燃料、塩素と臭素がトリガーとなってオゾンを破壊する触媒反応が、このメモによって結びつけられている（ウェクスラー文書）。

とその改変」と題した講義をすることになっていた。何事もなければ、地球工学とオゾン層破壊についての彼の考え方が整理されていたかもしれない。ところが、脂の乗り切っていたこのときに、ウェクスラーは心臓発作に襲われて急逝した。一九六二年八月一一日、ウッズホールで仕事をしながら休暇をとっている最中のことだった。彼の業績に関連した文書は資料として保存された。MIT時代の初期の研究に始まり、プリンストン高等研究所の気象学プロジェクトの連絡担当としての仕事、ありとあらゆる新技術の研究、そしてオゾン減少と気候制御についての最後の講演に至るまで、その資料はこんにちまで日の目を見なかったと思われるし、まだ再評価されていないのは間違いない。

よく知られ、記録も多い超音速輸送機（SST）と成層圏オゾン層減少の問題は、一九七〇年代までしかさかのぼることができず、ウェクスラーとはかかわりがない。臭素などのハロゲンが成層圏オゾン層を破壊するおそれがあるという説は一九七四年に発表された。一方、フロンガスの生産は一九六二年以降、急激に拡大した。[83] もしもウェクスラーが生きながらえてみずからの考えを表明していれば、彼の意見は間違いなく注目を集め、現在とは違う結果を生んだのではないだろうか。ことによると、成層圏オゾン層減少問題に対してもっと早く、協調的な対応ができたかもしれない。私はこのところ、ウェクスラーの初期の業績に関して、三人の著名なオゾン科学者と書簡をやり取りしてきた。ともにノーベル化学賞受賞者であるシャーウッド・ローランドとポール・クルッツェン、そして米国科学アカデミーの現会長、ラルフ・チチェローネである。三人とも一致してウェクスラーの洞察と業績に興味を引かれ、少なからず驚嘆している。

もう一つ特筆すべきなのは、ウェクスラーがその高度な学識と、コンピューター・モデリングや人工衛星観測など数多くの技術的分野の発展に果たした指導的役割にもかかわらず、一九六二年の講演の冒頭でツヴォルキンの「気象に関する提案の概要」（一九四五）とそれに対するフォン・ノイマンの反応を幅広く引用したことだ。ボストンでウェクスラーの講演を聞いた同業者はこんな手紙を書いた。気候工学は「楽しい頭の体操の一分野です。気象学の知識が本格的な実験に真にふさわしい水準に達するまで、全世界がこの次元でのゲームに満足していることを願いましょう[84]」。ウェクスラーの返事はこうだ。「大がかりな実験に着手するまでに、気象学の知識が現在よりもはるかに進んでいることのみならず、社会・政治情勢ももっとよくなっていることを希望します[85]」。忘れてほしくないのは、これが二〇〇六年のポール・クルッツェンの言葉ではなく、その五〇年ほど前のハリー・ウェクスラーの言葉だということだ。彼は気候制御がもはや「立派な話題」であると最初に明言しながらも、とても危険で望ましくないものだと考えていたのである。

＊

地球規模の工学によって世界の気候を操作する可能性に関して、現在、活発な議論が交わされている。ただ、実現可能かどうか、望ましいかどうかは、激論の的とまでは言わないが、かなり疑問の余地を残している。議論の大半は主に（それだけでは不十分な）大ざっぱな計算や、（やはり不十分な）基本的気候モデルに基づいている。だが、現代の地球工学専門家たちは総じて、この問題の明暗入り交じる歴史を知らないままだ。

初期の気象学におけるコンピューターの歴史は、判で押したように同じ筋書きで語られる。ヴィルヘルム・ビヤークネスとルイス・フライ・リチャードソンを先駆者とし、一九四六年以降の進歩が、おなじみの登場人物の尽力と技術的躍進の賜物として強調される。ハリー・ウェクスラーの業績を通観したいま、おなじみの歴史と、（いま現在まで）書かれなかった歴史の二つが緊密にかかわり合っていることがわかる。また、気象制御は地球温暖化の時代に初めて登場したのではなく、かなり長いあいだ宙に浮いていたこともわかる。

気象に関する恐怖と空想と可能性をめぐる近年の歴史は、研究仲間だったジョン・フォン・ノイマンとハリー・ウェクスラーの業績の真ん中に位置している。気候に対する恐怖全般と、空想の一つひとつを検証してみると、実体のない思いつきにすぎないものもあれば、実際に実行されたプロジェクトもあることがわかる。気象制御が時代の流れのなかにつなぎ止められていたのは、未来信奉者たちが新たに登場するテクノロジーに高い期待を抱いていたためだ。デジタル・コンピューターには驚くべき正確さと予測可能性を、核エネルギーには大陸規模の改造をしたり地球の物理的状態を力ずくで変えたりする動力源となることを、人工衛星には地球をつねに油断なく監視し、積極的な介入の際にプラットフォームとして機能することを、彼らは期待した。

一九五八年から六二年までのウェクスラーの地球工学における業績は、コンピューターによる新たな気候実験、地球付近の宇宙空間での核実験、新たに可能になった人工衛星による熱収支計測などの成果を応用したものだった。ことにオゾン層破壊についての彼の研究は特筆すべきである。ノーベル賞を受賞したポール・クルッツェン、シャーウッド・ローランド、メキシコの化学者マリオ・モリナの研究におよそ一〇年も先んじていたからだ。だが、彼は研究成果を発表する前に亡くなってしまった。気候、気候変動、気候制御という、本来なら「雲をつかむような」問題について、ウェクスラーには信頼に足る発言をする資格があったのは明らかだ。ウェクスラーは数多くの学術委員会や政府の諮問委員会の委員を務め、世界中の気象データを入手し、その収集に力を貸し、理論的問題とその複雑さを理解し、最新のテクノロジーの開発を支援し、前進させた。当時、彼が発したこんな警告を、われわれがいま結論とするのは賢明だろう。

大規模な大気現象に無理やり介入するとどんな結果を引き起こすか、前もって予想できるようになるまでは、［気候制御は］「興味深い仮定の課題」としておくに限る。これまでに提案されたそうした計画の大半は、大変な技術的偉業を必要とするし、短期間の利益を生む可能

性と引き換えに、われわれの住む地球に修復不能な害や副作用を及ぼす危険をはらんでいる。(86)

ウェクスラーの先見性に富む研究「気候制御の可能性について」は、ウラジーミル・K・ツヴォルキンとジョン・フォン・ノイマンの空想的なビジョンと、当時提案されたはるかに思惑的な巨大プロジェクトを土台としている。彼のこの研究は、われわれが、地球工学に関与したり懸念を抱いたりする最初の世代ではないことをはっきりと教えてくれるし、こんにちの議論を、少なくとも半世紀にわたる連続的で有益な歴史の文脈のなかに位置づけてくれる。

第八章

気候エンジニア

理解不能な動きをするシステムを、どう改造しろというのだ？

――モートン「気候変動」に引用されたロン・プリンの言葉

例年にない猛暑だった一九八八年の夏、アメリカ中西部は大熱波に見舞われ、イエローストーン国立公園では森林火災が起き、オゾン減少といった問題が新聞の見出しになった。そんな折、NASAで気候モデル作成を手がけるジェイムズ・ハンセンは、「地球温暖化は始まっている」と世界に向けて発表した。(1) そして、「温暖化傾向は自然変異ではなく、二酸化炭素などの人工ガスの大気中への蓄積により起きたと、九九パーセント確信」しており、人為的温室効果による温暖化は「すでに現実となっている」と述べた。向こう一〇年間およびそれ以降、異常高温と旱魃(かんばつ)がより頻繁に起こるとも予言した。ハンセンはのちに発言を修正したものの、彼の言葉はいまだに、近年大きく広がった地球温暖化への懸念の出発点とされている。もはや問題は、人間の行為が地球規模の変動を促進したか否かではなかった。イエスという答えがとっくに出ていたからだ。肝心なのは、自然の力と人為的ストレスの増加が相まって起きた地球規模の変動の重大さと影響であり、それに対して何をすべきかだった。

その夏、カナダ政府は、国連環境計画（UNEP）と世界気象機関（WMO）の協力を得て、「変動する大気――世界の安全への影響」をテーマに大規模な会議を主催した。会議の声明には、一九五〇年代に海洋学者のロジャー・レヴェルとジョン・フォン・ノイマンが初めて示した切迫感が漂っていた。「人類は意図せずして、地球全体におよぶ制御不能の実験をしている。その結果の重大性をしのぐものがあるとすれば、世界的核戦争だけだろう」[2]。この会議では、二酸化炭素の排出量を二〇〇五年までに一九八八年の水準の二〇パーセント未満に削減することが勧告された。言うまでもなくこの目標は達成されていないものの、新たな目標と期限を定める手続きはすでに始まっている。

やはり一九八八年に、UNEPとWMOは「気候変動に関する政府間パネル（IPCC）」を創設した。目的は「人間に起因する気候変動の危険性を理解するための、科学と技術と社会経済に関する情報」を定期的に評価することである[3]。IPCCは創設当初こそ目立たなかったものの、次第に地歩を固めて権威を認められ、代表的会議団体となった。これまでに四度、重要な評価を出している。最初は一九九二年にリオデジャネイロで開催された地球サミットのために準備した、一九九〇年の評価である。このサミットで「気候変動に関する国際連合枠組条約（UNFCCC）」が定めた最終目標は、温室効果ガス濃度の水準を気候システムへの「危険な」人的介入が起こらない程度に安定化させることだった[4]。

その後のIPCCの報告書（一九九五年、二〇〇一年、二〇〇七年）はいずれも、気候変動問題についてさらなる切迫感を表明してきた。ＩＰＣＣの合意の要点は、以下の六つだ。

（1）人為的排出、ことに放射活性微量ガスの増加により大気の組成が変わりつつある。
（2）それが温室効果に拍車をかけ、長期にわたる地球温暖化を引き起こす。
（3）数十年から数百年単位で観測された気候の変動は、人間の与えた影響と連動している。
（4）モデルは、今後、温暖化がかなり進むことを示している。
（5）環境と社会の両方が悪影響を被る。
（6）気候システムへの危険な人為的影響を避けるためにはかなり早めの対策が必要だが、数世代を経ないと直接の恩恵は受けられない。(5)

気候システムにおける「危険な人為的影響」とは実際に何なのか、どうすればそれが避けられるのかは、まだはっきりしないが、気候工学を通じての緩和、適応、介入はすでに検討されている。ソ連の政治的・経済的崩壊が示したとおり、産業の衰退によっても温室効果ガスの排出は減る。

切迫感はじわじわと増し、二〇〇五年にはハンセンが、地球の気候が前例のない「転換点（ティッピングポイント）」に近づいていると警告した。その後戻りできない地点に達するのを避けるには、向こう二〇年間で「温室効果ガス排出量の増加を鈍らせる」しかない。

地球の気候はティッピングポイントに近づいているが、まだそこを越えてはいない。越えてしまえば、望ましくない影響が広範囲に広がる気候変動は避けられないだろう。そうした悪影響には、北極が現在の姿を失って野生生物や原住民に適した環境でなくなることだけでなく、海面の上昇によるもっと大規模な損失も含まれる……そうした陰鬱なシナリオを終わらせたければ、今世紀の最初の四半世紀のあいだに温室効果ガス排出量の増加を抑えることだ。(6)

ハンセンによれば、ティッピングポイントが生じるのは、フィードバックが増幅するせいだ。海氷が消失し、氷山が融解し、暖まった永久凍土からメタンが放出し、以前は凍っていた土地で植物が生長するといった具合である。こうした地表と大気の変化によって地球に吸収される太陽光の量が増え、化石燃料の燃焼から生じる二酸化炭素の温暖化作用が増幅される。ハンセンの発した短い声明は広く報道され、文化的にも明らかに影響力を発揮した。それは、人間の不注意による望ましくない影響が気候システムに及んでいることを認め、可能な解決法を示すものだった。ただ、ハンセンは、強い印象を与えるために複雑な部分を省いた。たとえば、排出の増加を鈍らせるだけでは、あまり有効なやり方とは言えないだろう。確かにハンセンの言うとおり、われわれは気候の物理的転換点に近づいているのかもしれない。あるいは、イギリス人科学者のジェイムズ・ラヴロックが著書『ガイアの復讐』(二〇〇六)で主張したように、すでにそこを過ぎて、人類は破滅に向かっているのかもしれない。(7) いや、むしろ、ハンセンもラヴロックも、その他大勢の人びとも、みずからの意見の重みを第二の「ティッピングポイント」に加えたいのかもしれない。それは行動の変化である。人類はクリーンエネルギーのみで生きる決意をし、気候システムへの害を防ぐ協調行動へと向かうのだ。第三の「ティッピングポイント」もある。ひと握りの地球工学専門家が気候変動を懸念するあまり、意図的な、向こう見ずでさえある介入を提案することで到達した転換点である。

以下の論考では、地球工学について、その意味を定義し、近年の歴史をたどり、現在の提案や実践に対する論評を、前提となる仮説と価値観を明らかにしながら進めたい。この論考は、この転換点に至る原因となった過去の出来事を顧みる機会である一方、対策の過剰と不足の中間に位置する、緩和と適応の「中道」を探る機会でもある。明暗入り交じる過去を検証することが、明暗入り交じる未来を避ける一助となるよう願いつつ、また、人類が前例のない試練に本当に直面しているならば、歴史の前例を顧みるべきだという確信に基づいて考察していきたい。

地球工学とは何か?

一九九六年に経済学者のトマス・シェリングはこう書いている。「『地球工学（ジオエンジニアリング）』は新しい言葉で、定義を模索している最中だ。地球にかかわる、意図的な、不自然なといった意味合いを含むようだ[8]」。それから一〇年以上を経てもなお、この言葉ははっきり定義されていないし、広く使われてもいない。『オックスフォード英語辞典（OED）』には載っていないが、インターネット上の『アーバン・ディクショナリー』には収録され、「地球環境の意図的で大がかりな操作。地球改造。惑星地球化（テラフォーミング）や惑星工学の一分野……滅びゆく文明の最後のあがき」とゆるやかに定義されている。[9] ラヴロックはこの定義の少なくとも最初の部分には賛同し、さらにこう述べている。「人類は、火を使い、料理を始めるや、地球工学エンジニアとなった」。あるいは、古気候学者のウィリアム・ラディマンが述べたように、何千年も昔、大がかりな山林開拓と農業の拡大を通じて、地球工学エンジニアとなったのかもしれない。[10]

ＯＥＤをひもとけば、「エンジニア」とは、考案や設計や発明をする人、「罠を仕掛ける人」、兵器をつくる人、公共建造物の設計と建設を職業とする人、とある。[11] つまり、エンジニアリング（工学）は定義上、軍事・非軍事の両面、非道と利他の両面の要素を秘めた言葉なのだ（図８・１）。そこから類推すれば、新語の「地球工学エンジニア」は、考案や設計や発明を、最大限の地球的な規模で、軍事あるいは非軍事目的で行なう人、地球レベルで罠を仕掛ける人を意味する。こんにちの地球工学は技術としてはまだ未知数であり、概して「地球科学的推論」にとどまっている。「エコハッキング」という地球工学を表すもう一つの言葉は、オックスフォード大学出版局が選ぶ二〇〇八年の「今年の言葉」の最終候補に残った。この言葉のゆるやかな定義は「科学を使って、きわめて大規模な［地球規模の］プロジェクトで環境を改善したり、地球温暖化を止めたりする（たとえば、宇宙鏡を使って太陽光を地球からそらす）方法」となっている。[12] イギリスの王立協会が最近発行した報告書では、地球工学は「人為的な気候変動に対処するため、地球環境に意図的に加えられる大規模な操作」と定義されている。[13] ところが、そのような定義にはいくつもの重大な問題がある。第一に、規模（地球）によって定義される工学的実践は、必ずしも、その公言された目的（環境の改善）、現在提案されている技術（宇宙鏡）、公言されている多くの目標の一つ（人為的な気候変動への対処）の制約を受けるとはかぎらない。たとえば、原子力エンジニアは、発電所と爆弾の両方をつくる能力を持っている。機械エンジニアは、救急車の部品も戦車の部品も設計できる。私の父は第二次世界大戦中、精密機械を製作していたが、アイスクリームを取り分けるアルミニウム製のスプーンも、極秘軍事プロジェクト用の特殊な部品もつくっていた。それゆえ、存在しないものの本質を、公言されている目的や技術や目標によって制限するのは、控え目に言っても誤解を招くものだ。

図8・1　気候エンジニア（フレミング「気候エンジニアたち」『ウィルソン・クォータリー』31号、2007）

「エコハッキング」という語の響きは、地球工学の分野全体を表すには小さすぎるし、電子的すぎる。われわれはみな、最初に斧で木を切り倒した人間と同じく、エコハッカーだ。昔ながらの英語では、ハッカーは文字どおり、土を掘り起こす人、あるいは比喩的に、言葉やその意味をごまかす人を意味する。コンピューター時代には、「ハッカー」はプログラミングそのものを目的とするオタクや、コンピューターのファイルやネットワークに違法にアクセスしようとする、より悪質な人間を指す俗語だ。ハッカーにはたいてい、執着する「大プロジェクト」がある。コンピューターを使う気候エンジニアのプロジェクトの一例は、単純な気候モデルのなかで、太陽光線を遮断すれば地球が涼しくなって海氷が増えると「証明」することだ。こうした活動の知られざる結果は途方もなく重大になりうることが、より高度なモデル作成者によって示されている。技術的な改修を加えて地球を摂氏二度冷やすと提案する人たちは、地球の温度は過去一世紀のあいだに摂氏二度は上昇していないという事実を見過ごしている。つまり、われわれは実は、推測についての危険な推測をもてあそんでいるのだ。もっと適当な言葉は「ジオハッキング」かもしれない。そうした行為も、コンピューター上のモデルをいじるだけにとどまり、危険をはらむ屋外での実証プロジェクトや地球規模の改造といった形で「日の目を見る」ことがなければ、おそらくは無害なはずだ。

エンジニアで政策アナリストでもあるデイヴィッド・キースは、進歩に確固とした信頼を寄せる。アルキメデスは梃子（てこ）の力を利用すれば地球も動かせると言った。われわれは科学の知識によって、梃子の力を増幅できるし、「地球規模での環境的プロセスを意図的に改造する力をいくらでも増す」ことができるというのが、キースの考えだ。(14) その昔ウィリアム・サダーズ・フランクリンがイナゴを引き合いに出し、ロス・ホフマンがバタフライ効果を誤解したのと同様に、キースは「大気の状態とその安定性を正確に把握できれば、小さく限定的な摂動の力を利用して、大気の動態に格段に大きな変化をもたらすことができる」と主張する。(15) だが、科学の魔力がいくら大きくても、現代のアルキメデスにはいまだに立つ場所も、使える梃子も支点もないし、地球を傾けたらどこへ転がるか予測する術もない。地球化学と海洋学の権威であるウォレス・ブロッカーが言うとおり、最終的な制御に失敗すれば、地球工学はカオス的な「気候という野獣」を怒らせるおそれがある。(16)

テラフォーミングとその先

地球工学は「テラフォーミング」すなわち惑星環境工学の一部だ。イギリスのマーティン・J・フォッグは地球工学をテーマにした著書のなかで、「協調的惑星改造」の歴史と技術的側面を検証した。同書の出版元は、興味深いことに自動車技術者協会で、自動車の空調に最も詳しいと目される団体だ。(17) フォッグは「惑星工学」を「惑星の全体的特性に影響を与える目的で技術を応用すること」、「テラフォーミング」を「地球外惑星の環境の生命維持力を強化する」過程と定義し、「テラフォーミングの最終目標は、地球の生物圏のあらゆる機能を模倣し、人間にとって完全に居住可能な、空っぽの惑星生物圏をつくることである」と述べている。(18)

フォッグは、将来、ほかの惑星に生命を移植するのに生態工学技術がどう使われるか、地球規模で進行しつつある「腐食過程」の改善（場合によっては悪化）に地球工学がどう使われるかを説明した。また、大規模な計算といくつかの単純なコンピューター・モデリングの結果を提示し、惑星工学のさまざまなシナリオの実現可能性を検討した。彼は、「物理の法則に反していることが明白」ではない計画を不可能と「断じるのは早計」だとみなした。とはいえ、フォッグは可能性のみに焦点を当てており、意図せざる帰結を無視している。そうした計画が望ましいかどうか、あるいは倫理的かどうかすら問わなかった。フォッグによれば、地球工学は技術だけの問題ではないし、技術が主たる問題ですらない。なぜなら、人間、政治、社会基盤が障害となるからだ。つまり、生物が生息する惑星で、きわめて複雑な生物圏に手を加えることから生じる影響と危険にかかわっているのである。

フォッグの著書の題辞には、ハンガリー生まれのエンジニアで物理学者だったセオドア・フォン・カルマンのこんな趣旨の言葉が引用されている。「科学者は世界のあるがままの姿を研究する。エンジニアは世界をこれまでにない形につくる」。だが、この引用には不吉な響きがある。テラフォーミングに関しては、決して実現されるべきでないと思われる「世界」もあるからだ。

フォッグによれば、彼がこの分野に興味を抱くきっかけとなった著作は、オラフ・ステープルドン著『最後にして最初の人類』(一九三〇)、ロバート・ハインライン著『ガニメデの少年』(一九五〇)、ジェイムズ・ラヴロックとマイケル・アラビーの共著『火星の緑化』(一九八四)だという。彼は「テラフォーミング小史」のなかで、博物学者ジョン・レイ(イギリス、一七世紀)とビュフォン伯ジョルジュ＝ルイ・ルクレール(フランス、一八世紀)の業績に触れている。レイもビュフォンも地球を未完成なものとみなし、人間はその創造を助け、「完成」への歴史的過程の途中にある手つかずの自然を飼いならす役割を担うと考えた[19]。それから、フォッグは以下の三人の名を挙げた。ジョージ・パーキンズ・マーシュ(一八〇一—八二)はアメリカの外交官、博物学者で、著書『人間と自然』(一八六四)のなかで植林、河川の流路の改変、原野の開墾について書いた。ウラジーミル・ヴェルナドスキー(一八六三—一九四五)はロシアの鉱物学者、地球化学者で、「生物圏」の相互関連性という観念を広めた。ピエール・ティヤール・ドゥ・シャルダン（一八八一―一九五五）はフランスの聖職者、哲学者で、人間の思考の領域である「人智圏」を、岩石圏と生物圏につづく進化段階と位置づけた。

こうした広範な前例からわかるのは、近年の地球工学の定義のしかたが間違っているということだ。気候を変える目的で、地球のエネルギー収支のうち短波放射だけを意図的かつ大規模に改変することだけが地球工学なのではない。惑星のテラフォーミングに関する文献では、地球工学はもっともっと多くを意味する。比較的単純で直接的だと考えられるアルベドと気温の相互作用のみならず、もっと複雑で未知の部分の多い地球構造学的な相互作用をも制御するような超大規模プロジェクトも含まれる。地球構造学には、岩石圏、水圏、大気圏、生物圏、そして、おそらく最も重要な要素として、社会が含まれる。結局、工学が扱うのは人間にかかわる事柄の技術的な側面であり、「地球（ジオ）」という接頭辞は惑星のあらゆる面に潜在的にかかわっており、おそらく最も目立つ仲間である太陽と月にもかかわる。フォッグは推測の域にかなり深く踏み込んで、「天文工学」すなわち太陽の特性の改変を論じた。太陽の未解明の部分、核反応、質量損失、化学的混合、そして「中央のブラックホールへの降着」にまで言及したのだ。フォッグはいみじくも「天文工学に伴う技術的困難の大きさは途方もないものになるだろう」と認めている。

倫理的意義

ほとんどの研究は、地球工学にまつわる重要な倫理的問題について、無視するか、矮小化するか、言及を避けるかしてきた。[20] 要職にある地球工学擁護者で構成される研究会の二〇〇九年の報告書では、気候工学の実践に関して最も重要な社会政治的・倫理的制限はたいがい、技術志向の参加者にとって専門外の分野であるため、研究対象の外にあると率直に認めている。[21] エンジニアの一人ひとりが、各自のプロジェクトの実行許可を求め、コミュニティと地元当局を議論に引き入れ、設計と安全性と費用に（大いに）こだわらなくてはいけない。優れた設計のプロジェクトは、ことに「地球」規模のものは、倫理的な原則と実践、正しい科学と技術と実験方法、経済（直接の費用だけでなく）、政治（法律・外交面も含めて）、社会や文化や医療や環境の問題への配慮に基づいているはずだ。ところが現実には、地球環境の意図的操作に許可を出す権限は誰にあるのだろう？ 地球のために費用対効果と安全を分析するのは誰だろう？ 技術上の欠陥や失敗が生じたら、誰が責任を負うのだろう？ 気候工学は、温室効果ガスの排出効果に対処することにより、道徳的な落とし穴をつくってしまうのではないか？ たとえば削減に向ける意欲をそいだり、子孫の世代に費用のかさむ非効率的プロジェクトを押しつけたりするのではないか？ 地球のサーモスタットはどこにつけ、誰がそれを操作するのか？ 地域レベルで特定の目的のために地球工学を実践して深刻な問題に対処する一方で、一挙に地球全体を変えてしまうような事態を回避することは可能だろうか？ ある団体や国家が一方的に、地球のプロセスに手荒な介入をしようと決め、その結果がある地域にとって、ことによると地球全体にとって有害であると見られたら、どうすればいいのだろう？ こんにちの気候制御工学の空想が実現して、望ましくない結果を招けば、国際的な緊張が高まるのではないだろうか？[22]

そうした疑問について、大気科学者で気候工学計画を評価するためのモデリングの第一人者でもあるアラン・ロボックは、最近、こう書いている。

地球工学がまずい考えである理由は枚挙にいとまがないが、地球工学理論の研究にいささかの投資をすれば、まずい考えかどうか科学者が判断する際に役立つかもしれない。知られている悪影響の回避が確実にできないうちは、小規模な実施ですら論外だ。それに、［ドナルド・ラムズフェルド流に言えば］知らないということを知らないことも多数あり、大規模な実施への反対する理由となっている。[23]

ロボックは、地球工学（ことに硫酸塩によって太陽放射を弱めること）がまずい考えである二〇の理由を列挙した（のちに一七に絞った）。

（1）アフリカとアジアの旱魃のように、地域の気候に壊滅的影響を与えるおそれがある。
（2）成層圏オゾン層の減少が加速される。
（3）実施された際に環境に与える影響が不明である。
（4）実施をやめると急速に温暖化する。
（5）作用をすみやかに逆行させるのは不可能である。
（6）海洋の酸性化が続く。

(7)空が白くなり、青空はなくなるが、夕焼けは美しくなる。
(8)地球では光学天文学の研究ができなくなる。
(9)直接光線による太陽光発電が激減する。
(10)人為的ミス。
(11)モラルハザードにより、排出緩和が妨げられる。
(12)テクノロジーの商業化。
(13)テクノロジーの軍事利用。
(14)現存する条約との矛盾。
(15)誰がサーモスタットを操作するのか？
(16)その道徳的権利を持っているのは誰か？
(17)予期せぬ結果。[24]

これらのなかには、大循環モデルのシミュレーションの結果(1～5)や大ざっぱな計算に由来するもの(6～9)もある。だが、多く(10～17)は、歴史的、倫理的、法的、社会的考慮に基づいている。ロボックは、地球工学には一定の利点もありそうだと認めている。たとえば、地球を冷やし、海氷と氷床の融解と海面上昇を緩和あるいは逆行させたり、植物生産性を増し、それによって地球の炭素を減少させたりするというのだ。

だが、太陽放射の管理を熱心に擁護する人たちの大半は、「暗い」面を見過ごしてきた。日光とともに星の光も散乱してしまうことである。そうなれば、地上の光学天文学においても、一般的な夜空の観察でも、シーイング〔地球大気の状態による星の望遠鏡像の質〕の状態がさらに悪くなる。天文学者のクリスチャン・ルギンブール、コンスタンス・ウォーカー、リチャード・ウェインズコートによる最近の論文では、地上の光源に起因する光害の急増が論じられているが、夜間のシーイングを低下させる煙霧質（エアロゾル）の散乱作用は考慮されていない(25)。もしも地球工学によって地球全体を覆う硫酸塩の雲がつくられ、成層圏が汚染されたら、天文学の専門家と一般の人びとがどれほど抗議するか、想像してみてほしい。六等星が見えず、天の川がほとんど識別できず、目に見える星団も銀河も減ってしまった夜空を想像してほしい。ウェストフォード計画よりもたちが悪い。世界全域の文化にとって壊滅的危機となるだろう。

惑星規模の工学を考える際、地域あるいは国を土台とする技術的取り組みの範囲は、とても十分とは言えない。イギリスのティンダル気候変動研究センターが指摘しているとおり、公平性の問題が重要だと思われる。「地球工学に関しては、（気候変動そのものに関してと同様に）勝者と敗者が生まれるだろう。敗者は補償されるだろうか？　されるとすれば、どんな方法で？　損害のなかに市場の商品ではないもの、代替のきかないものが含まれるならば、価値をどうやって見積もればいいだろうか？(26)」　議論と決定の過程には、歴史家と倫理学者と政策立案者が専門分野を超えて交じり合い、国や世代を網羅した幅広く包括的な参加者がかかわる必要がある。近年の会議には、そうした特徴が著しく欠けている。会議の参加者の大半は白人で、西洋人で、科学の知識があり、テクノクラート志向の男性だった(27)。実際、現在のこの分野における多様性の欠如から、いくつかのきわめて重大な問題が提起すらされなかったことがわかる！　たとえば、地球工学は自然に対する人間の根源的な関係をどう変えるかといった問題だ。この問題や、これまで提起されてきたほかの問題に、一義的な答えがあるだろうか？　文化が異なる場合、答えはどうなるだろう？　これまでそうしたことを考えた人がいるだろうか？　望ましくない気候変動への対策という名目で、大規模な技術的改変を環境に加えるのは、少数の人間の意志を多数に押しつけ、すでに権力の座にある人間の利益を優先する行為に見える。その行為を敵対的あるいは攻撃的と解釈する人も多いのは疑いの余地がない。地球工学は「地球の問題の西洋的解決法」に分類されるのではないだろうか？　憶測の域を出ない大規模な気候工学に携わるより、温室効果ガスの排出を減らすことでその影響を削減するほうがましではないだろうか？　NASAゴダード宇宙科学研究所の気候モデル専門家、ギャヴィン・シュミットは、「ボートを揺らす」という比喩を用いて、要点を説明した。

気候を、波の高い海に浮かぶ一隻のボートだと考えよう。普通の状況ならば、ボートはぐらぐらと揺れ、大波が来てひっくり返るおそれもいくらかはある。だが、乗客の一人が意を決して立ち上がり、わざと、さらに激しくボートを揺らしたとしよう。そんなことをしたら転覆のおそれが増すと、誰かが言う。別の乗客は、カオス力学の知識を活かして最初の乗客とのバランスをとり、波が起こす自然の揺れも相殺してみせようと提案する。だが、そうするためには、センサーと膨大な計算資源からなる大がかりな装置で、効率のよい対処ができるよう備えなくてはいけない。それでもなお、絶対的な安定は保障できないし、システムは試されていないため、状況を悪化させることもありうる。だとすれば、すでに知られ、増大しつつある気候への人為的影響への対策は、気候を制御するさらに精巧なシステムなのだろうか？　それとも、ボートを揺らしている人がただ腰を下ろせばいいだけなのだろうか[28]？

防護、予防、製造

一九三〇年、ハーヴァード大学の地理学者、気象学者だったロバート・デクーシー・ウォードは気候介入戦略を三種類に分類した。（1）防護——「完全に受け身」な戦略、（2）予防——より前向きな戦略、（3）製造——三種のうち最も積極的で攻撃的な戦略[29]、である。こんにちではそうしたアプローチを、適応、緩和、介入と呼んでもいいかもしれない。ウォードの指摘によれば、自然条件からの防護は、洞窟住居と熱帯地方の小屋に始まり、いまや暖房された建物と、「将来さらに増えていく」であろう「暑い夏のあいだ人工的に冷房される」建物を含んでいる。気候に関係のある自然災害をめぐるこんにちの議論と同様に、ウォードは、熱帯低気圧に見舞われる地域の人口増加と「よりよい建築方式」の必要性、海岸線から「高潮が達しない」場所まで後退すること、海岸沿いの都市の護岸と防波堤などに言及している。「大気の最も激しい擾乱」である竜巻からの保護のため、ウォードは避難用の地下室や壕と、堅固な鋼鉄とコンクリートの建築物を薦めている。電場からの保護対策としては、「ファラデーケージ」〔導体に囲まれた空間、またはそうした空間をつくるためのかごや器〕と、接地させた避雷針を激賞している。伝統的に、暑い地域では、高い塀と、狭い通りと、広げた日除けが快い日陰をつくってきた。ウォードによれば、アメリカでは一九三〇年頃、新たにできたアーケードとデパートが、客にとって風雨からの避難場所ともなり、そのおかげで天候の悪い季節には買い物に行く回数が増え、おそらくそこで使う金額も増えていた。

予防には、さらに多くの努力と資源が必要だった。作物を保護し土壌の浸食を防ぐ防風林の植林は、ウォードの時代には広く行なわれていた。「霜対策」のために観測を怠らず、農業地帯の気象を予報し、農家も果樹栽培者も協力し合って、クランベリー（ツルコケモモ）畑に水を張ったり、果樹園に置いた「いぶし器」で火を燃やしたりしていた。だが、ウォードの記した予防法全体を見ると、特筆すべき成功例はほとんどなかった。霧の消散は、ごく狭い範囲ではうまくいった。L・フランシス・ウォーレンの電気砂の実験では、多少の変化を起こす可能性は示されたが、大気の広大さからすれば、雲の制御はできそうになかった。

ウォードにしてみれば、第三段階の製造は「最も積極的かつ攻撃的」であるとともに、最も可能性が低かった。彼が何よりも詳しかったのは人工降雨の歴史だった。約束と大言壮語の歴史である。ジェイムズ・エスピーの大きなたき火説は、理論的には正しく、小規模ならば実証できたが、実際の運用は無理だった。ウォードはロバート・ディレンフォースの実験を「国の恥」と呼び、「きわめて重大で、こうしたことは二度と起きてはならない」と考えた。そして、藁にもすがる思いの農民を「だます」目的で、金儲けのために雨を降らせるのは「純然たる托鉢僧」のすることだと述べた。早まりすぎたのかもしれないが、彼はこう断じている。「昔日の憶測は捨て去られた」。そして、いま、われわれはいくつもの事実を知っている。その後八〇年のあいだに憶測が増大するとは、ウォードは夢にも思わなかっただろう。彼は「人間は気候をどこまで制御できるか？」と自問し、望まない気象の害から身を守り、それを防止することはできるが、「雨を降らせたり自然の秩序を変えたりはできない」とみずから答えている。そして、「われわれが期待できるのは……せいぜい、気象や気候を局地的に変えることだけだ」と考えた。サー・ネイピア・ショーの意見を引用し、ウォードはこう結んでいる。「瓶に詰めたり実験室に閉じこめたりした空気の標本は一つ残らず支配できる。［だが］屋外では、われわれは空気に対して無力に等しい」。この言葉が書かれたのは一九三〇年だった。学問分野としての雲物理学も、ゼネラル・エレクトリック社（GE）の雲の種まき実験も、究極的制御という夢想も、一九五〇年代と六〇年代の気象・気候戦争の深刻な恐怖も、まだ存在しなかった。

気候の持つ力

ソ連の高名な地球科学者、ミハイル・イヴァノヴィチ・ブディコ（一九二〇―二〇〇一）は、温室効果の増大と廃熱の問題の深刻化の両方について、深く懸念していた。一九六一年、レニングラードで開かれた「気候制御の問題」に関する会議の席上、彼はこんな指摘をした。当時および将来の推定成長率からすれば、人為的エネルギー生成から生じる廃熱は、二〇〇年後には地球の放射収支に匹敵し、地球上での生存は「不可能」になる[30]。都市から生じるエネルギーは自然の放射収支のすでに五倍を超えており、核融合発電が実用化されれば、数十年以内に、気温は危険な水準に達すると彼は警告した。そうした過熱へのおそれから、気候を制御し管理する方法の開発を強力に擁護するようになった。ブディコの同僚でアカデミー会員だったM・Ye・シュヴェッツは、一ミクロンの塵(ちり)の粒子を三六〇〇万トン、成層圏に投入することを提案した。そうすれば、六カ月以内に北半球全体がすっぽり覆われるというのだ。彼の計算では、そうした塵の層により太陽放射が一〇パーセント減り、気温は摂氏二度から三度下がるはずだった。また、そうした介入によって、蒸発損失が減り、降水が増え、その結果、水の供給が増えることが期待された。[31]

ブディコは、「熱の山」をつくるといった当時のほかの構想よりも、この計画のほうが好ましいことに気づいていた。ジェイムズ・ブラックとバリー・ターミーの「降雨増大のためのアスファルト・コーティングの使用」(一九六三)と題された論文では、ニュージャージー州のエッソ・リサーチ・アンド・エンジニアリング社の社員である二人が、「アスファルトで広い面積をコーティングし、熱の上昇気流をつくりだして、海風循環を増やし、凝結を促進する」ことにより、「海や湖に近い乾燥地域で、使用に足るだけの降雨を安価につくりだす」方法を提唱している。[32]降雨を促進する地域二〜三エーカー(八〇〇〇〜一万二〇〇〇平方メートル)につき、舗装用石油化学製品が一エーカー分必要であり、そうした製品は好都合なことに、エッソが供給していた。ブラックとターミーは、古代バビロニアでは収穫のあと畑を焼くのが習わしとなっていたことに言及している。土地を黒焦げにすることにより、次の収穫のために(ほかの理由もあったかもしれないが)、降雨を増やすのが目的だったらしい。また、大火により雨を降らせるというエスピーの初期の研究にも言及している。最近の文献にも目を向け、ジャン・ドゥサンスの「人工竜巻」についての論文を引用している。ドゥサンスは一エーカーほどの広さの燃料油のプールに火をつけ、一分当たり一トンの燃料を燃やして、人工の雲と小さな竜巻までもつくりだした。二人は「地球を黒く塗る（傍点は著者による）」安価な手段が開発されれば、気象は人為的に制御できるだろうと示唆した。[33] まるで塗料メーカーのシャーウィン・ウィリアムズの「地球をカバーしよう」という宣伝文句のようだし、車のバンパーに貼られているステッカーの不遜なメッセージ、「地球が先！　ほかの惑星はあとで舗装しよう」にも通じる。

一九六二年、ハリー・ウェクスラーはコンピューターによる気候モデルと人工衛星による熱収支測定の新たな方法を初めて使い、「気候制御」の可能性と行きすぎについて警告した。気候制御のなかには、不注意あるいは敵意によるさまざまな方法でのオゾン層の破壊も含まれている。翌年、自然保護団体のコンサヴェイション・ファウンデイションが出した「大気中の二酸化炭素含有量の増加の影響」と題した報告書は、内容の大半が化学者のチャールズ・デイヴィッド・キーリングと物理学者のギルバート・プラスの研究に基づいており、将来の気候の問題を以下のように予測していた。「増えつづける電力需要のために化石燃料への多大な依存をつづけるかぎり、大気中の二酸化炭素は増加しつづけ、地球がより悪く変わってしまうのは避けられないだろう[34]」

カリフォルニア大学ロサンジェルス校（ＵＣＬＡ）の地球物理学教授、ゴードン・Ｊ・Ｆ・マクドナルドの意見によれば、ハリケーンや台風といった激しい暴風雨に関する気象制御でさえ、気候工学を利用した環境・地球物理戦争の激化の最初の一歩にすぎなかった。マクドナルドが思い描いたのは、標的とする地域上空のオゾン層に穴を開け、致死量の紫外線放射を入り込ませるとか、北極の氷床を操作して気候変動や大津波を引き起こすとか、遠隔操作によって地震を起こすとか、あるいは、地球環境と地球物理全般を戦略的な規模で操作あるいは「破壊」するといったことだった。マクドナルドは、政府の上級顧問、国防総省の相談役、米国科学アカデミーの気象・気候改変委員会委員長、ジョンソン政権の大統領直属科学諮問委員会（ＰＳＡＣ）の一員として、そうした予測をしたのだ(35)。

一九六五年にＰＳＡＣが発行した「環境の質の回復」と題した報告書には、大気と土壌と水質の汚染に関する一〇四カ条の勧告が盛り込まれていた。報告書の補遺Ｙは、ロジャー・レヴェルが委員長を務めた大気中の二酸化炭素に関する小委員会によってまとめられ、いまでは地球温暖化に関するアメリカ政府の最初の公式声明として広く引用されている。報告書の指摘によれば、「二酸化炭素は、石炭、油、天然ガスの燃焼によって、一年に六〇億トンずつ地球の大気に加えられている。二〇〇〇年には、大気中に含まれる二酸化炭素は現在よりもおよそ二五パーセント増加しているだろう」。化石燃料の燃焼から生じる大気中の二酸化炭素の増加は、気候に有害な変化を及ぼすほど地球の熱平衡を変えるおそれがある。小委員会は、意図的に「気候変動の埋め合わせをする」可能性をも探った。提案されたなかにはまずい構想もあった。熱帯の海の上空に広く反射性粒子を撒いて浮遊させ、地球の太陽光反射率を上昇させるという、年間約五億ドルを要する案である。小委員会の指摘によれば、この技術は過大な費用を必要としないし、ハリケーンの形成も防げるかもしれなかった。だが、粒子が熱帯の海岸に打ち寄せられたり、海洋生物を窒息させたり、ハリケーンへの介入が悪影響を及ぼすといった弊害については誰も考慮しようとしなかった。また、そうした計画に現地の住民が賛同するか、たずねることも思いつかなかった。それとは別に、高高度の巻雲に手を加え、大気中に増えつづける二酸化炭素の作用を弱めるという案もあった。小委員会は、最も明らかな選択肢については触れなかった。化石燃料の使用の削減である。[36]

一九六八年、ランド研究所のジョゼフ・O・フレッチャー(一九二〇―)は、地球の気候変動の知られているパターンと原因についてまとめ、発表した。自然の原因に加えて、主に作用する要因は産業文明の副産物であるように思えた。二酸化炭素の排出も、スモッグと塵による汚染も、廃熱もしかり。ウェクスラーが一九六二年に主張したように、意図的な気候改変も理論上は可能とされていたが、フレッチャーは、それがすでに必要になりつつあると主張しはじめていた。気候制御を目的とするソ連の近年の活動について、いずれもあまり有望ではないと報告し、この分野で「進歩を速めるために何ができるだろうか?」と問うた。[37] フレッチャーの処方は、気候科学は進歩の四段階、すなわち観測、理解、予測、制御の各段階をたどらなければならないというものだった。当時、新たな人工衛星プラットフォームと大規模な実地調査を利用して、地球規模の観測が実践あるいは計画されていた。一方、豊富になったコンピューター用リソースと、大気・海洋循環の新しい数値モデルをめぐって、同じ説を唱える研究者のグループができつつあった。フレッチャーの考えでは、こうした諸状況の「避けられない結果」は、「気候変動を説明する高度な理論が展開され、それをきっかけとして『気候実験』が次々と行なわれて、進展した気候理論による予測を実証しようとする」ことだった。科学の進歩は直線的だろうか? そして、管理できるものだろうか？

フレッチャーは翌年、「気候資源の管理」についての報告書を発表し、そのなかで、以下のような「逃れられない結論」に達したと述べた。人口の増加と、脆弱性の増大と、気候システムが被る修復不能な損害のせいで、「望ましくない変化を防ぐためには、地球の気候資源の意図的な管理と、地球の気候の制御が、いずれ必要になるだろう」というのだ。[38]フレッチャーは、近年の気象改変と気候制御の研究の盛り上がりに言及し、人類が一つの技術的境界に達したと考えた。熱的強制力のパターンを変えて地球のシステムに影響を与えることが、すでに「人間のエンジニアリング能力の範囲内」にあると考えたのだ。気候に影響を与えるような計画も実行できると彼は考えていた。たとえば、広大な内海をつくったり、海流をそらせたり、広範囲に雲の種まきをしたりする計画や、（現代の感じ方とは逆に）北極の浮氷群を取り除く計画さえ実行可能だと考えた。そして、現代と同様に、そうした介入により生じる経済、社会、法律、政治のきわめて大きく複雑な問題は未解決のままにした。

フレッチャーは「二酸化炭素の増加は地球温暖化を招く」ときっぱり言い切っている。ガイ・スチュワート・カレンダーとギルバート・プラスの研究では、過去一〇〇年間の摂氏〇・五度ほどの気温上昇の原因は二酸化炭素の増加だとされていることに言及し、二〇〇〇年までにその三倍かそれ以上の気温の上昇がありうると警告した（そうはならなかった）。また、そうした気温の上昇のせいで「今後数十年のあいだに地球の気候に重大な変化が引き起こされるだろう」とも述べた（そうなるかもしれない）。もう一つ、より長期にわたる問題にも、彼はブディコと同様に注目した。エネルギー生成による熱汚染が、太陽が供給するエネルギーに匹敵するほど大きくなりうる問題だ。だが、フレッチャーは両面作戦をとった。低層の雲量の増加を強く否定する意見や、冷たい海水は二酸化炭素を大量に吸収できるとする説や、大気汚染と飛行機雲により濁度が三〇パーセント増したという「地球不透明化」説もあるし、気候システムは全般的に複雑であるため、個別の因果関係の見積もりがきわめて不確実だと指摘したのだ。

フレッチャーは、過去の気候変動と地球の気候「マシーン」の働きの複雑なパターンを総ざらいしたあと、結論として、最も重要かつ顕著な問題は大循環の量的な理解を進めることであり、とりわけ、海洋熱輸送と、海洋‐大気間の熱交換が肝要だと述べている（一九六九年にはコンピューター・モデリングはまだ揺籃期にあったこと、エルニーニョとラニーニャのシステムの特徴は知られていたものの、エルニーニョ南方振動（ＥＮＳＯ）が連動した現象だと知られていなかったことに留意したい）。フレッチャーはまた、気候変動の「トリガー」として作用し、北極の劇的な温暖化の例につながったフィードバックについて論じた。そのフィードバックが発見・測定されたのは一九四〇年のことで、もし続いていれば、北極海から氷が消えるような「新たな安定した気候レジーム」が生まれていたかもしれない。

フレッチャーは、気候の「トリガー」に続いて、故意に気候に影響を与える可能性について論じ、ロシア人科学者、Ｍ・Ｉ・ユジンの理論の筋道をたどった。ユジンはサイクロンの風向きを変えたり、気流や熱収支を操作したりすることによって、サイクロンの発達に介入するための決定的な「不安定点」を特定しようとした。[39] フレッチャーは、地球工学エンジニアにとってすでに必須となっていた概算法を利用して、わずか六〇機のC－5大型輸送機を使えば、北極海盆全域の上空で雲の種まき作戦を実行し、「莫大な熱の力」を行使できると見積もった。雲を形成あるいは消散させたり、煤（すす）や炭素の微粒子（カーボンブラック）で北極の浮氷群の反射率に影響を与えたり、マクロエンジニアリング計画によって海流の進路を変えることさえできるというのだ。

　フレッチャーはふたたび、みずから考案して「気候制御への前進」と名づけた四段階のモデルを提示した。「自然がどう振る舞うかを観察すれば、理由が理解できる。理解できれば、予測できるようになる。結果が予測できれば、制御のための対策を取れる」[40]。だが、警告も発している。現代の技術では、熱的強制力のパターンを変えることにより、地球全体の気候システムすなわち「熱エンジン」に影響を与えることはすでに可能だが、そうした行為がどんな結果を生むかはまだ適切に予測できないという警告である。当時の状況は、現在の状況とそっくりだ。地球工学エンジニアは直線的に論じる傾向がある。この世のものとは思えないほど整然と、科学から工学へ、そして一般「市民」との公の討論へと進めば、市民も科学の驚異と工学の可能性を学べるというのだ。フレッチャーの考えでは、地上の拠点と人工衛星の監視を組み合わせた観測システムの進歩、古気候の復元、大いに速くなったコンピューター、よりよいモデルによって問題が解決され、十分に詳しいシミュレーションのおかげで「特定の気候改変行為の結果が評価」できるはずだった。のちの楽観主義を先取りしていたのだ。彼の目算では、そうしたことが一九七三年までにはできるようになるはずだったが、それから四〇年近く経ってもなお、（一部の人にとっての）夢にとどまっている。

持てる時間のほとんどを技術予測に費やしてきたフレッチャーだが、ほんの短期間、世界の気候資源の管理のために、彼自身の言葉を借りれば「国際協力」に目を向け、学界と政界の指導者たちも意図的な気候改変に注意を払うべきだという前提に基づいて意見を述べた。ウェクスラーの講演の冒頭部分を繰り返すように（ひょっとしてフレッチャーは一九六二年の聴衆のなかにいたのだろうか？）、「気象予測および将来の気象制御におけるあらゆる国家間のさらなる協調的努力」に関するジョン・F・ケネディの国連での声明を引き合いに出した。また、一九六八年四月一日の両院合同決議も引用した。この決議では、アメリカの世界気象監視計画（WWW）への全面的参加がうたわれた。この機関は観測と予測に確実に関与し、理解と制御には至らないにしても、「故意ではない気候改変の理論的研究と評価、および意図的気候改変の実現可能性」を支持する方向へ向かうとされた。WWWは現在なお機能しており、気象変動に関する総合的評価を何度となく下してきた。だが、その一方、フレッチャーがこの報告書を執筆している最中でさえ、ポパイ計画とモータープール作戦が東南アジアの密林で実行され、意図的な環境改変計画の名を汚していたことを忘れてはならない。

ブディコは著書『気候の変化』（一九七四）の一部を気候改変に割いた。都市の大気汚染を抑制するのがいかに難しかったかを指摘しつつ、大気中の二酸化炭素含有量と廃熱放出の増加を防ぐのはさらに困難だろうと予測した。フレッチャーに賛同しつつ、ブディコは「近い将来、現在の気候条件を維持するために気候改変が必要になるだろう」と結論を出した[41]。極地の氷をなくしたり、アフリカを灌漑（かんがい）したり、海流の向きを変えたりする計画にはきわめて懐疑的で、「それらが気候にどう影響するかははなはだ不明確」なままだと評している。だが、トリガーによって大規模な大気の流動を不安定にする可能性は認めていた。

ブディコが肩入れし、米国科学アカデミーが一九九二年に論じ、いまだに議論が続いているのは、下部成層圏のエアロゾル含有量を航空機かロケットの輸送システムを利用して増やす技術である。彼は概算により、地球の温度を数度下げるには、直達日射量を二パーセント減らし、全日射量を〇・三パーセント少なくすることが必要だと見積もった。そのためには六〇万トンの硫酸からなる人工の雲を発生させる必要がある。条件に恵まれ、前提どおりであれば、年間約一〇万トンの硫黄を燃やせばそうした雲がつくれるはずだ。これはほかの人為的・自然的発生源に比べれば「無視してよい」量だとブディコは見ていた。「その程度の量［の硫黄］は環境汚染に関してはまったく取るに足りない」が、重要な例外は、そうした物質の投入がオゾン層と農業活動に及ぼす望ましくない影響であり、さらなる研究が必要だと彼は述べている。成層圏のエアロゾル層の改造により起こりうる気象条件の変化をすべて特定するには、当時の単純化された理論では不十分だとブディコは気づいていた。影響を確実に計算できないうちに意図的な気候改変を行なうのは時期尚早であると、当時ブディコが考えていたのは明らかだし、こんにちでもそれは正しい。

一九七四年にウィリアム・W・ケロッグとスティーヴン・シュナイダーは『サイエンス』誌に「気候の安定化——良い方向に、それとも悪い方向に?」と題した論文を発表した。二人が主に関心を寄せたのは、アフリカを襲った食料と水の不足であり、状況を改善するために、地球の冷却と同時に気候学者にできることがあるかどうかだった。システムの熱平衡を支配する「作用点」に人間の活動がますます負荷をかけていることを彼らは指摘し、気温の傾向や降雨のパターンを説明できる総合的理論はまだないし、まして、それらを予測できる理論もないことを認めた。この点を説明するため、彼らは気候変動の「原因」として、エドワード・ローレンツが描写した気候システムの動きを挙げた。「海洋や大気のように複雑な相互作用システムには、たとえ外部から加わる要素が一定だとしても、長期にわたる自発的揺らぎがありうる」[42]。ローレンツによれば、カオス的な力に強いられ、三〇年から四〇年を越える間隔で起こる内的な揺らぎは、気象学上の平均を出すのに用いられるが、外的変化に強いられた気候変動と誤解されたり、混同されたりしがちだ。複雑なシステムのこうした根本的特性が、気候変動をどれか一つの要因のせいにしたがる人たちを悩ませてきた[43]。

にもかかわらず、将来は気候変動が予測されると想像したケロッグとシュナイダーは、三つの基本的な（道徳的には対等でない）選択肢を提示した。（1）何もしない。（2）気候変動の影響を低減する目的で陸地と海の利用パターンを変える。（3）気候変動を見越して、それを制御する計画を実施する。二人が指摘したように、三番目の選択肢は意見が大きく分かれるところであり、論争が巻き起こるのは避けられない。なぜなら、大気はあらゆる国家が共有する非常に複雑で相互に作用する資源だからだ。二番目の選択肢は「中道」に近い。

もしも、ある国家が気候を予測する技術を開発したらどうなるだろう？　そうなれば、国際的経済市場戦略は劇的に変わり、気候制御へと向かう圧力が生じるかもしれない。もしも、意図的な操作をしたあと、気候の原因と結果の因果関係がたどれるとしたら、どうなるだろう？　非難の応酬となり、各国は予測される被害を敵対行為の口実として利用するかもしれない。誤算（あるいは誤算の認識）の代償は莫大になるというのに、誰が決断し、誰が気象改変を実施し、計画を管理するのだろう？　ケロッグとシュナイダーはいささかの皮肉をこめて、それでも予言するかのようにこう述べた。「気候を制御する人間の制御より、気候を制御するためにいっそう多くの計画が立案される予感がする」[44]。この論文の結びで、ケロッグとシュナイダーは、気候変動とそれが社会に及ぼす影響についての学際的な研究の必要性を訴えている。その後、ＩＰＣＣがその種の研究を行なってきたが、これまでのところ、地球工学の夢想にはほとんど注意が払われていない。

一九七七年、イタリアの科学者、チェーザレ・マルケッティは二酸化炭素を回収して沈降する海流に注入することを、「地球工学」という言葉で表現した[45]。そして、ヨーロッパから排出される二酸化炭素をすべて封印できる容量があることから、地中海のジブラルタル海峡の底流を候補に挙げた。こんにち、地球工学エンジニアたちは炭素の回収と隔離（ＣＣＳ）および太陽放射管理技術を会議で話し合っている。一九七七年にも、米国科学アカデミーは、地球温暖化が危険なほど進んだ場合に備えて、さまざまな温暖化緩和案を検討した結果、気候工学よりも再生可能エネルギーへの投資のほうが実際的であると結論を出した[46]。その同じ年、物理学者のフリーマン・ダイソンは、化石燃料の燃焼から生じる大気中の二酸化炭素を抑制するために、生長の速い樹木を植える緊急計画の規模と費用を試算した。彼はその後、発電所の高硫黄石炭の燃焼による煙突からの排気を利用し、硫黄を成層圏に運んで撒く案を示した。最近では、南極大陸にドカ雪を降らせて海面を下降させることを提案した。[47]こうした荒唐無稽な構想は真剣に受け止められたわけではなく、社会が非炭素エネルギーに乗り換えるまでの時間稼ぎの手段と考えられた。

一九八三年、全米研究評議会（NRC）の「変動する気候」についての報告書に、トマス・シェリングはこう記した。「成層圏への適切な粒子の投入や、より手軽な方法による地球冷却技術は、今後数十年で安価になる［かもしれない］」。[48]だが、費用は最も重要な側面ではなかった。フォン・ノイマンの一九五五年の警告と同じようなことをシェリングも書いている。気候制御は、もし複数の国家がその技術を保有し、最適な気候バランスをめぐって合意できなければ、核兵器と同じく「安心材料ではなく、むしろ国際紛争の種」になりうるというのだ。シェリングが例に挙げたのは、ある国は上陸するハリケーンを災害と見るのに、別の国は作物に必要な水をもたらしてくれると見る可能性があることだ。何十年、何百年と影響が続くような介入に関してシェリングは、環境分野の課題は、過去に変わったように今後も大きく変わるかもしれないと予測し、「いまとは違い、二酸化炭素は……人為的気候改変をめぐる議論の中心ではなくなるかもしれない」、「いまから七五年後にも危ないと思われているものは何か。それを知るのは難しい」と述べている。また、一九八三年には核の冬という概念が登場した。大規模な核戦争が起これば、確かに成層圏に煙と塵が吹き込むだろうが、それでも、正気の人間ならば、そんな惨禍によって地球温暖化を相殺しようとは思わないはずだ。[49]

人為的な地球温暖化への懸念の強まりを受けて、一九八四年、カリフォルニア大学サンディエゴ校エネルギー燃焼研究センター所長、スタンフォード・ソロモン・ペナーと助手たちはある提案をした。民間航空機が一〇年間、高度八マイル（約一三キロ）から二〇マイルで飛び、微粒子の排出を増やすようエンジンを調整して地球のアルベドを大きくすれば、二酸化炭素の倍増による温暖化は相殺されるというのだ。この案の大きな問題点は、（一九六二年にウェクスラーも懸念した）成層圏の汚染以上に、民間航空機は高度八マイル以上ではめったに飛行しないことだ（軍用機はそうした高度で飛行する）[50]。その頃には、雲物理学の研究者により、海の上空の下層大気で層積雲の量や明るさを増せば、地球温暖化がかなり相殺されるかもしれないことが示唆された。考えられる方法の一つが、排出された二酸化硫黄から得られる雲凝結核を加えるというもので、それには石炭を燃料とする発電所が数百基あれば事足りるはずだった。

一九八九年、ローレンス・リヴァモア国立研究所の科学者、ジェイムズ・アーリーが、太陽シールドの建設により「温室効果を相殺する」という無謀な構想のなかで宇宙鏡をふたたび取り上げ、宇宙製造という夢想を環境問題に結びつけた[51]。彼の概算によれば、入射太陽光を二パーセント減らすには、直径一二五〇マイル（約二〇一〇キロ）ほどの巨大なシールドが必要だった。彼の見積もりでは、おそらくは月の物質からナノ作成技術を使って極薄のシールドを製造することになり、その費用は「一兆ドルから一〇兆ドル」になりそうだった。詳細不明の「マス・ドライヴァー〔貨物を発射させるための装置〕」によって月から打ち上げられたシールドは、地球と太陽を結ぶ直線上の、地球から一〇〇万マイルのL1点で「準安定」軌道に達し、「険しい丘の頂上でかろうじて均衡を保ち、髪の毛一本分でも動けばどちらかに落ちてしまう荷車」のように軌道に乗る[52]。そこで、太陽風と、強烈な放射と、宇宙線と、静電力の蓄積に耐えるのだ。「数世紀」は機能しつづけるはずで、そのためには修理のミッションも必要となる。また、地球のほうに引き戻されたり、太陽へ向かったりするのを防ぐために位置測定システムを作動させておくことも必要だ。言い換えれば、実現不能ということである。おそらく食品用のラップよりも薄く、面積五〇〇万平方マイル（約一三〇〇万平方キロ）、質量一〇億キロの薄板の誘導装置がどんな外見になるか、アーリーは示さなかった。このプロジェクトの巨大な規模と巨額の費用と、その「未確定の主要システム」についてほのめかす一方、これが比較的簡単なプロジェクトで、太陽系のほかの惑星の温度を制御するよりは「大きさも規模もかなり小さい」と、図々しくも言い切っている。その「論理」で言えば、太陽系全体の温度の制御さえ、銀河全体の改造に比べれば「簡単」ということになる！

米国科学アカデミー――一九九二年

米国科学アカデミーの報告書『温室効果による温暖化の政策的意義――緩和と適応と科学的基盤』（一九九二）の刊行は、気候エンジニアの現世代の記憶に十分に残っている。この大部な報告書をまとめた合同委員会の委員長、ダニエル・J・エヴァンズはワシントン州の元知事であり上院議員だった。彼は温室効果ガスとそれが気候に及ぼす影響について知られていることを検証し、それから地球工学を、少なくとも直接の費用に関しては最も安い緩和策の選択肢の一例として挙げた。議論を呼んだ点の一つは、報告書の以下のような結論だった。「想定される気候の段階的変化」から生じる影響は「地球上にすでに存在するあらゆる気候の場合と同様、厳しくもないし、適応も難しくない。また、人類が直面するほかの変化の場合と同様、困難でもない」[53]。もう一つの問題は、報告書が費用対効果に的を絞りすぎていたことと、是正策の実施が容易だと決めてかかったことだ。是正策に含まれる荒唐無稽な地球工学の計画には、すべてを包括する「緩和」というカテゴリーのもと、エネルギー転換と効率のさまざまな選択肢が混在している。

以下が、実現不能性で名高い米国科学アカデミーの地球工学の選択肢の数々である。

■宇宙鏡。一枚の面積が四〇平方マイル（約一〇〇平方キロ）の鏡を五万枚、地球の軌道に配置し、入射太陽光を反射させる。
■成層圏の塵。銃かロケットか気球を使用して成層圏に塵の雲が広がった状態を保ち、太陽光の反射を増す。
■成層圏のシャボン玉。アルミメッキを施して水素を充填した無数の気球を成層圏に配置し、反射スクリーンとする。
■下部成層圏の塵、微粒子、煤。航空機による輸送システムか燃料添加剤を使って、塵か微粒子か煤でできた雲を下部成層圏に広げ、太陽光を反射あるいは遮断する。
■雲への刺激。船か発電所で硫黄を燃やして硫酸塩エアロゾルを形成させ、海の上空に下層雲を増やし、太陽光を反射させる。
■大気中のフロンのレーザーによる除去。最高で一五〇台のきわめて強力なレーザー装置を使い、世界の電力供給の二パーセントを消費して、下層大気のフロンを分解する。[54]

■海洋バイオマスの促成。海を鉄で肥沃化し、二酸化炭素を吸収する植物プランクトンの生長を促進する。

■森林再生。アメリカの全地表面積の三パーセント（一〇万平方マイル〔約二六万平方キロ〕）に生長の速い樹木を植え、アメリカの二酸化炭素排出の一〇パーセントを隔離する。

ワシントンの内情にも通じていたロバート・A・フロシュは、ゼネラルモーターズ研究所副所長、国防総省高等研究計画局の副局長、海軍の研究開発担当次官補を歴任し、当時はNASAの前長官だった。彼がこの研究の地球工学的な部分を率先して進めたのだ。地球工学の推進に熱をあげていたのは、GMなどの企業による二酸化炭素排出削減への反論を正当化するためだと見られていた。当時、フロシュはこう語っている。

もしもほかにもっとよい方法があれば、二酸化炭素をどうしても削減すべきだとは誰も思わないのではないでしょうか。大幅な削減を始めるとすれば、現実に金を使い、経済全体を変えることになります。地球上の人びとの生き方そのものを変えることにこれほど無頓着なのに、環境への影響の与え方を少しばかり変えることに躊躇するのは、なぜでしょうか。[55]

やはり科学アカデミーの研究に参加していたエール大学の経済学者、ウィリアム・ノードハウスは、「気候と経済に関する動学的統合（ＤＩＣＥ）モデル」のなかで、地球工学のさまざまなシナリオを使い、経済の成長（あるいは後退）と気候改変のバランスを計算した。地球工学を「気候変動の緩和策を提供する、金のかからない（傍点は著者による）仮説的テクノロジー」と定義し、「地球工学が大きな恩恵を生むのに対し、排出安定化や気候安定化は、何もしない場合より状況を悪化させると見られる」という物議をかもしかねない結論に達した。[56] 彼はかつて、世界経済の規模についての自分の見通しは「呆然とする」ほどだと表現しているが、この表現は地球工学的解決策の可能性についての彼の結論全体にも当てはまる。スティーヴン・シュナイダーはのちにこう書いた。「この委員会の一員として、地球工学に関する章を設けるという考えそのものが、内部でも外部でも激しい議論につながったことを報告する。参加者の多くは（私も含めて）、故意ではない気候改変の一部を意図的改変計画により相殺できるという考えさえも、汚染を続ける口実に使われかねないと憂慮していた[57]」。実際、まさしくそのとおりになった。地球工学をめぐる議論は、排出削減の代替案として二一世紀に持ち込まれたのだ。

　そうした感じ方は、汚染対策に関する当時の経済学者たちの気を滅入らせるような意見に反応したものだ。たとえば、一九九一年、世界銀行のエコノミスト、ローレンス・サマーズ（のちにハーヴァード大学学長となるが教授会での不信任案可決により辞任し、二〇一〇年現在はホワイトハウスの国家経済会議の議長である）は、内輪で回覧するつもりだったメモにこう書いた。「世界銀行は、汚染源の産業がＬＤＣ（発展途上国）にもっと移転するよう促すべきではないか……賃金最低国への有毒廃棄物の大量投棄は非の打ちどころのない経済論理に裏打ちされていると思う。われわれが直視すべき事実は……人口の少ないアフリカの国々は汚染もかなり少ない、、ことだ」[58]。サマーズがのちに当てこすりだと認めたこのメモは、一九九二年、リオデジャネイロで開催された第一回地球サミットの直前に表沙汰になり、激しい怒りを巻き起こした。ブラジルの環境相だったホセ・ルッツェンベルガーはサマーズにこんな言葉を返した。

あなたの理屈は、論理は完璧だが、非常識きわまりない……あなたの考えは、大勢の古くさい「エコノミスト」がわれわれの住む世界の自然に対して抱いている信じがたい差別、還元主義的思考、社会的無慈悲、傲慢な無知を体現しています……世界銀行があなたを副総裁としつづけるなら、信用性をまったく失うでしょうし、これまでたびたび言ってきたように……私にとって一番の望みは世界銀行の消滅だという思いが、ますます強まるでしょう[59]。

「非常識」、「還元主義」、「無慈悲」、「傲慢」といった修飾語は、ほとんどの地球工学の提案によく当てはまる。ノードハウスは二〇〇七年に、地球工学はいまのところ「唯一、経済的優位性のある地球温暖化相殺テクノロジー」だと記している[60]。

海軍のライフル・システム

フロシュは三五〇門の艦砲をずらりと並べて成層圏を砲撃する方法を考案し、「特別仕様の火山塵のジュール・ヴェルヌ式打ち上げ」と呼んだ[61]（図8・2）。彼が想定したのは、一門の価格が一〇〇万ドルの一六インチ（四〇・六センチ）砲で、一〇分ごとに一トンの硫酸塩酸化物か酸化アルミニウムを成層圏に打ち上げられる。一〇〇〇発から一五〇〇発を発砲すると、銃身の交換が必要になる。すると、一門の砲の寿命は二週間に満たず、四〇年計画には総計三〇万門の砲が必要となる！　一九三九年に初めて設計され、四三年に初めて実戦で使用された艦砲だから、改良も必要だろう。四億発分の火薬の費用は四兆ドル、銃身が三〇〇〇億ドル、発射台が二〇〇〇億ドル、人件費が一〇〇〇億ドル――四〇年間で、総額五兆ドルという見積もりである。このシステムは塵を一ポンド（約〇・四五キロ）当たりおよそ一四ドルで成層圏に運ぶと計算されていた。そして、一ポンド当たり四五トンの炭素の排出が減らされると見込まれた[62]。気球運搬システムでは一ポンド当たり三六ドル、観測ロケットでは四五ドルと見積もられた。

　フロシュは、弊害が生じるおそれにも気づいていた。たとえば、成層圏オゾン層の破壊、広範囲にわたる旱魃、許容できないほどの大気圏の靄などだ。だが、それを強調しなかった。代わりに、「ライフル・システムは費用がかさまず、管理が比較的容易で、必要な発射場の数も少ないと考えられる」と読者に請け合った。そして、「ライフルは、発射音と使用済み砲弾の落下の問題が生じない海か軍用地に配備すればよい」と結論づけた。フロシュが考慮に入れ忘れたのは、砲撃により引き起こされる下層対流圏の空気の汚染だった。仮に、一発分の爆薬六五〇ポンド（約二九五キロ）に純粋なニトログリセリン（$C_3H_5N_3O_9$）が含まれているとすれば、発射されるたびに三八〇ポンドの二酸化炭素が発生するから、四億発の砲弾の発射により、七六〇〇万トンの二酸化炭素が発生することになる。この計算には、煙や亜酸化窒素といった、ほかの気体の副産物は入っていないし、長さ六五フィート（約二〇メートル）超、重さ一三〇トン超の銃身三〇万本の製造と輸送にかかわる炭素排出も考慮されていない[63]。このような長期にわたる激しい砲撃が、事故やほかの弊害なしに続けられるだろうか？　成層圏への宣戦布告が最善の緩和戦略なのだろうか？　非営利団体、ノヴィム・グループの地球工学に関する二〇〇九年の報告書の執筆者たちはそう思っているらしく、明らかに一片の皮肉もなく、エアロゾルを装塡したM1戦車砲でオゾン層に発砲する可能性を論じている[64]。

図8・2　地球温暖化を相殺するための成層圏への塵の打ち上げ。1992年の報告書で米国科学アカデミーが提案した構想の一つである。ノーベル賞受賞者のクルッツェンは、2006年にこの構想にふたたび息を吹き込んだ（『ジオグラフィカル・マガジン』1992年5月号に掲載されたジョン・アイルランド作の一コマ漫画）。

海洋の鉄肥沃化

当時生まれたもう一つの構想は、海洋の鉄肥沃化（ＯＩＦ）だ。「タンカーに半分の鉄があれば、氷河期をつくってみせましょう」。生化学者のジョン・マーティン（コルビー大学の卒業生）は、一九八八年にマサチューセッツ州ウッズホールで開かれた会議の席上、ストレンジラヴ博士のなまりを真似て、そんな軽口をたたいたと伝えられている[65]。マーティンとモス・ランディング海洋研究所の同僚たちが提案したのは、一部の海域では栄養分としての鉄分が不足しているので、そこに鉄分を補給すれば、植物プランクトンの爆発的かつ広範囲の生長が促されるという案だった。彼らはこの鉄欠乏説を「ジェリトル」と名づけ、瓶に入れた海水で実証し、それから、十数隻の船を使って、数百平方マイルに及ぶ海域で海に鉄分を加える「パッチ」実験を行なった。ＯＩＦは、まるで菜園のトマトにミラクル・グロウという肥料を施したときのようなめざましい効果を発揮した。氷期－間氷期サイクルのあいだ、自然の塵に含まれる鉄分から養分を得た植物プランクトンの大量発生と大量死が主な要因となって、大気中の二酸化炭素濃度が調整されたというのは本当だろうか？　古代の氷コア（円筒形標本）に含まれる塵の帯と、人工衛星が探知したプランクトンの大量発生がこの説を裏づける根拠とされる[66]。

さて、地球工学エンジニアの出番だ。ＯＩＦは生物による炭素の吸収を速めて二酸化炭素を隔離し、地球温暖化の解決策となるだろうか。その可能性から、マーティンの仮説は広く関心を呼んだ。企業や政府が海のあちらこちらをどろりとした緑色に変えて、波の底に沈む炭素を含んだプランクトンの死骸が、大気中の不要な炭素を生物的に「隔離」していると主張できるとしたら、どうだろうか。あるいは、プランクトンの大量発生が硫酸ジメチル（ＤＭＳ）〔無色または黄色の有毒の液体〕を増加させ、海洋の雲の反射性を少し向上させ、地球を冷やすのだろうか。複数の企業が、鉄か尿素の海洋への投入によりプランクトンの大量発生と同時に海洋漁業の振興を促し、炭素取引市場に参入することを表明してきた。クリモス、プランクトス（現在はこの事業から撤退している）、そのものずばりの名を持つグリーンシー・ヴェンチャーズ、オーシャン・ナリッシュメント・コーポレーションといった企業である。しかし、危険性と利点を検討するにはさらなる研究が必要であるため、海洋の鉄肥沃化による炭素排出量相殺（カーボン・オフセット）の商業化を考えることさえ早計だというのが科学界の総意であり、外交交渉もこれを支持した。まだ答えの出ていない大きな問題は、プランクトンの大量発生で生じる炭素の量と行方、隔離される期間の長さなどだが、最も重要なのは、それらすべてを、どうすれば検証できるかだ。人工的で便利な海洋植物プランクトンの「雨」を営利企業が売ろうとしているとすれば、人工降雨に関するあらゆる警告と、その根拠と特性をめぐる課題がそっくり当てはまる。まさに雲物理学と商業的な雲の種まきの関係と同じだ。モス・ランディング海洋研究所所長のケネス・コールが指摘したとおり、「鉄の実験は、自然がどう働くかを調べるのが目的だ。商業的な海の種まきは、自然を人間のために働かせるのが目的だ」[67]

あらゆる大規模なＯＩＦプロジェクトに関連するまったく未解決の問題のなかに、海洋の食物網と世界の水産業に及ぶかもしれない害がある。そうした害が生じる原因は、海洋生態系の乱れ、生物にとっての「死の領域」の出現、鉄化合物の蓄積による深海の汚染、成層圏オゾン層破壊のおそれ、メタンや亜酸化窒素といった好ましくない温室効果ガスの発生などだ。ＯＩＦプロジェクトは、ならず者国家や過激な団体に一方的に実行されるおそれがある。また、肥沃化がいったん止まれば、二酸化炭素はただちに大気中に戻りはじめる。[68] ＯＩＦについては、化学者のホイットニー・キングが一九九四年にこう書いている。

自立する見込みが一パーセントもなく、倒れたら市全体をなぎ倒してしまうような建物を設計しようとするエンジニアがいるはずはない。炭素サイクルとそれを制御するうえでの鉄の役割は、その例えと同じようなものだと理解されているのではないだろうか。それなのに、なぜ、鉄肥沃化論がこれほどの注目を集めているのだろうか？[69] 地球の気候を制御できるという考えをわれわれが楽しんでいるのではないかと勘ぐりたくなる。

人工樹木、別名ラックナー・タワー

コロンビア大学地球研究所のクラウス・ラックナーは、アリゾナ州トゥーソンに拠点を置くグローバル・リサーチ・テクノロジー社と共同で、世界中に逆さまの煙突を無数に建てる構想を練っている。高さ三〇〇フィート（約九〇メートル）超、直径三〇フィート超の煙突もあり、一年に最大で三〇〇億トンの二酸化炭素（世界の年間排出量）を大気から吸い取って地下か海底の貯蔵区域に隔離する。アル・ゴアの映画『不都合な真実』のシンボルマークの、ハリケーン・カトリーナを吐き出しているように見える煙突を思い浮かべてほしい。そして、その煙突を逆さまにし、そうした巨大な地球の掃除機、もっと正確に言えば空気フィルターが無数に林立するさまを想像してほしい。ラックナーはそれとは別の、地球に優しい比喩を好んで使う。二酸化炭素を吸収する人工の葉を繁らせた人工樹木の森だというのだ。だが、ここで気をつけなければいけないのは、天然の樹木は二酸化炭素ではなく炭素を隔離し、酸素を大気に戻すことだ。それに、ラックナーの人工の森とは違い、天然の樹木は、リス、小鳥、その他の生物に日陰と生息地と餌も提供する。ラックナーは、自分は地球工学エンジニアではなく、現在の排出量の埋め合わせをしたいだけだと言いながら、考案した装置が「気候変動との戦い」に配備されることを想定している。[70] また、将来、有害な二酸化炭素の排出を地球全体でゼロ以下にすることを目標にする人たちもいるが、それが実現すれば、核廃棄物処理と同様に、膨大な量の貯蔵という問題が出てくる。[71]

ラックナーがつくったデモンストレーション装置の内部では、腐食性で劇物でもある水酸化ナトリウムを満たしたフィルターが、自動車一台分の排出二酸化炭素を吸収できる。だが、彼自身、このシステムは安全でも実用的でもないと認め、現在、独自の「イオン交換樹脂」を研究していると言うが、その物質のエネルギーと環境に関する特性は公表されていない。もちろん、大気中の二酸化炭素三〇〇〇億トンを回収、冷却、液化、圧送するには天文学的な量のエネルギーと大規模な設備が必要になるうえに、それほど大量の炭素を長期にわたり安全に貯留できる余裕が地球にあるかどうか、まったくわからない。

空気中の炭素の回収と隔離（CCS）がこれほど実現困難である理由は、その化学的エネルギー特性にある（北海油田の掘削装置のように、二酸化炭素を排気するより油田のなかに押し戻すほうが合理的だという一部の場所は例外とすべきだろう）。そのエネルギー特性について、簡単に見てみよう。まず、質量の問題がある。石炭（主に炭素12）が燃焼すると、分子量44の二酸化炭素廃棄物ができる。つまり、炭素一モルが燃えると、エネルギーとともに二酸化炭素廃棄物一モルが生じ、二六七パーセントの質量増加となる。ラックナーはこの質量の問題を認識せず、こう述べている。

「最終的には、炭素の抽出は二酸化炭素の回収および貯留と釣り合わなければいけない。地上から引き出される炭素一トンにつき、可動性の炭素プールからも一トンが取り出されなければならない」(傍点は著者による)。[72] 現実には、使われる炭素一トンにつき、三・六七トンの二酸化炭素が回収、貯留されなければならない。別の問題もある。そのように大量の二酸化炭素を液化するには、八〇気圧から一〇〇気圧もの膨大な圧力を必要とする。それだけではない。液体の二酸化炭素を注入場所までパイプで送らなければならない。世界中に三〇〇万基の巨大なラックナー・タワーを建造するとか、一億基ものコンテナ大の小型設備をつくるという夢想のために、どれだけのパイプライン網が必要か、想像してみてほしい。

カナダの映画会社が、巨大なハエたたきにも似たラックナー・タワーの画像をニューヨークのセントラルパークの上にはめ込み、合成写真を作製した。[73] その際触れられなかったのは、マンハッタン地区だけでも、(訪れる人の数は除いて)一五〇万人の住民がいるため、そうした気体浄化装置が何百基と必要だという事実だ。すなわち、市内の大規模建造物の約一〇棟に一棟が、巨大なハエたたきのようなタワーになる。それらを建造する土地、稼働に必要なエネルギー、排出用のパイプ、「理想的」フィルターの製造と維持にかかる費用は特定されておらず、ラックナーの案はいまのところ現実味がない。ところで——大型のラックナー・タワー一基当たりの建造費用は二〇〇〇万ドルを下らないのだ。

ラックナーの炭素隔離の夢は、コロンビア大学の同僚、ウォレス・ブロッカーと科学ライターのロバート・クンジグの著書で支持を得た。『CO_2と温暖化の正体』(二〇〇八)というその著書の主旨は、二酸化炭素の回収と貯留は現代社会に不可欠とみなされる下水処理と同じようなものだということだ。二人はハリソン・ブラウンの言葉を引用している。ブラウンは、カリフォルニア工科大学の地球化学者、優生学者にして未来学者であり、二〇〇〇年現在の大統領科学顧問、ジョン・ホールドレンのロールモデルでもある。一九五四年にブラウンは、大気中の二酸化炭素を増やし、植物の生長を促進して飢える世界に食料を供給することを夢見た。

二酸化炭素が豊富な大気では植物の生長が速くなることをわれわれは見てきた……もし、何らかの方法で、大気中の二酸化炭素含有量が三倍に増えれば、世界の食料生産は倍増するかもしれない。世界的規模の巨大な二酸化炭素発生装置が大気中にCO_2を吐き出す様子を思い描くといい……大気中の量を二倍にするためには、少なくとも五〇〇〇億トンの石炭を燃やす必要があるだろう。これは、人類の歴史を通じて消費された石炭の総量の六倍にあたる。石炭がない場合は……石灰石を熱すれば二酸化炭素が発生するだろう。(74)

気象学者のニルス・エクホルムと物理学者・化学者のスヴァンテ・アレニウスが、二〇世紀の最初の一〇年に表明した意見を思い出してほしい。氷河期の再来が迫ったら、浅い炭層を切り開いて燃やし、大気中の二酸化炭素を人工的に増やすこともできる。そうすれば、植物に栄養も与えられる。ブロッカーとクンジグはそうした夢想でこの本を締めくくっている。

われわれの子供たち、孫たちは二酸化炭素レベルを五〇〇から六〇〇ｐｐｍ（百万分率）で安定化させたあと、歴史書をひもといて、二八〇ｐｐｍならばもっと快適だと判断するかもしれない。もっと先の子孫は、もし可能なら、次の氷河期を回避する道を選ぶに違いない。気候の急激な変化がすぐそこまで迫っているのを悟り、回避するために温室の二酸化炭素レベルを調整するだろう。その頃には、もはや化石燃料を燃やしていないだろうから、ハリソン・ブラウンにならって、二酸化炭素発生装置のようなものを、二酸化炭素浄化装置と連動させて稼働させなければならないだろう。

ラックナーもこの考えに賛同したらしく、二酸化炭素の回収と貯留と放出はいずれ可能になるかもしれないとつけ加えた。ラックナーの二酸化炭素浄化装置とエクホルム‐アレニウス／ブラウンの二酸化炭素発生装置が連動し、いわば地球のサーモスタットとして機能するような世界を想像できるだろうか？　「遠い未来にそうなると想像することは、もちろん、馬鹿げている」（ブロッカーとクンジグの言葉であって、私が言ったのではない）。

そうした案を、われわれはどう理解したらいいだろう？　たとえばブロードウェイからほんの少し外れた通りのような、巨大都市の近辺に住む人たちにとっては、空を開かれた下水路に見立てて「修理」しようとするのも普通なのかもしれない。バスの排気ガスと、水蒸気の排出と、煙と、悪臭のせいで、空はやはりどこかおかしいのだと、つねに思い知らされる。日没の前後に大都市に飛行機で到着すると、街に近づくにつれ、行き交う自動車の赤いテールライトと白いヘッドライトの流れが見える。通りに立ち、思いきって道路を渡ろうとすると、近づいてくる運転者の不機嫌な顔や通り過ぎる車の排気管と排気ガスが見える。そうした過密な都市基盤で、ほぼすべての建物が空調管理されているいま、建物の一〇棟に一棟が屋外に設置された巨大な空気フィルターか、逆向きの煙突であるような未来を想像するのは難しくない。簡単に言うと、至るところに突き出ている管を見れば、もっと多くの管――悪い管からの排気を修正してくれる良い管――を想像するのは難しくないということだ。

現代の都市住民、ことに影響力のある人びとは、混雑して危険で不快な街中で長時間過ごそうとはしない。その代わり、ごく狭い環境から環境へ、点移動する。エアコンの効いた車内からエアコンの効いた建物へ、さらに、エアコンの利いたショッピングモールとスポーツ競技場へ、という具合だ。ワシントンDCは間違いなく、その国際的影響力と、空調の必要性の両方で名高い都市だ。その近辺では政財界の大物たちが、みずからの威光と、どんな場合にも「冷暖房完備」の場所にいられる特権をひけらかすため、つねにビジネススーツを身にまとっている。連邦議会の地下から米国議会図書館へ通じるトンネルはその象徴だ。ポトマック川の対岸、隣のヴァージニア州にあるペンタゴン・シティーも同様に、網の目のように地下トンネルがめぐらされていることで知られる。トンネルはエアコンが効いているばかりかBGMまで流れ、ホームレスを寄せつけない。こういうタイプの「環境」で、わが国の意思決定者のほとんどは活動している。

アイディアのリサイクル

二一世紀に入ってから、地球工学エンジニアたちは数回の会議を開き、インターネット上のグーグル・グループで絶えず意見を交換し、アイディアを生み、発展させ、リサイクルしつづけている。二〇〇一年九月、「アメリカ気候変動技術プログラム（CCTP）」が、「急速あるいは深刻な気候変動への対応の選択肢」についての招待会議をひっそりと開催した。地球温暖化に公然と疑念を示した政権が主催したこの会議は、気候エンジニアたちの制御幻想に新たなお墨付きを与えた。だが、ある参加者はこう述べた。「もしこの会議をヨーロッパの人びとに向けて生中継していたら、きっと暴動が起きただろう」。この言葉は、ヨーロッパで環境運動がはるかに盛んなことをよく物語っている。当時、ヨーロッパでは、アメリカによる京都議定書への署名がまだ期待されていた。

二年後、国防総省は「急激な気候変動のシナリオとアメリカの安全保障への影響」と題した報告書を刊行し、論議を呼んだ。報告書は、北大西洋の深海循環の減速などのメカニズムにより、地球温暖化が急速で壊滅的な地球寒冷化につながる可能性があると説き、政府に「気候を制御する地球工学的選択肢を探る」べきだと勧告した。[75] むろん、国家間の紛争を悪化させるおそれがあるため、そうした措置は慎重に検討されるべきだ。イギリスのケンブリッジにあるティンダル気候変動研究センターが二〇〇四年に主催したシンポジウムの目標は、地球規模の気候変動の管理と緩和を目指す工学的プロジェクトの計画と実行に関して、可能ではあるが激しい論議を招く選択肢を「特定、議論、評価」することだった。

「ロシアの科学者、地球温暖化との戦いで成層圏での硫黄燃焼を提案」。二〇〇五年一一月、モスクワの新聞にこんな見出しが躍った。この記事で取り上げられたのが、著名な科学者で、地球気象環境研究所所長のユーリ・イズラエルがウラジーミル・プーチン大統領に宛てた手紙だった。この手紙で、イズラエルは地球温暖化には早急な対策をとる必要があると警告し、大量の硫黄を成層圏で燃やす方法を提案した。イズラエルによれば、彼のこの案は、高度八マイル（約一三キロ）から一二マイルの大気圏にエアロゾルを投入し、反射層をつくって太陽放射の加熱効果を軽減するというアイディアに基づいている。「地球の気温を一〜二度下げるためには、およそ六〇万トンのエアロゾル粒子を送り込む必要があります。そのためには一〇〇トンから二〇〇万トンの硫黄を燃やさなければなりません。とはいえ、硫黄をその場で燃やす必要はありません。硫黄が豊富な航空機燃料を使えばいいだけです」。イズラエルは自分では計算せず、一九八四年のペナーの案の埃（ほこり）を払い、同胞のブディコが一九七四年に発表した数値をそのまま使っただけらしい[76]。

二〇〇六年にノーベル賞受賞者のポール・クルッツェンが地球工学に関する論説で提示した案は、ブディコの案にそっくりではあったが、環境・政治面での枠組みは異なっていた[77]。クルッツェンの結論はやはりブディコのそれにそっくりだったものの、計算の結果は違っていた。必要とされる硫黄の量は一〇倍で、年間一〇〇万トンから二〇〇万トンに及ぶとされたのだ。ブディコは、地球工学に投入される硫黄の量は、「人間の活動に起因するもの」の一〇〇〇分の一〇ほどだと断じたが、クルッツェンは「現在の排出量のわずか二〜四パーセント」だとした（傍点は著者による[78]。クルッツェンの記述によれば、アルベドの増強は地球温暖化への最善の解決法からは「ほど遠い」が、それでも、ブディコと米国科学アカデミーが考案した、大砲か気球か航空機を使用して硫黄などの粒子を成層圏に投入する案を「もう一度検討し、議論してもいい」と薦めた[79]。そして、大気圏上層部への打ち込みは「熱帯の離島の発射場か船」から行なえばいいと示唆したものの、熱帯の住民にこの件に関する意見を求める必要性に思いいたった節は、どこにもなかった。立案したのがブディコであれ、ペナーであれ、イズラエルであれ、クルッツェンであれ、いかなる目的のためであれ、成層圏を故意に汚染するという発想は、現代人の神経をひどく逆撫でする。にもかかわらず、近年、さらに数回の学術会議が開かれている。NASAエイムズ研究センターとカーネギー研究所は二〇〇六年に「太陽放射の管理」というパエトンじみたテーマで学会を開催した。室温の調整がうまくできなかったことを主催者側が謝罪すると、参加者たちからは笑いがもれた。気候工学に関する専門会議は頻繁に開かれている。二〇〇七年にはアメリカ芸術科学アカデミーで、二〇〇九年にはマサチューセッツ工科大学で開かれ、二〇一〇年にはカリフォルニア州パシフィック・グローヴのアジロマー会議センターで「気候介入」がテーマの大規模な会議が開かれた。それらの会議で議論されたテーマは、主流からほど遠い、科学よりも憶測を多く含むものだった[80]。

地球工学は幅広く研究されているわけではない。二〇〇六年にラルフ・チチェローネはこう書いた。「地球の気候をどう改造するか、環境にどんな大規模な改変を加えるかについては……科学者からの広い賛同は得られていない。そうした構想を扱う著作はあまり査読されていないし、引用される範囲も狭い[81]」。そのころから状況はさほど変わっていない。二〇〇八年のティンダル気候変動研究センターの報告書によれば、地球工学の提案は概要・構想の段階から進んでおらず、せいぜい、コンピューター・モデルによるシミュレーションにとどまっている。なぜなら、小規模な実地実験では結論に至らないし、地球規模の実験はあまりにリスクが大きく、社会的に容認されないからだ。最近、UCLA環境研究所の初代所長で「核の冬」(一九八三)の執筆者の一人でもある大気科学者、リチャード・ターコは、あまたの地球工学の計画を「不合理」で「理解不能」だと述べた。気候システムに対する技術的応急処置が、提唱者が言うほど安価で容易であることを示す「証拠は皆無」だと彼は見ている。そのうえ、それらの多くは「まったく成功しないだろう」し、実地に実験するには、受け入れがたく予測さえできない危険を冒さざるをえない。そうした企てに乗り出すのは、彼に言わせれば、「無謀と言っていい[82]」

二〇〇九年末、イズラエルと同僚たちは、ロシアにおける地球工学実地実験と称するものについて発表した。実験の目的は、エアロゾル層を通過する太陽放射の研究だった。彼らはまず、クルッツェンが二〇〇六年に書いた論説を引用し、我田引水の疑わしい説を唱えた。「反射性のあるエアロゾルの一ミクロン未満の粒子を成層圏に注入するのは、温暖化を埋め合わせる最善の選択肢になりうる(傍点は著者による)」というのだ[83]。それから実験者たちは、成層圏ではなく地上近くでの実験について報告した。数回の実験で、軍用ヘリコプターが「金属塩化物の燃焼物」を燃やし、軍用トラックが「石油から得られた個々の留分の蒸気とガスの混合物を過熱」して散布すると、有毒な煙の厚い雲ができたという。石油を使った装置は、第二次世界大戦時のアーヴィング・ラングミュアとヴィンセント・シェーファーの煙幕製造機と大差なかった。地上での太陽放射測定でわかったのは、誰でもとっくに知っていること——厚い雲は太陽を遮るということだった。「放射照度に起こりうる変化は、この場合、おおよその見積もりだ。この場合の放射照度の減少はおよそ二八パーセントだった」。実験者が「起こりうる」と「おおよその」という言葉を使ったことに注目しよう。日照の二八パーセントの減少が世界全体で続けば、地球上の生物は激減する。別の実験でも、結論に至る結果は出なかった。曇りときどき晴れという天候のせいで、研究者が「機器群の上空を通過する人工エアロゾル試料が太陽放射に起こしたかもしれない変化を、自然の変化と比較して」検知するのは困難だった。にもかかわらず、このチームにとっては、結論に至らない地上近くでの小規模な実験により、仮説が十分に証明されたらしい。「大気中に人工的に形成されたさまざまな光学的濃度のエアロゾル層を通過する太陽放射の制御は原則的に可能であることが、われわれの研究の実験結果に基づいて示された」。このロシアの研究者たちが地球の太陽放射の管理にあたっていないことを祈るのみだ。

『ニューヨーク・タイムズ』紙に掲載された風刺漫画が、提案された技術の一つについて、本質(と馬鹿らしさ)をよく捉えている(図8・3)。慌てふためいた二頭のホッキョクグマが汗水たらして硫黄を大気に送り込もうとしているが、ホースをまっすぐ立てるのが難しいらしい。乗っている流氷がこれ以上小さくなれば、ますます大変だ。それに、遠くに見えるのはどこの戦艦だろうか。フロシュ／クルッツェンの硫黄砲を積んでいるのか、それとも、地球工学を止めさせようとしているのか。ロシアの世論は長年、氷のない北極海を好み、ブディコをはじめとする一部の科学者は、地球温暖化の効用が寒冷地帯を「活気づけ」、穀物とジャガイモの生産量を増やし、国を豊かにすると信じている。[84] 北極圏に手を出すなら、ウラジーミル・プーチンに打診してからのほうがよさそうだ。

艦砲は、軍の装備を利用して地球温暖化に「戦争」を仕掛ける多くの「男っぽい」手法の一つにすぎない。この漫画は、エドワード・テラーの愛弟子だったローウェル・ウッドの提案をほうふつとさせる。まだ実在しないが、将来の完成が見込まれる軍用の高高度飛行船（ＨＡＡ。ロッキード・マーティン社と国防総省が共同開発中の成層圏スーパー飛行船で、有名なグッドイヤー社の飛行船のおよそ二五倍の容量を持つよう設計が進んでいる）に長いホースをつけて、反射性の粒子を成層圏に「押し出す」案だ。ウッドの言葉を借りれば、「押し上げろ！　撒き散らせ！」というわけだ。[85] ＨＡＡは所属するステーションから一〇〇マイル（約一六〇キロ）も離れたところまで漂う可能性が高いため、ウッドは計画の細目の多くを作成したが、強風と、凍結と、事故につい

図8・3　ヘニング・ワーゲンブレスが表現した「地球の蹂躙」（2007年10月24日付『ニューヨーク・タイムズ』）

ては考えなかった。だが、地球工学エンジニアたちがこの飛行船を浮揚させておくことができなければ、どうなるだろう? 長さ二五マイルもの男根にも似た「ヘビ」が一〇トンの硫酸を詰め込んだまま、糸の切れた凧となり、激しくのたくりながら空から落ちてくるのだ。キャロル・コーンは彼女の有名な論文「軍部知識人の合理的世界における性と死」のなかで、うがった見方をしている。「われわれの文化では、軍事化された男性性と脈絡のない合理性を持つ支配的な声がやたらと大きくものを言っている。ほかの声が聞こえるようになるのは……その大きな声が威信を失うまでは難しいだろう」[86]。地球工学の専門家たちは、コンピューターによる大循環モデルが最初に考案されて以来、このような地球をだしにしたゲームにかまけてきた。この種の研究が続けられることに疑いの余地はないが、屋内で、たがいに合意した大人同士のあいだですべきだ。公表されなければならないのは、基本的な前提である。

王立協会の煙幕

イギリスの王立協会は最近、伝統ある機関誌『フィロソフィカル・トランザクションズ』の特別号で、「危険な気候変動を回避するための地球規模の工学」を特集した[87]。同誌は「数学者、物理学者、エンジニアをはじめとする自然科学者にとって必読」とうたっているが、注意が必要だ。なぜなら、技術的問題が気候工学のすべてでも本質でもないし、この特別号に掲載された一一本の論文のうち、歴史家、倫理学者、人文科学者といった社会科学者によって書かれたものは一本もなかったからだ。編集にあたったエンジニアのブライアン・ローンダーと、応用数学者で太陽物理学者のマイケル・トンプソンは、まず中国とインドの温室効果ガス排出量の増大を非難し、それから先進国（少なくともヨーロッパ連合）の炭素削減目標達成への努力を称賛した。そして、地球工学的解決策が「何も手を打たないよりは危険が少ないと世界中でみなされる」日がくるのだろうかといぶかった（傍点は著者による）。編集者は、マクロ工学的選択肢を「この分野の権威ある専門家の批評的評価に委ねる」ことを約束したが、掲載された記事のうち、その約束を果たしたのはわずか数本だった。大半の記事は、二〇〇四年のティンダル気候変動研究センターの気候工学に関する会議の結果を使い回したもので、資金が少しでも増えれば恩恵を直接受ける立場にある地球工学擁護者によって書かれていた。

スティーヴン・シュナイダーとジェイムズ・ラヴロックによる概論は大まかな筆致で、地球工学の企ての有効性と総体的な実行可能性を問うた。シュナイダーは、大規模な環境システムの改変すなわち気候制御計画の五〇年の歩みをざっと振り返った。彼の指摘によれば、そうした計画はたいがい、費用効果の高い代替方法としてか、緩和のための時間稼ぎの方法として提示される。だが、計画どおりにうまくいくか、また、社会的に実行可能かどうかについて、彼は疑念を表明している。地球工学的な活動に伴って好ましくない気象が生じた場合には、国境を越えた紛争のおそれが生じるからだ(88)。

ラヴロックはお得意の比喩を持ち出し、みずからを「地球生理学者」、つまり地球の医者だと称して、地球は「播種性霊長類」（人口過剰な人類）という寄生生物のせいで発熱していると診断した。治療法として彼が薦めたのは、低炭素ダイエットと核の薬という組み合わせだ。彼は地球工学を、その昔、肉屋や床屋と兼業だった外科医の荒療治を地球に施すようなものだと表現した。患者は絶対に命を落とさないが、寄生生物の生存可能性はかなり低いと彼は言う。「地球のシステムについてのわれわれの無知はひどいものだ……世界規模の地球工学は地球温暖化に対抗できるかもしれないが、一九世紀の医学の場合と同じく、最善の治療法は優しい言葉と、自然のなすがままに任せることかもしれない」[89]。ラヴロックは自由思想家で、原子力を擁護し、気候変動により引き起こされる反ユートピア的な未来を想像し、物理学者・古気候学者のマイケル・マンの「ホッケースティック」曲線のグラフ〔過去一〇〇〇年以上の気温変化が一九世紀以降、急激なカーブを描いて上昇していることを示したグラフで、人為的地球温暖化の証拠とされた〕を何年ものあいだ、机の前の壁に貼っていた。彼とイギリスの科学者のクリス・ラプリーは最近、「地球温暖化という病」への独自の地球工学的対処法を提案した。具体的には、海中に膨大な数の垂直な管をずらりと並べて、水温の低い、栄養に富む海水を海面に送り込み、二酸化炭素を吸収するプランクトンの生長を促進するという案だ。だが、そうした方法が漁業の妨げになったり、クジラの群れを分断したり、回収するよりも多くの二酸化炭素を大気中に放出したりするのではないかと憂慮する意見も多い[90]。つい最近、ラヴロックは「バイオチャー（バイオ炭）」を支持した。大量の農業「廃棄物」を非生分解性の炭に転換し、埋める方法である[91]。これは、ナサニエル・ホーソーンの短編のタイトルにもなっている「幻想の殿堂」に入る資格が十分にある。なぜなら、堆肥づくりができなくなるうえ、発癌性があることで知られるベンゾピレンを大量に発生させるからだ。この方法を実践する人は、ホーソーンの描いたカカフォデル博士と同じ運命をたどる危険がある。博士は「研究をしているあいだじゅう、炭の炉のうえに屈み込んで有毒な煙を吸い込んでいたため、ミイラのように干からびて衰弱した」[92]

『フィロソフィカル・トランザクションズ』の地球工学特集号では、海洋学者の二つのチームが、海洋の鉄肥沃化の実地実験とモデル研究を検証し、この技術が「二酸化炭素を隔離するための実行可能な選択肢となりうる」かどうかを検討した。ドイツの科学者のヴィクター・スメターチェクとS・W・A・ナクヴィは現在の「OIFを未熟な技術だとして退けるあからさまな総意」に反駁した。そして、この技術が普及し、商業化された場合にどんな副次的影響があるかは不明だが、よい影響の可能性もあると称賛した（オキアミ〔エビに似た小型甲殻類の総称〕が増えればクジラも増えるということだ）。一方、海洋の食物連鎖の分断や酸欠海域（デッドゾーン）の出現といった悪い影響のいずれについても、論じるのは最小限にとどめた。そして、詳細はまったく記さずに、「OIFを商業化した場合に生じるかもしれない悪影響は、科学者をリーダーとする国際的団体を設立し、実施を監視・監督することで抑えられる」（傍点は著者による）という空虚な保証をしている[93]。科学者はたいがい、歴史、倫理、公共政策についての勉強が乏しいか欠如しているものだが、世界的気候変動は人間の問題であり、科学だけの問題ではない。

ジョン・レイサムと共同研究者たちの論文では、海洋の層雲に海水を種まきしてアルベドを増大させれば、層雲がより長もちするのではないかという考えが詳述されている。彼らの結論は、しごく当然ながら、おそらく、あくまでもおそらくだが、うまくいくだろうというものだ。スティーヴン・ソルターと共同研究者たちが同様のテーマで書いた論文では、散布用ロボット船の船隊が外洋で散布を繰り返し、雲を明るくする必要があるとされた。大量の雲凝結核を投入することによって、雲粒をずっと小さくして数を大幅に増やすのだ。この「過剰な種まき」技法は、一九五〇年代に降雨を阻止する手段として、ヨウ化銀で試みられたものだ。レイサムとソルターが提案したように、世界中の雲が軒並み明るくなれば、改変されない雲よりも雨は降りにくくなるが、環境への影響は未知数だ。海洋学者たちが言及した国際的な科学者の団体は、この技法の監視でも忙しくなることだろう[94]。

ケン・カルデイラとローウェル・ウッドの論文が、おそらく最も不誠実なものだった。さまざまなエアロゾルを使って大気圏の最上部の太陽光を少なくした「理想的」（比較的単純という意味）気候モデルを使ったからだ。この魔法のノブがどこに配置されるのかは明らかにしなかったが、大気科学を学ぶ学部生なら誰でも知っているように、その「ノブ」はモデルに組み込まれており、日射に対する気候の感度の指標となっている。日光が少なくなると、驚くなかれ、地球は寒くなるというわけだ。そして、日光が北極圏で少なくなると、北極は寒くなり、パラメータ（媒介変数）としての海氷が大きくなる。複雑な大気科学や生態学ではなく物理学に的を絞り、モデルの前提を調整することによって、彼らの「工学的につくられた高二酸化炭素気候」は、より望ましいが現在は達成不能な低二酸化炭素気候と遜色ないものになるだろうというのが結論である。カルデイラとウッドは概算を用い、不特定のエアロゾルを成層圏に投入する軍事的ハードウェアの利点を強調した。失敗率は明記されておらず、環境への影響も不明だ。彼らは、アラン・ロボック、ルーク・オマン、ゲオルギー・ステンチコフが最近手がけた、より精密なモデリングの結果は無視した。そのモデリングによれば、高緯度で投入された成層圏のエアロゾルは、すぐに風に流されて北緯三〇度あたりまで南下し、アジアの夏季モンスーンとぶつかり合う。成層圏エアロゾルは北極圏上空にとどまらないため、カルデイラとウッドの「帽子作戦」は物理的に不可能だ。二人はこんな不合理な結論に達した。「日射の調整を行なうのは可能だと見られる」。以下は彼らが最も正直に事実を認めたくだりである。「気候工学のモデリングは揺籃期にある」(95)

フィリップ・ラッシュと共同研究者たちの論文は、この特集号に掲載された記事で最も高水準で、最も高精度なモデリングのチームの手になるものであり、成層圏への硫酸塩エアロゾル投入の影響について、斬新で認識を改めさせるような評価をしている。彼らのシミュレーションによれば、そうした介入のあと、北半球の温度は全般的に下がるものの、アフリカ北部やインドといった被害を受けやすい地域で降水量が過度に減少するおそれがあり、旱魃に至って農業生産が打撃を受けるかもしれない。そのような気候工学は、太陽放射のスペクトル全体にも多大な変化を及ぼす。生物に有害な紫外線B波の地表への放射が増え、人間の健康と生物集団に悪影響を及ぼしかねない。硫酸塩の靄で世界中を覆うと、直達日射は減り、散乱日射が増えて、美観は損なわれ、光学天文学は妨げられ、太陽光発電の生産量は激減し、おそらく植物の生態系と穀物に不要なストレスがかかる。ラッシュのチームは、成層圏に加えられた硫酸塩分子のせいでオゾンの減少に拍車がかかるという警告も発した。『サイエンス』誌に掲載されたシモーヌ・ティルメス、ロルフ・ミュラー、ロス・サラウィッチによる関連記事では、この結論が支持されている。「大気中の二酸化炭素の倍増による地表の温暖化を相殺するほど大量に硫黄を投入すれば、今世紀中の厳冬期に、北極のオゾン層減少の程度が著しく増す。北極圏のオゾン層の穴の回復は、見込みよりも大幅に、三〇年から七〇年ほど遅れるだろう」[96]。クルッツェンの案は却下されたわけだ。

二〇〇九年にイギリスの海洋学者のジョン・シェパードと私は、地球工学の管理について連邦議会で証言する委員会で同席した。シェパードはみずから指揮をとった王立協会の最近の研究を紹介し、「地球工学は魔法の弾丸ではない」[97]と評した。私は即座に、「弾丸ですらない」と思った。大気に弾を撃ち込むのはやめたほうがいい。公開された報告書は、各国が気候変動の緩和と、気候変動への適応に向けてより一層の努力をするよう賢明に勧告する一方、地球工学のさらなる研究と開発をも支持した。研究と開発には、適切な観測、気候モデルの開発と使用、そして（さらに不気味なことに）「慎重に計画、実行される実験」が含まれ、小規模から中規模の実験を、実験室と実地の両方で行なうとしている[98]。

実地実験？

二〇〇八年、ローンダーはイギリス下院での証言のなかで、直前に編集した『フィロソフィカル・トランザクションズ』の地球工学特集号を取り上げて、研究を紙の上だけにとどめず、地球規模の展開につながるような実地実験プログラムに予算の一部を割り当てるよう政府に求めた。しかし、主流派の工学エンジニアたちからの反応は鈍かった。イギリスの王立工学アカデミーの見解は、「現在の提案はいずれも環境、技術、社会に関する危険をはらんでおり、エネルギーと気候変動にまつわる問題をすべて解決できる案は一つもない」というものだった。アカデミーは、政府が「つねに情報に精通」しながらも地球工学を慎重に扱うよう勧告した[99]。ブリストル大学の地理学者、ダン・ラントをはじめとする一部のメンバーによれば、地球工学の有効性や、副次的作用や、実用性や、経済性や、倫理的意義を判断する大規模なプログラムがそもそも欠けていた。物議をかもす分野で一般に行なわれているような、倫理的・法的・社会的意義（ＥＬＳＩ）にかかわるアプローチが必要だと彼らは指摘した。アメリカの地球工学エンジニアたちが資金を求めているとしても、財政にゆとりのある一つの機関に――たとえば、エネルギー省やＮＡＳＡ、国防総省や国土安全保障省にさえも――頼るのは得策でない。商業的な目的が科学的客観性より優先される民間企業も駄目だ。この分野には、一般からの情報や意見をもっと取り入れることと、米国科学財団（ＮＳＦ）が提供しているような同業者からの率直な評価が必要だ。

　最近、大気科学者のウィリアム・コットンは、気象工学と気候工学の関係について発言し、両者のシステム上の問題と構造上の違いも指摘した。気象改変実験では、科学界は雲の種まきが降雨を増加させた「証明」を求める。介入後にそうした証明をするには、「雲の構造に適切な改変が加えられたという強力な物的証拠と、きわめて有意な統計的証拠」が必要だ。つまり、比較対象である自然のままの大気の変動性を超える効果の証明である。だが、介入は制御とは異なる。一九四六年に、ＧＥのキャスリーン・ブロジェットがアーヴィング・ラングミュアに言ったのは、雲に対する干渉や改変は、その後の雲の動きと発達やその雲からの降水の性質を制御することからはかけ離れているということだった。雲の種まきの約束と鳴り物入りの宣伝を経験し、この分野で五〇年間仕事をしてきたコットンは、こう認めている。「こうした初期の主張が実現されたことを示す強力な物的・統計的証拠を挙げることはできない」[100]。そして、気候工学の成功を証明するのは、気象工学の成功の証明よりはるかに難しいとも指摘した。実際、以下に挙げるようないくつかの理由から、それは不可能だろう。気候モデルは予測を目的としてつくられていないため、予報の技量はない。地球規模の気候実験は無作為化も反復もできないし、付随的損害も避けられそうにない。また、気候の変動性は非常に高いため、必要な情報に比べて、不必要で無関係な情報のほうが圧倒的に多い。そして、気候変動は、海洋と氷床に起因する温度のずれが組み込まれているせいで、ゆっくりと推移する。そのうえ、実験の「結果」は実験者が生きているうちでさえ確定できないからだ。気候システムのカオス的な振る舞いには、もう触れただろうか？ それ一つだけでも、気候エンジニアによる実験的介入のあらゆる属性は影がうすれてしまう。コットンの警告によれば、旱魃や気候がストレスとなるとき、政治家がのさばり出てくる。手をこまねいているわけではないこと、状況をコントロールしていることを示す必要があるからだが、実際にはコットンが言うところの政治的偽薬（プラシーボ）を実践しているにすぎない。

中道

一九八三年、トマス・シェリングは、二酸化炭素に誘発された気候変動への基本的対処策として、大まかに四つの選択肢を示した。

（1） 二酸化炭素の発生を減らす。
（2） 増えつづける二酸化炭素と変動する気候に適応する。

（3）二酸化炭素を大気から取り除く。

（4）気候、気象、水文学（すいもんがく）を改変する。

最初の二つの選択肢は先見性と節度をもって世界中で実践され、「中道」を構成している。「緩和」は本来、多種多様な対策のすべてを意味する。中心となるのは、脱炭素化とエネルギー供給の効率化や、再植林とさらなる森林破壊の抑止など、人為的排出と放射活性微量気体の濃度の低減を目的とする取り組みだ。「適応」すなわち気候への順応に含まれるのは、気候変動が人間とすべての生物と生態系に及ぼす悪影響に関して、回避したり、対処したり、削減したりする方法全般である。先史時代の最初の気候移民は、氷河期の始まりに適応した。ロバート・デクーシー・ウォードが一九三〇年に述べた、予防と保護というカテゴリーはこれに近い。だが、緩和の取り組みには、前述の炭素の回収と隔離を含め、実際にとてつもなく大きな規模になりうるものもある。海洋の鉄肥沃化や、世界中に林立するラックナー・タワーがいい例で、それらに対しては、気候に直接介入する計画と同様の警戒が必要だ。

二〇〇八年に出版された著書で、ガブリエル・ウォーカーとサー・デイヴィッド・キングは、地球温暖化問題と、いくつかの技術的・政治的「解決策」、あるいは少なくとも予想される対応策について概観した。二人が論じたのは、よく引き合いに出される「安定化の楔（くさび）」だ。これはプリンストン大学のスティーヴン・パカラ教授とロバート・ソコロウ教授が提唱した概念で、現存する技術を利用して大気中の二酸化炭素レベル（気候システムとは言っていない）を安定化できるという希望的観測を示すものだ。[101] パカラとソコロウはまず、当然ながら効率性を強調した。発電、旅客車両の運行、貨物輸送、その他の最終用途セクターにおける効率性である。続いて、再生可能な新エネルギー源と、まだ有効性が証明されない炭素回収・貯留法について述べた。ウォーカーとキングによれば、大気中の二酸化炭素濃度を四五〇ppmに安定させるには、以下の「楔」をただちに実施する必要があるという。

> 二〇億台の自動車の燃料効率を二倍に高め、二〇億台の自動車の年間平均走行距離を半分に減らし、建造物と機器類からの炭素排出の四分の一を削減し、石炭発電の八〇〇ギガワット、天然ガス発電の一六〇〇ギガワットから排出される二酸化炭素を回収・貯留し、出力一メガワットの風力タービンを二〇〇万基（現存する数のおよそ五〇倍）建造し、熱帯林の伐採をいっさいやめて、熱帯地方の七億四〇〇〇万エーカー（約三〇〇万平方キロ）に新たに植樹し、原子力発電を現在の二倍に増やし、発電に使用する天然ガスの量を四倍に増やし……バイオ燃料の車両への使用を現在の水準の五〇倍に増やし、世界のすべての耕作地で低耕起農法〔水田や畑をあまり耕さない農法〕を採用し、太陽電池パネルの面積を世界中で七〇〇倍にする。

列挙された楔のすべてに、大きな因数が含まれる。現行の二倍、五〇倍、はては七〇〇倍に増やす（または減らす）というが、費用やその他の条件は明記されていない。こうした提案は世界規模の概算に基づいており、計画の規模がきわめて大きく、局地的・地域的実施戦略に関するきめ細かい分析が欠如しているため、効率的な実践ができるか、あるいは実践そのものが可能かどうかいぶかる意見が一部の地球工学エンジニアからも出されている。二〇〇七年、アメリカ芸術科学アカデミーの地球工学についての会議で、ソコロウは地球工学という楔を「安定化の楔」に加えることを考えているると明かした。私は、早まらないほうがいいのではないかと言っておいた。

中道がパエトンの理想的な道であるのは、父ヘリオスも助言したとおりだ。鞭（むち）は控え、手綱を引き締め、「中間地帯を外れないようにする」。南にも北にも寄りすぎてはいけないし、高すぎても低すぎてもいけない。「中道こそ最も安全にして最善の道なのだ」[102]。異なる文化、多彩な生業に携わる人びとを、気象変動に対処する行動へと誘うには、中道を設定することも必要だ。抵抗の最も少ない道ということではなく、（近年のアメリカの政策の多くがそうだったように）気候変動に対する過度の怠慢と、過剰な対策（気候エンジニアが手綱を緩めて地球を機械と化してしまうような手法）の中間をとるということだ。ついでに言えば、社会工学専門家が善意から、エネルギー－気候－環境の問題に極端な手法や個別の事情に配慮しない手法で対応しようとして、行きすぎることもありうる。われわれは化石燃料を使わずに経済の繁栄を存続させ、発展を続けられることをまだ実証していないが、長期にわたる持続可能性のためには、それを実証しなくてはいけないだろう。現在、大勢の人びとが中道を広げるための策を練っているが、パエトンの手綱をとって彼の過ちを繰り返す羽目になってはいけない。

＊

紙というものは、たとえ特許局の書類であろうと、何でも書かれるがままだ。思い出してみよう。一八八〇年にダニエル・ラッグルズが取った「爆薬を雲の領域に運んで爆発させ、雨を降らせる」方法の特許。一八八七年にJ・B・アトウォーターが取った「竜巻を破壊または分断する」方法の特許。一八九二年にローリス・ルロイ・ブラウンが取った「降雨を促す」ために爆薬を自動的に運搬し爆発させるタワーの特許。一九一八年にジョン・グレーム・バルシリに与えられた「適切な光線の放射により」大量の空気をイオン化して雲の電気極性を切り換える方法の特許。そして、現代を軽んじないためにも、二〇〇三年のアースワイズ・テクノロジーズ社の公約も思い出そう。同社はテキサス州ラレードで、特許を取得ずみの「イオン化タワー」を使って雲をなくし、降雨を促すと請け合った。さて、いよいよ地球温暖化を相殺する「ヴェルスバッハ特許」だ。心の準備はできただろうか？　この特許は、一九九一年にヒューズ・エアクラフト・カンパニー社の発明家、デイヴィッド・B・チャンとイ-フー・シーに認可された。アメリカ政府に疑念を抱くケムトレイル陰謀論の提唱者たちは、軍がこの技術を利用し、ジェット機から排出されるアルミニウムと酸化バリウムの微細粒子を低層大気に種まきしていると確信している[103]。気候エンジニアたちに言わせれば、初期の特許は空想にすぎないが、ヴェルスバッハの種まきは実際に「効く」のかもしれない。何かが「効く」かどうかは、技術的な狭い意味を超えて何を意味するかに左右される。

初期の改変案はつねに、その時代の喫緊の課題と利用可能な技術との関連のなかで示されてきた。ジェイムズ・エスピーは東海岸で空気を清浄化して雨を降らせようとした。ロバート・ディレンフォース将軍は西部の旱魃問題の解決に乗り出した。L・フランシス・ウォーレンは一九二〇年代に飛行場の霧を晴らそうとした。そして、ソ連とアメリカは冷戦のあいだじゅう、気象・気候制御の軍事化で競い合った。一九七一年にイギリスの気候学者のヒューバート・ラムは、気候に関する未解決の最も重大な緊急事態は、中央アジアなどにおける自然水の使いすぎかもしれないと書いた。一九九一年、ローレンス・リヴァモア国立研究所のマイケル・マクラッケンは、地球温暖化に対処するために地球工学を気候に応用することに目を向けた。同年、ラルフ・チチエローネと共同研究者たちは、塩素化合物により引き起こされたオゾン層の損傷を修復する一法として、アルカンガス（エタンとプロパン）の注入を提案した。(104) それぞれの世代が、それぞれの主要な課題のために制御技術に力を入れてきたように見える。

空を修理するアイディアは無限にあるらしく、私のメールソフトの受信トレイにも毎日、新奇な思いつきが寄せられる。最近では、宇宙科学を修めたと称するエンジニアが、液体窒素のタンクを高高度にピストン輸送し、空気を冷やして、高くて厚い飛行機雲のような雲をつくるという案を出してきた。ただ、実行する際のエネルギー量の分析はまったく伴っていなかった。必要に足るだけの液体窒素の製造（エネルギーを大量消費する）についても、高空への輸送（大気を汚染し、かつエネルギーを大量消費する）についても、人為的につくられた巻雲のような煙霧が放射に及ぼす影響（下方の大気層を温める働きをする可能性がある）の理解においても、エネルギー分析がまったく行なわれていなかった。深海の水柱をミキサーで攪拌（かくはん）する案や、液化二酸化炭素を詰めた巨大なポリ袋を海底に沈める案や、土壌に「バイオチャー（バイオ炭）」を鋤（す）き込む案、海洋の反射性を高めるためシャボン玉を飛ばす案、二酸化炭素分子を一つひとつ宇宙に発射する案などが、次々に浮かんでは消えた。つい昨日も、私の受信トレイには、サハラ砂漠とオーストラリアのアウトバック（内陸の砂漠を中心とする地域）を灌漑してユーカリを植林し、広大な森にするという案が届いていた。私が個人的に気に入ったのは、未来のスーパーナノテクノロジーを利用し、二酸化炭素分子の炭素と酸素の結合部分に微小な「衝撃吸収剤」を加えるという案だ。そうすることにより、分子結合は自由に振動と回転ができなくなる。すると、適切な改造を施された二酸化炭素分子は、強力な赤外線吸収体・放出体として作用しなくなる。わかりやすく言えば、二酸化炭素が温室効果ガスとして作用するのを止められるのだ。そうした分子より小さな装置を世界中で一〇の二六乗個も製造できたら、産業界も、高度な技術と「環境に優しい仕事（グリーンカラージョブ）」を生む「アメリカの競争力」も、どれだけ活気づくことか！　もちろん、これは奇想天外な話だ。だが、これからも、「空を修理」しようとする数多くのそうした提案を目にするだろう。それらは可能性という言葉で語られ、かつてない切迫感を伝えるだろう。だが、読者のみなさんはいまでは気象・気候制御の数々の前例と、明暗入り交じる歴史を知っている。

二〇〇九年に私は「気候変動に対するアメリカの選択」という研究プログラムの地球工学に関するワークショップに参加した。アラン・モロハン下院議員（民主党、ウェストヴァージニア州）の要請により米国科学アカデミーが主催したその会議では、地球工学の可能性と危険性の徹底的な審査を求める科学者と社会科学者の意見が優勢だった。影響力ある議員たちが聴衆の大半を占めていた。それ以前の会議と異なり、特定の技術を用いた改修を擁護する意見は影を潜めていた。

これは、われわれがよりきめ細かい視点を持とうとするうえで、心強い進歩だと思う。

私のプレゼンテーションが、科学と技術の歴史を主題とした唯一の発表だった。そのなかで私は、気候エンジニアたちが気候制御を提案した「第一世代」だと自認するのが誤りであることと、科学者と技術者にとっては純粋に技術的な問題が、商業的・軍事的利害関係に影響されざるをえなかったことについて語った。気候工学は気候変動と同様に、社会的問題と技術的問題が混ざり合っている代表的な例だ。米国気象協会も勧告しているように、地球工学により気候システムに手を加える科学的・技術的可能性を追求するなら、その歴史的、倫理的、法的、社会的意義の包括的な研究も同時に進めるべきだ。また、国家、専門分野、世代を超えた問題と観点を統合し、気象と気候を改変する過去の取り組みを教訓とする検証も必要だ。歴史学者ならずとも、歴史を学ぶことにより、人工降雨や気候工学の過去の試みが詳細に研究できるし、協定と干渉の幅広い例から構造的な類似点を知ることができる。そうした協調的なやり方で研究者と政策立案者が自由に参加して初めて、国際協力を促進し、適正な規制を確立し、空の修理を急ぐことに必然的に伴う悪影響を避けるための最善の選択肢が見えてくる。私はこのメッセージを、二〇〇九年の連邦下院科学技術委員会における証言で繰り返した。[105]

哲学者イマヌエル・カントは、著書『純粋理性批判』でこう述べている。「私の理性の関心のすべては……以下の三つの問いに集約される。

（1）私は何を知りうるか？

（2）私は何をすべきか？
（3）私は何を望みうるか？[106]」

こうした普遍的な問いは、理論、実践、道徳において計り知れないほどの重要性を持つ。三つの問いを気象と気候の制御に当てはめて、本書の結びとしたい。

■私は何を知りうるか？

気候はつかみどころがなく、複雑で、予測不能であることを、われわれは知っている。気候はあらゆる時間的・空間的規模でつねに変化していることを、われわれは知っている。そして、入り乱れた詳細についてはほとんど知らない。来週どんな天気になるか、近い将来か遠い将来に突然の激しい気候変動があるかどうかは、わからない。人間、とりわけ「奪う者」が農業を通じて、また、化石燃料の燃焼とその他の多くの行為のすべてによって、気候システムに摂動を与えてきたことをわれわれは知っている。それらすべての究極的な帰結はわからないが、よくはないだろうと強く疑っている。気象・気候制御が明暗入り交じる歴史を持つことをわれわれは知っている。傲慢さから生まれ、ペテン師と、誠実だが道を誤った科学者たちを育んできた歴史である。気象・気候制御計画のほとんどが、その時期の差し迫った問題への当てずっぽうの対応で、その時代に流行していた最先端の技術である大砲、化学物質、放電、飛行機、水素爆弾、宇宙探査ロケット、コンピューターなどに依存していたこと、そうした技術の大半は軍に起源があることも知っている。気候システムを最もよく理解する人たちが、その複雑さに対して最も謙虚であり、気候を「修理」する簡単で安全で安価な方法があるとはとうてい言いそうにないことも、われわれは知っている。多くの気象・気候エンジニアが、そうしたことを考えた「第一世代」だと自負し、「前例のない」問題に直面したがゆえに、歴史の前例とは無縁だと思い込んでいることも、われわれは知っている。ところが、彼らにこそ、歴史的前例がどうしても必要なのだ。

■私は何をすべきか?

われわれ全員がそう問い、最も合理的で公正で効果的な答えの実現に力を合わせるべきだ。気候研究所の私の同僚たちは、中道的解決策の支持を雄弁に説きながら、責任ある地球工学の研究も擁護し、その一方で、憶測に走る人たちを啓蒙し、やんわりと誤りを正している。[107] 地球工学の危険は地球温暖化の危険よりも悪いのかと問うてきた人たちもいる。おそらくそのとおりだと、私は思う。ことに、われわれが歴史上の前例と文化的意義を無視すれば、そうなるだろう。自然の複雑さ(と人間の性質)を前にして、十分な謙虚さと、畏怖さえ培うべきだ。複雑な社会的・経済的問題に対し、単純化しすぎた技術的解決策を提案してはいけない。単純化しすぎた社会的・経済的解決策を提案するのもいけない。検証不能な結果について功績を主張してはいけない。地球の発熱にはヒポクラテス流の処方箋「助けよ、さもなければ、少なくとも害を与えるな」を採用しよう。幅広い気候区分と多くの文化を持つ多元的世界において、緩和と適応を実践しよう。最優先すべき倫理的大原則として、カントの定言命法〔人間一般に無条件に当てはまる道徳法則〕に従うのがよいのではないだろうか。「あなたの意志が同時に普遍的法則となるような格律のみに基づいて行動しなさい」[108]

■私は何を望みうるか？

恐怖と不安はわれわれを凍りつかせ、行動を起こすのを阻んだり度を超した行動をとらせたりする。われわれはそうした恐怖と不安の克服を望むことができる。みなが納得できる、合理的で、実用的で、公平で、効果的な気候の緩和と適応の中道の出現も、望むことができる。

謝辞

本書を書くための研究のほとんどは、研究休暇のあいだに行なわれた。この休暇を支援してくれたのは、コルビー・カレッジ、スミソニアン航空宇宙博物館、アメリカ科学振興協会、米国科学アカデミー、ウッドロー・ウィルソン国際学術センターである。この研究の初期のバージョンは多くの場で発表された。学会の主催者、スポンサー、聴衆、質問者に対して、深い感謝を捧げる。

特に感謝したいのは次の方々である。ラルフ・シセローニとリー・ハミルトンおよび彼らの抱えるスタッフ。BBCの映画制作者であるフィオナ・スコットとウィーニー・テスフ。4th・ロウ・フィルムズのプロデューサー兼ディレクターであるロバート・グリーンとグレタ・ウィンク。ウィルソン国際学術センター環境変化・安全保障ディレクターのジェフ・ダベルコ、『ウィルソン・クォータリー』誌編集長のスティーヴ・ラガーフェルドと編集助手のレベッカ・ローゼン、ウィルソン国際学術センター出版ディレクターのジョー・ブリンリー、ウィルソン国際学術センター司書のジャネット・スパイクス。米国科学アカデミー文書係のダン・バルビエロとジャニス・ゴールドブラム。コルビー・カレッジ司書のスーザン・コール、マーガレット・メンンヘン、ダリリン・プロヴォスト、アリッサ・ワイガント・リッツェッティ。レン・ブルーノと米国議会図書館、スミソニアン博物館図書館、海洋大気局中央図書館のスタッフ。その他大勢の文書係と司書の方々。

以下に挙げる方々からは、きわめて有益な視点とありがたい励ましをいただいた。ゴダード宇宙飛行センターのスティーヴン・コール。ウッドロー・ウィルソン国際学術センターのリンジー・コリンズ、ブルック・ラーソン、セダ・パーデュー。コロンビア大学のマシュー・コネリー。ペンシルヴェニア州立大学のビル・フランクとチャールズ・ホージャー。アメリカ科学振興協会政策フェローのジャスティン・グルビッチとアレクセイ・ヴォイノフ。マンチェスター大学のウラジーミル・ヤンコビッチ。コルビー・カレッジのD・ホイットニー・キング、ウルスラ・ライデル－シュレーヴェ、トーマス・シャタック。スミソニアン航空宇宙博物館のロジャー・ロニウス、デイヴィッド・デヴォーキン、マーティン・コリンズ、マイケル・ノイフェルド。メリーランド大学のミルトン・ライテンベルク。気象研究所のマイケル・マクラッケンとジョン・トッピング。ラトガーズ大学のアラン・ロボック。スクリップス海洋研究所のリチャード・サマヴィル。ペンシルヴェニア大学のロジャー・ターナー。

カンザス大学のグレゴリー・クッシュマンと彼の大学院ゼミの学生たちは、本書の初期の草稿を読み、コメントをくれた。ロジャー・ラウナス、アラン・ロボック、名前のわからない数名の評者も同じことをしてくれた。研究助手のノア・B・ボンハイム、アリス・W・エヴァンス、エミー・R・フレミング、アシュレイ・J・オリヴァー、メッテ・フォッグ・オルウィス、マンデイ・レイノルズ、ジェイムズ・S・ウェストハファーは、編集の過程で重要な貢献をしてくれた。

担当編集者のアン・ルートンは、本書の製作を大いに手助けしてくれた。

訳者あとがき

地球温暖化問題が世間の耳目を集めるようになったのは、だいぶ以前のことである。近代以降、大量に排出されてきた二酸化炭素の温室効果によって気温が上昇し、今後さまざまな自然災害が発生するおそれがあるというのだ。そうした事態を避けるため、生活のスタイルを変えて二酸化炭素の排出量を減らすべきだという考え方は、現在では半ば常識となっている。目下わが国で論争の的となっている原発問題にしても、発電に際しての二酸化炭素の排出削減が、原発を推進すべき理由の一つに挙げられているようだ。

ところで、地球温暖化対策には、もっと急進的な方法もある。「地球工学」によって地球の環境を大規模に操作しようというもので、たとえば、太陽シールドを打ち上げて地球に日陰をつくる、硫酸塩などの物質を高層大気に散布して太陽光を弱める、数十万本におよぶ巨大な人工木を植えて二酸化炭素を大気から吸収するなどといった方法である。SFに出てくる話のようにも思えるこうした提案が、現実になされているという。だが、この手の方策には地球に害を及ぼす計り知れない危険性が潜んでいるため、極端な手段に安易に飛びついてはならず、慎重を期して「中道」を進むべきだというのが本書の主張である。

著者のジェイムズ・ロジャー・フレミングは科学技術史家で、コルビー・カレッジ（メイン州）で科学技術社会論の教授を務め、気象と気候の改変の歴史および、その公共政策との関係を主な研究テーマとしている。

フレミングによると、現代において気候の人為的改変を唱えている気候エンジニアは、地球規模の環境操作を考えた最初の人びとではないという。こうした考え方とその実践には長い歴史があり、大勢の夢想家、軍事専門家、ペテン師、気象戦士などがそれにかかわってきたのだ。その歴史を振り返ることによって、新たな知見をもたらし、課題を提起し、社会的・倫理的・公共的な対話の糧とすることが本書の目的だという。こうしてフレミングは、気象や気候を制御しようとする長く波乱に満ちた歴史の物語と、現代のさまざまなアイディアを紹介していく。たとえば、一九世紀には弁護士のロバート・ディレンフォースが空を砲撃することによって雨を降らせようとした。二〇世紀前半には、旱魃を解消するために雨を降らせると称する業者が現れたが、多くは詐欺のようなものだった、第二次世界大戦中には、飛行場で炎を燃やすことによって霧を消すことに成功した、などといった具合だ。

フレミングは、こうした試みの科学的根拠はきわめて薄弱だとして厳しく批判する。そして、それは現代でも同じことであり、気候エンジニアは自分たちにできることを誇張する一方、気候を改変しようという試みの環境に及ぼす影響を顧みない。したがって、彼らの提案を鵜呑みにするのはきわめて危険であり、地球温暖化への対策をとる際はヒポクラテス流の処方箋「助けよ、さもなければ、少なくとも害を与えるな」を採用すべきだという。具体的には、二酸化炭素の排出削減や生活様式の簡素化といった穏健な方法を主とすべきなのである。

だが、そうすると、気候を人為的に改変しようとする試みはすべて無意味なのかという疑問も湧いてくる。そうした試みのなかに有望な方法はないのだろうか。この点についてフレミングははっきりとした意見を述べてはいない。あくまで安易な気候改変の試みを戒めるのみであり、この点はやや物足りない気がしないでもない。

もっとも、それには理由があるとも言える。本書でも、ノーベル化学賞の受賞者であるアーヴィング・ラングミュアが、根拠の曖昧な科学を「病的科学」として的確に批判しながら、やがてみずからが、ドライアイスやヨウ化銀を雲の種まき剤に用いた気象制御を狂信的なまでに推進するようになったという事例が取り上げられている。高度な科学的知識を有し、病的科学の危険を認識していたはずの人物が、まさに病的科学と言うしかないものにのめりこんでしまったのだ。このことからも、単純な技術的解決策にはくれぐれも慎重に対応しなければならないことがわかる。気候改変の技術をどう考えるにせよ、まずは過去に行なわれた同様の試みについて十分に知っておくことが必要だ。本書に詳述された気象制御の歴史はまさにそのためのものなのである。地球温暖化をはじめとする異常気象の問題が、政策や日常生活に影響を及ぼしている現在、読者がそれについて考える際に本書が少しでも役に立てばと願う次第である。

なお、原註および原文中の（　）［　］はすべて記載し、訳註は〔　〕で本文中に記したことをお断りしておきたい。また、巻末の索引は人名索引のみとした。

本書の翻訳に当たっては、紀伊國屋書店出版部の大井由紀子氏に大変お世話になった。とりわけ、数多い登場人物の経歴を詳しく調べていただいたことは大いに助けとなった。この場を借りてお礼を申し上げたい。

二〇一二年五月
鬼澤　忍

91. Vince, "One Last Chance."
92. Hawthorne, "Great Carbuncle," 128.
93. Lampitt et al., "Ocean Fertilization"; Smetacek and Naqvi, "Next Generation."
94. Latham et al., "Global Temperature Stabilization"; Salter, Sortino, and Latham, "Sea-going Hardware."
95. Caldeira and Wood, "Global and Arctic Climate Engineering"; Robock, Oman, and Stenchikov, "Regional Climate Responses."
96. Rasch et al., "Overview of Geoengineering"; Tilmes, Müller, and Salawitch, "Sensitivity of Polar Ozone Depletion," 1201.
97. U.S. House of Representatives, *Geoengineering*.
98. Royal Society of London, *Geoengineering*, ix.
99. Royal Academy of Engineering, "Submission."
100. Cotton, "Weather and Climate Engineering," 1.1.
101. Walker and King, *Hot Topic*; Pacala and Socolow, "Stabilization Wedges."
102. Bulfinch, *Age of Fable*, 63.〔トマス・バルフィンチ『伝説の時代 ── 希臘羅馬神話』野上弥生子訳、春陽堂、1922年〕
103. Chang and Shih, "Stratospheric Welsbach Seeding."
104. Lamb, "Climate-Engineering Schemes"; MacCracken, "Geoengineering the Climate"; Cicerone, Elliott, and Turco, "Reduced Antarctic Ozone Depletion"; Cicerone, Elliott, and Turco, "Global Environmental Engineering."
105. American Meteorological Society, "Policy Statement on Geoengineering"; U.S. House of Representatives, *Geoengineering*.
106. Kant, *Critique of Pure Reason*, 690.〔イマヌエル・カント『純粋理性批判』高峯一愚訳、河出書房新社、1989年ほか〕
107. MacCracken, "Beyond Mitigation."
108. Kant, *Grounding for the Metaphysics of Morals*, xvii.〔イマヌエル・カント『プロレゴーメナ／人倫の形而上学の基礎づけ』土岐邦夫、観山雪陽、野田又夫訳、中央公論新社、2005年ほか〕

62. National Academy of Sciences, *Policy Implications*, 451-452.
63. 砲火による対流圏の汚染について啓発的な話をしてくれたグレゴリー・クシュマンに感謝する。
64. Blackstock et al., *Climate Engineering Responses*, 47.
65. このくだりは各所で引用されている。Martin and Fitzwater, "Iron Deficiency," 341-343 に基づいている。
66. Martin, "Glacial-Interglacial CO_2 Change"; Martin, Gordon, and Fitzwater, "Case for Iron."
67. Buesseler et al., "Ocean Iron Fertilization." 以下に引用。Woods Hole ocean engineering meeting, September 2007.
68. *Oceanus*.
69. King, "Can Adding Iron?," 134.
70. Lackner, "Capture."
71. Keith, "Why Capture?"
72. Lackner, "Submission." 化学エネルギー論を啓発的な観点から語ってくれた同僚のトマス・シャタックに感謝する。
73. Broecker, *Fossil Fuel* CO_2, fig.59.
74. Brown, *Challenge of Man's Future*, 142. 以下に引用。Broecker and Kunzig, *Fixing Climate*, 228.
75. Schwartz and Randall, "Abrupt Climate Change," n.p.
76. "Russian Scientist Suggests Burning Sulfur in Stratosphere to Fight Global Warming," *MosNews*, November 30, 2005, n.p.
77. Crutzen, "Albedo Enhancement."
78. Budyko, *Climate Changes*, 241.
79. Crutzen, "Albedo Enhancement," 212.
80. U.S. National Aeronautics and Space Administration, *Workshop Report*; Kintisch "Tinkering"; Kintisch, "Giving Climate Change a Kick."
81. Cicerone, "Geoengineering," 221.
82. "No Quick or Easy Technological Fix" と "Five Ways to Save the World" との比較をお勧めする。
83. Izrael et al., "Field Experiment," 265.
84. Budyko, "Global Climate Warming." n.p.
85. Wood, "Stabilizing Changing Climate."
86. Cohn, "Sex and Death," 717-718.
87. Launder and Thompson, eds., "Geoscale Engineering."
88. Schneider, "Geoengineering" (2008).
89. Lovelock, "Geophysiologist's Thoughts." 以下に引用。"Medicine for a Feverish Planet: Kill or Cure?" *Guardian*, September 1, 2008.
90. Lovelock and Rapley, "Ocean Pipes," 403.

28. [Gavin Schmidt], "Geo-engineering in Vogue...," n.p.
29. Ward, "How Far Can Man Control His Climate?"
30. Danko, "Budyko," 179-180; Gal'tsov, "Conference on Problems of Climate Control"; Budyko, "Heat Balance of the Earth."
31. Shvets, "Control of Climate Through Stratospheric Dusting."
32. Black and Tarmy, "Use of Asphalt Coatings," 557.
33. Dessens, "Man-made Tornadoes," 13.
34. Eichhorn, *Implications of Rising Carbon Dioxide*, 14; Fleming, "Gilbert N. Plass."
35. MacDonald, "How to Wreck the Environment"; Munk, Oreskes, and Muller, "Gordon James Fraser MacDonald."
36. President's Science Advisory Committee, *Restoring the Quality of Our Environment*.
37. Fletcher. *Changing the Climate*, 20.
38. Fletcher, *Managing Climate Resources*, 2.
39. Yudin, "Possibilities for Influencing."
40. Fletcher, *Managing Climate Resources*, 18.
41. Budyko, *Climate Changes*, 236.
42. Kellogg and Schneider, "Climate Stabilization," 1165.
43. Santer et al., "Towards the Detection and Attribution."
44. Kellogg and Schneider, "Climate Stabilization," 1171.
45. Marchetti, "On Geoengineering."
46. National Academy of Sciences, *Energy and Climate*.
47. Dyson, "Can We Control the Carbon Dioxide?"; Dyson and Marland, "Technical Fixes"; "Question of Global Warming."
48. Schelling, "Climatic Change," 469.
49. Turco et al., "Nuclear Winter"; Badash, *Nuclear Winter's Tale*.
50. Penner, Schneider, and Kennedy, "Active Measures."
51. Early, "Space-Based Solar Shield."
52. Tyson, "Five Points of Lagrange," n.p.
53. National Academy of Sciences, *Policy Implications*, 657.
54. Stix, "Removal of Chlorofluorocarbons."
55. Dan Fagin, "Tinkering with the Environment," *Newsday* April 13, 1992, 7.
56. Nordhaus, "Optimal Transition Path," 1317-1318.
57. Schneider, "Earth Systems Engineering," 418.
58. Summers, "Memo," n.p.
59. 同掲書より引用。
60. Nordhaus, "Challenge of Global Warming," n.p.
61. Fagin, "Tinkering with the Environment," 7.

2. *Changing Atmosphere*, 292.
3. Intergovernmental Panel on Climate Change, “IPCC History”; Bolin, *History of the Science and Politics*.
4. United Nations, “Framework Convention on Climate Change.”
5. MacCracken, “Working Toward International Agreement.”
6. Hansen, “Tipping Point?” n.p.
7. Lovelock, *Revenge of Gaia*.〔ジェイムズ・ラヴロック『ガイアの復讐』秋元勇巳監修、竹村健一訳、中央公論新社、2006年〕
8. Schelling, “Economic Diplomacy,” 303.
9. *Urban Dictionary*, s.v. “geoengineering,” http://www.urbandictionary.com.
10. Lovelock, *Vanishing Face of Gaia*, 139; Ruddiman, *Plows, Plagues, and Petroleum*.
11. *Oxford English Dictionary*, s.v. “engineer.”
12. “OUP Blog.”
13. Royal Society of London, *Geoengineering*, 77.
14. Keith, “Engineering of the Earth System.”
15. Keith, “Geoengineering the Climate,” 269.
16. Broecker, *Fossil Fuel* CO_2, cover illustration.
17. Fogg, *Terraforming*.
18. 以下に引用。“Terraforming Information Pages.”
19. Glacken, *Traces on the Rhodian Shore*, 415-426, 672-681.
20. たとえば Keith and Dowlatabadi, “Serious Look at Geoengineering”; Flannery et al., “Geoengineering Climate”; Teller, Wood, and Hyde, “Global Warming and Ice Ages”がある。
21. Blackstock et al., *Climate Engineering Responses*, v.
22. まさにそのようなシナリオが Dyer, *Climate Wars*, 190-193 にある。〔グウィン・ダイヤー『地球温暖化戦争』平賀秀明訳、新潮社、2009年〕
23. Robock, “20 Reasons,” 17-18.
24. Robock, “Need for Organized Research.”
25. Luginbuhl, Walker, and Wainscoat, “Lighting and Astronomy.”
26. Tyndall Centre for Climate Change Research, “Potential of Geoengineering Solutions,” paragraph 2.13.
27. 地球工学については一言も触れていないものの、倫理に関する興味深い記事に Gardiner, “Ethics and Global Climate Change”がある。哲学者デール・ジャミソンとマーティン・バンズルの作品も同様に興味深い。私個人は、2005年にアメリカ地球物理学連合、2007年にアメリカ科学振興協会などで地球工学の歴史、倫理、政策の委員会に参加した。しかし、このテーマでもっとさらに研究を掘り下げていくことが必要だと提言したい。

62. United Nations, "International Co-operation in the Peaceful Uses of Outer Space."
63. Wexler Papers; Yalda, "Harry Wexler."
64. U.S. Joint Numerical Weather Prediction Unit, "Facts Sheet"; Washington, "Computer Modeling."
65. Price and Pales, "Mauna Loa Observatory."
66. European Space Agency, "Harry Wexler."
67. Wexler, "Modifying Weather on a Large Scale," 1059.
68. Wexler, "On the Possibilities of Climate Control."
69. Wexler, "Further Justification for the General Circulation," 1; Fleming, *Callendar Effect* も参照のこと。
70. Robert C. Cowen, "Space Fuel: Weather Maker?" *Christian Science Monitor*, January 17, 1962, 5; Sumner Barton, "Space Taint Could Twist Weather," *Boston Globe*, January 21, 1962, A5.
71. Wexler, "On the Possibilities of Climate Control," 1.
72. Wexler, "Further Justification for the General Circulation," 1.
73. Wexler, "On the Possibilities of Climate Control," table 1.
74. Wexler, "Further Justification for the General Circulation," 2.
75. Chapman, "Gases of the Atmosphere," 133.
76. Wexler, "Deozonizer" memorandum.
77. マルキンからウェクスラー宛ての1961年11月22日付メモ。Wexler Papers.
78. Manabe and Möller, "On the Radiative Equilibrium."
79. ウルフからウェクスラー宛ての1961年12月15日付メモ。Wexler Papers.
80. ウルフからウェクスラー宛ての1962年1月2日付メモ。Wexler Papers.
81. ウェクスラーからウルフ宛ての1962年1月5日付メモ。Wexler Papers.
82. ウェクスラーからウルフにかけた1961年12月20日付電話メモ。Wexler Papers.
83. Crutzen, "Influence of Nitrogen Oxides"; Molina and Rowland, "Stratospheric Sink."
84. C・N・トゥアートからウェクスラー宛ての1962年1月11日付メモ。Wexler Papers.
85. ウェクスラーからトゥアート宛ての1962年1月19日付メモ。Wexler Papers.
86. Wexler, "U.N. Symposium," 2.

第8章

1. Philip Shabecoff, "Global Warming Has Begun, Expert Tells Senate," *New York Times*, June 24, 1988, 1.

29. Adabashev, *Global Engineering*, 161.
30. Shaler, “How to Change,” 728-729.
31. Riker, *Conspectus of Power*.
32. Borisov, “Radical Improvement of Climate.”
33. 以下に引用。Adabashev, *Global Engineering*, 192.
34. Borisov, *Can We Control the Arctic Climate*? 6-7.
35. Takano and Higuchi, “Numerical Experiment.”
36. Rusin and Flit, *Methods of Climate Control*, 25.
37. Gaskell, *Gulf Stream*, 152.
38. Rusin and Flit, *Methods of Climate Control*, 26.
39. Mackenzie, *Flooding of the Sahara*, 285.
40. “Algerian Inland Sea.”
41. Verne, *L'Invasion de la mer*.
42. G.A. Thompson, “Proposes to Turn Sahara into a Sea,” *New York Times*, October 15, 1911, C1; Thompson, “Plan for Converting the Sahara.”
43. Gall, *Das Atlantropa-Projekt*; Voight, *Atlantropa*.
44. Johnson, “Climate Control.”
45. U.S. Army Air Forces, “Memorandum Report”; Oberth, *Die Rakete*; Oberth, *Wege zur Raumschiffahrt*.〔ヘルマン・オーベルト『宇宙航行の解析』中森岩夫訳、科学技術社、1966年〕
46. “Space Mirror.”
47. U.S. Army Air Forces, “Memorandum Report.”
48. “Space Mirror.”
49. Humphreys, “Volcanic Dust”; Humphreys, *Physics of the Air*.
50. Hoyle and Lyttleton, “Effect of Interstellar Matter”; Krook, “Interstellar Matter.”
51. Rusin and Flit, *Man versus Climate*, 60-63.
52. Bruno, “Bequest of the Nuclear Battlefield,” 259.
53. “Text of Johnson's Statement on Status of Nation's Defenses and Race for Space,” *New York Times*, January 8, 1958, 10.
54. Fleming, “What Counts as Knowledge?”
55. Walter Sullivan, “Called ‘Greatest Experiment,’” *New York Times*, March 19, 1959, 1; Christofilos, “Argus Experiment,” 869.
56. *New Yorker*, May 26, 1962, 31.
57. Rodin and Hess, “Weather Modification.”
58. Lovell and Ryle, “Interference to Radio Astronomy.”
59. Kellogg, “Review of Saturn High Water Experiment,” 1.
60. Wexler, “On the Possibilities of Climate Control,” 1.
61. Kennedy, “Address to the United Nations,” n.p.

4. Zworykin, "Outline of Weather Proposal," 8.

5. フォン・ノイマンからツヴォルキン宛ての1945年10月24日付書簡。Zworykin, "Outline of Weather Proposal."

6. Athelstan F. Spilhaus, "Comments on Weather Proposal," November 6, 1945, in Zworykin, "Outline of Weather Proposal."

7. Waldemar Kaempffert, "Julian Huxley Pictures the More Spectacular Possibilities That Lie in Atomic Power," *New York Times*, December 9, 1945, 77; "Blasting Polar Ice," *New York Times*, February 2, 1946, 11.

8. "Sarnoff Predicts Weather Control and Delivery of the Mail by Radio," *New York Times*, October 1, 1946, 1.

9. "Talk of the Town," *New Yorker*, October 12, 1946, 23.

10. MacCracken, "On the Possible Use of Geoengineering."

11. "Storm Prevention Seen by Scientist," *New York Times*, January 31, 1947, 16.

12. "Weather to Order," *New York Times*, February 1, 1947, 14.

13. Wexler, "Trip Report —— Princeton, N.J., Oct. 14-15, 1946," box 2, Wexler Papers.

14. スヴェルドルップからライケルダーファー宛ての1946年6月2日付メモ。Box 2, Wexler Papers.

15. "$28, 000, 000 Urged to Support M.I.T.," *New York Times*, June 15, 1947, 46.

16. Mann, "War Against Hail," 8.

17. Hoffman, "Controlling Hurricanes"; Hoffman, "Controlling the Global Weather"; Hoffman, Leidner, and Henderson, "Controlling the Global Weather" も参照のこと。

18. Shachtman, "NASA Funds Sci-Fi Technology."

19. 以下に引用。Hoffman, Leidner, and Henderson, "Controlling the Global Weather," 1.

20. *Science of Superstorms* (British Broadcasting Corporation).

21. *Owning the Weather* (Rosen).

22. Mark Schleifstein, "Bill Gates of Microsoft Envisions Fighting Hurricanes by Manipulating the Sea," *Time-Picayune*, July 15, 2009、http://www.nola.com.

23. Lenin, *Materialism*.

24. Burke, "Influence of Man," 1036, 1049-1050.

25. Zikeev and Doumani, *Weather Modification*.

26. Markin, *Soviet Electric Power*, 133.

27. Rusin and Flit, *Man versus Climate*, 174.

28. Rusin and Flit, *Methods of Climate Control*, 2.

46. Appleman et al., *Fourth Annual Survey Report.*
47. Chary, *History of Air Weather Service Weather Modification*, abstract.
48. National Academy of Sciences, *Weather and Climate Modification*, 24.
49. Fleming, "Pathological History," 13.
50. "Dienbienphu Push Renewed by Reds," *New York Times*, April 23, 1954, 2.
51. *Contributions to the History of Dien Bien Phu*, 201.
52. Doel and Harper, "Prometheus Unleashed."
53. *Science of Superstorms*（British Broadcasting Corporation）.
54. Handler to Pell, July25, 1972, in U.S. Senate, *Prohibiting Military Weather Modification*, 153.
55. 以下に引用。U.S. House of Representatives, *Prohibition of Weather Modification*, 5; Munk, Oreskes, and Muller, "Gordon James Fraser MacDonald."
56. "Hearing on Senate Resolution 281," *Congressional Record*, July 11, 1973, 233303-5.
57. Seymour M. Hersh, "U.S. Admits Rain-Making from '67 to '72 in Indochina," *New York Times*, May 19, 1974, 1; U.S. House of Representatives, *Weather Modification as a Weapon.*
58. Gromyko to United Nations secretary-general, August 7, 1974, in U.S. House of Representatives, *Weather Modification as a Weapon*, 11-12,
59. U.S. House of Representatives, *Weather Modification as a Weapon*, 510-513; Juda, "Negotiating a Treaty," 28.
60. United Nations, "Convention on the Prohibition."
61. United Nations, *Multilateral Treaties Deposited*, 667.
62. Goldblat, "Environmental Convention," 57.
63. *Owning the Weather*（Greene）.
64. Chamorro and Hammond, *Addressing Environmental Modification.*
65. United Nations, *Multilateral Treaties Deposited*, 667.
66. Conway, "World According to GARP," 131-147.
67. Marshall, "Greening of the National Labs," 25.
68. Stapler, "New Face of the Pacific," n.p.
69. Cohen, "DoD News Briefing," n.p.

第7章

1. Tuan, *Landscape of Fear*, 6.
2. von Neumann, "Can We Survive Technology?"
3. Harper, *Weather by the Numbers*; Phillips, "General Circulation"; Smagorinsky, "Beginnings of Numerical"; Thompson "History of Numerical"; Nebeker, *Calculating the Weather* も参照のこと。

19. R・E・エヴァンスからシェーファー宛ての1947年12月10日付メモ。Schaefer Papers.
20. シェーファーからC・J・ブレイズフィード宛ての1948年5月4日付メモ、およびシェーファーからマイケル・J・ファレンス・ジュニア宛ての1948年5月13日付メモ、および1948年5月14日付の回答。Schaefer Papers.
21. Kobler, "Stormy Sage," 70.
22. Byers, "History of Weather Modification," 13.
23. Petterssen, *Weathering the Storm*, 295.
24. Droessler, *Federal Government Activities*, 254.
25. Byers, "History of Weather Modification," 25-27.
26. Petterssen, *Cloud and Weather Modification*.
27. Act of Congress, August 13, 1953 (67 Stat.559), as amended July 9, 1956 (70 Stat.509); U.S. Library of Congress, Congressional Research Service, *Weather Modification*.
28. Orville, "Weather Made to Order?" 26.
29. Nate Haseltine, "Cold War May Spawn Weather-Control Race," *Washington Post and Times Herald*, December 23, 1957, A1.
30. 以下に引用。"Weather Weapon," 54.
31. Fedorov, "Modification of Meteorological Processes," 391.
32. 以下に引用。Arthur Krock, "An Inexpensive Start at Controlling the Weather," *New York Times*, March 23, 1961, 32.
33. U.S. National Oceanic and Atmospheric Administration, "Hurricane Research Division History"; Willoughby et al., "Project STORMFURY."
34. Gentry, "Hurricane Modification," 497.
35. U.S. Navy, "Technical Area Plan," 1.
36. シンプソンへのインタビュー。
37. *Science of Superstorms* (British Broadcasting Corporation).
38. シンプソンへのインタビュー。MacDonald, "Statement"; Fleming, "Distorted Support."
39. Jack Anderson, "Air Force Turns Rainmaker in Laos," *Washington Post*, March 18, 1971, F7; Seymour M. Hersh, "Rainmaking Is Used as a Weapon by U.S.," *New York Times*, July 3, 1972. 1.
40. Cobb et al., *Project Popeye*.
41. *Science of Superstorms* (British Broadcasting Corporation).
42. Fleming, "Pathological History," 13.
43. Fuller, *Air Weather Service Support*, 30-32.
44. "Motorpool."
45. Shapley, "Weather Warfare," 1059-1061; Westmoreland, *Soldier Reports*, 342.

73. "Scientist Would Move Rain Tests," 50.
74. Langmuir, "Production of Rain"; Langmuir, "Report on Evaluation," 23; "Langmuir Predicts Hurricane Prevention," *Washington Post*, August 25, 1955, 2.
75. Elliott, "Experience of the Private Sector"; "City Flip-Flop on Rainmaking," *Daily News*, November 5, 1951, clipping in Schaefer, Papers: Landsberg, "Memorandum for the Record."
76. *Science of Superstorms*（British Broadcasting Corporatio）.
77. Ibid., cited in Richard Gray, "How We Made the Chernobyl Rain," *Sunday Telegraph*, April 22, 2007, n.p.
78. *Science of Superstorms*（British Broadcasting Corporation）.
79. Ibid.

第6章

1. *Owning the Weather*（Greene）.
2. Stephan Farris, "Ice Free," *New York Times*, July 27, 2008, MM20.
3. Fuller, *Weather and War*; Fuller, *Thor's Legions*.
4. Fleming, "Sverre Petterssen," 75-83.
5. Polybius, *Universal History,* bk.8; Rossi, *Birth of Modern Science*.
6. Hacker, "Military Patronage"; Mendelsohn, "Science, Scientists."
7. McNeill, *Pursuit of Power*〔ウィリアム・H・マクニール『戦争の世界史――技術と軍隊と社会』高橋均訳、刀水書房、2002年〕; Fleming, "Distorted Support."
8. Gillispie, *Science and Polity*.
9. U.S. Army Medical Department, " Regulations," 227.
10. Fleming, "Storms, Strikes, and Surveillance"; Whitnah, *History of the United States Weather Bureau*, 22-42; and Hawes, "Signal Corps"も参照のこと。
11. Bates and Fuller, *America's Weather Warriors*, 16-26; Fleming, "Distorted Support," 51-53.
12. Fleming, "Fixing the Weather and Climate," 176.
13. Ibid., 175-176.
14. Teller, *Memories*, 253.
15. Simpson and Simpson, "Why Experiment?"; news clippings in Schaefer Papers.
16. "Weather Control Called 'Weapon,'" *New York Times*, December 10, 1950, 68.
17. Suits, "Statement on Weather Control."
18. V・H・フランケルからスーツ宛ての1947年の電報、およびW・H・ミルトン・ジュニアからスーツへの1947年9月2日付メモ。Schaefer Papers.

Activities," 253.
45. Doubleday, "Air Force Activities"; Byers, "History of Weather Modification," 16-17.
46. News clippings, including *New York Times*, October 12, 1947, 24; *Albany Times-Union*, October 12, 1947, n.p.; *Christian Science Monitor*, October 14, 1947, 10; *Los Angeles Times*, October 14, 1947, 1, Schaefer Papers.
47. Larry Murray, "Hurricane Study Only Begun, Says Schaefer," October 17, 1947, clipping in Schaefer Papers.
48. Langmuir, "Growth of Particles," 183-185.
49. エンダースからスーツ宛ての1947年11月13日付書簡。「ドライアイスと凶暴なハリケーン」という記事の切り抜き同封。Schaefer Papers.
50. Schaefer, "Preliminary Report."
51. Langmuir, "Growth of Particles," 185.
52. Richard Gray, "U.S. Government Aims to Tame Hurricanes," *Daily Telegraph*, August 2, 2008, http://www.telegraph.co.uk.
53. Vonnegut, "Nucleation of Ice," 593-595.
54. ヴォネガットへのインタビュー。
55. ヴォネガットの1946年11月の業務日誌。Vonnegut Papers.
56. ヴォネガットへのインタビュー。
57. Press release, October 21, 1947, GE Archives.
58. ヴォネガットへのインタビュー。
59. Havens, Jiusto, and Vonnegut, *Early History.*
60. ヴォネガットへのインタビュー。
61. Langmuir "Report on Evaluation," 23.
62. Petterssen, *Weathering the Storm*, 293-294.
63. Langmuir, "Seven Day Periodicity"; Brier, "7-Day Periodicities."
64. スーツからラングミュア宛ての1949年8月26日付メモ。Copy in Vonnegut Papers.
65. Press release, January 2, 1950, GE Archives.
66. Langmuir, "Abstract of Remarks, Oct. 1950," GE Archives.
67. Hosler, "Weather Modification"; Steinberg, *Slide Mountain*, 106-134, 191-194.
68. Langmuir, note card, "TV Aug. 24, 8:33 am, Dave Garroway, Today," after 1953, Langmuir Papers.
69. "Review of Savannah Hurricane."
70. "Rain Making Ineffective," 375; Reichelderfer, "Letter," 38.
71. "Scientist Would Move Rain Tests to South Pacific," *Albuquerque Tribune*, April 29, 1955, 50, clipping in Schaefer Papers.
72. Langmuir, "Report on Evaluation," 23.

14. “Clouds Sprayed,” 418.
15. Grunow, “Der Künstliche Regen,” 602.
16. Veraat, *Meer zonneschijn*.
17. 以下に引用。Kramer and Rigby, “Selective and Annotated Bibliography,” 191-192.
18. Byers, “History of Weather Modification,” 5-6.
19. シェーファーの1946年7月12日付業務日誌。Schaefer Papers.
20. シェーファーへのインタビュー。
21. ラングミュアの1946年7月の業務日誌。Langmuir Papers.
22. シェーファーへのインタビュー。
23. シェーファーの1946年7月31日付業務日誌。Schaefer Papers.
24. シェーファーからスーツに宛てた1946年10月10日付メモ。Schaefer Papers.
25. Croy, “Rainmakers,” 214.
26. Press release, November 13, 1946, GE Archives.
27. “Scientist Creates Real Snowflakes,” *New York Times*, November 14, 1946, 33.
28. Press release, November 13, 1946, GE Archives; Schaefer, “Production of Ice Crystals”; Byers, “History of Weather Modification.”
29. シェーファーの1946年11月13日付業務日誌。Schaefer Papers.
30. スーツからV・H・フランケル宛ての1946年11月13日付メモ。Schaefer Papers.
31. Press release, November 14, 1946, GE Archives.
32. *New York Times*, November 15, 1946, 24; *Boston Globe*, November 15, 1946, 1.
33. Schaefer Papers.
34. General Electric Corporation, *56th Annual Report*, 27.
35. Fleming, “Fixing the Weather,” 177.
36. ゴールドスタインからGE宛ての1946年11月18日付書簡。Copy in Schaefer Papers.
37. Goldstein, “Legal Entanglements”; Langmuir, “Summary of Results.”
38. Havens, “History of Project Cirrus,” 13.
39. “Interim Report.”
40. “Project Cirrus”（1952）, 13.
41. “Law Asked to Bar Suits Against the Rainmakers,” *New York Times*, January 13, 1949, 25.
42. “Many Legal Entanglements.”
43. “Project Cirrus.”（1950）, 287.
44. シェーファーへのインタビュー。Droessler, “Federal Government

Banks, *Flame over Britain*.
42. "FIDO Conference Program."
43. Banks, *Flame over Britain*, 148-150.
44. Williams, *Flying Through Fire*, 20.
45. Banks, *Flame over Britain*.
46. Clarke, "Man-Made Weather," 188.
47. Ogden, "Fog Dispersal," 34.
48. Fleming, *Callender Effect*, 56-59.
49. Ibid., 59-60.
50. Ibid., 60; Ogden, "Fog Dispersal," 38.
51. Gregg, "Address at the Dedication Ceremonies."
52. "U.S. Weather Chief Hails Achievement of Air Conditioning," *Chicago Tribune*, July 12, 1934, 4.
53. Devereaux, "Meteorological Service of the Future," 217.
54. Mindling, "Raymete and the Future."'
55. Devereaux, "Meteorological Service of the Future," 218.

第5章

1. Rosenfeld, *Quintessence of Irving Langmuir*〔アルバート・ローゼンフェルド『ラングミュア伝──ある企業研究者の生き方』兵藤申一、兵藤雅子訳、アグネ、1978年〕; Suits and Martin, "Irving Langmuir"; Fleming, "Pathological History," 8-12.
2. Langmuir, "Pathological Science."
3. Fleagle, "Second Opinions," 100.
4. 以下に引用。Langmuir, "Pathological Science," 11-12.
5. Associated Press, "Panel Finds Misconduct by Controversial Fusion Scientist," July 18, 2008, http://www.cbc.ca/news/story/2008/07/18/fusion-misconduct.html.
6. Schaefer, autobiography, chap.6, Schaefer Papers.
7. Langmuir, "Growth of Particles," 167-174; Smoke Generation（1940-1947）, Schaefer Papers.
8. シェーファーへのインタビュー；シェーファーからC・ガイ・スーツに宛てた1946年10月10日付メモ。Schaefer Papers.
9. Lambright, *Weather Modification*.
10. Gathman, "Method of Producing Rainfall," 1; Gathman, *Rain Produced at Will*, 27-28.
11. Sanford, "Rain-Making," 490-491.
12. "Who Owns the Clouds?" 43.
13. McAdie, "Natural Rain-makers," 80.

Papers.
16. Talman, "Can We Control the Weather?"
17. "Rain-making Not Feasible Says U.S. Weather Bureau," U.S. Department of Agriculture press release, March 21, 1923, *New York Tribune* and *New York Times*, clippings in Bancroft Papers.
18. Ibid.
19. *Cornell Daily Sun*, March 24, 1923, clipping in Bancroft Papers.
20. McFadden, "Is Rainmaking Riddle Solved?" 30.
21. Warren, *Facts and Plans*, 26.
22. "Miracle."
23. Warren, *Facts and Plans*, 7.
24. "Dispersal of Clouds Here Accomplished," *Hartford Courant*, June 19, 1926, 1; "The Rainmaker Comes to Town," *Hartford Courant*, June 20, 1926, D1; "Rainmaker Successful for 2nd Time," *Hartford Courant*, August 25, 1926, 1.
25. ウォーレンからバンクロフト宛ての1926年6月18日付電報。Bancroft Papers.
26. "Rainmaker's Work in City Is Completed," *Hartford Courant*, October 22, 1926, 1.
27. Warren, *Facts and Plans*, 17.
28. ウォーレンからバンクロフト宛ての1927年4月7日付書簡、1928年5月4日付書簡、1929年2月21日付書簡。Bancroft Papers.
29. Servos, "Wilder D. Bancroft," 4. スペンスはこの一件を「科学的」だと述べたが、実際にはそうではなかった。*Rainmakers*, 103-115.
30. 以下に引用。Houghton and Radford, "On the Local Dissipation," 5.
31. Bergeron, "On the Physics"; Bergeron, "Some Autobiographic Notes."
32. Houghton and Radford, "On the Local Dissipation," 13-26.
33. Houghton Papers.
34. "Fog Broom," n.p.
35. Bowles and Houghton, "Method for the Local Dissipation," 48-51; "Controlled Weather," 205; Wylie, *M.I.T. in Perspective*, 80-81.
36. ホートンからN・マケル・セイジに宛てた1940年7月18日付書簡。Office of the President, Institute Archives, MIT.
37. Houghton and Radford, "On the Local Dissipation," 6.
38. 以下に引用。Fleming, *Callender Effect*, 51.
39. Humphreys, *Rain Making*; Brunt, "Artificial Dissipation"; Ogden, "Fog Dispersal."
40. "FIDO Conference Program"; Banks, *Flame over Britain*.
41. Records of the Petroleum Warfare Department, British National Archives;

52. “Cloudbuster.”
53. “Goodbye Chemtrails.”
54. Webb County Commissioners, “Official Minutes,” April 14, 2003.
55. Raul Casso, Webb County, Texas, chief of staff (2003), in Berler, KGNS-TV broadcasts.
56. Berler, KGNS-TV broadcasts.
57. Guerra, “Stormy Weather,” 6.
58. McAdie, “Natural Rain-makers,” 77.
59. Carpenter, “Alleged Manufacture of Rain,” 376-377.
60. Jordan, “Art of Pluviculture.”
61. Humphreys, *Rain Making*, vii.
62. National Academy of Sciences, *Critical Issues*, 3-4.
63. Fleming, “Fixing the Weather”; Fleming, “The Pathological History.”

第4章

1. McAdie, “Control of Fog,” 36.
2. Shakespeare, *Hamlet*, act 2, scene 2〔シェークスピア『ハムレット』福田恆存訳、新潮文庫、1985年ほか〕; Coleridge, *Rime of the Ancient Mariner*, 12〔サミュエル・テイラー・コールリッジ『老水夫行』大宮健太郎編、尚文堂、1935年ほか〕; Doyle, *Study in Scarlet*, 27.〔アーサー・コナン・ドイル『緋色の研究』大久保康雄訳、ハヤカワ・ミステリ文庫、1983年ほか〕
3. Abbe, “Tugrin Fog Dispeller,” 17.
4. Williams, *Climate of Great Britain*, cited in Jankovic, *Reading the Skies*, 1.
5. Fleming, *Meteorology in America*, 26-27.
6. Lodge, “Electrical Precipitation,” 34.
7. Balsillie, “Process and Apparatus for Causing Precipitation.”
8. バンクロフトからウォーレン宛ての1920年8月23日付書簡。Bancroft Papers.
9. ウォーレンからバンクロフト宛ての1921年5月21日付書簡。Bancroft Papers.
10. Chaffe, “Second Report on Dust Charging.”
11. ウォーレンからバンクロフト宛ての1921年9月19日付書簡。Bancroft Papers.
12. “Fliers Bring Rain with Electric Sand,” *New York Times*, February 12, 1923, 3.
13. “Wright Sees Sand Rip Clouds Away,” *New York Times*, February 18, 1923, E1.
14. Smith, “Dr. Warren-Rain Maker.”
15. ウォーレンからバンクロフト宛ての1922年7月11日付書簡。Bancroft

25. 以下に引用。T.E. Murtaugh, "Rainmaker C.M. Hatfield as Seen at Close Range," *Los Angeles Examiner*, March 19, 1904. 以下に再録。*San Antonio Daily Express*, April 2, 1905, 8.
26. Moore, "Fake Rainmaking," 153.
27. Patterson, "Hatfield the Rainmaker," n.p.
28. "Fake Rainmaker," 84.
29. Canada, House of Commons, *Official Report of Debates*, 562.
30. Tuthill, "Hatfield the Rainmaker," 107-110.
31. Jenkins, *Wizard of Sun City*, 5-6.
32. Patterson, "Hatfield the Rainmaker," n.p.; Spence, *Rainmakers*, 79-99.
33. *Seattle Post Intelligencer*, July 17, 1920. 以下に再録。*Bulletin of the American Meteorological Society* 1（1920）: 80-82.
34. "Rain Maker Asked to Turn Off Faucets," *Wyoming State Tribune*, May 23, 1921, 2.
35. "Rainmaker Makes Hit: Dr. Hatfield Biggest Hero in Italy Today," *Morning Oregonian*, September 2, 1922, 4; "Rainmaker Fails," 591.
36. Carpenter, "Alleged Manufacture of Rain," 377.
37. Liebling, *Honest Rainmaker*, 9.
38. "Sykes Sells Sunshine," 40; Spence, *Rainmakers*, 128-131.
39. Liebling, *Honest Rainmaker*, 38.
40. "Belmont Park to Test Rainmaker's Magic," *New York Times*, September 10, 1930, 23; "Rainmaker Fails in Test," *New York Times*, September 16, 1930, 11; Liebling, *Honest Rainmaker*, 47-48.
41. Goodstein, "Tales in and out of 'Millikan's School,'" n.p.
42. Fleming, "Sverre Petterssen," 79.
43. Petterssen, *Weathering the Storm*, 181-182.
44. デュブリッジへのインタビュー。
45. ロジャー・ハモンドからラングミュアへの1950年2月3日付のメモ。Copy in Vonnegut Papers.
46. Willard Haselbach, "Rain Maker of the Rockies': History's Biggest Weather Experiment Underway," *Denver Post*, April 22, 1951, 17A.
47. "Brief History of Artificial Weather"; Changnon, "Paradox of Planned Weather Modification," 29.
48. James Y. Nicol, "Weather's Miracle Man," *Star Weekly Magazine*, April 6, 1957, 10-11.
49. Kobler, "Stormy Sage," 69-70.
50. Bundgaard and Cale, "Irving P. Krick."
51. "Biography," Wilhelm Reich Museum, http://www.wilhelmreichmuseum.org/biography.html（accessed January 20, 2010）.

45. 以下に引用。*Scientific American Supplement*, October 17, 1891, 13160.
46. Hering, "Weather Control," 182.
47. Blake, "Can We Make It Rain?" 296-297.
48. Blake, "Rain Making," 420.
49. Moore, "Famine," 45-46.
50. "Another Rain Controller," 113.
51. Harrington, "Weather Making," 47.
52. Brown, "Tower and Dynamite Detonator."

第３章

1. Hering, *Foibles and Fallacies of Science*, 240.
2. Seneca, *Naturales Quaestiones*.〔「自然論集」『セネカ哲学全集』第3､4巻所収、大西英文、兼利琢也編、土屋睦廣訳、岩波書店、2005 - 06年〕以下に引用。Frazer, "Some Popular Superstitions," 142.
3. White, *History of the Warfare*, 1: 323-372.
4. Arago, *Meteorological Essays*, 219.
5. Lomax, *Bells and Bellringers*, 20.
6. Arago, *Meteorological Essays*, 211-213.
7. Fitzgerald, "At War with the Clouds," 629-636; Hering, "Weather Control," 185.
8. Cerveny, *Freaks of the Storm*, 36.
9. Abbe, "Hail Shooting in Italy," 358.
10. *Owning the Weather*（Greene）.
11. Humphreys, *Rain Making*, 1.
12. News clipping, undated, Franklin Papers.
13. Franklin, "Weather Control," 496-497.
14. Franklin, "Much-Needed Change of Emphasis," 452.
15. Franklin, "Weather Control," 496-497.
16. Franklin, "Weather Prediction and Weather Control," 378.
17. Abbe, "Cannonade Against Hail Storms," 738-739.
18. Caldwell, "Some Kansas Rain Makers," 309.
19. Spence, *Rainmakers*, 52-63.
20. "Current Notes," 192.
21. "Kansas All Right Now She Has Ten Rainmaking Outfits Ready for Service," *St. Louis Republic*, April 25, 1894, 12.
22. "A Successful Rainmaker: How Clayton B. Jewell Coaxes Moisture from Cloudless Skies," *Columbus Enquirer-Sun*, August 12, 1894, 6.
23. Tate and Tate, *Good Old Days Country Wisdom*, 95-96.
24. "Unfortunate Rain-maker," 735.

10. Espy, *Philosophy of Storms*, 492-493.
11. *Congressional Globe*, 25th Cong., 3rd sess., December 18, 1838, 39-40.
12. 以下に引用。Meyer, *Americans and Their Weather*, 87.
13. Espy, *Philosophy of Storms*, 492.
14. 以下に引用。Harrington, "Weather Making," 51-52.
15. Espy, *Second Report on Meteorology*, 14-19.
16. 以下に引用。Espy, *Fourth Meteorological Report*, 35-36.
17. Leslie, "Rain King," 11.
18. Meyer, *Americans and Their Weather*, 89.
19. Hawthorne, "Hall of Fantasy," 204.
20. Le Maout, *Effets du canon*, 13.
21. 以下に引用。Le Maout, *Lettre à M. Tremblay*, 5.
22. Le Maout, *Effets du canon*, 11.
23. Le Maout, *Encore le canon*, 13.
24. "Caius Marius," in *Plutarch's Lives*, 3:220.〔プルタルコス『英雄伝』全3巻、柳沼重剛訳、京都大学学術出版会、2007年ほか〕
25. Humphreys, *Rain Making*, 30.
26. Powers, "Rain Making," 52.
27. Stone, "Rain Making by Concussion," 52.
28. U.S. House of Representatives, *Production of Rain by Artillery-Firing*, 5.
29. Ruggles, "Method of Precipitating Rainfalls," 1; "Novel Method of Precipitating Rainfalls," 342.
30. Ruggles, *Memorial*, 1.
31. Van Bibber, "Rain Not Produced," 405.
32. "How About That Patent for Rain-Making?" *Farm Implement News*, October 22, 1891, clipping in NOAA Central Library.
33. Williams, "Bizarre & Unusual Will of Robert St. George Dyrenforth," 12.
34. Dyrenforth, *Report of the Agent*, 8-10.
35. *Farm Implement News*, September 1891, n.p., clipping in NOAA Central Library.
36. Dyrenforth, *Report of the Agent*, 16-17.
37. *Farm Implement News*, September 1891, n.p.
38. Dyrenforth, *Report of the Agent*, 25.
39. 以下に引用。Hering, "Weather Control," 181-182.
40. Dyrenforth, *Report of the Agent*, 32.
41. "Government Rainmaking," 309-310.
42. *Scientific American Supplement*, October 17, 1891, 13160.
43. Clarke, "Ode to Pluviculture," 260.
44. Curtis, "Rain-Making in Texas," 594.

9. Hahn, *Wreck of the South Pole, or the Great Dissembler*, 48.
10. Griffith, *Great Weather Syndicate*, 6.
11. Cook, *Eighth Wonder*, 55-56.
12. Gratacap, *Evacuation of England*, 54.
13. Train and Wood, *Man Who Rocked the Earth*, 11.
14. England, *Air Trust*, 17-21.
15. Wilson, "Rain-Maker," 503.
16. Mergen, *Weather Matters*, 233.
17. Roberts, *Jingling in the Wind*, 3-6.
18. Nash, *Rainmaker*, 60-61.
19. 以下に引用。"From the Footlights ?," n.p.
20. [McGavin], "Darren's Theatre Page," n.p.
21. Kael, "Reviews A-Z, " s.v. "The Rainmaker."
22. Liebling, *Just Enough Liebling*, 283.
23. Clarke, "Man-Made Weather," 74.
24. Bellow, *Henderson the Rain King*, 201.〔ソール・ベロー『雨の王ヘンダソン』佐伯彰一訳、中公文庫、1988年〕
25. Vonnegut, *Fates Worse Than Death*, 26.〔カート・ヴォネガット・ジュニア『死よりも悪い運命』浅倉久志訳、早川書房、1993年ほか〕
26. Bohren, "Thermodynamics," n.p.

第2章

1. Bacon, *Works*, vol.8, *Great Instauration*, 23-24.〔フランシス・ベーコン「大革新」『世界大思想全集』第5巻、服部英次郎訳、河出書房新社、1963年〕
2. Ibid., vol.5, *New Atlantis*, 399.〔『ニュー・アトランティス』川西進訳、岩波文庫、2003年〕
3. Ibid., vol.8, *New Organon*, 115.(「ノヴム・オルガヌム」『世界の大思想2-4』服部英次郎ほか訳、河出書房新社、2005年〕
4. Fleming, "Meteorology," 184-188.
5. Butterfield, *Origins of Modern Science*, viii.〔ハーバート・バターフィールド『近代科学の誕生』渡辺正雄訳、講談社学術文庫、1978年〕
6. Merchant, *Death of Nature*, 193.〔キャロリン・マーチャント『自然の死――科学革命と女・エコロジー』団まりな、垂水裕二、樋口祐子訳、工作舎、1985年〕
7. Cohen, *Revolution in Science*; Shapin, *Scientific Revolution*.〔スティーヴン・シェイピン『「科学革命」とは何だったのか――新しい歴史観の試み』川田勝訳、白水社、1998年〕
8. Fleming, *Meteorology in America*, 23-54, 66-73, 78-81, 95-106.
9. Espy, *Third Report on Meteorology*, 100.

註

はしがき

1. National Academy of Sciences, "Geoengineering Options."
2. Crutzen, "Albedo Enhancement."
3. Fleming, "Global Climate Change and Human Agency."
4. Glacken, *Traces on the Rhodian Shore*, 501-705; Fleming, *Historical Perspectives on Climate Change*, 11-32.
5. Fleming, *Meteorology in America*, 44, 99.
6. Jordan, "Art of Pluviculture," 81-82; Spence, *Rainmakers*.
7. Ekholm, "On the Variations of the Climate," 61.
8. Fleming, *Callender Effect*, xiii.
9. Wexler, "U.N. Symposium."
10. President's Science Advisory Committee, *Restoring the Quality*, 127; Weart, "Climate Modification Schemes."
11. Fleming and Jankovic, eds., *Klima*.
12. Curry, Webster, and Holland, "Mixing Politics and Science," 1035.
13. Weinberg, "Can Technology Replace Social Engineering?"
14. Emerson, *Conduct of Life*, 86-87.〔「人生論」『エマアスン選集』第1冊、戸川秋骨訳、關書院、1950年ほか〕

第１章

1. Bulfinch, *Age of Fable*, 62〔トマス・バルフィンチ『伝説の時代 ── 希臘羅馬神話』野上弥生子訳、春陽堂、1922年〕; Ovid, *Metamorphoses*, 1.750-779, 2.1-400.〔オウィディウス『変身物語』上下巻、中村善也訳、岩波文庫、2009年ほか〕
2. Emanuel, *What We Know About Climate Change*, 53.
3. Milton, *Paradise of Lost*, bk.10, lines 649-650.〔ジョン・ミルトン『失楽園』平井正穂訳、筑摩書房、1979年ほか〕
4. Dante, *Divine Comedy: Inferno*, canto 4, lines 146-148.〔ダンテ・アリギエーリ「地獄篇」『神曲』第1巻、寿岳文章訳、集英社、2003年ほか〕
5. Catlin, *North American Indians*, 1: 152-153.
6. Quinn, *Ishmael*, 80-81.〔ダニエル・クイン『イシュマエル』小林加奈子訳、ヴォイス、1994年〕
7. Verne, *Purchase of the North Pole*, 143.
8. Twain, *American Claimant*〔「アメリカの爵位権主張者」『マーク・トウェインコレクション』第12巻、三瓶眞弘訳、彩流社、1999年〕, opening section, "The Weather in This Book."

Williamson, Jack. *Terraforming Earth*. New York: Tor, 2001.
Willoughby, H.E., D.P. Jorgensen, R.A. Black, and S.L. Rosenthal. "Project STORMFURY: A Scientific Chronicle, 1962-1983." *Bulletin of the American Meteorological Society* 66 (1985): 505-514.
Wilson, Margaret Adelaide. "The Rain-Maker." *Scribner's Magazine*, April 1917, 503-509.
Wood, Lowell. "Stabilizing Changing Climate via Stratosphere-Based Albedo Modulation." PowerPoint presentation at NASA-Ames-CIW Workshop on Managing Solar Radiation, 2006.
Wylie, Francis E. *M.I.T. in Perspective: A Pictorial History*. Boston: Little, Brown, 1975.
Yalda, Sepideh. "Harry Wexler," In *Complete Dictionary of Scientific Biography*, 25: 273-276. Detroit: Scribner/Thomson Gale, 2007.
Yudin, M.I. "The Possibilities for Influencing Large-Scale Atmospheric Processes." *Contemporary Problems in Climatology* (1966). Translated by Foreign Technology Division, Wright-Patterson Air Force Base, Ohio, 1967.
Zikeev Nikolay T., and George A. Doumani, comps. *Weather Modification in the Soviet Union, 1946-1966: A Selected Annotated Bibliography*. Washington, D.C.: Library of Congress, Science and Technology Division, 1967.
Zubrin, Robert. *The Case for Mars: The Plan to Settle the Red Planet and Why We Must*. New York: Free Press, 1996.〔ロバート・ズブリン『マーズ・ダイレクト――NASA火星移住計画』小菅正夫訳、徳間書店、1997年〕
Zworykin, Vladimir K. "Outline of Weather Proposal." RCA Laboratories, Princeton, N.J., October 1945. Copy in Wexler Papers, box 18. [Reproduced in *History of Meteorology* 4 (2008): 57-58]

of 1889." *American Meteorological Journal*, May 1891 - April 1892, 484-493.
——. "How Far Can Man Control His Climate?" *Scientific Monthly*, January 1930, 5-18.
Warren, L. Francis. *Facts and Plans. Rainmaking — Fogs and Radiant Planes.* January 1925. Copy in Bancroft Papers.
Washington, Warren M. "Computer Modeling the Twentieth- and Twenty-first-Century Climate." *Proceedings of the American Philosophical Society* 150 (2006) :414-427.
Weart, Spencer. "Climate Modification Schemes." In *The Discovery of Global Warming*. http:// www.aip.org/history/climate.
"The Weather Weapon: New Race with the Reds." *Newsweek*, January 13, 1958, 54-56.
Webb County Commissioners. Official Minutes, Court Meetings of April 14, 2003, and December 8, 2003. www.webbcountytx.gov.
Weinberg, Alvin. "Can Technology Replace Social Engineering?" *University of Chicago Magazine*, October 1966, 6-10. [Reprinted many times]
Westmoreland, William. *A Soldier Reports*. New York: Da Capo Press, 1976.
Wexler, Harry. "Deozonizer." Memorandum to weather bureau colleagues, November 24, 1961. Wexler Papers, box 13.
——. "Further Justification for the General Circulation Research Request for FY63." February 9, 1962. Draft in Wexler Papers, box 18.
——. "Modifying Weather on a Large Scale." *Science*, n.s., 128 (1958): 1059-1063.
——. "On the Possibilities of Climate Control." 1962. Manuscript and notes in Wexler Papers, box 18.
——. "U.N. Symposium on Science and Technology for Less Developed Countries." May 21, 1962. Draft remarks in Wexler Papers, box 14.
White, Andrew Dickson. *A History of the Warfare of Science with Theology in Christendom*. 2 vols. New York: Appleton, 1896.
Whitnah, Donald R. *A History of the United States Weather Bureau*. Urbana: University of Illinois Press, 1961.
"Who Owns the Clouds?" *Stanford Law Review* 1 (1948): 43-63.
Williams, Geoffrey. *Flying Through Fire: FIDO — The Fogbuster of World War Two*. Stroud: Sutton, 1995.
Williams, John. *The Climate of Great Britain: On Remarks on the Change It Has Undergone, Particularly Within the Last Fifty Years*. London: Baldwin, 1806.
Williams, Paul K. "The Bizarre & Unusual Will of Robert St. George Dyrenforth." Scenes from the Past. *InTowner*, April 2005, 12. http://www.washingtonhistory.com/ScenesPast/index.html.

December 1982. New York, 1983.
Van Bibber, Andrew. “Rain Not Produced by Cannonading.” *Scientific American*, December 25, 1880, 405.
Veraart, A.W. *Meer zonneschijn in het nevelige Noorden, meer regen in de tropen*. Amsterdam: Seyffardt, 1931
Verne, Jules. *De la terre à la lune, trajet direct en 97 heures*. Paris: Hetzel, 1865.〔ジューヌ・ヴェルヌ「月世界旅行」『世界大ロマン全集』第55巻、江口清訳、東京創元社、1958年ほか〕
——. *From the Earth to the Moon Direct in Ninety-seven Hours and Twenty Minutes, and a Trip Round It*. Translated by Louis Mercier and Eleanor E. King. New York: Sampson Low, Marston, Low, and Searle, 1873.
——. *The Illustrated Jules Verne*. 1889. http://jv.gilead.org.il/rpaul/Sans%20dessus%20dessous.
——. *L'Invasion de la mer*. Paris: Hetzel, 1905.
——. *Invasion of the Sea*. Translated by Edward Baxter. Edited by Arthur B. Evans. Middletown, Conn.: Wesleyan University Press, 2001.
——. *The Purchase of the North Pole: A Sequel to “From the Earth to the Moon.”* London: Sampson Low, Marston, 1890.
Vince, Gaia. “One Last Chance to Save Mankind.” [interview with James Lovelock]. *New Scientist*, January 23, 2009. http://www.newscientist.com.
Voigt, Wolfgang. *Atlantropa: Weltbauen am Mittelmeer: Ein Architektentraum der Moderne*. Hamburg: Dölling und Galitz, 1998.
von Neumann, John. “Can We Survive Technology?” *Fortune*, June 1955, 106-108.
Vonnegut, Bernard. “The Nucleation of Ice Formation by Silver Iodide.” *Journal of Applied Physics* 18 (1947): 593-595.
Vonnegut, Kurt, Jr. *Cat's Cradle*. New York: Delacorte, 1963.〔カート・ヴォネガット・ジュニア『猫のゆりかご』伊藤典夫訳、早川書房、1968年ほか〕
——. *Fates Worse Than Death*. New York: Putnam, 1991.〔『死よりも悪い運命』浅倉久志訳、早川書房、1993年ほか〕
——. *Player Piano*. New York: Delacorte, 1952.〔『プレイヤー・ピアノ』浅倉久志訳、早川書房、1975年ほか〕
——. “Report on the Barnhouse Effect.” *Collier's*, February 11, 1950. [以下に再録。*Welcome to the Monkey House: A Collection of Short Works*, 173-188. New York: Delacorte, 1968.〔『モンキー・ハウスへようこそ』伊藤典夫ほか訳、早川書房、1983年〕]
Walker, Gabrielle, and Sir David King. *The Hot Topic: What We Can Do About Global Warming*. London: Harcourt, 2008.
Ward, Robert DeCourcy. “Artificial Rain: A Review of the Subject to the Close

——. Committee on Foreign Affairs. Subcommittee on International Organizations. *Prohibition of Weather Modification as a Weapon of War: Hearings on H.R. 28*. 94th Cong., 1st sess., 1975.

——. Committee on Foreign Affairs. Subcommittee on International Organizations and Movements. *Weather Modification as a Weapon of War: Hearings on H.R. 116 and 329*. 93rd Cong., 2nd. sess., 1974.

——. Committee on Science and Technology. *Geoengineering: Assessing the Implications of Large-Scale Climate Intervention*. 111th Cong., 2nd sess., November 5, 2009. http://science. house.gov/publications/hearings_markups_details.aspx?NewsID=2668.

U.S. Congress. Senate. Committee on Foreign Relations. Subcommittee on Oceans and International Environment. *Prohibiting Military Weather Modification: Hearings on S.R. 281*. 92nd Cong., 2nd sess., 1972.

U.S. Joint Numerical Weather Prediction Unit. "Facts Sheet, 1955." Rare Book Room, NOAA Central Library, Silver Spring, Md.

U.S. Library of Congress. Congressional Research Service. *Weather Modification: Programs, Problems, Policy, and Potential*. 95th Cong., 2nd sess. Washington, D.C.: Government Printing Office, 1978.

——. Legislative Reference Service. *Weather Modification and Control...for the Use of the Committee on Commerce, United States Senate*. Washington, D.C.: Government Printing Office, 1966.

U.S. National Aeronautics and Space Administration. *Workshop Report on Managing Solar Radiation*. NASA/CP-2007-214558. April 2007.

U.S. National Oceanic and Atmospheric Administration. "Hurricane Research Division History." http://www.aoml.noaa.gov/hrd/hrd_sub/beginning.html.

U.S. Navy. Bureau of Naval Weapons, Research, Development, Test and Evaluation Group, Meteorological Management Group. "Technical Area Plan for Weather Modification and Control." TAP No.FA-4. January 1, 1965.

United Nations. "Convention on the Prohibition of Military or Any Other Hostile Use of Environmental Modification Techniques." http://daccess-ods.un.org/TMP/6130753.html.

——. "Framework Convention on Climate Change" (UNFCCC). Rio de Janeiro, 1992. http://unfccc.int/resource/docs/publications/guideprocess-p.pdf.

——. "International Co-operation in the Peaceful Uses of Outer Space." Resolution adopted by the General Assembly 1721 (XVI), December 21, 1961. http://www.oosa.unvienna.org/oosa/ar/SpaceLaw/gares/html/gares_14_1472.html.

——. *Multilateral Treaties Deposited with the Secretary-General: Status as of 31*

Teller, Edward. *Memoirs*. Cambridge, Mass.: Perseus, 2001.
Teller, Edward, Lowell Wood, and Roderick Hyde. "Global Warming and Ice Ages: I. Prospects for Physics-Based Modulation of Global Change." UCRL-JC-128715. Lawrence Livermore National Laboratory, Livermore, Calif., 1997.
"Terraforming Information Pages." http://www.users.globalnet.co.uk/~mfogg.
Thompson, G.A. "Plan for Converting the Sahara Desert into a Sea." *Scientific American*, August 10, 1912, 114.
Thompson, Philip D. "A History of Numerical Weather Prediction in the United States." *Bulletin of the American Meteorological Society* 64 (1983): 755-769.
Tilmes, Simone, Rolf Müller, and Ross Salawitch. "The Sensitivity of Polar Ozone Depletion to Proposed Geoengineering Schemes." *Science* 320 (2008) : 1201-1204.
Train, Arthur, and Robert Williams Wood. *The Man Who Rocked the Earth*. Garden City, N.Y.: Doubleday, 1915.
Tuan, Yi-fu. *Landscapes of Fear*. New York: Pantheon, 1979.
Turco, Richard P., Owen B. Toon, Thomas Ackerman, James B. Pollack, and Carl Sagan (TTAPS). "Nuclear Winter: Global Consequences of Multiple Nuclear Explosions." *Science* 222 (1983): 1283-1293.
Tuthill, Barbara. "Hatfield the Rainmaker." *Western Folklore* 13 (1954): 107-112.
Twain, Mark. *The American Claimant*. New York: Webster, 1892.〔「アメリカの爵位権主張者」『マーク・トウェインコレクション』第12巻、三瓶眞弘訳、彩流社、1999年〕
Tyndall Centre for Climate Change Research. "The Potential of Geo-engineering Solutions to Climate Change." Memorandum 149. United Kingdom, House of Commons. Innovation, Universities, and Skills Committee (September 2008). http://www.publications.parliament.uk.
Tyson, Neil deGrasse. "The Five Points of Lagrange." *Natural History*, April 2002, 44-49. http://research.amnh.org/~tyson/18magazines_five.php.
"An Unfortunate Rain-maker." *Harper's Weekly*, August 5, 1893, 735.
U.S. Army Air Forces, Air Technical Service Command. "Memorandum Report on German Liquid Rocket Development." RG-341, Series 163, TSEAL-6-X-2. Records of Headquarters, National Archives.
U.S. Army Medical Department. "Regulations for the Medical Department." In *Military Laws and Rules and Regulations for the Army of the United States*, 227-228. Washington, D.C., 1814.
U.S. Congress. House of Representatives. *Production of Rain by Artillery-Firing*. Ex. Doc. 786. 43rd Cong., 1st sess., June 23, 1874.

Sky King. "The Rainbird." Broadcast January 9, 1956. *Sky King* Video 7. http://www.amosnandyvideo.com/skykingx.htm.
Smagorinsky, Joseph. "The Beginnings of Numerical Weather Prediction and General Circulation Modeling: Early Recollections." *Advances in Geophysics* 25 (1983): 3-37.
Smetacek, Victor, and S.W.A. Naqvi. "The Next Generation of Iron Fertilization Experiments in the Southern Ocean". *Philosophical Transactions of the Royal Society* A 366 (2008): 3947-3967.
Smith. Karl F. "Dr. Warren — Rain Maker." Memorandum, July 1, 1922. Bancroft Papers.
"Space Mirror." *Time*, April 5, 1954. http://www.time.com.
Spence, Clark C. *The Rainmakers: American "Pluviculture" to World War II*. Lincoln: University of Nebraska Press, 1980.
Stapler, Colonel Wendall T. "The New Face of the Pacific." *Air Force Weather*, August 6, 2006. http://www.afweather.af.mil/news/story.asp?id=123030943.
Steinberg, Theodore. *Slide Mountain, or the Folly of Owning Nature*. Berkeley: University of California Press, 1995.
Stix, Thomas H. "Removal of Chlorofluorocarbons from the Atmosphere." *Journal of Applied Physics* 66 (1989): 5622-5626.
Stone, Christopher D. "The Environment in Moral Thought." *Tennessee Law Review* 56 (1988): 1-13.
Stone, G.H. "Rain-Making by Concussion in the Rocky Mountains." *Science* 19 (1892): 52.
Suits, C. Guy. "Statement on Weather Control." Testimony to U.S. Senate, March 1951. Copy in Houghton Papers.
Suits, C. Guy, and Miles J. Martin. "Irving Langmuir." *Biographical Memoirs of the National Academy of Sciences* 45 (1974): 215-247.
Summers, Lawrence H. "The Memo." December 12, 1991. http://www.whirledbank.org/ourwords/summers.html.
"Sykes Sells Sunshine, Say Shrewd Sport Satraps." *Literary Digest*. September 27, 1930, 38.
Takano, Kenzo, and Keiji Higuchi. "A Numerical Experiment on the General Circulation in the Global Ocean." In Hidetoshi Kato, ed., *Challenges from the Future: Proceedings of the International Future Research Conference*, 3: 361-363. Kodansha, 1970.
Talman, Charles Fitzhugh. "Can We Control the Weather?" *Outlook*, March 14, 1923, 493-495.
Tate, Ken, and Janice Tate. *Good Old Days Country Wisdom*. Big Sandy, Tex.: House of White Birches, 2001.

Schelling, Thomas C. "Climatic Change: Implications for Welfare and Policy." In National Research Council, *Changing Climate: Report of the Carbon Dioxide Assessment Committee*, 449-482. Washington, D.C.: National Academy Press, 1983.

——. "The Economic Diplomacy of Geoengineering." *Climate Change* 33 (1996): 303-307.

[Schmidt, Gavin.] "Geo-engineering in Vogue..." June 28, 2006. http://www.realclimate.org/index.php/archives/2006/06/geo-engineering-in-vogue.

Schneider, Stephen H. "Earth Systems Engineering and Management." *Nature* 409 (2001): 417-421.

——. "Geoengineering: Could - or Should - We Do It?" *Climate Change* 33 (1996): 291-302.

——. "Geoengineering: Could We or Should We Make It Work?" *Philosophical Transactions of the Royal Society* A 366 (2008): 3843-3862.

Schwartz, Peter and Doug Randall. "An Abrupt Climate Change Scenario and Its Implications for United States National Security." 2003. http://www.environmentaldefense.org/documents/3566_AbruptClimateChange.pdf.

The Science of Superstorms: Playing God with the Weather. London: British Broadcasting Corporation/Discovery Channel, 2007.

Seneca. *Naturales Questions*. Translated by Thomas H. Corcoran. Loeb Classical Library 457. Cambridge, Mass.: Harvard University Press, 1972.〔「自然論集」『セネカ哲学全集』第3、4巻所収、大西英文、兼利琢也編、土屋睦廣訳、岩波書店、2005 - 06年〕

Servos, John. "Wilder D. Bancroft (1867-1953)." *Biographical Memoirs of the National Academy of Sciences* 65 (1994): 1-39.

Shachtman, Noah. "NASA Funds Sci-Fi Technology." *Wired*, May 7, 2004. http://www.wired.com/news/technology/0,63362-0.html.

Shaler, Nathaniel. "How to Change the North American Climate." *Atlantic Monthly*, December 1877, 724-731.

Shapin, Steven. *The Scientific Revolution*. Chicago: University of Chicago Press, 1996.〔スティーヴン・シェイピン『「科学革命」とは何だったのか——新しい歴史観の試み』川田勝訳、白水社、1998年〕

Shapley, Deborah. "Weather Warfare: Pentagon Concedes 7-Year Vietnam Effort." *Science* 184 (1974): 1059-1061.

Shvets, M. Ye. "Control of Climate Through Stratospheric Dusting." Library of Congress, Aerospace Information Division, "Climate Control."

Simpson, Robert H. and Joanne Simpson. "Why Experiment on Tropical Hurricanes?" *Transactions of the New York Academy of Sciences* 28 (1966): 1045-1062.

Robock, Alan, Luke Oman, and Georgiy L. Stenchikov. “Regional Climate Responses to Geoengineering with Tropical and Arctic SO_2 Injections.” *Journal of Geophysical Research* 113（2008）: D16101.
Rodin, M.B., and D.C. Hess. “Weather Modification.” Argonne National Laboratory. Argonne, Ill., 1991. Copy in Wexler Papers, box 12.
Rosenfeld, Albert. *The Quintessence of Irving Langmuir*. Vol.12 of *The Collected Works of Irving Langmuir*. Oxford: Pergamon, 1966.〔アルバート・ローゼンフェルド『ラングミュア伝――ある企業研究者の生き方』兵藤申一、兵藤雅子訳、アグネ、1978年〕
Rossi, Paolo. *The Birth of Modern Science*. Translated by Cynthia De Nardi Ipsen. London: Blackwell, 2001.
Royal Academy of Engineering, “Submission.” Memorandum 148. United Kingdom, House of Commons. Innovation, Universities, and Skills Committee（September 2008）. http://www.publications.parliament.uk.
Royal Society of London. *Geoengineering the Climate: Science, Governance, and Uncertainty*. RS Policy document 10/09. London: Royal Society, 2009.
Ruddiman, William F. *Plows, Plagues, and Petroleum: How Human Took Control of Climate*, Princeton, N.J.: Princeton University Press, 2005.
Ruggles, Daniel. *Memorial... asking an appropriation, to be expended in developing his system of producing rainfall*. U.S. Senate, Misc. Doc.39, 46th Cong., 2nd sess., 1880.
——. “Method of Precipitating Rainfalls.” U.S. Patent 230067, July 13, 1880.
Rusin, Nikolai Petrovich, and Liya Abramovna Flit. *Man Versus Climate*. Moscow: Peace Publishers, 1960.
——. *Methods of Climate Control*. 1962. Translated from the Russian. TT 64-21333. Washington, D.C.: Department of Commerce, Office of Technical Services, Joint Publications Research Services, 1964.
Salter, Stephen, Graham Sortino, and John Latham. “Sea-going Hardware for the Cloud Albedo Method of Reversing Global Warming.” *Philosophical Transactions of the Royal Society* A 366（2008）: 3989-4006.
Sanford, Fernando, “Rain-Making.” *Popular Science Monthly*, August 1894, 478-491.
Santer, Benjamin D., Karl E. Taylor, Tom M.L. Wigley, Joyce E. Penner, Philip D. Jones, and Ulrich Cubasch. “Towards the Detection and Attribution of an Anthropogenic Effect on Climate.” *Climate Dynamics* 12（1995）: 77-100.
Schaefer, Vincent J. “Preliminary Report, Hurricane Study, Project Cirrus, Oct. 15, 1947.” Typescript in Schaefer Papers.
——. “The Production of Ice Crystals in a Cloud of Supercooled Water Droplets.” *Science* 104（1946）: 459.

Monthly Weather Review, October 1963, 665-680.
"Project Cirrus." *Bulletin of the American Meteorological Society* 31 (1950): 286-287.
"Project Cirrus: The Story of Cloud Seeding." *G.E. Review*, November 1952, 8-26.
"The Question of Global Warming: An Exchange." *New York Review of Books*, September 25, 2008. http://www.nybooks.com/articles/21811.
Quinn, Daniel. *Ishmael*. New York: Bantam, 1992.〔ダニエル・クイン『イシュマエル』小林加奈子訳、ヴォイス、1994年〕
"Rainmaker Fails." *Monthly Weather Review*, December 1924, 591.
"The Rain Makers." *Life*, April 5, 1923, 24. American Periodical Series online. Copy in Bancroft Papers.
"Rain Making Ineffective." *Science News-Letter*, December 11, 1948, 375.
Rasch, Philip J., Simone Tilmes, Richard P. Turco, Alan Robock, Luke Oman, Chih-Chieh (Jack) Chen, Georgiy L. Stenchikov, and Rolando R. Garcia. "An Overview of Geoengineering of Climate Using Stratospheric Sulphate Aerosols." *Philosophical Transactions of the Royal Society* A 366 (2008): 4007-4037.
Red Green Show. "Rain Man," season 15, episode 297. http://www.redgreen.com.
Reichelderfer, Francis W.「読者の便り」, *Fortune*, March 1948, 38.
"Review of Savannah Hurricane (Oct. 10-16, 1947), Exposure of a Colossal Meteorological Hoax." Reichelderfer Subject Files, Records of the U.S. Weather Bureau, National Archives.
Riker, Carroll Livingston. *Conspectus of Power and Control of the Gulf Stream: With Elaborated Plan*. Brooklyn, N.Y., 1913.
Roberts, Elizabeth Madox. *Jingling in the Wind*. New York: Viking, 1928.
Robinson, Kim Stanley. *Red Mars*. New York: Bantam, 1993.〔キム・スタンリー・ロビンソン『レッド・マーズ』上下巻、大島豊訳、創元SF文庫、1999年〕
——. *Green Mars*. New York: Bantam, 1994.〔『グリーン・マーズ』上下巻、大島豊訳、創元SF文庫、2001年〕
——. *Blue Mars*. New York: Bantam, 1996.
Robock, Alan. "The Need for Organized Research on Geoengineering Using Stratospheric Aerosols." Paper presented at the meeting of America's Climate Choices, hosted by the National Academy of Sciences, Washington, D.C., June 2009.
——. "20 Reasons Why Geoengineering May Be a Bad Idea." *Bulletin of the Atomic Scientists* 64 (2008): 14-18, 59.

1984年ほか〕
Owning the Weather. Directed by Robert Greene. New York: 4th Row Films, 2009.
Owning the Weather. Written by Josh Rosen. San Francisco: Spine Films, 2005. http://www. youtube.com/watch?v=GsTYbIuCoWI.
Pacala, Stephen, and Robert Socolow. "Stabilization Wedges: Solving the Climate Problem for the Next 50 Years with Current Technologies." *Science* 205 (2004): 968-972.
Patterson, Thomas W. "Hatfield the Rainmaker." *Journal of San Diego History* 16 (1970): 2-27. http://www.sandiegohistory.org/journal/70winter/hatfield.htm.
Penner, S.S., A.M. Schneider, and E.M. Kennedy. "Active Measures for Reducing the Global Climatic Impacts of Escalating CO_2 Concentrations." *Acta Astronautica* 11 (1984): 345-348.
Petterssen, Sverre. *Cloud and Weather Modification: A Group of Field Experiments*. Meteorological Monograph 2, no.11 Boston: American Meteorological Society, 1957.
——. *Weathering the Storm: Sverre Petterssen, the D-day Forecast, and the Rise of Modern Meteorology*. Edited by James Rodger Fleming. Boston: American Meteorological Society, 2001.
Phillips, Norman A. "The General Circulation of the Atmosphere: A Numerical Experiment." *Quarterly Journal of the Royal Meteorological Society* 82 (1956): 123-164.
Plutarch. *Plutarch's Lives*. Vol.3. Translated by John Langhorne and William Langhorne. London: Valpy, 1832.〔プルタルコス『英雄伝』全3巻、柳沼重剛訳、京都大学学術出版会、2007年ほか〕
Polybius. *Universal History*. In Michael Curtis, ed., *The Great Political Theories*. Vol.1, *From Plato and Aristotle to Locke and Montesquieu*. New York: Avon Books, 1961.
Porky the Rain-maker. Directed by Tex Avery. Looney Tunes. Los Angeles: Leon Schlesinger Productions/Warner Brothers, 1936.
Powers, Edward. "Rain-Making." *Science* 19 (1892): 52-53.
——. *War and the Weather, or, the Artificial Production of Rain*. Chicago, 1871; Delavan, Wis., 1890.
President's Science Advisory Committee. *Restoring the Quality of Our Environment. Report of the Environmental Pollution Panel*. Appendix Y, *Atmospheric Carbon Dioxide*, 111-133. Washington, D.C.: Executive Office of the President, 1965.
Price, Saul, and Jack C. Pales. "Mauna Loa Observatory: The First Five Years."

House, 1955.
National Academy of Sciences. *Critical Issues in Weather Modification Research*. Washington, D.C.: National Academy Press, 2003.
──. *Energy and Climate: Studies in Geophysics*. Washington. D.C.: National Academy Press, 1977.
──. "Geoengineering Options to Respond to Climate Change: Steps to Establish a Research Agenda." A workshop to provide input to America's Climate Choices suite of activities, Washington, D.C., June 15-16, 2009. http://americasclimatechoices.org/GeoEngAgenda6-11-09.pdf.
──. *Policy Implications of Greenhouse Warming: Mitigation, Adaptation, and the Science Base*. Washington, D.C.: National Academy Press, 1992.
──. *Weather and Climate Modification: Problems and Progress*. Washington, D.C.: National Academy Press, 1973.
Nebeker, Frederik. *Calculating the Weather: Meteorology in the 20th Century*. San Diego: Academic Press, 1995.
"No Quick or Easy Technological Fix for Climate Change, Researchers Say." UCLA press release, December 17, 2008. http://www.newsroom.ucla.edu.
Nordhaus, William D. "The Challenge of Global Warming: Economic Models and Environmental Policy." 2007. http://nordhaus.econ.yale.edu/dice_mss_091107_public.pdf.
──. "An Optimal Transition Path for Controlling Greenhouse Gases." *Science* 258（1992）: 1315-1319.
"Novel Method of Precipitating Rainfalls." *Scientific American*, November 27, 1880, 342.
Oberth, Hermann. *Die Rakete zu den Planetenräumen*. Munich: Oldenbourg, 1923.
──. *Wege zur Raumschiffarhrt*. Munich and Berlin: Oldenbourg, 1929.〔ヘルマン・オーベルト『宇宙航行の解析』中森岩夫訳、科学技術社、1966年〕
Oceanus, January 11, 2008. http://www.whoi.edu/oceanus/viewArticle.do?id=35866.
O'Connor, William Douglas. "The Brazen Android." *Atlantic Monthly*, April 1891, 433-455.
Ogden, R.J. "Fog Dispersal at Airfields." *Weather* 43（1998）: 20-23, 34-38.
Orville, Howard T. "Weather Made to Order?" *Collier's*, May28, 1954, 25-29.
"OUP Blog," s.v. "hypermiling." Oxford University Press USA. http://blog.oup.com/2008/11/hypermiling/とhttp://www.squidoo.com/ecohackingも参照のこと。
Ovid. *Metamorphoses*. Translated by A.D. Melville. Oxford: Oxford University Press, 1986.〔オウィディウス『変身物語』上下巻、中村善也訳、岩波文庫、

May 1923, 29-30. Copy in Bancroft Papers.
[McGavin, Darren.] "Darren's Theatre Page." http://www.darrenmcgavin.net/darren's_theatre_page.htm.
McNeill, William H. *The Pursuit of Power: Technology, Armed Force, and Society Since A.D.1000*. Chicago: University of Chicago Press, 1982.〔ウィリアム・H・マクニール『戦争の世界史――技術と軍隊と社会』高橋均訳、刀水書房、2002年〕
Mendelsohn, Everett. "Science, Scientists, and the Military." In John Kriege and Dominique Pestre, eds., *Science in the Twentieth Century*, 175-202. Amsterdam: Harwood Academic, 1997.
Merchant, Carolyn. *The Death of Nature: Women, Ecology, and the Scientific Revolution*. 1980. Reprint, San Francisco: Harper & Row, 1989.〔キャロリン・マーチャント『自然の死――科学革命と女・エコロジー』団まりな、垂水雄二、樋口祐子訳、工作舎、1985年〕
Mergen, Bernard. *Weather Matters: An American Cultural History Since 1900*. Lawrence: University Press of Kansas, 2008.
Meyer, William B. *Americans and Their Weather*. New York: Oxford University Press, 2000.
Milton, John. *Paradise Lost. A Poem in Twelve Books*. 2nd rev. ed. London: Simmons, 1674. http://www.dartmouth.edu/~milton/reading_room/pl/book_1/index.shtml.〔ジョン・ミルトン『失楽園』平井正穂訳、筑摩書房、1979年ほか〕
Mindling, George W. "The Raymete and the Future." March 29, 1939. http://www.history.noaa.gov.
"Miracle." *Time*, November 10, 1924. http://www.time.com.
Molina, Mario J., and Frank S. Rowland. "Stratospheric Sink for Chlorofluoromethanes: Chlorine Atom-Catalyzed Destruction of Ozone." *Nature* 249 (1974): 810-812.
Moore, Sir William. "Famine: Its Effects and Relief." *Transactions of the Epidemiological Society of London*, n.s., 11 (1891-1892): 27-46.
Moore, Willis L. "Fake Rainmaking: A Letter from the Chief of the Bureau." *Monthly Weather Review*, April 1905, 152-153.
Morton, Oliver. "Climate Change: Is This What It Takes to Save the World?" *Nature* 447 (2007): 132-136.
"Motorpool: The Rest of the Story." http://www.awra.us/gallery-jan05.htm.
Munk, W., N. Oreskes, and R. Muller. "Gordon James Fraser MacDonald, 1930-2002: A Biographical Memoir." *Biographical Memoirs of the National Academy of Sciences* 84 (2004): 3-26.
Nash, N. Richard. *The Rainmaker: A Romantic Comedy*. New York: Random

Concentrations of Greenhouse Gases." December 2008. Typescript prepared for the World Bank.
——. "Geoengineering the Climate." Report UCRL-JC-108014. Lawrence Livermore National Laboratory, Livermore, Calif., 1991.
——. "On the Possible Use of Geoengineering to Moderate Specific Climate Change Impacts." *Environmental Research Letters* 4 (2009): 045107.
——. "Working Toward International Agreement on Climate Protection." Paper presented at the Mid-Maine Global Forum, Waterville, Maine, September 25, 2009.
MacDonald, Gordon J.F. "How to Wreck the Environment." In Nigel Calder, ed., *Unless Peace Comes*, 181-205. New York: Viking, 1968.
——. "Statement." In House Committee on Foreign Affairs, Subcommittee on International Organizations. *Prohibition of Weather Modification as a Weapon of War: Hearings on H.R. 28.* 94th Cong., 1st sess., 1975.
Mackenzie, Donald. *The Flooding of the Sahara*. London: Sampson Low, Marston, Searle, and Rivington, 1877.
Manabe, Syukuro, and F. Möller. "On the Radiative Equilibrium and Balance of the Atmosphere." *Monthly Weather Review*, December 1961, 503-532.
Mann, Martin. "War Against Hail." Manuscript included in Mann to John von Neumann, April 10, 1947. Von Neumann Papers, box 15.
"Many Legal Entanglements Forecast for Man in New Role as Rain-Maker." *Harvard Law School Record*. Ca. 1947. Clipping in Records of the Defense Research and Development Board, National Archives.
Marchetti, Cesare, "On Geoengineering and the CO_2 Problem." *Climatic Change* 1 (1977): 59-68.
Markin, Arkadii Borisovich. *Soviet Electric Power: Developments and Prospects.* Moscow: Foreign Languages Publishing, 1956.
Marshall, Eliot. "The Greening of the National Labs." *Science* 260 (1993): 25.
Martin, John H. "Glacial-Interglacial CO_2 Change: The Iron Hypothesis." *Paleoceanography* 5 (1990): 1-13.
Martin, John H., and Steve E. Fitzwater. "Iron Deficiency Limits Phytoplankton Growth in the Northeast Pacific Subarctic." *Nature* 331 (1988): 341-343.
Martin, John H., R. Michael Gordon., and Steve E. Fitzwater. "The Case for Iron." *Limnology and Oceanography* 36 (1991): 1793-1802.
McAdie, Alexander. "The Control of Fog." *Scientific Monthly*, July 1931, 28-36.
——. "Natural Rain-makers." *Popular Science Monthly*, September 1895, 642-648. [以下に再録。*Alexander McAdie: Scientist and Writer*, complied by Mary R.B. McAdie, 76-82. Charlottesville, Va., 1949]
McFadden, Manus. "Is Rainmaking Riddle Solved?" *Popular Science Monthly*,

"Global Temperature Stabilization via Controlled Albedo Enhancement of Low-Level Maritime Clouds." *Philosophical Transactions of the Royal Society* A 366 (2008): 3969-3987.
Launder, Brian, and J. Michael T. Thompson, eds. "Geoscale Engineering to Avert Dangerous Climate Change." Special issue, *Philosophical Transactions of the Royal Society* A 366 (2008).
Le Maout, Charles. *Effets du canon et du son ses cloches sur l'atomosphère*. Saint-Brieuc, 1861.
——. *Encore le canon et la pluie*. Saint-Brieuc, 1870.
——. *Lettre à M. Tremblay sur les moyens proposes pour faire cesser la sécheresse des six premiers mois de l'année 1870*. Edited by Emile Le Maout. Cherbourg, 1891.
Lenin, V.I. *Materialism and Empirio-Criticism: Critical Comments on a Reactionary Philosophy*. 1908. http://www.marxists.org.
Leslie, Eliza. "The Rain King, or, A Glance at the Next Century." *Godey's Lady's Book* 25 (1842): 7-11.
Liebling, A.J. *The Honest Rainmaker: The Life and Times of Colonel John R. Stingo*. San Francisco: North Point Press, 1989. [Originally Published as "Profiles: Yea Verily," I-III. *New Yorker*, September 13-27, 1952]
——. *Just Enough Liebling: Classic Work by the Legendary "New Yorker" Writer*. New York: North Point Press, 2004.
Lodge, Oliver. "Electrical Precipitation." In *Physics in Industry*, 3:15-34. London: Oxford University Press, 1925.
Lomax, Benjamin. *Bells and Bellringers*. London: Infield. 1879.
Lovell, Bernard, and Martin Ryle. "Interference to Radio Astronomy from Belts of Orbiting Dipoles (Needles)." *Quarterly Journal of the Royal Astronomical Society* 3 (1962): 100-108.
Lovelock, James. "A Geophysiologist's Thoughts on Geoengineering." *Philosophical Transactions of the Royal Society* A 366 (2008): 3883-3890.
——. *The Revenge of Gaia: Earth's Climate in Crisis and the Fate of Humanity*. New York: Penguin, 2006.〔ジェイムズ・ラヴロック『ガイアの復讐』秋元勇巳監修、竹村健一訳、中央公論新社、2006年〕
——. *The Vanishing Face of Gaia: A Final Warning*. New York: Basic, 2009.
Lovelock. James E., and Chris G. Rapley. "Ocean Pipes Could Help the Earth to Cure Itself." *Nature* 449 (2007): 403.
Luginbuhl, Christian B., Constance E. Walker, and Richard J. Wainscoat. "Lighting and Astronomy." *Physics Today* 62 (2009): 32-37.
MacCracken, Michael C. "Beyond Mitigation: Potential Options for Counterbalancing the Climatic and Environmental Consequences of the Rising

ed., *Climatic Change: Evidence, Causes, and Effects*, 143-146. Cambridge, Mass.: Harvard University Press, 1953.
Lackner, Klaus S. "Capture of Carbon Dioxide from Ambient Air." *European Physical Journal, Special Topics* 176 (2009): 93-106.
——. "Submission from Professor Klaus S. Lackner, Columbia University." Memorandum 166. United Kingdom, House of Commons. Innovation, Universities, and Skills Committee (November 2008). http://www.publications.parliament.uk .
Lamb, Hubert H. "Climate-Engineering Schemes to Meet a Climatic Emergency." *Earth-Science Reviews* 7 (1971): 87-95.
Lambright, W. Henry. *Weather Modification: The Politics of an Emergent Technology*. Syracuse, N.Y.: Inter-University Case Program, 1970.
Lampitt, Richard, E.P. Achterberg, T.R. Anderson. J.A. Hughes, M.D. Iglesias-Rodriguez, B.A. Kelly-Gerreyn, M. Lucas, et al. "Ocean Fertilization: A Potential Means of Geoengineering?" *Philosophical Transactions of the Royal Society* A 366 (2008): 3919-3945.
Landsberg, Helmut E. "Memorandum for the Record — Briefing on Weather Control." November 5, 1951. Records of the Defense Research and Development Board, National Archives.
Langmuir, Irving. "The Growth of Particles in Smokes and Clouds and the Production of Snow from Supercooled Clouds." *Proceedings of the American Philosophical Society* 92 (1948): 167-185.
——. "Pathological Science." Original lecture note cards (December 18, 1953) and sound recording (March 8, 1954). Langmuir Papers. [Published as *Pathological Science*. Edited by Robert N. Hall. G.E. Report No.68-C-035. Schenectady, N.Y.: General Electric, Research and Development Center, 1968. 以下に再録。"Pathological Science." *Physics Today* 42 (1989): 36-48. http://www.cs.princeton.edu/~ken/Langmuir/langmuir.htm]
——. "The Production of Rain by a Chain Reaction in Cumulus Clouds at Temperatures Above Freezing." *Journal of Meteorology* 5 (1948): 175-192.
——. "Report on Evaluation of Past and Future Experiments on Widespread Control of Weather." 1955. Advisory Committee on Weather Control. Copy in Schaefer Papers.
——. "A Seven Day Periodicity in Weather in the U.S. During April, 1950." *Bulletin of the American Meteorological Society* 31 (1950): 386-387.
——. *Summary of Results Thus Far Obtained in Artificial Nucleation of Clouds.* Final Report: Project Cirrus. G.E. Report No.RL-140. Schenectady, N.Y., 1948.
Latham, John, Philip Rasch, Chih-Chieh Chen, Laura Kettles, Alan Gadian, Andrew Gettelman, Hugh Morrison, Keith Bower, and Tom Choularton.

Warfare: The Convention on Environmental Warfare and Its Impact upon Arms Control Negotiations." *International Organization* 32 (1978): 975-991.
Kael, Pauline. "Reviews A-Z," s.v. "The Rainmaker." http://www.geocities.com/paulinekaelreviews.
Kant, Immanuel. *Critique of Pure Reason*. 1781. Translated by F. Max Müller. London: Macmillan, 1881.〔イマヌエル・カント『純粋理性批判』高峯一愚訳、河出書房新社、1989年ほか〕
——. *Grounding for the Metaphysics of Morals*. 1785. Translated by James W. Ellington. Indianapolis: Hackett, 1994.〔『プロレゴーメナ／人倫の形而上学の基礎づけ』土岐邦夫、観山雪陽、野田又夫訳、中央公論新社、2005年ほか〕
Keith, David. "Engineering the Earth System." American Geophysical Union, fall meeting, 2005. Abstract No. U54A-02.
——. "Geoengineering the Climate: History and Prospect." *Annual Review of Energy and the Environment* 25 (2000): 245, 269-280.
——. "Why Capture CO_2 from the Atmosphere?" *Science* 325 (2009): 1654-1655.
Keith, David, and Hadi Dowlatabadi. "A Serious Look at Geoengineering." *EOS: Transactions of the American Geophysical Union* 73 (1992): 289, 292-293.
Kellogg, William W. "Review of Saturn High Water Experiment." Memorandum to Robert F. Fellows, NASA, February 19, 1962. Copy in Wexler Papers, box 18.
Kellogg, William W., and Stephen H. Schneider. "Climate Stabilization: For Better or Worse?" *Science* 186 (1974): 1163-1172.
Kennedy, John F. "Address to the United Nations General Assembly, Sept. 25, 1961." http://www.jfklibrary.org.
King, D. Whitney. "Can Adding Iron to the Oceans Reduce Global Warming? An Example of Geoengineering." In James Rodger Fleming and Henry A. Gemery eds., *Technology and the Environment: Multidisciplinary Perspectives*, 112-135. Akron: Akron University Press, 1994.
Kintisch, Eli. "Giving Climate Change a Kick." *ScienceNOW*, November 9, 2007, 1.
——. "Tinkering with the Climate to Get Hearing at Harvard Meeting." *Science* 318 (2007): 551.
Kobler, John. "Stormy Sage of Weather Control." *Saturday Evening Post*, December 1, 1962, 68-70.
Kramer, Harris P., and Malcolm Rigby. "A Selective and Annotated Bibliography on Cloud Physics and 'Rain Making.'" *Meteorological Abstracts and Bibliography* 1 (1950): 191-193.
Krook, Max. "Interstellar Matter and the Solar Constant." In Harlow Shapley,

Meteorological Society 83 (2002): 241-248.
——. "Controlling Hurricanes." *Scientific American*, October 2004, 68-75.
Hoffman, Ross N., Mark Leidner, and John Henderson. "Controlling the Global Weather." NASA Institute for Advanced Concepts report, ca. 2001. www.niac.usra.edu/files/library/meetings/annual/jun02/715Hoffman.pdf.
Hosler, Charles. "Weather Modification and Science and Government." Typescript and personal communication, March 22, 2005.
Houghton, Henry G., and W.H. Radford. *On the Local Dissipation of Natural Fog*. Papers in Physical Oceanography and Meteorology 6, no.3. Cambridge, Mass.: MIT and Woods Hole Oceanographic Institution, 1938.
Hoyle, Fred, and Raymond A. Lyttleton. "The Effect of Interstellar Matter on Climatic Variation." *Proceedings of the Cambridge Philosophical Society* 35 (1939): 405-415.
Humphreys, William Jackson. *Physics of the Air*. Philadelphia: Lippincot, 1920.
——. *Rain Making and Other Weather Vagaries*. New York: AMS Press, 1926.
——. "Volcanic Dust and Other Factors in the Production of Climatic Changes, and Their Possible Relation to Ice Ages." *Journal of the Franklin Institute* 176 (1913): 131-172.
Intergovernmental Panel on Climate Change. "IPCC History." http://www.ipccfacts.org/history.html.
"Interim Report on Artificially Induced Precipitation." April 21, 1947. Records of the Defense Research and Development Board, National Archives.
Izrael, Yu., V.M. Zakharov, N.N. Petrov, A.G. Ryaboshapko, V.N. Ivanov, A.V. Savchenko, Yu.V. Andreev, Yu.A. Puzov, B.G. Danelyan, and V.P. Kulyapin. "Field Experiment on Studying Solar Radiation Passing Through Aerosol Layers." *Russian Meteorology and Hydrology* 34 (2009): 265-273. http://www.springerlink.com/content/l4n1047050013048/
Jacoby, Henry D. "Climate Favela." In Joseph E. Aldy and Robert N. Steavins, eds., *Architectures for Agreement: Addressing Global Climate Change in the Post-Kyoto World*, 270-279. Cambridge: Cambridge University Press, 2007.
Jankovic, Vladimir. *Reading the Skies: A Cultural History of English Weather, 1650-1820*. Chicago: University of Chicago Press, 2001.
Jenkins, Gary. *The Wizard of Sun City: The Strange True Story of Charles Hatfield, the Rainmaker Who Drowned a City's Dream*. New York: Thunder's Mouth Press, 2005.
Johnson, R.G. "Climate Control Requires a Dam at the Strait of Gibraltar." *EOS: Transactions of the American Geophysical Union* 78 (1997): 277, 280-281.
Jordan, David Starr. "The Art of Pluviculture." *Science* 62 (1925): 81-82.
Juda, Lawrence. "Negotiating a Treaty on Environmental Modification

Records of the U.S. Weather Bureau.
Griffith, George. *The Great Weather Syndicate*. London: Bell, 1906.
——. *The World Peril of 1910*. London: White, 1907.
Grunow, Johannes. "Der Künstliche Regen des Holländers Veraart." *Die Umschau* 34 (1930): 602.
Guerra, Maria Eugenia. "Stormy Weather, Maelstrom of Opinions, Soliloquies of Sarcasm, and Chicanery Hallmark Nix for Provaqua Project." *Laredos: A Journal of the Borderlands* 9 (2003): 6-10.
Hacker, Barton C. "Military Patronage and the Geophysical Sciences in America: An Introduction." *Historical Studies in the Physical and Biological Sciences* 30 (2000): 1-5.
Hahn, Charles Curtz. *The Wreck of the South Pole, or the Great Dissembler*. New York: Street and Smith, 1899.
Hansen, James. "The Tipping Point?" *New York Review of Books*, January 12, 2006. http://www.nybooks.com/articles/18618.
Harper, Kristine C. "*Weather by the Numbers: The Genesis of Modern Meteorology*. Cambridge, Mass.: MIT Press, 2008.
Harrington, Mark W. "Weather Making, Ancient and Modern." *National Geographic*, April 25, 1894, 35-62.
Havens, Barrington S., comp. *History of Project Cirrus*. G.E. Report No. RL-756. Schenectady, N.Y.: Research Publication Services, The Knolls, 1952.
Havens, Barrington S., James E. Jiusto, and Bernard Vonnegut. *Early History of Cloud Seeding*. Socorro: Langmuir Laboratory, New Mexico Institute of Mining and Technology; Atmospheric Sciences Research Center, State University of New York at Albany; and Research and Development Center, General Electric Company, 1978.
Hawes, Joseph M. "The Signal Corps and Its Weather Service, 1870-1890." *Military Affairs* 30 (1966): 68-76.
Hawthorne, Nathaniel. "The Great Carbuncle: A Mystery of the White Mountains." 1837. In *The Celestial Railroad and Other Stories*, 127-142. New York: New American Library, 1963.
——. "The Hall of Fantasy." 1843. In *Mosses from an Old Manse*, 1:199-215. Boston: Ticknor and Fields, 1854.
"Hearing on Senate Resolution 281." *Bulletin of the American Meteorological Society* 53 (1972): 1185-1191.
Hering, Daniel W. *Foibles and Fallacies of Science, An Account of Scientific Vagaries*. New York: Van Nostrand, 1924.
——. "Weather Control." *Scientific Monthly*, February 1922, 178-185.
Hoffman, Ross N. "Controlling the Global Weather." *Bulletin of the American*

——. *Thor's Legions: Weather Support to the US Air Force and Army, 1937-1987.* Boston: American Meteorological Society, 1990.
——. *Weather and War.* Scott Air Force Base, Ill.: Military Airlift Command, 1974.
Gall, Alexander. *Das Atlantropa-Projekt: Die Geschichte einer gescheiterten Vision: Hermann Sörgel und die Absenkung des Mittelmeeres.* Frankfurt: Campus. 1998.
Gal'tsov, A.P. "Conference on Problems of Climate Control." Library of Congress, Aerospace Information Division, "Climate Control."
Gardiner, Stephen. "Ethics and Global Climate Change." *Ethics* 114 (2004): 555-600.
Gaskell, Thomas Frohock. *The Gulf Stream.* London: Cassell, 1972.
Gathman, Louis. "Method of Producing Rainfall." U.S. Patent 462, 795, November 10, 1891.
——. *Rain Produced at Will.* Chicago, 1891.
General Electric Corporation. *56th Annual Report and Yearbook.* Schenectady, N.Y., 1947.
Gentry, R. Cecil. "Hurricane Modification." In Wilmot N. Hess, ed., *Weather and Climate Modification*, 497-521. New York: Wiley, 1974.
Gillispie, Charles C. *Science and Polity in France at the End of the Old Regime.* Princeton, N.J.: Princeton University Press. 1980.
Glacken, Clarence J. *Traces on the Rhodian Shore: Nature and Culture in Western Thought from Ancient Times to the End of the Eighteenth Century.* Berkeley: University of California Press, 1967.
Goldblat, Jozef. "The Environmental Convention of 1977: An Analysis." In Arthur H. Westing, ed., *Environmental Warfare: A Technical, Legal, and Policy Appraisal*, 53-64. Philadelphia: Taylor and Francis, 1984.
Goldston. Eli. "Legal Entanglements for the Rain-maker." *Case and Comment* 54 (1949): 3-6.
"Goodbye Chemtrails, Hello Blue Skies! The Do-It-Yourself Kit for Sky Repair." http://www.angelfire.com/ak5/energy21/cloudbuster.htm.
Goodstein, Judith. "Tales in and out of 'Millikan's School.'" Pauling Symposium, Oregon State University, Corvallis, 1995. http://oregonstate.edu/dept/Special_Collections/subpages/ahp/1995symposium/goodstei.html.
"Government Rainmaking." *Nation*, October 22, 1891, 309-310.
Gratacap, Louis P. *The Evacuation of England: The Twist in the Gulf Stream.* New York: Bretano, 1908.
Gregg, Willis R. "Address at the Dedication Ceremonies of the Air Conditioned House at the Century of Progress, at Chicago, Ill., On July 11, 1934." Copy in

History Publications/USA, 2006.
——. *Historical Perspectives on Climate Change*. New York: Oxford University Press, 1998.
——. "Meteorology." In Brian S. Biagre, ed., *A History of Modern Science and Mathematics*, 3: 184-2I7. New York: Scribner, 2002.
——. *Meteorology in America 1800-1870*. Baltimore: Johns Hopkins University Press, 1990.
——. "The Pathological History of Weather and Climate Modification: Three Cycles of Promise and Hype." *Historical Studies in the Physical Sciences* 37 (2006): 3-25.
——. "Storms, Strikes, and Surveillance: The U.S. Army Signal Office, 1861-1891." *Historical Studies in the Physical Sciences* 30 (2000): 315-332.
——. "Sverre Petterssen, the Bergen School, and the Forecasts for D-Day." *History of Meteorology* 1 (2004): 75-83. http://www.meteohistory.org.
——. "What Counts as Knowledge?" Paper presented at the Asilomar International Conference on Climate Intervention Technologies, Monterey, Calif., March 22-26, 2010, http://www.colby.edu/2010asilomar.
Fleming, James Rodger, and Vladimir Jankovic, eds. *Klima. Osiris* 26 (2011).
Fletcher, Joseph O. *Changing Climate*. RAND Report No. P-3933. Santa Monica, Calif.: RAND Corporation, 1968.
——. *Managing Climate Resources*. RAND Report No. P-4000-1. Santa Monica, Calif.: RAND Corporation, 1969.
"Fog Broom." *Time*, July 30, 1934. http://www.time.com.
Fogg. Martyn J. *Terraforming: Engineering Planetary Environments*. Warrendale, Pa.: Society of Automotive Engineers, 1995.
Franklin, William S. "A Much-Needed Change of Emphasis in Meteorological Research." *Monthly Weather Review*, October 1918, 449-453.
——. "Weather Control." *Science* 14 (1901): 496-497.
——. "Weather Prediction and Weather Control." *Science* 68 (1928): 377-378.
Frazer, James George. *The Golden Bough: A Study in Magic and Religion*. London: Macmillan, 1890.〔J・G・フレイザー『金枝篇——呪術と宗教の研究』全5巻、石塚正英監修、神成利男訳、国書刊行会、2004年ほか〕
——. "Some Popular Superstitions of the Ancients." In *Garnered Sheaves: Essays, Addresses, Reviews*. London: Macmillan, 1931.
"From the Footlights." May 2003. http://www.footlightsdc.org/news2003/may03.htm.
Fuller, John F. *Air Weather Service Support to the United States Army: Tet and the Decade After*. Air Weather Service Historical Study 8. Scott Air Force Base, Ill.: Military Airlift Command, 1979.

——. *Third Report on Meteorology, with Directions for Mariners, etc.* U.S. Senate, Ex. Doc. 39, 31st Cong., 1st sess., 1851.
European Space Agency. "Harry Wexler: The Father of Weather Satellites." http://www.esa.int.
"A Fake Rainmaker." *Monthly Weather Review*, February 1906, 84-85.
Farm Implement News, September-October 1891. Clippings in NOAA Central Library, Silver Spring, Md.
Fedorov, Ye.K. "Modification of Meteorological Processes." In Wilmot N. Hess, ed., *Weather and Climate Modification*, 387-409. New York: Wiley, 1974.
"FIDO Conference Program." May 30, 1945. Callendar Papers.
Fitzgerald, William G. "At War with the Clouds." *Appleton's Magazine*, July-December 1905, 629-636.
Five Ways to Save the World. Produced by Jonathan Barker. Directed by Jonathan Barker, Cecilia Hue, and Anna Abbott. London: British Broadcasting Corporation, 2006.
Flannery, Brian P., Haroon Keshgi, Gregg Marland, and Michael C. MacCracken. "Geoengineering Climate." In Robert G. Watts, ed., *Engineering Response to Global Climate Change*, 379-427. Boca Raton, Fla.: CRC Press, 1997.
Fleagle, Robert G. "Second Opinions on 'Pathological Science.'" *Physics Today*, March 1990, 110.
Fleming, James Rodger. *The Callendar Effect: The Life and Work of Guy Stewart Callendar(1898-1964), the Scientist Who Established the Carbon Dioxide Theory of Climate Change*. Boston: American Meteorological Society, 2007.
——. "The Climate Engineers: Playing God to Save the Planet." *Wilson Quarterly* 31 (2007): 46-60.
——. "Distorted Support: Pathologies of Weather Warfare." In Margaret Vining and Barton C. Hacker, eds., *Science in Uniform, Uniforms in Science: Historical Studies of American Military and Scientific Interactions*, 49-60. Lanham, Md.: Scarecrow Press, 2007.
——. "Fixing the Weather and Climate: Military and Civilian Schemes for Cloud Seeding and Climate Engineering." In Lisa Rosner ed., *The Technological Fix: How People Use Technology to Create and Solve Problems*. 175-200. New York: Routledge, 2004.
——. "Gilbert N. Plass. Climate Science in Perspective." *American Scientist* 98 (2010): 60-61.
——. "Global Climate Change and Human Agency: Inadvertent Influence and 'Archimedean' Interventions." In James Rodger Fleming, Vladimir Jankovic, and Deborah R. Coen, eds., *Intimate Universality: Local and Global Themes in the History of Weather and Climate*, 223-248. Sagamore Beach, Mass.: Science

〔アーサー・コナン・ドイル『緋色の研究』大久保康雄訳、ハヤカワ・ミステリ文庫、1983年ほか〕
Droessler, Earl G. *Federal Government Activities in Weather Modification and Related Cloud Physics*. Final Report of the United States Advisory Committee on Weather Control. Vol.2. Howard T. Orville, chairman. Washington, D.C., 1957.
Dyer, Gwynne. *Climate Wars*. Toronto: Random House Canada, 2008.〔グウィン・ダイヤー『地球温暖化戦争』平賀秀明訳、新潮社、2009年〕
Dyrenforth, Robert St. George. *Report of the Agent of the Department of Agriculture for Making Experiments in the Production of Rainfall*, U.S. Senate, Ex. Doc. 45, 52nd Cong., 1st sess., 1892.
Dyson, Freeman J. "Can We Control the Carbon Dioxide in the Atmosphere?" *Energy* 2 (1977): 287-291.
Dyson, Freeman J., and Gregg Marland. "Technical Fixes for the Climatic Effects of CO_2." In W.P. Elliott and Lester Machta, eds., *Workshop on the Global Effects of Carbon Dioxide from Fossil Fuels*, 111-118. Rep. CONF-770385. Washington D.C.: Department of Energy, 1979.
Early, James T. "Space-Based Solar Shield to Offset Greenhouse Effect." *Journal of the British Interplanetary Society* 42 (1989): 567-569.
Eichhorn, Noel D. *Implications of Rising Carbon Dioxide Content of the Atmosphere*. New York: Conservation Foundation, 1963.
Ekholm, Nils. "On the Variations of the Climate of the Geological and Historical Past and Their Causes." *Quarterly Journal of the Royal Meteorological Society* 27 (1901): 1-61.
Elliott, Robert D. "Experience of the Private Sector." In Wilmot N. Hess, ed., *Weather and Climate Modification*, 45-89. New York: Wiley, 1974.
Emanuel, Kerry. *What We Know About Climate Change*. Cambridge, Mass.: MIT Press, 2007. [Originally Published as "Phaeton's Reins: The Human Hand in Climate Change." *Boston Review*, January-February 2007. http://bostonreview.net/BR32.1/emanuel.php]
Emerson, Ralph Waldo. *The Conduct of Life*. 1860. Vol. 6 of *The Works of Ralph Waldo Emerson*. Boston: Fireside Edition, 1909.〔「人生論」『エマアスン選集』第1冊、戸川秋骨訳、關書院、1950年ほか〕
England, George Allan. *The Air Trust*. St. Louis: Wagner, 1915.
Espy, James Pollard. *Fourth Meteorological Report*. U.S. Senate, Ex. Doc. 65, 34th Cong., 3rd sess., 1857.
——. *The Philosophy of Storms*. Boston: Little, Brown, 1841.
——. *Second Report on Meteorology to the Secretary of the Navy*. U.S. Senate, Ex. Doc. 39, 31st Cong., 1st sess., 1851.

Scarecrow Press, 2007.
"Controlled Weather." *Bulletin of the American Meteorological Society* 15(1934): 205.
Cook, William Wallace. *The Eighth Wonder: Working for Marvels*. New York: Street and Smith, 1907.
Cotton, William R. "Weather and Climate Engineering." In Jost Heintzenberg and Robert J. Charlson, eds., *Clouds in the Perturbed Climate System: Their Relationship to Energy Balance, Atmospheric Dynamics, and Precipitation*, 339-367. Strugmann Forum Report, vol.2. Cambridge, Mass.: MIT Press, 2009.
Croy, Homer. "The Rainmakers." *Harper's*, September 1946, 213-220.
Crutzen, Paul J. "Albedo Enhancement by Stratospheric Sulfur Injections: A Contribution to Resolve a Policy Dilemma? An Editorial Essay." *Climate Change* 77(2006): 211-220.
——. "The Influence of Nitrogen Oxides on the Atmospheric Ozone Content." *Quarterly Journal of the Royal Meteorological Society* 96 (1970): 320-325.
"Current Notes." *American Meteorological Journal* 11 (1894): 192.
Curry, J.A., P.J. Webster, and G.J. Holland. "Mixing Politics and Science in Testing the Hypothesis That Greenhouse Warming Is Causing a Global Increase in Hurricane Intensity." *Bulletin of the American Meteorological Society* 87 (2006): 1025-1036.
Curtis, George E. "Rain-Making in Texas." *Nature* 44 (1891): 594.
Dando, William A. "Budyko, Mikhail Ivanovitch." In John E. Oliver, ed., *Encyclopedia of World Climatology*, 179-180. Dordrecht: Springer, 2005.
Dante Alighieri. *The Divine Comedy*. 1321. Translated by Henry F. Cary. The Harvard Classics 20. New York: Collier, 1909. http://www.literaryaccess.com/20.〔ダンテ・アリギエーリ『神曲』全3巻、寿岳文章訳、集英社、2003年ほか〕
Dessens, Jean. "Man-made Tornadoes." *Nature* 193 (1962): 13-14.
Devereaux, W.C. "A Meteorological Service of the Future." *Bulletin of the American Meteorological Society* 29 (1939): 212-221.
Doel, Ronald E., and Kristine C. Harper. "Prometheus Unleashed: Science as a Diplomatic Weapon in the Lyndon B. Johnson Administration." *Osiris* 21(2006): 66-85.
"Donald Duck, Master Rain Maker." *Walt Disney's Comic and Stories*. Poughkeepsie. N.Y.: K.K. Publications [Dell Comics], September, 1953.
Doubleday D.C. "Air Force Activities in Cloud Physics Research Program." March 31, 1948. Records of the Defense Research and Development Board, National Archives.
Doyle, Sir Arthur Conan. *A Study in Scarlet*. 1887; New York: Penguin, 2001.

Chapman, Sydney. "The Gases of the Atmosphere." Presidential Address. *Quarterly Journal of the Royal Meteorological Society* 60（1934）: 127-142.
Chary Henry A. *A History of Air Weather Service Weather Modification, 1965-1973*. Air Weather Service Technical Report 247. Scott Air Force Base, Ill.: Military Airlift Command, 1974.
Christofilos, N.C. "The Argus Experiment." *Journal of Geophysical Research* 64（1959）: 869.
Cicerone, Ralph J. "Geoengineering: Encouraging Research and Overseeing Implementation." *Climate Change* 77（2006）: 221-226.
Cicerone, Ralph J., Scott Elliott, and Richard P. Turco. "Global Environmental Engineering." *Nature* 356（1992）: 472.
――. "Reduced Antarctic Ozone Depletion in a Model with Hydrocarbon Injections." *Science* 254（1991）: 1191-1194.
Clarke, Arthur C. "Man-Made Weather." *Holiday*, May 1957, 74.
Clarke, F.W. "An Ode to Pluviculture; or, The Rhyme of the Rain Machine." *Life*, November 5, 1891, 260. http://www.history.noaa.gov/art/rainmachine.html.
Clement, Hal. *The Nitrogen Fix*. New York: Ace Books, 1980.〔ハル・クレメント『窒素固定世界』小隅黎訳、東京創元社、1981年〕
"Cloudbuster." http://www.youtube.com/watch?v=8L3tKddZFic.
"Clouds Sprayed with Dry Ice Made to Yield Rain." *Popular Mechanics*, September 1930, 418.
Cobb, James T., Jr., Sheldon D. Elliot Jr., H.E. Cronin, Clifford D. Kern, and W.A. Livingston. *Project Popeye: Final Report*. China Lake, Calif.: Naval Weapons Center, 1967.
Cohen, I. Bernard. *Revolution in Science*. Cambridge, Mass.: Harvard University Press, 1985.
Cohen, William S. "DoD News Briefing." April 28, 1997. http://www.defenselink.mil/transcripts/transcript.aspx?transcriptid=674.
Cohn, Carol. "Sex and Death in the Rational World of Defense Intellectuals." *Signs* 12（1987）: 687-718.
Coleridge, Samuel Taylor. *The Rime of the Ancient Mariner*. 1798. New York: Caldwell, 1889.〔サミュエル・テイラー・コールリッジ『老水夫行』大宮健太郎編、尚文堂、1935年ほか〕*Contributions to the History of Dien Bien Phu*. Vietnamese Studies, no.3. Hanoi: Xunhasaba, March 1965.
Conway, Erik. "The World According to GARP: Scientific Internationalism and the Construction of Global Meteorology 1961-1980." In Margaret Vining and Barton C. Hacker, eds., *Science in Uniform, Uniforms in Science: Historical Studies of American Military and Scientific Interactions*, 131-147. Lanham, Md.:

春陽堂、1922年〕
Bundgaard, Robert C., and Richard E. Cale. "Irving P. Krick, 1906-1996." *Bulletin of the American Meteorological Society* 78（1997）: 278-279.
Burke, Albert E. "Influence of Man upon Nature — The Russian View: A Case Study." In William L. Thomas Jr., ed., *Man's Role in Changing the Face of the Earth*, 1035-1051. Chicago: University of Chicago Press, 1956.
Butterfield, Herbert. *The Origins of Modern Science, 1300-1800*. London: Bell, 1949.〔ハーバート・バターフィールド『近代科学の誕生』渡辺正雄訳、講談社学術文庫、1978年〕
Byers, Horace R. "History of Weather Modification." In Wilmot N. Hess, ed., *Weather and Climate Modification*, 3-44, New York: Wiley, 1974.
Caldeira, Ken, and Lowell Wood. "Global and Arctic Climate Engineering: Numerical Model Studies." *Philosophical Transactions of the Royal Society* A 366（2008）: 4039-4056.
Caldwell, Martha B. "Some Kansas Rain Makers." *Kansas Historical Quarterly* 7（1938）: 306-324.
Canada. House of Commons. *Official Report of Debates*（March 26, 1906）, 74: 560-567. 10th Parliament, 2nd sess. Ottawa.
Carpenter, Ford Ashman. "Alleged Manufacture of Rain in Southern California." *Monthly Weather Review*, August 1918, 376-377.
Catlin, George. *North American Indians*. 2 vols. Edinburgh: Grant, 1909; Scituate, Mass.: DSI Digital Reproduction, 2000.
Cerveny, Randall S. *Freaks of the Storm: From Flying Cows to Stealing Thunder: The World's Strangest True Weather Stories*. New York: Thunder's Mouth Press, 2006.
Chaffee E. Leon. "Second Report on Dust Charging." September 1, 1921. Typescript in Bancroft Papers.
Chamorro, Susana Pimiento, and Edward Hammond. *Addressing Environmental Modification in Post-War Conflict*. Occasional Papers. Edmonds, Wash.: Edmonds Institute, 2001. http://www.edmonds-institute.org/pimiento.html.
Chang, David B., and I-Fu Shih. "Stratospheric Welsbach Seeding for Reduction of Global Warming." U.S. Patent 5, 003, 186, March 26, 1991.
The Changing Atmosphere: Implications for Global Security [in English and French]. Conference proceedings, June 27-30, 1988. Geneva: World Meteorological Organization, 1989. http://www. cmos.ca/ChangingAtmosphere1988e.pdf.
Changnon, Stanley A., Jr. "The Paradox of Planned Weather Modification." *Bulletin of the American Meteorological Society* 56（1975）: 27-37.

Defence Scientific Information Service, 1968. [Translated from *Priroda* 12 (1967): 63-73]
——. "Radical Improvement of Climate in the Planet's Polar and Moderate Latitudes." Patent Application 7337. USSR Council of Ministers, Committee for Inventions and Discoveries. Moscow, 1957.
Bowles, Edward L., and Henry G. Houghton. "A Method for the Local Dissipation of Natural Fog." *American Philosophical Society, Miscellanea* 1 (1935): 48-51.
"A Brief History of Artificial Weather Modification." June 10, 1955. Draft prepared for the use of the Advisory Committee on Weather Control. Copy in Schaefer Papers.
Brier, G.W. "7-Day Periodicities in May, 1952." *Bulletin of the American Meteorological Society* 35 (1954): 118-121.
Broecker, Wallace S. *Fossil Fuel CO_2 and the Angry Climate Beast*. New York: Eldigio Press, 2003.
Broecker, Wallace S., and Robert Kunzig. *Fixing Climate: What Past Climate Changes Reveal About the Current Threat—and How to Counter It*. New York: Hill and Wang, 2008.〔ウォレス・ブロッカー、ロバート・クンジグ『CO_2と温暖化の正体』内田昌男監訳、東郷えりか訳、河出書房新社、2009年〕
Brown, Harrison. *The Challenge of Man's Future*. New York: Viking, 1954.
Brown, Laurice Leroy. "Tower and Dynamite Detonator." U.S. Patent Application 473,820, April 26, 1892. Copy in NOAA Central Library, Silver Spring, Md.
Bruno, Laura A. "The Bequest of the Nuclear Battlefield: Science, Nature, and the Atom During the First Decade of the Cold War." *Historical Studies in the Physical and Biological Sciences* 33 (2003): 237-260.
Brunt, D. "The Artificial Dissipation of Fog." *Journal of Scientific Instruments* 16 (1939): 137-140.
Budyko, Mikhail Ivanovitch. *Climate Changes*, 1974. Translated from the Russian. Washington D.C.: American Geophysical Union, 1977.
——. "Global Climate Warming and Its Consequence." Blue Planet Prize 1998. http://www.ecology.or.jp/special/9902e.html.
——. "Heat Balance of the Earth and the Problem of Climate Control." Library of Congress, Aerospace Information Division, "Climate Control."
Buesseler, Ken O., Scott C. Doney, David M. Karl, Philip W. Boyd, Ken Caldeira, Fei Chai, Kennieth H. Coale, et al. "Ocean Iron Fertilization: Moving Forward in a Sea of Uncertainty." *Science* 319 (2008): 162.
Bulfinch, Thomas. *The Age of Fable, or Beauties of Mythology*. Boston: Tilton, 1855.〔トマス・バルフィンチ『伝説の時代——希臘羅馬神話』野上弥生子訳、

Balsillie, John Graeme. "Process and Apparatus for Causing Precipitation by Coalescence of Aqueous Particles Contained in the Atmosphere." U.S. Patent 1,279,823, September 24, 1918. Copy in Bancroft Papers.
Banks, Sir Donald. *Flame over Britain: A Personal Narrative of Petroleum Warfare*. London: Sampson Low, Marston, 1946.
Barber, Charles William. *An Illustrated Outline of Weather Science*. New York: Pitman, 1943.
Bates, Charles C., and John F. Fuller. *America's Weather Warriors, 1814-1985*. College Station: Texas A&M University Press, 1986.
Bellow, Saul. *Henderson the Rain King*. New York: Viking, 1959.〔ソール・ベロー『雨の王ヘンダソン』佐伯彰一訳、中公文庫、1988年ほか〕
Bergeron, Tor. "On the Physics of Cloud and Precipitation." UGGI 5e assemblée générale, Lisbon, September 1933. *Procés verbaux des séances de l' Association de Météorologie* 2（1935）: 25.
——. "Some Autobiographic Notes in Connection with the Ice Nucleus Theory of Precipitation Release." *Bulletin of the American Meteorological Society* 59（1978）: 390-392.
Berler, Richard. "Heatwave." KGNS-TV broadcasts on weather control. Laredo, Tex., 2003.
Black, James F., and Barry L. Tarmy. "The Use of Asphalt Coatings to Increase Rainfall." *Journal of Applied Meteorology* 2（1963）: 557-564.
Blackstock, Jason J., David S. Battisti, Ken Caldeira, Douglas M. Eardley, Jonathan I. Katz, David W. Keith, Aristides A.N. Patrinos. Daniel P. Schrag, Robert H. Socolow, and Steven E. Koonin. *Climate Engineering Responses to Climate Emergencies*. Novim, 2009. http://arxiv.org/ftp/arxiv/papers/0907/0907.5140.pdf.
Blake, Lucien I. "Can We Make It Rain?" *Science* 18（1891）: 296-297.
——. "Rain Making by Means of Smoke Balloons." *Scientific American*, December 31, 1892, 420.
Bohren, Craig. "Thermodynamics: A Tragicomedy in Several Acts." Paper presented at the Gordon Conference on Physics Research and Education: Thermal and Statistical Physics, Plymouth State College, Plymouth, N.H., June 13, 2000.
Bolin, Bert. *A History of the Science and Politics of Climate Change: The Role of the Intergovernmental Panel on Climate Change*. Cambridge: Cambridge University Press, 2007.
Borisov, Petr Mikhailovich. *Can Man Change the Climate?* Moscow: Progress Publishers, 1973.
——. *Can We Control the Arctic Climate?* Translated by E.R. Hope. Ottawa:

University at Albany, State University of New York, Albany, N.Y.
Simpson, Robert H. Interview with Edward Zipser, September 6, 1989. Tape Recorded Interview Project, American Meteorological Society and University Corporation for Atmospheric Research.
Vonnegut, Bernard. Interview with B.S. Havens, February 12, 1952. Transcript in Vonnegut Papers.
——. Papers. M.E. Grenander Department of Special Collections and Archives, University at Albany, State University of New York, Albany, N.Y.
Wexler, Harry. Papers. Manuscript Division. Library of Congress, Washington, D.C.

書籍・雑誌

Abbe, Cleveland, "Cannonade Against Hail Storms." *Science* 14 (1901) : 738-739.
——. "Hail Shooting in Italy." *Monthly Weather Review*, August 1907, 358.
——. "The Tugrin Fog Dispeller." *Monthly Weather Review*, January 1899, 17.
Adabashev, Igor. *Global Engineering*. Moscow: Progress Publishers, 1966.
Advisory Committee on Weather Control. *Final Report*. Washington D.C.: Government Printing Office, 1958.
"An Algerian Inland Sea." *Nature* 16 (1877): 353-354.
American Meteorological Society. "Policy Statement on Geoengineering the Climate System." June 2009. http://www.ametsoc.org/POLICY/2009geoengineeringclimate_amsstatement.html.
"Another Rain Controller." *Scientific American*, August 21, 1880, 113.
Appleman, Herbert S., Laurence D. Mendenhall, John C. Lease, and Robert I. Sax. *Fourth Annual Survey Report on the Air Weather Service Weather-Modification Program* [FY 1971]. Air Weather Service Technical Report 244. Scott Air Force Base, Ill.: Military Airlift Command, 1972.
Arago, François. *Meteorological Essays*. Translated by Edward Sabine. London: Longmans, 1855.
Arrhenius, Svante. *Worlds in the Making: The Evolution of the Universe*. Translated by H. Borns. New York: Harper, 1908.
Bacon, Francis. *The Works of Francis Bacon*. Translated and edited by James Spedding, Robert Leslie Ellis, and Douglas Denon Heath. 15 vols. Boston: Houghton Mifflin, ca. 1900. http://onlinebooks.library.upenn.edu/webbin/metabook?id=worksfbacon.
Badash, Lawrence. *A Nuclear Winter's Tale: Science and Politics in the 1980s*. Cambridge, Mass.: MIT Press, 2009.

参考文献

公文書及び原稿

Bancroft, Wilder D. Papers, No.14-8-135. Division of Rare and Manuscript Collections. Cornell University Library, Ithaca, N.Y.

Bush, Vannevar. Papers. Manuscript Division. Library of Congress, Washington, D.C.

Callendar, Guy Stewart. Archive. University of East Anglia, Norwich, England. Also *The Papers of Guy Stewart Callendar*. Edited by James Rodger Fleming and Jason Thomas Fleming. Digital ed. Boston: American Meteorological Society, 2007.

DuBridge, Lee Alvin. Interview with Judith R. Goodstein, February 19, 1981. Part I, Caltech Archives. http://oralhistories.library.caltech.edu/59/01/OH_DuBridge_1.pdf.

Franklin, William Suddards. Papers. Franklin file. MIT Museum, Cambridge, Mass.

GE Archives. General Electric Corporation. Archival Records and News Bureau Binders. Schenectady Museum, Schenectady, N.Y.

Houghton, Henry G. Papers. Institute Archives and Special Collections, MC242. Massachusetts Institute of Technology, Cambridge. Mass.

Langmuir Irving. Papers. Manuscript Division. Library of Congress, Washington, D.C.

Office of the President. Institute Archives and Special Collections, AC4, Box 114.4. Massachusetts Institute of Technology, Cambridge, Mass.

Records of the Defense Research and Development Board. Office of Secretary of Defense. RG-330. National Archives and Records Administration, College Park, Md.

Records of Headquarters. United States Air Force (Air Staff). RG-341. National Archives and Records Administration, College Park, Md.

Records of the Petroleum Warfare Department and Its Successor Bodies. SUPP 15 and AVIA 22/2303, May 15, 1942. British National Archives, Kew, England.

Records of the U.S. Weather Bureau. RG-27. National Archives and Records Administration, College Park, Md.

Schaefer, Vincent J. Interview with Earl Droessler, May 8-9, 1993. Tape Recorded Interview Project, American Meteorological Society and University Corporation for Atmospheric Research.

——. Papers. M.E. Grenander Department of Special Collections and Archives,

【ワ行】

【マ行】

【ヤ行】

【ラ行】

【ハ行】

【タ行】

【ナ行】

【サ行】

【カ行】

索引

著者略歴

ジェイムズ・ロジャー・フレミング

James Rodger Fleming

コルビー・カレッジ科学技術社会論教授（科学技術史）。アメリカ科学振興協会（AAAS）の会員で、その選出理由は「気象学と気候変動の歴史に関する先駆的研究および、気象学界内における歴史的研究の促進」である。最近、スミソニアン協会で航空宇宙史のチャールズ・A・リンドバーグ講座を担当、グローバル・スチュワードシップのAAAS・ロジャー・レヴェル・フェローシップを受け、ウッドロー・ウィルソン国際学術センターで公共政策研究員となった。

訳者略歴

鬼澤 忍

Shinobu Onizawa

翻訳家。1963年生まれ。成城大学経済学部経営学科卒。埼玉大学大学院文化科学研究科修士課程修了。訳書にサンデル『それをお金で買いますか ―― 市場主義の限界』『これからの「正義」の話をしよう』、ワイズマン『人類が消えた世界』（以上、早川書房）、マエダ『シンプリシティの法則』（東洋経済新報社）、バーンスタイン『華麗なる交易』（日本経済新聞社）ほかがある。

気象を操作したいと願った人間の歴史

二〇一二年七月二日　第一刷発行

著　者　ジェイムズ・ロジャー・フレミング

訳　者　鬼澤 忍

発行所　株式会社 紀伊國屋書店
東京都新宿区新宿三―一七―七
出版部（編集）電話〇三（六九一〇）〇五〇八
ホールセール部（営業）電話〇三（六九一〇）〇五一九
東京都目黒区下目黒三―七―一〇
郵便番号 一五三―八五〇四

装幀者　間村俊一

印刷所　慶昌堂印刷

製本所　大口製本

カバー装画　ヘンリー・ホートンの化学的消霧装置、一九三四年
(National Archives Photo)

表紙装画　Guazzo, Francesco-Maria, *Compendium Maleficarum*,
1608（ユニフォトプレス提供）

ISBN978-4-314-01092-4 C0022
Printed in Japan
定価は外装に表示してあります